外来物种入侵科学导论

李 宏 许 惠 著

科学出版社

北 京

内 容 简 介

本书主要包含生物入侵的科学原理、管理和哲学等内容，前三章包括生物入侵的基本概念、入侵生物学理论、生物入侵的科学研究方法。这部分主要从自然科学角度论述了生物入侵的有关内容。后三章包括生物入侵与人类社会活动的关系，防治生物入侵的立法对策和外来入侵物种的管理，以及生物入侵的哲学反思等内容。

本书适合生态学、环境科学、自然保护和资源管理等学科的高年级本科生和研究生阅读，也可作为从事相关学科研究人员的参考书。

图书在版编目（CIP）数据

外来物种入侵科学导论/李宏，许惠著. —北京：科学出版社，2016.1
ISBN 978-7-03-045620-5

Ⅰ.①外⋯ Ⅱ.①李⋯ ②许⋯ Ⅲ.① 外来种–侵入种–侵扰–研究
Ⅳ.①Q16

中国版本图书馆 CIP 数据核字(2015)第 208535 号

责任编辑：王 静 李 迪 / 责任校对：李 影
责任印制：徐晓晨 / 封面设计：刘新新

科 学 出 版 社 出版
北京东黄城根北街 16 号
邮政编码：100717
http://www.sciencep.com

北京虎彩文化传播有限公司 印刷
科学出版社发行 各地新华书店经销

*

2016 年 1 月第 一 版 开本：720×1000 B5
2020 年 7 月第五次印刷 印张：17 1/2
字数：350 000
定价：98.00 元
(如有印装质量问题，我社负责调换)

自　序

　　一次偶然的机会使我对生物入侵产生了强烈的兴趣，当时我在暑期休假，空闲的时间就到新华书店去逛一下，无意中翻到了生物入侵方面的书籍，从此就开始关注生物入侵这个领域的发展。正好学校也成立了环境科学这个学科，而生物科学与生态环境研究关系非常密切，为了培养学生的生态环境保护意识，我就申请开设了"人类社会与生物入侵"这门课，多年来有很多学生选学该门课程。通过不断的教学总结，我在头脑中逐渐形成了生物入侵的知识体系，后来参加国家环保部的生态环境调查项目，在野外考察期间发现了很多外来入侵物种，也就萌发了写作这本书的念头，其目的是唤起人们对生物入侵的警觉，自觉投入防治外来物种入侵的行动之中。

　　本书的编写可以说是有多种目的，一方面是使人们增强生态环境的保护意识；另一方面则是由于生物入侵的研究是一个综合性的领域，涉及的知识广泛，不仅有生物科学，也有统计学、人类学、法学、经济学和哲学等领域的知识，让更多的人逐渐转向生物入侵的研究才能使该领域有更好的发展。

　　中国的经济发展速度很快，每年的进出口额都在逐渐增加，经济的全球化使国民受益，但同时也引来了令人担忧的事情，就是生态环境的恶化，外来生物入侵正是引起生态环境恶化的主要因素之一。在发展国际贸易的同时，防治外来物种入侵已经十分必要。保护地球的生态环境，保护我们生存的家园，就是保护人类自己。读完本书之后，你也许会有所感悟，这就是编者的目的。让我们行动起来，防治外来生物入侵已经刻不容缓。

李　宏

2015 年 8 月 20 日

前　言

近年来人们开始关注外来物种入侵的问题，主要源于生物入侵对生物多样性和生态环境的危害。引起生物入侵的因素很复杂，有自然的因素，也有人为的因素。人类在农业生产实践过程中，不断地引进外来物种，并通过商贸活动不断增加物种的迁移、引种和归化培养，外来生物在新环境下有时会表现出很强的适应能力，并排挤土著物种，其中有些会引起严重生态危害。

生物入侵现象在我们的生活环境中已经十分普遍，如水葫芦、紫茎泽兰、水花生、三叶草、小龙虾及福寿螺等已经随处可见，这些物种的生长优势非常明显，对农田、草场、水生环境都造成了很大的危害，防止外来生物入侵已经迫在眉睫。生物入侵与人类行为有密切关系，研究如何从立法的角度来规范人类行为，从源头上减少外来生物入侵，是十分重要也是十分必要的。

科学和技术的进步在不断推动人类社会和经济的发展，跨境贸易和旅游正在以不断增长的方式推动物种在全球的迁移，人类生活方式的变化以及生态环境发生的变化都可能影响到物种的生存，这种影响包括可能导致某些生物数量减少甚至濒临灭绝，也包括引起某些物种数量的迅速增加，分布区域不断的扩大。可以说人类在全球生态环境变化过程中扮演了重要的角色，生态环境的恶化也应该引起人类反思并促使我们对自身的行为作出正确的判断。

本书共分为6章，两大部分，第一部分介绍了自然科学的知识，主要包括第1章、第2章和第3章的内容，对生物入侵的基本概念、生物入侵的理论假说、外来入侵物种的基本特征及生物入侵的主要研究方法等进行了阐述。第二部分涉及人文科学的知识，包括法律、哲学方面的内容，由第4章、第5章和第6章组成，对生物入侵与人类活动之间的关系、生物入侵的立法思考及生态哲学等方面进行了阐述。第1章和第5章由许惠编写，第3章、第4章和第6章由李宏编写，第2章由许惠和李宏共同完成。

本书的写作过程中得到了重庆工商大学和环境与资源学院的领导及同事的大力支持和帮助，科学出版社生物分社的编辑同志也花费了许多心血。在初稿的写作方面，我们吸取了多位专家的意见，特别是在确定写作提纲时进行了几次商榷，最后达成了一致的观点。在此感谢各位专家、领导和同事的关心和支持，是他们给了编者很大的勇气和动力来完成本书的写作。

　　有关生物入侵的研究正在促进入侵生物学的成熟和发展,作为一个新兴的学科,其发展速度很快,新的研究成果也很多,涉及的知识十分广泛。本书只是让读者对生物入侵有一个一般性的认识和了解,由于编者水平所限,不可能面面俱到,书中的不足之处在所难免,恳请同行和广大读者批评指正!

李　宏　许　惠

2015 年 8 月 20 日

目　　录

1 生物入侵概述

1.1 生物入侵的基本概念

1.1.1 什么是生物入侵

所谓生物入侵，通俗来讲就是指生物经过自然的或人为的途径由原产地侵入另一个相隔很远的新区域，从而对入侵地的生态系统造成危害，影响生物多样性、农林牧渔业生产及人类健康，造成灾难性的后果。生物入侵是一个古老而又新颖的课题，在人类历史的早期就有生物入侵事件发生，如我国在汉朝就有引进外来物种的记载，但由于当时人类对大自然的认识水平有限，没有在思想意识上认识到生物入侵的现象及其对生态环境的危害性。近年来随着科学技术的发展及对生态环境和生物多样性保护的重要性的认识逐渐提高，特别是 20 世纪 80 年代，人们开始认识到生物入侵的危害性并开始了这一领域的研究。从概念来讲，生物入侵是指某种生物通过自然途径或人类的辅助从原来的分布区域扩展到新的遥远的地区，在新的生态系统内定居并建立起自己的种群，其后代可以繁殖、生存、扩展，并对本土物种和生态环境构成威胁，破坏生物多样性。

人类是地球上发展最快的物种，但在其扩张和迁移的同时，也将许多其他物种带到了新的地方，有些对当地的生态环境构成了严重的影响。同时人类携带的病菌也由此扩散和传播，欧洲殖民者入侵新大陆造成美洲印第安人大量减少，其中天花、麻疹、斑疹伤寒等疾病的流行是一个重要的原因。虽然航海家哥伦布发现新大陆对人类历史具有重要的影响，但任何事物都存在两面性，欧洲人进入美洲大陆的一个负面影响就是造成印第安人灾难性的毁灭。印第安人的鼻祖具体来自何方现在无法考证，但肯定是从人类最初起源的地方迁移过来的，应该是在距今几万年前，白令海峡下沉使得他们与大陆其他人类隔离，长期的近亲繁殖以及自然选择的作用，使印第安人的遗传基因近乎相同。这也使印第安人在遭受新的环境变化时显得十分脆弱，对新的疾病缺乏免疫力。传染性最强的几种外来病原，如天花、麻疹、斑疹伤寒等在印第安人中大肆流行，导致了无数印第安人死亡。1519 年暴发的大安的列斯群岛大瘟疫，以及 1558~1560 年、1562~1563 年在暴发的天花大流行，造成墨西哥、中美洲、秘鲁、阿根廷、乌拉圭以及巴西等地大量印第安人死亡。

在地球的自然环境中发生的生物入侵现象很多，但因外来物种入侵通常具有时滞效应，它们需要经过一段时间的适应性进化之后才能出现大规模扩张，所以许多生物入侵事件难以被人们察觉。除了不能直接看见的细菌或病毒这些微小生物之外，很多植物或动物，都可以借助自然的力量或人工辅助工具的帮助，扩展到其原有的分布区域之外，这些外来生物在避开原有天敌的控制之后，其种群增长的主要限制因素已经不复存在，群体就迅速增长，占据湖泊、湿地、草场、荒野或农田，导致土著生物数量减少甚至灭绝。

虽然人类社会及其赖以生存的生态环境经常遭遇各类外来生物入侵的干扰，但目前对生物入侵的概念还没有统一的标准，即没有一个准确的定义。不同学者从不同的研究角度获得的认识有所不同，因此出现了几种不同的定义。英国学者Williamson（1996）认为，只要生物进入一个进化史上从未曾分布过的新地区，就构成生物入侵，这种定义实质上等同于传殖（inoculation），没有考虑以后该物种是否能成功定居并建立起种群。一个物种的繁殖体传播到其他产地外的区域，也被称为非本地种（non-native species）、外来种（exotic/alien species）或引入种（introduced species），实质上这是外来生物入侵的第一步。另一种观点则认为，只有当物种在新的地域里可以自由繁衍和增殖的情况下，才称为生物入侵，实际上是指生物种向近代进化史上不曾分布到的区域所进行的永久性扩张，这种定义实质上等同于外来种的概念，没有强调其对生态系统的负面影响。第三种观点则强调了对生态系统的负面效应，认为当非本地种在一个生态系统中达到某种程度的优势时，就叫生物入侵。也就是说，外来种不仅定居，而且处于扩张趋势，已引起或可能引起经济、环境或人类健康方面的危害的情况下，就构成生物入侵。这三种定义都有学者使用，但第三种定义明确了生物入侵对生态环境的负面影响，定义更为准确详实。

1.1.2 本地种与外来入侵物种

1.1.2.1 如何区分本地种和外来种

本地种的概念有下列三种解释：

（a）韦氏字典（1991）将本地种定义为"自然起源于一个特定的地域或地区的物种"。

（b）简明牛津生态词典认为本地种是"自然出现于一地的物种，因而既非随意也非有意引入"。

（c）Webb 和 Kaunzinger（1993）提出本地种是在当地进化的物种，或"在石器时代前就到达这些地方或在没有人类干扰前就出现于这些地方的物种"，并且还提出合适的时间标准是 16 世纪麦哲伦环球航行之前。

而外来种的概念有广义和狭义两种：

（a）广义的概念：只要是进入一个生态系统的新物种就是外来种。它包括自然入侵的物种、无意引进的物种、有意引进的物种，以及基因工程获得的物种或变种和人工培育的品种。

（b）狭义的概念：是指由于人类有意或无意的作用被带到了其自然演化区域外的物种。这个定义强调物种被人为移动或引进，因此，不包括自然入侵的物种和基因工程得到的物种或变种。

可以从以下九个方面来区分本地种和外来种：

（a）化石证据：从更新世时期（距今约 180 万年至 1 万年）有无化石连续存在。

（b）历史证据：历史文献记录的引种为外来种。

（c）栖息地：局限于人工环境的种可能是外来种。

（d）地理分布：物种出现地理上不连续时，暗示可能为外来种。

（e）移植频度：被移栽到多个地方的物种可能是外来种。

（f）遗传多样性：外来种在不同地方间其遗传差异出现均质性。

（g）生殖方式：缺乏种子形成的物种可能是外来种。

（h）引种方式：解释物种引进的假说合理可行，说明物种是外来种。

（i）同寡食性昆虫的关系：取食外来植物的动物少。

1.1.2.2　外来入侵物种及其标准

自然界的生态系统一般是经过很长时间的进化形成的，各类物种在进化过程中经过竞争、排斥、适应和互利共生，已经建立了一种相互依赖又互相制约的密切关系。当一个外来物种进入新的生态系统后，有可能因不能适应新环境而被排斥在系统之外，处于生态位边缘，必须在人为帮助下才能生存；也有可能因新环境中没有相抗衡的生物或没有天敌的存在和约束而迅速增长，使其成为真正的入侵者，导致生态失衡，引起生态系统中原有的土著物种迅速减少或灭绝，对当地的生态环境造成严重的干扰或破坏。

外来入侵物种（invasive alien species，IAS）简称入侵性种（invasive species），是外来种（exotic species 或 alien species）中的归化（naturalized）物种。生物入侵正是指由这些称为外来入侵物种的生物引起的生态环境破坏的问题。值得注意的是，外来入侵物种与外来种不是同一个概念，其内涵也不相同，虽然两者都指的是外来生物，但后者的范围更广，是指那些出现在其过去或现在的自然分布范围及扩散力以外的物种、亚种或以下的分类单元，包括可能存活并繁殖的配子或繁殖体。外来入侵物种则是指导致生态平衡失调并引起生态灾难的物种，从概念上强调了其对生态环境的负面效应，而外来种不一定对生态环境构成破坏，非本土原产的各种外域物种都是外来种。

判断外来入侵物种的标准首先是外来种，并且这些外来种在新的生态系统中可以繁衍和扩张，通过竞争排斥本土物种，对生态系统和景观造成负面影响。因此，外来入侵种具有如下的特征和表现：①首先在地理空间上有较大的跨越，进入了以前从未分布的区域，可以借助人类活动或能自然逾越空间障碍而入境；②具有较强的适应能力，可以达到永久性的扩张，在新的自然或人为生态环境中可以自行繁殖进行群体扩张；③具有负面的影响，造成生态系统和景观生态结构明显的破坏，通过种间竞争或遗传侵蚀和渗透等途径影响土著物种生存，使生物多样性减小。

外来入侵种可以通过有意和无意两种方式进入新的生态系统。所谓有意的方式其实就是指人为的引进外来物种。外来物种的引入就像一柄"双刃剑"，一方面可能造福人类，给我们提供食物和商品来源、美学观赏、环境绿化等，并带来一定的经济效益；另一方面也可能给当地生态环境乃至经济发展造成负面的影响，引起本土物种数量减少甚至濒临灭绝，影响生物多样性，破坏农业、林业、畜牧水产养殖业的生产，甚至影响人类健康和生命安全。因此在引进外来物种时一定要采取谨慎的态度，并进行科学的评价，权衡利弊。关键是要看引进的物种是否利大于弊，特别要分析可能存在的潜在危害和不确定性风险。

1.2　生物入侵是全球变化现象

生物入侵的最明显特征之一是它的跨区域性、全球性和双向性。地球上五大洲之间的生物入侵比比皆是，其中以跨太平洋的北美与东亚尤为显著，如美国的入侵物种绝大多数来自中国、印度、日本、非洲、澳大利亚、南美洲等。中国的入侵生物主要来源于北美，尤其是美国。外来物种入侵是全球变化的重要现象之一，直接关系着全球环境安全与人类社会经济可持续发展。生物入侵对全球的生态系统、环境和社会经济的影响也日益明显。生物入侵不仅导致生态系统组成和结构的改变，而且能彻底改变生态系统的基本功能和性质，最终导致本地种灭绝、群落多样性降低，并给社会经济造成重大损失。

全球变化主要有六大问题：大气中温室气体浓度持续增高；生物地球化学变化；有机合成物的生成与滞留；土地利用与景观生态变化（特别是城市化）；对自然种群及各种资源的利用与保护；生物入侵。虽然许多办法已经被用来控制生物入侵，但仍然无济于事，收效甚微，外来种的数量仍然呈现出迅速增加的趋势。生物入侵正在以前所未有的速度影响全球生态系统。而且，近来全球性的变化如空气 CO_2 浓度增加、气候变化、氮素沉积增加、干扰改变和栖境斑块化（fragmentation）增加都可能促进生物入侵的盛行，这种结果反过来会进一步影响全球变化的趋势。

Mack 认为，目前生物入侵的进程已影响到其他全球变化因子，主要是改变了大气温室气体，尽管改变方式是复杂而难以预测的。最典型例子是亚马孙河流域盆地大片森林被烧毁后变成了草地，形成了全新的生态系统。这种变化对当地乃至全球范围的大气、温度、降雨和物质循环的影响都是深远的。

同时，越来越多的科学家注意到其他全球变化对生物入侵的明显影响。例如，与其他地方相比较，在气候更温暖的澳大利亚，外来蟾蜍 Bufo marinus 的分布范围会更广。此外，全球温室效应带来的高温可以缩短昆虫繁殖的世代时间，有利于其度过寒冷的冬季并增加存活率，导致昆虫种群向极地和高海拔地区扩散。温暖气候会加快虫媒病的发生和异地传播。在美国加利福利亚州（加州）北部，耐炎热的阿根廷蚂蚁在夏季很活跃，而本地蚂蚁却很少外出觅食，因此，温室效应引起的温度升高对本地蚂蚁的取食行为有很大影响，而对阿根廷蚂蚁种群却影响不大，这就会加快阿根廷蚂蚁取代本地蚂蚁的进程。此外，氮素沉积的增加有利于生物入侵，特别是外来植物的入侵。总之，生物入侵已成为全球变化不可分割的一部分，由此可能带来的影响应引起我们足够的重视。有害生物入侵如不加遏制便会持续恶化，最终导致严重的全球性后果，包括农林渔业的全面减产，部分和人类密切相关的生态流程的崩溃和生态系统单一化和贫瘠化。

生物入侵是全球性变化研究的重要组成部分，已经成为各国生物多样性保护、本地物种保护和管理的核心问题。外来物种通过媒介作用或借助自然的力量进入新分布区，与本地物种形成新的竞争关系并导致本地物种数量减少甚至面临濒危灭绝的境地。外来物种可能一直或在相当长的时期内并不为人们所关注，但由于适应性进化，有些外来物种在建群后不断扩张并出现生长失控的状况，导致暴发性种群增长和栖息地扩张，从而引起生态灾难，造成严重的环境破坏、经济损失和社会危害。生物入侵已经造成全球性的生态和经济灾难，生物入侵所带来的巨大经济损失，以及对生态系统的稳定性、多样性和物种生存的自然平衡所造成的破坏和长期威胁，是越来越引起政府、科学家及社会公众所关注的生态学问题，甚至可以被认为是 21 世纪最为棘手的环境问题之一。

1.3 生物入侵造成的经济损失

对于生物入侵的概念人们也许还没有准确掌握，但对于生物入侵的现象已经非常熟悉。环保部已经公布了我国外来入侵生物的名单，矮牵牛、水葫芦、紫茎泽兰、飞机草、毒麦、薇甘菊、马缨丹、银鱼、地中海潜蝇、牛蛙、巴西龟、清道夫鱼、食人鲳等动植物名列其中。近年来生物入侵对人类社会、生态环境及经济发展产生了严重的影响，被列为人类所面临的六大全球性环境问题之一，并且已经得到国际社会的广泛关注和各国科学家的高度重视。

一些国家为了发展本国经济，经常要从国外引进一些优良物种，如我国的花生、玉米、番茄、咖啡、棉花、西瓜就是从国外引进的，而外国的大豆、水稻、茶叶、荔枝、龙眼则是从我国输入的。优良物种的引进，对丰富人们的餐桌、提高人们的生活质量、培育生物多样性、发展本国的经济起到了很好的作用。但是，有的物种引进后会"吞噬"其他物种，破坏了生物多样性和生态平衡，造成了本国经济的巨大损失。外来入侵物种不仅对本土的生物多样性安全和景观生态环境质量构成现实危害和潜在风险，还会在不同层次和不同程度上对社会经济发展产生广泛而深远的影响。

生物入侵的影响是多方面的，不单是对生态环境有影响，而且对农业生产以及社会经济都有非常巨大的影响。据世界自然资源保护联盟（IUCN）的报告，每年全球外来入侵物种造成的经济损失超过 4000 亿美元。美国每年有 70 万 hm^2 的野生生物栖息地被外来杂草侵占。据统计，因生物入侵一年之中给各国经济带来的损失是：中国 1000 亿～1200 亿元，美国 1370 亿～2000 亿美元，印度 1200 亿～1300 亿美元，南非 800 亿～980 亿美元。全世界的农业损失更是高达每年 2480 亿美元。在美国，由于外来森林害虫和病害造成的损失可达 42 亿美元。此外，外来种对入侵地造成的直接损失还包括对渔业、航运业、工业造成的危害。其他的损失还包括在对抗外来种过程中采取的防治措施对土著动物、植物造成的破坏。

外来物种入侵造成的直接经济损失主要指外来病虫害和杂草对农林牧渔业、交通等行业或人类健康造成的物品损毁、实际价值减少或防护费用等。例如，2002 年，因斑马贻贝（Zebra mussel）堵塞水管而关闭电力设施所造成的损失估计达 50 亿美元；七鳃鳗（Lampetra）的入侵造成大湖（Great Lake）地区渔业和蛙鱼资源的崩溃，美国和加拿大每年用于控制七鳃鳗的费用达 1300 万美元；亚洲天牛科（Cerambyeridae）的昆虫在布鲁克林（Brooklyn）和纽约州（New York）造成的损失达 500 万美元；大戟类植物每年引起美国蒙大拿州（Montana）、北达科他州（North Dakota）、南达科他州（South Dakota）和怀俄明州（Wyoming）牲畜草料的损失达 14 400 万美元。2008～2011 年数据表明，美国每年因生物入侵造成的直接经济损失高达 785 亿美元，印度每年的直接经济损失为 910.2 亿美元，巴西为 426 亿美元。我国仅因烟粉虱、紫茎泽兰、松材线虫等 11 种入侵物种，每年给农林牧渔业造成的直接经济损失就约为 365.3 亿元，加上防治费用 14.83 亿元，每年的总直接经济损失达 380.13 亿元。外来入侵物种每年给我国造成的经济损失达 1198.76 亿元，占当年 GDP 的 1.36%，其中对我国国民经济有关行业造成直接经济损失共计 198.59 亿元，包括农林牧渔业损失达到 160.05 亿元。

同时，外来种入侵使一些自然生态系统独特的美学价值降低、娱乐功能丧失。尽管人们对上述问题的认识不断增加，并且付出了越来越多的努力来防范，但是外来种造成的生物入侵肯定会持续下去。此外，由外来病原体所引起的人类或动物的流行性疾病的暴发也不容忽视，单是疾病防控方面的直接经济损失都不可低估，而且会造成患者死亡，影响国家和社会安全。例如，21世纪初暴发的重症急性呼吸综合征（SARS）和禽流感、甲型流感等，以及在牲畜中广为传播的疯牛病、口蹄疫等，都对人类健康、社会和经济发展产生了严重的负面影响。

1.4　生物入侵对土著种的影响

生物入侵最主要的危害是采取各种方式杀害或排挤本地土著物种，引起生态环境破坏和本地生物物种减少或丧失。其主要有以下几个方面的表现。

1.4.1　生物入侵的广泛冲击

生物入侵可能导致生态系统不稳定，引发较大的改变，生态系统在生物入侵的影响下可从原来特定的临界态或混沌态转变为新混沌态，使生态系统的形态、组成、结构、功能、特征都发生根本性的变异。外来入侵植物通过占据生态位和竞争资源而造成农作物减产、草原和牧场功能退化，破坏了许多自然陆生生态系统。另外，外来植物阻塞水道、改变淡水和海洋生态系统（marine ecosystems）的功能，影响船舶的正常航行和土著水生生物的生长和繁殖。外来动物也在改变陆生生态系统、淡水生态系统和海洋生态系统的生物群落结构，驱使许多土著物种濒临灭绝。外来病原体通过感染农作物、家畜、鱼类、狩猎动物、用材树种、园艺植物等而引起经济损失，对农业、养殖业、林业等造成影响。同时，外来病原体及其携带者正越来越多地对人类健康构成新的威胁。外来种的入侵，会影响土壤的营养。外来植物种可影响土壤的盐分含量，例如，盐生植物侵入淡生植物群落，可以比淡生植物富积更多的盐分，其残体分解后富积的盐类化合物释放出来，导致土壤盐分增加，进而影响其他植物的生存。外来种如有特殊的生理功能，可吸收土壤中难以吸收的元素并转化为有机物，进入生态系统的物质循环，从而影响其他生物的生长。同样，植物外来种也可降低土壤的营养水平，过度吸收土壤水分引起土壤沙化和盐碱化。外来种通常会增加入侵地发生野火的频率，造成土壤中氮易于挥发，使土壤的含氮量降低。

外来种可导致群落动态改变。外来种的竞争力强，且能快速扩展，如果成为优势种，就会影响其他土著物种，严重时引起土著物种的濒危和灭绝，降低群落中物种的多样性。在资源有限时，如果外来物种能够忍受资源限制而成功入侵，就会在以后的生存竞争中与土著物种争夺资源，改变群落中物种的组成，进而影响群落的演替方向（彭少麟和王伯荪，1983）。外来物种的大量繁殖会增加对资源需求的压力，使本土物种面临困境，其群体规模会逐渐减少，甚至濒临灭绝。外来植物种还可影响地貌的进程，改变沙丘的形成方式，并使山地雨林形成沼泽地。外来植物种入侵还可影响微气候，通过化感作用干扰种子的萌发、幼苗生长和营养物质的转变。外来植物种也可影响其他土著物种的光合作用，通过枝叶遮盖导致本土植物生长迟缓，影响植物生长发育。

1.4.2　生物入侵引起的竞争

外来入侵物种对本土物种的影响主要是生态位的竞争，外来物种会逐渐排挤土著物种，并导致群落结构发生演替。资源、干扰、分摊、争夺等不同性质的竞争中，资源竞争是最根本的。竞争可以分为种内竞争和种间竞争，前者发生在同种内的个体之间，而后者发生在不同的种群之间。外来物种与本土物种之间的竞争属于种间竞争，在资源有限时这种竞争会导致土著物种个体存活力、生长与繁殖力降低。外来入侵种的适应能力、繁殖能力和扩散能力很强，在与相应的土著种进行竞争时占据一定的优势。B 型烟粉虱与非 B 型烟粉虱的竞争就是典型的例子。在美国、墨西哥、哥伦比亚、澳大利亚、巴西及中国也相继发现 B 型烟粉虱取代本地非 B 型烟粉虱的现象。

除资源竞争之外，有些竞争过程通过共同天敌作为中介相互妨碍来实现，这种竞争导致的结果与资源竞争相似，称之为似然竞争（apparent competition）。例如，两种猎物被同一种捕食者所捕食，由于一种猎物数量的增加导致捕食者数量的增加，增大了另一种猎物被捕食的风险，从而使两种猎物以共同的捕食者为中介产生相互影响。

1.4.2.1　占据生态位的竞争

对于外来入侵种来讲，物理因素和生物因素构成的生态位空间点相当重要，它可以使入侵种在广泛的环境限定因素范围内存活和繁殖，因而其生态位幅度范围比较大。外来物种的成功入侵应归功于对原产地天敌与竞争者的逃避，使外来种在新生态环境中可以获得生态位机遇。按照生态位替换假说的观点，入侵成功的外来种不一定是体积很大或者食谱很广的物种，只要能够利用新生态环境中所占据生态位的资源就可在竞争中胜出，并从资源利用和种群方面取代衰退和灭绝的物种。例如，种内竞争和种间竞争显著降低了北美车前的每株生物总量、地上生物量、每株果穗数、平均穗长，使植株变得更小。但这并不会影响其成功入侵，通过保持种子质量来适应环境是北美车前采取的竞争策略。质量好的种子可以发芽长出健壮的幼苗，并优先占有生态位空间。

互花米草（*Spartina alterniflora*）具有很强的生物入侵性，对红树林造成严重威胁，成为红树林保护和恢复所面临的一个核心问题。互花米草比土著红树植物有更广的盐度适应范围、更强的耐淹水能力和繁殖扩散能力，使其在与红树植物的竞争中占据优势，从而侵占了红树林的生长空间。

Lohrer（2001）认为，现时流行的各种假说只是从不同的角度来阐述生物入侵机制，而他提出的"基于生态位的框架"（the niche-based framework，NBF）模型则可以更全面解释生物入侵，并用三个层次的标准将入侵过程划分为 10 条途径，其中最重要者有三条：①在入侵生态环境中生态位重叠的数量；②在原产地生态环境和入侵生态环境之间生态幅变化的类型与数量；③资源限制的自然状态。每一条途径都代表着其独特的入侵过程。

但并非所有的入侵种都在竞争方面胜过本土物种，例如，土著种车前的竞争力大于入侵种北美车前，其原因可能是，土著种车前长期以来的进化使其已经适应了该地区的环境，因而比外来种具有更强的竞争能力。植物的竞争能力常随竞争对象、生态环境条件和时间的改变而发生动态变化（樊江文等，2004）。多数植物间的竞争具有不对称性，进而形成了竞争等级。竞争等级的表达同样受生物和非生物条件的影响（杜峰等，2004）。对于成功入侵的北美车前来说，种间竞争大于种内竞争，说明它也存在一定的竞争优势，也就是通过尽可能多地投资繁殖输出，即加大种子数量从而在竞争中取胜。

1.4.2.2　生物入侵威胁着本土物种生存

随着人类社会的发展及经济全球化的加剧，在新的生态环境中生物入侵发生的频率和速度明显加快。生物入侵有地域特异和物种特异两大类模型。成功的入侵种在新生态环境中通过竞争占据适当的生态位，并排挤相应生态位的土著种，威胁当地生物多样性，导致一些物种濒危或灭绝。例如，蚂蚁和壁虎等入侵性动物通过占据生态位夺取资源和食物，在竞争中排挤了土著种。在 B 型同非 B 型烟粉虱的竞争中，B 型雄虫对本地非 B 型的交配具有明显的干扰，导致本地非 B 型烟粉虱的繁殖受到影响。Pascual 和 Callejas（2004）报道，B 型与 Q 型烟粉虱之间也存在一定的生殖干扰。B 型烟粉虱通过竞争排斥本土的非 B 型烟粉虱，在分布范围和数量上逐渐扩大并逐渐取代本土非 B 型烟粉虱。

有些外来物种在引种初期给人们带来了颇为丰厚的经济效益或好处，但后来由于种种原因被人为遗弃，在野外迅速生长成为了入侵物种，造成了严重的生态灾难，对本土物种构成威胁。例如，原产南美洲的野牡丹 1937 年被作为观赏植物引种到大溪地岛，由于岛屿生态系统结构简单，物种多样性水平低，野牡丹植物进入后其群落迅速繁殖和扩张，占领了该岛陆地 2/3 的面积，甚至在高山和森林地区都有野牡丹植物群落存在，成为岛屿生态系统的优势物种，对当地的土著植物构成了严重威胁。昆虫中的入侵事件可以说明外来入侵物种对土著物种的影响，以非洲蜜蜂为例，20 世纪 50 年代非洲蜜蜂被引种到巴西，最初是准备在养殖场与欧洲亚种进行杂交，培育出蜂蜜产量高的品种，但这些非洲蜜蜂因偶然原因逃逸到野外后，迅速向热带和亚热带地区广泛扩张，导致欧洲亚种基因型呈现逐渐消失的倾向。鱼类中也存在外来入侵鱼类影响土著鱼类的情况。为了满足垂钓的需要而有意引进的外来鱼种通过与土著鱼类杂交，导致了土著种的遗传灭绝。外来鱼类通常是人工养殖品种，逃逸到野外水生环境中与土著的野生鱼类进行杂交，使一些在野外产卵的种群其适合度有所下降。在丹麦，由于养殖鱼类的大量放养，野生的褐鳟（*Salmo trutta*）种群在某些情况下获得高度的渐渗，而其他种群被渗入的程度较低。与淡水中固定的鱼种（permanent resident）相反，养殖的鳟鱼并不适合于洄游（anadromous）产卵，因此，它与野生鱼类的杂交可能降低洄游产卵的野生种群的适合度。

1.4.3　外来种入侵的遗传侵蚀

1.4.3.1　外来种和土著种杂交对土著种产生的遗传危害

　　杂交是自然界中广泛存在的基因交流现象，涉及完整染色体上大量基因的重组，这种重组方式很容易引起生物性状的改变，在适应新的环境变化时一旦获得成功，就能够使种群延续下来，也是外来生物能够成功入侵的重要原因之一。当种间存在基因流时，杂交充当着基因流的桥梁。种间杂交导致基因流的存在，进而引起基因渐渗和遗传污染。基因流可引起外来物种基因向土著近缘种的水平转移，加快被入侵生态群落的物种进化。外来种和土著种之间的杂交可对土著种产生遗传危害，遗传同化和基因渗透使土著物种的基因库毁灭，土著种被外来种替代，生态系统物种结构发生改变。杂交引起各种形式的基因漂流或基因污染，导致遗传上真正"纯净"的土著种消失（Huxel，1999）。同时外来种与本地种杂交后，对新环境的适应能力更强，一方面破坏了本土物种的遗传资源，另一方面扩大了外来入侵物种的群体规模，形成了一种遗传"殖民化"的状态。

1）杂交导致土著种遗传基因被稀释或遗传同化

　　很多外来植物都具有与本地植物杂交的能力，杂交产生的后代具有一部分本地种的遗传特性，并且获得了一些新性状，使其对不利环境的耐受性增强，可以适应更多变的地理环境，对于扩大其地理分布范围十分有利。外来植物与本地种杂交的直接后果就是导致本地种的遗传基因被稀释或遗传同化。遗传同化（genetic assimilation）也称遗传均一化（genetic homogenization），通常发生于两个相互杂交种群中的一方种群规模远大于另一方的情况下，小种群个体更多地与大种群的个体杂交，减少了小种群个体之间交配产生属于自己"纯"后代的比例，从而被大种群"稀释"掉。

对于适应性很强的外来种而言，其种群规模能够迅速扩大，其数量会很快超过由于生境片断化形成的本地种小种群，它们之间的杂交就会导致遗传同化，引起土著种小种群遗传特异性丧失或灭绝；基因漂流或基因污染导致土著种遗传基因被入侵种稀释或遗传同化，最终引起土著种的遗传灭绝。

2）外来种和土著种的远缘杂交造成远交衰退

当两个物种的亲缘关系较远时，由于遗传差异较大，杂交也可能直接导致杂合子劣势而产生远交衰退。远交可以导致物种特有等位基因共适应组合被破坏，引起后代适应性下降。远缘杂交引起染色体不能正常联会配对，是导致亲代具有的共适应等位基因组合失散的一个重要原因。染色体数量、结构不相配引起的配对不正常，将会产生不正常的后代或不育后代。由此产生的杂交后代适应性降低或杂种不育使物种种群在某一阶段内育龄期的亲体主要由不育个体组成，使种群中年轻补充个体数目急剧减少甚至消亡。

在自然界发生的远缘杂交引起的远交衰退程度要比人为杂交小，此外，远交衰退程度也与杂交的物种间的遗传距离有关。物种间的亲缘关系越小，遗传距离就越大，杂交引起的远交衰退程度就越大，与正常交配比较，远交衰退可使杂交后代的适合度下降40%～50%。

3）外来种和土著种的近缘杂交造成后者的基因污染

外来种在新的生态环境中可与土著物种进行杂交，在基因漂移和基因交流过程中使土著种的遗传基因逐渐受到污染。外来种一般是与同属近缘土著种进行杂交，当然也不排除与不同属的物种进行杂交。如加拿大一枝黄花（*Solidago canadensis*）可与假蓍紫菀（*Aster armicoides*）杂交，产生一种新的植物 *Solidaster luteus*，虽然目前对该物种的生物学特性还不够了解，但其潜在的危害性不容忽视。在植被恢复中将外来种与近缘土著种混植，即会发生近缘杂交。更让人担忧的是，这种外来种与近缘种杂交形成的杂种具有比双亲更强的优势，因此被广泛用于人工林的繁育。1900年，人们发现欧洲落叶松和日本落叶松的自然杂种具有生产上的优势，可以获得更大的经济效益，于是开始引进外来树种和土著近缘种进行杂交，生产优势杂种营造人工林。如日本落叶松（*Larix kaempefri*）可与混植的东北兴安落叶松（*L. gmelinii*）、华北落叶松（*L. principis-rupprechtii*）、长白落叶松（*L. olgensis Henry*）杂交，产生杂交子代。在澳大利亚昆士兰东南部，湿地松（*Pinus elliottii* var. *elliottii*-Pee）与洪都拉斯加勒比松（*Pinus caribaea* var. *hondurensis*-Pch）的杂种因兼有父母本的优良特性而受到重视，自1991年开始在商品人工林中广泛应用，取代了湿地松和加勒比松。同样，将中国鹅掌楸与美国鹅掌楸混植，可以产生杂种鹅掌楸。在海南省的海桑属（*Sonneratia*）产区栽培从孟加拉引进的无瓣海桑（*S. apetala*），都存在土著种的遗传基因被侵蚀，甚至丧失的问题，因为这些属已有一些种间杂交的报道。海南海桑属于海桑科海桑属，为中国特有树种，仅分布于海南岛，无瓣海桑的引入有可能加快这一特有物种的濒危灭绝。

红鲍（*Haliotis rufescens*）和绿鲍（*H. fulgens*）是美国和墨西哥太平洋沿岸的土著物种，在美国加州鲍的养殖已经成为当地经济的支柱产业。我国土著种皱纹盘鲍（*H. discus hannai*）能同红鲍和绿鲍杂交，形成的杂交后代在成熟后更容易与皱纹盘鲍杂交，引起遗传渐渗和基因污染。此外，皱纹盘鲍还可与原产新西兰的彩虹鲍（*Haliotis iris*）、原产日本的黑鲍、西氏盘鲍杂交，杂交鲍表现出一定的遗传优势。一旦杂交鲍在养殖过程中逃逸到野生环境中，会造成皱纹盘鲍的基因库受到遗传渗透，改变皱纹盘鲍野生群体的遗传结构。在青岛和大连附近的鲍苗繁殖区，97.3%鲍群体为杂交鲍，皱纹盘鲍种群基本消失。20世纪80年代初，我国从日本引进虾夷扇贝（*Patinopecten yessoensis*），近年来又引进了大批的栉孔扇贝（*Chlamys farreri*）和华贵栉孔扇（*Chlamys nobilis*），以解决土著栉孔扇贝养殖病害和种质资源被严重破坏的问题。在自然条件下，虾夷扇贝可能与土著栉孔扇贝杂交，如栉孔扇贝（*C. farreri*）×虾夷扇贝（*P. yessoensis*），虾夷扇贝（*P. yessoensis*）×海湾扇贝（*Argopectens irradias*），栉孔扇贝（*C. farreri*）×华贵栉孔扇贝（*C. nobilis*）之间均可杂交，大多数子代扇贝染色体都具有多态性。

土著的克拉克大马哈鱼与引入的虹鳟杂交，造成两者之间广泛的基因渗透，可能造成遗传同化或形成大量的杂种群，对克拉克大马哈鱼的野生种群构成威胁。有时即使是少量的引种也可以引起广泛的基因渗透，如佩克斯河中引入的鳟通过与土著鳟杂交，导致430km河段全为杂种群，土著鳟在该河段已经消失。

4）杂种优势排挤、淘汰土著种

外来种和土著种杂交产生的杂种具有遗传优势时，它可取代亲本。首先，杂交种往往具有较大的遗传多样性，有利于其种群的生存竞争和进化发展，杂交带来的遗传多样性可为杂交种带来优势。其次，杂种优势往往由多倍体、无性生殖方式（如无融合生殖）等所固定下来。多倍杂合子由于增加了杂合性和减少了近交衰退，并能固定杂交优势，从而表现出比二倍体更大的适合度，对受干扰的生态环境有更强的适应性，比其他物种更有竞争力。许多杂草均为异源多倍体，异源多倍体能够产生更多的遗传变异，导致更多的基因重排。第三，通过杂交可能将土著种的有利基因引入外来入侵种，从而增加入侵种对新环境的适应性。第四，杂交后代还可能摆脱或选择性脱除双亲基因组中积累的有害基因的影响，剔除软弱的或消极性基因，使后代更为健壮，更具有竞争性。上述原因都可能使杂交后代的生活能力和竞争性适应能力超过双亲，产生很强的入侵性，进一步排挤和淘汰土著种亲本。许多入侵种就是通过渐渗杂交而获得某些优良性状（抗病、抗逆、抗药性），使其在生产实践中难以控制，造成严重的生态危害。在 *Helianthus* 属、*Iris* 属、*Ipomopsis* 属内有研究表明，杂交及渗入的后代基因型在新生境中比它们的亲本具有更多的适应性。Zalapa 等报道入侵种 *Ulmus pumila* 在与本地种 *U. rubra* 杂交后，该入侵种的遗传多样性得以提高并且遗传结构发生改变，且遗传多样性的提高促进了该入侵种的成功入侵。当然，杂交也可能出现弱势杂种，它可能集双亲的有害基因和弱势于一身，其生存能力很弱，在适应性竞争中会被自然淘汰而消亡。

5）杂交产生基因重组，有利于形成新的种群

根据遗传学理论可知，遗传组成不同的个体之间杂交可以产生较大的子代优势，即杂交子代在性状上优于双亲。杂交涉及完整染色体上的重新组合，导致染色体上大量基因的重组，使杂交种的遗传多样性变得极其丰富，外来物种可以通过这种方式增加其种群的遗传多样性，使其种群在生存竞争和进化发展过程中表现出优势。杂交可通过重组积累更多的有利基因，杂交后代更为健壮、更具竞争力。但如果双亲在染色体结构上相差很大，可能引起染色体配对不正常，遗传平衡被打破，导致杂种不育。染色体加倍可以解决这一问题。杂交后代染色体加倍后可以进行染色体配对，形成可育后代，使杂交优势得到延续。多倍体对受干扰的生态环境有更强的适应能力，比其他物种具有更强的竞争力。在许多外来入侵物种中都有杂交和染色体多倍化的现象，如大米草（*Spartina anglica*）、假高粱（*Sorghum halepense*）、雀麦草（*Bromus japonicas* Thunb）、荨麻（*Urtica fissa* E. Pritz.）等。

按照遗传原理，突变为进化提供原材料。杂交涉及更多的基因重组，比基因点突变提供的素材更丰富，因此杂交成为创造新物种、产生具有特殊适应能力的个体的重要途径。遗传学研究也表明，生物的适应进化许多是利用已经存在的基因变异，这些突变在旧环境中可能是中性甚至是有害的，但在新的环境中表现出有利的特征。这些基因变异可能已经存在于外来物种的基因组中，也可能存在于近缘的土著物种的基因组中，而外来种和土著物种之间的杂交为这些变异基因的富集创造了机遇，使它们共存于杂交子代个体的遗传结构中。所以普遍认为杂交能够引起基因渗透，迅速形成新物种。在自然界中，有一些植物就是通过渐渗杂交的方式形成了很多新种，如在 *Iris* 属植物中就观察到这种形成新种的现象，许多新种就是由本属内不同种之间杂交形成的中间型进化而来的。杂交及遗传渗入的进化结果常常是新类群或新生态型的产生，一个很明显的现象就是杂种往往具有双亲没有的特征，包括形态学、次生代谢物质等方面的特征。产生这些新特征应该归因于双亲基因型的重组，这些新特征并不代表新类群具有竞争优势，但这些特征在新环境中总具有适应性的潜力。总而言之，遗传物质从一个物种进入另一个物种可引起基因渗透，将会增加种群的遗传多样性，提升物种的适应性变异，甚至导致新物种的形成。在急剧变化的环境中，杂交是推动适应性进化的原动力。

1.4.3.2　侵入和选择在外来种及土著物种群落间的作用

Huxel（1999）利用单基因和等位基因模型发现物种间的取代过程可以在短时间内完成，取代时间会随着侵入和选择分化的加剧而缩短。外来种和土著物种群落间主要是侵入和选择两种不同方式在起作用，其表现有：一是侵入不断加剧，导致对土著种的取代增强；二是有利于入侵种的选择分化，并通过遗传同化取代土著种；三是基因漂流或基因污染引起的杂交，可能通过遗传同化导致本土生物多样性的衰减或丧失；四是外来种和土著种杂交产生的后代可能兼具双亲的有利性状，还可能产生双亲原来不具备的新特征，杂交新种具有更强的竞争能力，它可以入侵并生活于双亲不能生存的环境之中（曹其文和丰广泰，1993）；五是入侵种的入侵形式与机制及其同土著种的潜在杂交机制或后果还有许多不确定性或突变性，尚待进一步多方位的深入研究。

1.4.3.3　转基因生物造成的遗传污染

近年来，人们都非常关注转基因的话题，许多转基因技术也引起了社会各界的争议，人们关心的一个重要问题就是转基因生物可能带来生态上的灾难。转基因技术通过人为干扰打破了自然界天然的生殖屏障，加快了基因在不同物种之间的横向流动。转基因成分还可能在环境中漂流，借助花粉传播或土壤微生物的感染进入近缘种和其他物种的遗传系统，污染物种自然基因库。转基因生物可被看作人造的新物种，其具有的优势特征为其入侵自然环境提供了生物学基础，作为一种人为改造后的遗传修饰物种释放到环境中，从本质上来说可以看成是生态系统中的入侵种。因此，近年来有关转基因生物的生态风险问题引起了许多学者的关注，并且成为生物入侵研究的一个方面。下面从基因流（gene flow）、非目标效应（nontarget effect）、目标害虫的抗性进化、产生新的病毒、转变为杂草，以及对生物多样性的影响等方面来阐述转基因植物的负面影响。

1）基因流

转基因作物与野生近缘种之间的种间杂交，能导致基因流的发生，当满足某些条件时，可能成功获得杂交种。许多研究者认为，转基因作物和野生近缘种的基因流依赖于供体植物和受体种之间的有性亲和性、相一致的开花期、在空间上有足够近的距离使可育花粉转移到接受种的柱头上，以及杂交后代和随后后代的可育性和繁殖能力。转基因水稻通过花粉与栽培水稻形成基因流的发生概率为0.04%～0.79%，足以使栽培水稻的基因库受到转基因成分的污染。转基因生物的外源基因通过某种途径转入并整合到其他的生物基因组中，使得其他生物尤其是植物的种子或产品中混杂有转基因成分，造成自然界基因库的混杂和污染。基因流与基因污染有明显的因果关系，基因流是原因，基因污染是后果。

转基因植物的大规模田间种植，可能使转基因成分流向其近缘物种。如果基因流发生在转基因植物和生物多样性中心的近缘野生种之间，则有可能降低生物多样性中心的遗传多样性；如果基因流发生在转基因植物和近缘杂草之间，则有可能产生更加难以控制的杂草。

转基因植物外源基因可以通过花粉传播、种子、植物残存体及根系分泌物或食物链逃逸。因此，转基因植物的大规模环境释放可能使转入的外源基因流向野生近缘种。此外，传统作物与转基因作物形成的杂种种子可能作为"遗传桥"（genetic bridge），进一步将转基因转移到其他作物或野生亲缘种。转基因作物与近缘野生种之间的基因流和基因渐渗对于保护作物野生种遗传资源具有重要意义，成为转基因作物生物安全管理的主要问题之一。

转基因家养动物，人们比较容易控制其活动范围和繁殖过程，而水生生物由于具有不同的生物学特征、生活史和生境特点，且往往产卵量大，生殖周期短，繁殖个体多，一旦转基因个体逃逸，就可能与野生种群交配、建群，繁殖大量的转基因后代，造成的基因污染比陆生动物要严重得多。

2）非靶标效应

某些转基因植物具有非靶标（nontarget）效应，表达的外源蛋白（如抗虫毒蛋白）可能会对自然界中其他生物有负面作用，导致生物多样性的丧失。由 *Bt* 基因产生的毒蛋白具有一定的广谱性，对鳞翅目、鞘翅目、双翅目和膜翅目等许多非目标昆虫产生影响，威胁到许多有益昆虫的生存与繁衍。

1999 年 5 月，美国康奈尔大学的 Losey 等在 *Nature* 杂志上发表转基因 *Bt* 抗虫玉米在实验室水平上引起大斑蝶死亡报道后，在世界范围内引起强烈反响。美国堪萨斯（Kansas）大学昆虫学家 Taylor 认为，大面积种植抗除草剂转基因大豆和玉米，将会造成大田中马利筋种群的减少，会对大斑蝶的生存造成威胁。

3）目标害虫的抗性进化

由 *Bt* 基因的持续表达产生毒蛋白，害虫在整个生长周期都生存在 Bt 杀虫蛋白的选择压力之下，促使害虫对 Bt 植物产生抗性。害虫对转基因植物的抗性发展，能够削弱转基因植物本身的效益，对环境产生负面影响，可能会导致杀虫剂的再次大量使用。尽管目前尚未有确凿的证据表明靶标害虫自然种群已对 Bt 植物产生抗性，但已有多个实验室获得抗 Bt 植物害虫品系。据报道，已知至少 10 种蛾类、2 种甲虫和 4 种蝇类在实验室对 Bt 毒素产生抗性，而在田间只有小菜蛾（*Plutella xylotello*）对喷洒的 Bt 杀虫剂已经产生抗性。

4）产生新的病毒

当利用病毒作为载体构建转基因植物时，植物体可以获得抗病能力，但完整的病毒粒子非常容易在空气或生物体内转移基因，遇到其他病毒就可能发生重组，形成超级病毒，其传染率更高。在自然农业环境下，植物病毒有可能进行遗传上的交流、病毒之间的重组或相似核苷酸之间的交换，导致新病毒的产生。在抗病毒转基因植株内，会发生转入的病毒衣壳蛋白（CP）基因与感染病毒的相关基因之间重组核苷酸或异源外壳转移，可能产生新的病毒。

在自然条件下，不同病毒（株系）间可能发生异源包装，即一种病毒的遗传物质被另外一种病毒的外壳蛋白包裹，形成的异源包装病毒其感染特征可能发生变化，因为病毒对寄主的识别是由外壳蛋白决定的，外壳蛋白改变可引起寄主范围的变化。此外，不同病毒还可能发生基因组的重组。重组病毒可能会成为毒性更强、寄主范围不同的病毒株。此外，病毒 RNA 和细胞 RNA 可发生重组，在高度选择作用下，转基因作物能产生新病毒，且引发新疾病。

5）可能转变为杂草

转基因植物被转入了抗虫、抗病、抗除草剂或对环境胁迫具有耐性的基因，释放到环境中可能通过传粉将这些转入的基因转移给其野生近缘种或杂草。在自然环境中，如果野生近缘种获得了这些抗逆基因，其表达的性状将对该野生植物种群及其与病、虫体天然种群间的相互作用产生一定影响。杂草一旦获得转基因植物的抗逆性状，将在农业生态系统中比其他作物具有更强的竞争力，严重影响其他作物的生长和生存。

1998 年，在加拿大 Alberta 转基因油菜田间发现了能够抗三种除草剂[草甘膦（glyphosate）、固杀草（glufosinate）和保幼酮（imidazolinone）]的油菜自播植物，其中抗草甘膦和抗固杀草的特性来自转基因油菜，而保幼酮抗性来自传统育种培育的抗性油菜。1999 年，加拿大 Saskatchewan 省的 11 块地的田间出现了抗多种除草剂的油菜自播植物。这些事实表明，转基因作物抗性基因的转移风险确实存在，而获得抗性基因的杂草，将更加难以控制。

抗除草剂转基因作物在种植过程中可能将抗性基因漂移到杂草上，形成的抗性杂草对农田生态系统影响很大，除草剂无法将其清除。研究表明，有很多作物能和近缘杂草杂交，因此携带抗除草剂基因的转基因作物很可能将抗性基因传给杂草，在高粱、水稻、燕麦和芥菜型油菜的研究中发现，它们的抗性基因可以漂移到其近缘种假高粱、红稻、野燕麦和野油菜中，基因漂移概率为 100%。进行抗性或抗虫基因修饰的农作物其原有的基因品质已经发生改变，可能变成杂草，抗性基因也赋予它们更强的适应能力和耐受性,一旦变成杂草就很难根除。随风扩散或通过花粉传播后,它们还能使其他野生的近缘种变成杂草甚至超级杂草。

6)破坏生物多样性

转基因在野生种群的固定将导致野生等位基因的丢失而造成遗传多样性的丧失,而且转基因进入野生种群的遗传背景,也会造成对野生遗传资源的污染和破坏。携带优势基因的转基因植物释放到环境中,将会改变生态系统中物种之间的竞争关系,转基因的水平转移可以形成竞争能力更强的物种,破坏原有的自然生态平衡,导致生物多样性的丧失和对生态系统的破坏。转基因植物通过基因流,污染野生和野生近缘种的基因库,破坏遗传多样性。此外,种植耐除草剂转基因作物,必将大幅度提高除草剂的使用量,从而加重环境污染的程度,以及农田生物多样性的丧失。

有些转基因植物可能会将其外源转基因转移给根际微生物,通过根际微生物进一步传给土壤中的其他微生物,使土壤微生态环境发生改变。转基因植物的根际分泌物和作物残体也可能影响土壤生态系统,降低植物的自然分解率,影响土壤的肥力及土壤内和地面上物种的生物多样性。

1.4.3.4 引种及遗传改良对家养动植物遗传资源的侵蚀

来自同一原种的家养动植物在各地形成各具特色的品种。然而,随着农牧业的发展,家养动植物的遗传多样性面临严重危机。外来品种引入、品种改良和杂交,使家养动植物遗传多样性正发生深刻变化,许多古老地方品种由于严酷的竞争和排挤,数量急剧减少,甚至濒临灭绝。引种及遗传改良对家养动植物造成严重的遗传侵蚀。此外,由于近代良种本身具有遗传局限性。如品种起源系统单一化,导致许多抗性基因丧失,加上良种抗性基因往往纯合化水平高,进一步缩小了免疫范围,增加了流行病和病虫害的暴发的可能性,而且一旦暴发往往会造成难以预料的后果,引起严重的经济损失,甚至导致一个品种乃至物种的灭绝。

1.4.4 外来种入侵对土著种的其他影响

1.4.4.1 随同外来种入侵带来的病原菌危害

在外来物种入侵过程中,可能其还携带病原体或寄生虫入侵新栖息地,结果会引起病原体的扩散。例如,在墨西哥中部的托卢卡河(the Toluca Valley)的商业马铃薯种植基地,马铃薯晚疫病菌(*Phytophthora infestans*)已经泛滥成灾,并对野生茄属植物构成威胁。在北美,原产于东亚的一种白松疱锈病菌(*Cronartium ribicola*)大量扩增,已经成为最严重的树木锈病之一。19世纪,由于在植物园中引入亚洲的树种，这种病菌在欧洲东部建立了种群。在欧洲，它会袭击原产于北美而广泛引种的美国白松（*Pinus strobus*）。在 1900 年左右，它通过从欧洲向北美出口白松幼苗而进入北美地区。这种锈病还会转换宿主而感染醋栗、五针松、糖松等。原产于美国的棉枯萎病和棉黄萎病，20 世纪 30 年代随棉种进入中国，造成的后患一直延续至今。牛蛙携带一种对本土鱼类致命的虹彩病毒，导致本土鱼类染病死亡，而牛蛙对该病原体具有一定的免疫力。

1.4.4.2　外来种导致土著种的进化或习性改变

生物入侵可能引起土著群落发生生态学与遗传学上的变化。当外来种进入新生态环境，面对土著群落它会为适应生存而进化，而土著种也将应对入侵种而调整机制以利竞争而被迫进化。相同的外来种在不同的群落中入侵可能产生不同的影响。生物入侵导致的生态环境变化可以形成新的选择压力，对土著物种的种群遗传结构有一定的影响，最终导致土著物种的进化或习性改变，以适应新的生态环境变化。

美国内华达州西部和加利福尼亚州沿海草地的许多斑蝶（*Euphydryas editha*）种群随着大叶车前（*Plantago lanceolata*）的入侵，其生活习性发生了改变，排斥原有的宿主植物——产于北美的寇林希属草（*Collinsia*），开始以长叶车前为宿主。斑蝶趋向于选择外来植物，是因为在长叶车前上斑蝶幼虫成活率更高。

1.4.4.3　控制外来种入侵而引入天敌对土著种的影响

一般认为，外来种的成功入侵可能是被入侵的生态环境中缺乏天敌，外来种失去其天敌的控制会促进其顺利入侵。引入天敌控制外来物种入侵虽然在某些事例中取得了成功，但对土著物种的影响却不可忽视。天敌因素在生物入侵中发挥的作用相当复杂，受多方面条件的约束，因此在引入天敌控制外来生物入侵时必须谨慎行事，以免造成对生态系统的负面影响。在清除入侵鼠类对岛屿生态系统的危害时，人们通常会采用生物防治方法。利用猫来消灭或控制入侵鼠类，但实际上引入的外来猫可能会发生食性转移，对入侵鼠类的清除达不到预期的效果，反而会危害某些土著物种。例如，引进到新西兰斯图尔特岛用来控制和消灭老鼠的外来猫发生了食性转移，其食谱中鸟类占了一定比例，造成不会飞行的鸮鹦鹉（*Strigopas habroptilus*）数量急剧减少。外来猫和三种外来鼠类都对鸮鹦鹉的生存构成威胁，无论是单独消灭外来猫或外来鼠类，都可能给鸟类带来危机。作为中间捕食者，消灭猫的潜在危害和影响更大，除非同时将三种外来鼠类消灭掉。外来猫在消灭之后，鼠类数量会迅速增加并对鸮鹦鹉和本地其他生物区系产生更大的影响。研究者调查了加拉帕哥斯的 22 个岛屿上外来猫的食物结构，发现外来猫除了捕食家鼠和小家鼠以外，还捕食家兔。在有些岛屿上引入家兔后，猫的饮食结构发生了较大的改变，鼠类从原来的73%～95%（个别的为39%）下降到0～4%（个别的为 50%）。在引入家兔之后，猫却主要以家兔为食，对鼠类的控制效果大为削弱。在家兔存在的情况下，引入外来猫根本无法控制鼠类的危害。因此，在利用天敌控制外来物种入侵时，一定要谨慎考虑发生食性转移可能带来的后果。

1.5 生物入侵对生态系统的影响

生物入侵对生态系统的影响包括对生态系统结构的影响、对生态系统功能的影响、对生态系统稳定性的影响和对物质生产的影响几个方面。

1.5.1 生物入侵对生态系统结构的影响

生态系统是由生物群落与无机环境构成的统一整体，不同类型的生态系统有其独特的结构和功能特点。入侵生物作为一种外来干扰机制介入生态系统中，必然会对生态系统能量流动、物质循环、信息传递等功能产生影响。由于入侵种的优势地位，本土物种很难对生态系统的运行过程产生决定性作用，导致入侵生物易形成小生境并逐步改变系统的环境状况。

生物入侵对生态系统结构的影响主要表现在对物种结构和营养结构的影响两个方面。

1.5.1.1 影响物种结构

外来种通过与土著种竞争资源与空间排斥土著种，或分泌化感物质以直接干涉方式杀死土著种，降低生态系统的物种多样性，改变农林业生态系统的物种结构。入侵种中的一些恶性杂草，如紫茎泽兰（*Eupatorium adenophorum*）、飞机草（*Eupatorium odoratum*）、小花假泽兰（薇甘菊）（*Mikania micrantha*）、豚草（*Ambrosia artemisiifolia*）、小白酒草（*Coryza canadensis*）、反枝苋（*Amaranthus retroflexus*）等种可分泌有化感作用的化合物抑制其他植物发芽和生长，排挤本土植物并阻碍植被的自然恢复。Wright 等（2012）对澳大利亚南部有盾叶蕨藻（*Caulerpa taxifolia*）入侵和无入侵的生境进行了对比，结果发现，相对于没有入侵的地域，盾叶蕨藻入侵生境具有水流缓慢、水体溶氧量低、淤泥沉淀物增多等特点，改变了入侵地小生境。同时，不同入侵生物对生态系统影响的大小和方向也存在差异（Vila et al., 2011）。

入侵美国亚拉巴马跳蚯蚓（*Amynthas agrestis*）也影响到其所在的土壤生态系统，该类蚯蚓在入侵地能够灵活转换摄食行为，并与土壤中的革兰氏阳性菌共生，从而加快其对于有机物的消化分解，改变土壤系统的稳态，以利于入侵（Zhang et al., 2010）。除了入侵植物和动物，外来微生物同样入侵各种生态系统，如蓝细菌（*cyanobacteria*）、根瘤菌（*rhizobial bacteria*）、菌根真菌（*mycorrhizal fungi*）等已经广泛入侵世界各处。入侵微生物具备高增长率、高资源利用率和高竞争力的特点，并倾向于入侵生物多样性水平较低的生态系统（Litchman，2010）。

2001 年 5 月 7 日，国际自然及自然资源保护联盟在一份报告中警告说，家褐蚁、褐树蛇等物种入侵其他的生态系统造成了巨大的环境和经济损失。入侵物种可能威胁当地动植物的生存，导致庄稼减产，使海水和淡水生态系统退化。报告列出了 100 种入侵性最强的外来生物，包括无脊椎动物、两栖动物、鱼类、鸟类、爬行动物和哺乳动物。这些入侵者包括家猫、北美灰松鼠、尼罗河鲈、水风信子和家褐蚁，世界危害最大的引入异域物种还包括灰鼠、印度鹩哥、亚洲虎蚊、黄色喜马拉雅悬钩子和直立仙人果。这些生物入侵者的活动极其活跃，在印度洋的圣诞岛，家褐蚁在 18 个月中杀死了 300 万只螃蟹。尼罗河鲈在 1954 年被引入东非的维多利亚湖时是为了减少当地鱼类的数量，但是尼罗河鲈通过猎食鱼类以及同当地鱼类争夺食物，导致当地 200 多种鱼类灭绝。

1.5.1.2　改变营养结构

外来种通过压制或排挤本地种的方式改变食物链或食物网组成及结构，继而改变整个生态系统的营养结构。外来植物对其入侵地往往具有较强的生态适应性，从而迅速繁殖扩散取代土著植物，改变食物网中消费者食物资源的类型、数量（初级生产力）与质量（可利用性）。这些初级生产者资源特质的变化会影响食物网中生物群落的组成、结构和相互联系，并通过各营养级及各生物类群间的取食作用改变食物网的结构与生态系统的功能。例如，互花米草（*Spartina alterniflora*）入侵长江口，既能够被土壤食物网中土著细菌性线虫取食利用（Chen et al.，2007），也能够导致蜡蚧、飞虱、球螋蝽、细螋等以土著植物芦苇（*Phragmites australis*）为食的节肢动物数量下降或消失（Wu et al.，2009），改变食物网的群落组成与能量流通路径；还能够改变周围的环境条件，为土著消费者无齿相手蟹（*Sesarma dehaani*）提供合适的生存环境，使得无齿相手蟹的丰度与生物量增加（Wang et al.，2008），改变食物网结构。

1.5.2　生物入侵对生态系统功能的影响

生物入侵对生态系统功能的影响主要表现为影响物质循环和阻碍信息传递。

1.5.2.1　影响物质循环

外来种能改变土壤的理化属性，在与土著种进行光、水、空间等资源竞争中，以其对土壤养分的吸收能力较强、产生的凋落物难以分解、积累盐分和改变土壤 pH

等方式降低土壤营养水平。一些外来种还能强烈影响土壤含水量，利用土著种不能利用或用量少的水源改变群落水分平衡。例如，晶态榕树（*Mesembryanthemun crystallinum*）入侵了美国加利福尼亚一些群岛，带来土壤盐分的变化。因为这种树在利用土壤盐分方面不同于群落中的其他物种，它能使土壤表面的盐分加重和沉积。由于晶态榕树沉积盐分，改变了土壤营养输送的过程，沉积的盐又抑制了其他植物的萌发和生长。这些岛屿就变成了单一晶态榕树的生长区。伴随这些巨变岛屿的物种多样性和数量明显减少，同时导致动物的减少，改变了群落生态系统的营养结构，从而又导致了食物链、食物网的营养结构多样性明显减小。

1.5.2.2 阻碍信息传递

外来种与土著种间竞争种子散布者或传粉者而破坏昆虫与植物间的化学信息传递，影响传粉过程，降低土著种的繁殖能力。某些外来种通过释放化感毒素、化感抑制素等化学信息物影响邻近植物生长，或通过根泌物影响根系微生物种类和数量，进而改变土壤理化性质，对其他植物的种子或根系产生影响。外来种与土著种的杂交带来的遗传侵蚀也影响了农林业生态系统物种遗传信息的传递。

一个生态系统中，它的食物链、食物网、物质的循环、能量的流动、信息的交流都是基本固定的，这样才能保证本地生物多样性的稳定和生态系统的持续发展，外来种从生态环境的某个环节插入其中，由于没有天敌，会直接改变各个因素的流动方向和传递效率。外来种直接杀死本地物种，获得本地种所在生态位的物质和能量，从而改变生态系统的结构和功能；此外，外来物种所分泌和释放的化学信息物（酚酸类、聚乙炔、倍半萜、内脂及甾醇类等化感物质），改变了本地种群的信息流动方向，使地物种生活失去规律。

1.5.3 外来物种对生态系统稳定性的影响

原有生态系统的土著群落中物种间的相互作用与维持其遗传多样性、食物网络结构和群落的稳定性之间有重要关系。不论是生态系统还是生物群落又总是处于临界运动状态，任何内外因素的变化都在不同程度上影响系统的稳定性，而突然发生的巨大变化和波动可能打破原有的临界运动状态或混沌状态，而进入新的混沌态。外来种的入侵对原有生态系统和土著群落是一种干扰或胁迫，物种间相互关系会因引进外来种而在组成结构和功能上发生变化，并引起相应的响应。基因也可能因外来种与土著近缘种的杂交而发生重组，从而引起遗传侵蚀或生物进化。随着外来种的引入，土著群落对入侵有易感性，可能在进化上导致物种间关系的转变，如宿主类型转变。

1.5.3.1 外来种入侵导致局部野生、原始种群消失及遗传材料减少

由于地理环境如高山和河流阻隔，造成某些物种长期与外界隔离，因而仍然保存和发展着各种各样的局部野生、原始动植物种群及半栽培状态植物、半家化家养动物。这些局部野生、原始种群通过人类的筛选、淘汰，经过半栽培、半驯化阶段，形成栽培植物和家养动物，它们保留下来的遗传资源是人类极其宝贵的财富，可能是未来人类新经济产业的源泉。进入新生态环境中的外来种在定居、建群、繁殖、扩展过程中，由于资源或食物的竞争而排斥或取代土著种种群。外来物种入侵严重干扰生态系统的局部野生、原始种群的生长，导致其种群消失或遗传灭绝。

外来物种与本土近缘物种杂交，从而改变本土物种基因型在生物群落基因库中的比例，使群落基因库结构发生变化。而且有时这种杂交后代由于具有更强的抗逆能力而使本土物种面临更大的压力。这种情况不但发生在植物中，在鱼类、两栖动物和无脊椎动物中也时有发生。与外来种的杂交可以导致对土著物种的严重威胁，土著种与外来种杂交 5 代或 5 代以内就会灭绝（Wolf et al.，2001）。例如，入侵美国佛罗里达半岛的外来物种马缨丹（*L. camara*）可与本地的马鞭草科植物 *Lantana depressa* 杂交形成子代植物，由于马缨丹是四倍体物种，形成的杂交后代是三倍体植物，具有比其亲代 *Lantana depressa* 二倍体更强的生长优势，在 *Lantana depressa* 的自然生境中疯狂生长，并逐渐取代 *Lantana depressa* 二倍体种群。入侵美国西海岸的互花米草，与本地近缘种加利福尼亚米草（*S. foliosa*）发生种间杂交，由于互花米草具有较大的雄性适合度，种间杂交导致加利福尼亚米草种群基因同质化，降低了其遗传多样性（Anttila et al.，2000）。除了入侵植物之外，入侵的动物也存在类似的情况。在新西兰本土的南方蓝蛱蝶（*Zizina oxyleyi*）与引种到澳大利亚的普通蓝蛱蝶（*Zizina labradus*）杂交后，形成的杂种蓝蛱蝶迅速繁殖起来，并与南方蓝蛱蝶（*Zizina oxyleyi*）频繁杂交，导致其种质资源遭到严重的遗传侵蚀，造成了南方蓝蛱蝶的遗传性灭绝。哺乳动物和鸟类也面临因杂交而导致的灭绝危险。例如，苏格兰土著马鹿（*Cervus elaphus*）与引进的日本梅花鹿（*Cervus nippon*）可以杂交产生杂种后代，由此产生的基因渐渗威胁到土著马鹿的生存，更令人担忧的是，土著马鹿和日本梅花鹿的杂交繁殖区域正逐渐扩大，这意味着土著马鹿的基因库将逐渐消失。种间杂交正日益成为外来种所造成的影响中最重要的因素之一。

种群灭绝和局部灭绝是自然的进化事件，但由于人类的活动导致的外来物种入侵使其严重性扩大了千倍。造成土著物种灭绝及局部灭绝的原因中，外来物种引进产生的影响尤为突出。外来种通过捕食、竞争或带来病害等方式造成灭绝事件。另外，渐渗杂交也能通过产生完全不同的物种引起原物种的消失。生存在隔离环境如海岛、湖泊和溪流等中的物种，尤其容易遭受外来物种引进的影响而导致灭绝。岛屿物种几乎占有灭绝物种的绝大部分，其中爬行动物占 100%、鸟类占

90%、软体动物占 79%，哺乳动物占 59%（世界保护监测中心 1992 年数据）。这些灭绝事件大部分是由外来种的引入造成的。外来生物入侵已经成为生物多样性丧失的主要原因之一，特别是对于岛屿等隔离生态环境而言，生物入侵是岛屿生物多样性丧失的重要因素。

1.5.3.2　外来种入侵造成种群破碎化对土著种遗传结构的影响

入侵种的快速繁殖和扩散使本地种的生境发生片断化，影响本地种的种群遗传结构。随着生境片断化，残存的次生植被常被入侵种分割、包围和渗透，使本土生物种群进一步破碎化，产生随机抽样效应，导致小种群的遗传漂变和近交繁殖。生境片断化可引起隔离距离效应和基因流的改变，这些效应的综合结果将体现在子代种群遗传结构的变化上。首先，本地种群在生境片断化的作用下形成了各种不同大小的小种群，由于遗传漂变效应，某些稀有等位基因将不被"取样"而从后代中消失，导致种群的杂合度和等位基因多样性损失。在小种群中，虽然频率较低的等位基因对遗传多样性的贡献很小，但对适应特殊环境很重要。小种群近交还会引起遗传多样性减小。而且，生物入侵导致的环境变化构成新的选择压力，引起自然选择模式改变，在入侵引起的强烈选择压力作用下，本地种群的不利等位基因被"过滤"除去，而有利等位基因得以保存，本地种群的基因型组成随之发生变化。其次，生境片断化过程破坏了本地种群分布格局的完整性，破碎化的小种群造成一些物种的近亲繁殖和遗传漂变，导致物种纯合性增加、杂合性减少及近亲衰退。另外，生物入侵还可以影响本地种群间的基因流通。研究表明，生物入侵导致的生境片断化使小种群的隔离距离逐渐增加，导致基因流降低，在本地种个体、种子、花粉等的迁移能力不变的情况下，隔离距离越大，种群间的基因流越小，种群的杂合度和等位基因多样性随之迅速降低，种群的遗传分化增大，遗传多样性丧失。值得注意的是，在单纯的生境片断化系统中，由于风速较大可以使花粉传播距离较远，种群间基因流增大，而入侵生物通过侵占裸地形成防风带而降低风速，使花粉传播距离大为缩短，降低了基因流的流动。在基因流完全受到阻碍后，某些物种就可能进化出适应近交的机制，最终以自交方式进行种群繁殖。

1.5.4　生物入侵对物质生产的影响

生态系统通过初级和次级生产为人类提供食品、工农业和医药原料。入侵植物绞杀树木和灌木，降低成熟植株的成活力，提高了植物病菌和林地胁迫的发生频度，且充当植物病菌和其他危害有益土著和观赏植物的有害生物的宿主种群。有些有毒植物还造成了当地牲畜死亡或生存力下降。通过这些方式，入侵植物可影响农林业生态系统的初级生产力和次级生产力。

外来动植物均可以阻止本土物种的自然更新，从而使生态系统结构和功能发生长期无法恢复的变化。这类事例很多，如忍冬（*Lonicera japonica*）和洋常春藤（*Hedera helix*）侵入美国华盛顿特区罗斯福岛后，其浓密的枝叶抑制了本土建群植物美国榆（*Ulmusame ricana*）、美国黑樱桃（*Prunus serotina*）和北美鹅掌楸（*Liriodendron tulipifra*）的光合作用，而最终使其死亡。

原产日本的松突圆蚧（*Hemiberlesia pitysophila*）于 20 世纪 80 年代初入侵我国南部，到 1990 年年底，在造成 130 000hm² 马尾松林枯死的同时，还侵害一些狭域分布的松属植物，如南亚松（*Pinus latteri*）。原产北美的美国白蛾（*Hyphant riacunea*）1979 年侵入我国，仅辽宁省的虫害发生区就有 100 多种当地植物受到危害。

1.6　生物入侵对人类健康和社会的影响

就生物入侵对社会的影响而言，最严重的莫过于对人类健康的危害。历史上，入侵种引发了许多影响人类健康的灾难性事件。过去的一万年中，入侵者分三大类：第一类是作为征服者、奴役者和殖民者的人类；第二类是从家畜或宠物传染给人类的致病生物，或由人类入侵者偶然带进的致病生物；第三类是影响农业和畜牧业生产的病虫害。

危害人类健康的入侵生物很多，我们可以简单地将其分为两类。第一类是具有直接影响的外来生物，这类生物会直接危害人类健康，有些外来生物，尤其是病原生物（如艾滋病毒、登革热）可以直接导致人类疾病；有些生物则直接伤害人类（如入侵夏威夷的比拉鱼、曾在我国闹得沸沸扬扬的食人鲳等）；有些生物（如豚草）带有致病因子。第二类是具有间接影响的外来生物，这类生物以间接的方式影响人类健康，如海洋生物藻青菌的毒素通过食物网进入人体，使人中毒；有些外来生物可以通过改变生态系统的食物网结构影响人类健康（如舞毒蛾的入侵间接导致莱姆病的暴发）；有些则通过影响农林业生产影响人类健康，有些是人类病原生物的载体。

许多入侵物种倾向于分布在人类干扰活动较大或人口中心区域，直接或间接地对人类健康构成威胁。金银花（*Lonicera maackii*）是入侵北美的主要灌木之一，它能够吸引花蜱（*Amblyomma americanum*）种群，而花蜱是艾利希体菌（*Ehrlichia ewingii*）的携带者。由于金银花大量入侵白尾鹿（*Odocoileus virginianus*）活动区域，花蜱叮咬白尾鹿的概率上升，艾利希体菌进入鹿血中，并通过人和鹿的接触最终使人致病（Allana et al.，2010）。入侵北美的西尼罗河病毒（west Nile virus，WNV）长期以来也对该地区人类健康造成很大的负面影响。在入侵区，WNV 快速适应感染当地的病毒传播者—蚊子，且 WNV 在城镇化区域传播速率最高，因为其寄主和病菌传播者多集中在人类活动地带。例如，美洲知更鸟（*Turdus migratorius*）喜欢在人类活动改变过的景观区筑巢繁殖，成为蚊子叮咬对象，加速病毒传播

（Kilpatrick，2011）。入侵美国俄克拉荷马州的杜松（*Juniperus rigida*）不但消耗放牧区大量水分造成牧草减产，而且排放高密度的致敏性花粉，诱发人类疾病，同时杜松也为蚊子提供了栖息地，加剧蚊子体内 WNV 病毒扩散（Lempinen，2012）。Conley 等（2011）通过对美国密苏里州东部金银花入侵群落分析认为，金银花能够吸引白纹伊蚊（*Aedes triseriatus*）在其上产卵繁殖扩散 *La Crosse* 病毒，但是这种吸引能力与金银花密度有关，当金银花种群密度上升时，白纹伊蚊的产卵率呈显著下降趋势。入侵生物与人类健康的关系虽然密切，但其大部分是通过入侵生物—生境变化—媒介物种—病菌扩散这样的间接途径逐步发挥功效。

病原体以令人难以置信的方式干预人类文明的进程。长久以来，微生物伴随着人类历史的步伐以独特的方式演绎着历史，有时以瘟疫的形式施展魔法，横扫城市和乡野，终结帝国政权，影响宗教和科学；有时躲藏在历史的阴影中，充当颠覆政权、种族消亡和文明灭绝的"幕后黑手"。疾病或传染病大流行伴随着人类文明进程而来，并对人类文明产生深刻和全面的影响。一种传染病要成为对人类造成广泛而深刻的伤害的疾病，必须具备一些基本的条件。而这些条件本身，只有人类文明发展到一定阶段上才能出现。具体说来，人类最早的狩猎和采集的文明阶段，基本上就没有所谓的传染病或流行病，因为那时候人口稀少，每个群体只有几十人近百人，是自成一体的微型社会。各个互不交往的游猎群体到处跑，他们那样的生产方式和生活环境不大可能发生传染病或流行病。当人类的种群密度过高时，就容易暴发传染病。大约 1 万年前人类进入农耕文明时代后，大规模开垦农田并驯养动物，人口商贸往来交流日益频繁。微生物生态环境发生变化，导致细菌变异，传染病应运而生，并逐步蔓延。1000 多年来，战争、通商、移民等大规模远距离的人口流动加剧了传染病的扩散。尤其是近代以来，随着航海事业的兴起，原本在各个大陆"老死不相往来"的人口开始频繁接触，传染病的流行日趋猖獗。

人类历史上传染病大规模流行大都与战争、通商和传教士的宗教活动有关。在公元前431年暴发的伯罗奔尼撒战争使新型流行病从非洲传到了波斯，1年后传到希腊。这次传染病的大流行造成了大量人口死亡，并改变了人们的宗教观念和社会文明，把"神"放到了至高无上的地位。这次瘟疫造成西方文明史上一次重大的改变。雅典曾经是古希腊最强大的城邦国，但因为这次瘟疫，雅典文明逐渐衰落。公元1347年，一场名为黑死病的大瘟疫随着十字军东征从中亚来到欧洲。这场大瘟疫的元凶是烈性传染病鼠疫，它从意大利南部西西里岛的港口城市墨西拿开始，蔓延到西欧、北欧、波罗的海地区，直到俄罗斯，在 6 年时间里，席卷了整个欧洲，夺走了欧洲 1/3 的人口。这次瘟疫一直延续到公元1351年，被称为中世纪大瘟疫。中世纪大瘟疫造成的惨重后果，影响了西方文明的各个方面，中世纪也被称为人类历史最黑暗时期。由于当时对医学知识的了解甚少，加上宗教传说的影响，在欧洲文化中出现了吸血鬼的元素，如哥特文化中的吸血鬼崇拜。

1.7　警示入侵者

1884 年，原产于委内瑞拉的水葫芦在美国新奥尔良的博览会上展出，人们见其花朵艳丽，便将其作为观赏植物带回各自国家。100 多年过去了，水葫芦如今成了令各国大伤脑筋的头号有害植物。原产于哥斯达黎加的有毒植物紫茎泽兰、原产于南美洲的空心莲子草，还有福寿螺、巴西龟……如今都为害一方。20 世纪 80 年代，在美国加利福尼亚州的旧金山湾出现了入侵物种——中国蛤，中国蛤不久就布满了这个巨大河口的底层，摄取了大量的浮游植物，而浮游植物是水生生态系统食物链的基础。在同一时期，欧亚斑马贻贝也侵入北美洲，成为美国和加拿大最主要的淡水附着生物，导致数亿美元的损失，并引起深刻的水生生态学变化。斑马贻贝原产于黑海地区，而现在这种软体动物已经遍布英国、西欧、加拿大和美国的水系。斑马贻贝以浮游生物为食，由于繁殖很快可以影响整个水体的生态平衡，造成严重的经济损失。与此同时，一种美国梳水母也在黑海和亚速海定居下来。入侵者极大地改变了该海域的生态系统，消耗了大量浮游生物，引起渔业生产的崩溃。20 世纪 80 年代，在南澳大利亚海域出现了一类能引起赤潮的日本甲藻种群入侵，严重威胁当地商业水母的生长与收获，造成了很大损失。这类典型的外来入侵物种只是大量分布的各种外来种中的"警示入侵者"（poster invader）。这类外来物种的入侵对生物多样性、自然群落功能变化、生态、经济以及公众健康造成的影响是难以估量的。

2 外来物种的入侵生物学

2.1 生物入侵的模式与发生条件

2.1.1 生物入侵的几种模式

生物入侵对生态系统的影响涉及生态学和进化生物学方面的理论知识，对于土著物种群体遗传结构的影响及杂交渗透可能引起土著物种衰灭，对生物多样性有重要的影响。研究外来入侵物种的生理特征、对生态环境的潜在危害、入侵发生的生物学机制、不确定性风险等对于生物多样性保护具有非常重要的意义。入侵模式作为入侵生物学研究中的一个方面，其研究对于制定生物入侵的防治策略具有重要的参考价值。

生物入侵模式大致有 6 种，它们包括：①自然入侵；②人类辅助入侵；③屏障去除后的入侵；④人类运输引起的意外入侵；⑤从动植物园或养殖场逃逸出去的入侵物种；⑥有意引入。这些入侵模式中，除了第一种，即自然入侵之外，后面的几种入侵机制都与人类活动密切相关，从这一点可以看出，人类在生物入侵事件中扮演了重要角色。生物入侵被认为是人类活动所引起的全球变化现象之一，在全球化发展进程中生物入侵引起的生态、经济和社会问题成为人类面临的重大挑战，有着特殊的地位与作用。要解决这一问题，单纯采用自然科学手段是很难应付的，因为生物入侵还涉及人的问题，与人类社会的发展有密切关系，必须将各个方面都考虑进去，才能达到预期的效果。

2.1.2 生物入侵的发生条件

生物入侵的成功与否，一方面取决于外来物种自身的繁殖、适应和扩张等生理特征；另一方面与新的生态系统所能提供的外界环境因素有关。外来物种自身条件是内因，而生态环境条件是外因，生物入侵正是这两种内外因素相互作用的结果，当这两种条件都具备时，生物入侵就会发生。相反如果缺少其中条件之一，生物入侵就不会发生。外来物种必须具有在新环境中繁殖、适应的能力，加上具有扩张性，才能入侵成功。而新的生态系统也必须为外来物种的生长和建群提供丰富的资源，为外来物种提供空的生态位或使外来物种与本土物种发生生态位的替换，以达到成功入侵。外来物种的自身条件和新生态系统的生态位空间，是决定外来物种能否成功入侵的重要影响因素，两者缺一不可。

当进入新的生态系统之后，如果外来物种所处的环境条件如温度、湿度、海拔、土壤、营养等适宜，就为它们的种群繁衍提供了机会，因为在这里它们的天敌不存在，其群体规模的扩大完全由其繁殖能力决定，对于繁殖能力强的物种，它们可以在较短的时间达到较大的群体规模，为进一步入侵扩张奠定基础。但许多外来物种因为繁殖能力有限，虽然可以形成自然种群，但其种群规模相对较小，一般情况下不会对本土物种造成危害。而确实能够造成生物灾害的入侵种往往具有以下特点：

（a）生态适应能力强。外来入侵物种的耐受性强，可以在贫瘠的环境中生长，因此其生存范围非常广，可以跨越热带、亚热带和温带地区。

（b）繁殖能力特强。外来入侵种具有很强的繁殖能力，繁殖世代时间较短，种子较小且数量多，或每窝产幼崽较多，有的物种具有很强的无性繁殖能力，如紫茎泽兰、水葫芦等。

（c）传播能力强。入侵种能够快速传播可以使外来物种迅速进入新的地域，有更多的机会找到适宜的栖息环境，这对于外来物种的种群扩张非常有利。传播到新地域的外来物种可以寻找机会占据空生态位，或者从生态系统的脆弱环境入手引起生态系统不稳定，形成致危生境威胁土著物种的生存。例如，薇甘菊的种子较小较轻，容易通过风力传播进入新的生态环境。

而被入侵的生态环境也必须具备以下几个特点才能使外来物种获得成功入侵：①具有可利用的资源条件，这些资源包括食物、土壤、水分、阳光和栖息地等；②缺乏自然控制机制，新的生态环境往往缺少外来物种的天敌，使其生长不受制约，这样的情况下其群体增长更快；③人类进入的频率高，使得生态系统受到的干扰较大，并增加了外来物种进入新生态系统的机会，也为生物入侵创造了条件。

2.1.3　群落可侵入性及其关键要素

2.1.3.1　生物群落可侵入性

生物群落可侵入性（invasibility）或易感性（vulnerability）是指群落受外来种入侵的程度，可用于评估某给定群落或地区容易遭受生物入侵的程度。影响可侵入性的因素，归纳起来主要包括以下几个方面：入侵过程、入侵种特性、本地种和生态系统对入侵的抵抗性。群落可侵入性同外来种死亡率、区域气候、干扰水平、生态系统抵抗入侵的能力、土著种竞争与抗干扰的能力等诸多因素有关。

入侵潜力（invasion potential）是外来种的特征之一，是指物种所具有的本征入侵能力，可理解为禀赋特性和势力、受干扰程度及物种抗干扰能力。在生态环境和生物群落受到环境突发性的大规模干扰（如洪涝、干旱、火灾、过度放牧、滥采滥伐、耕作不当、湿地排水、环境污染等）时会诱发生物入侵频发。如果土著种不能适应这种干扰，则外来种却可能顺应干扰带来的环境变化和生态位空缺乘虚而入，由外来种转变为入侵种并带来危害。而任何有限资源获得概率变小和生态位机遇趋紧时，则可望增强群落对外来种入侵的抵抗性（invasion resistance），阻抗生物入侵。群落可侵入性同"生态位机遇"关系密切，资源、天敌和物理环境三者都随时空变化，这三大因素及其时空变化的不同整合都决定着外来种的生长速率（即入侵能力）。

对于入侵成功的原因，很多假说提出了各自的机理解释，其中最具影响力的是 Elton 提出的物种丰富度假说。该假说认为低的本地种多样性利于入侵，物种贫乏的群落比物种丰富的群落更容易遭到入侵。

2.1.3.2 群落可侵入性的关键要素

群落可侵入性或易感性受多种因素的综合影响，这既与外来入侵种的生活史、生理形态、生态特征等生物学特征相关，又与被入侵的生态环境特征和群落物种组成、群落结构功能相关。一般而论，群落可侵入性的影响因素可归结为进化历史、群落结构、繁殖体压力、干扰以及胁迫等五大要素。这些要素又相互交错、互为因果、相辅相成，既可拮抗，又有协同，必须系统地从总体上整合。任何生物入侵都是各种因素综合的结果，也是偶然机遇组合的必然结果。各种自然属性是其基础性、实质性的物质前提，而人类行为活动是促进或诱发生物入侵的契机。分析和控制生物入侵是项系统工程，必须将工程的哲学、战略和战术一起考虑，必须认识群落可侵入性的关键要素，才能真正抓住要害。

1）进化历史

生态环境和生物群落是自然的、历史的辩证综合产物，既有长期的适应性的自然进化，又有长期的人类活动所引起的人文生态广泛而深刻的干扰。进化历史对群落可入侵性的影响主要有两方面：一是群落中土著种间的自然竞争强度；二是受到人为干扰的强度。在生态系统和生物群落形成的进化初期，物种间自然竞争强烈，可能引起生态位空缺出现的机遇较高，为外来种入侵提供机遇。随着生物群落演变走向顶级，土著种已被不断的竞争所选择，群落内部物种间竞争趋向于最小，物种组成趋于稳定，群落结构趋于合理优化，生态功能趋于综合高效，生态食物链网均有合适的物种占据各自的生态位，并具备较高的对外竞争能力，生态系统资源得到充分利用，留给外来入侵种的空域生态位和可利用资源非常有限，这样的群落和生态环境往往表现出相对较低的可侵入性。这类生态系统的生物地球化学循环往往优良、合理、顺畅、高效。此外，受人类干扰历史长的群落也可能表现出较低的可侵入性。

2）群落结构

群落结构影响入侵主要体现在群落物种多样性和物种组成结构功能群（functional group）多样性两个方面，它影响外来入侵种繁殖性存活率、幼苗生存、成株可能获得的生物量，以及外来入侵种对土著群落物种的冲击。一般认为，群落结构中物种多样性相对贫乏的群落易遭受外来种入侵，或者说，群落物种多样性与可侵入性之间呈负相关。1958 年，Elton 提出了群落物种丰富度假说，阐述群落结构对生物入侵的影响。Elton 假说认为，多样性增加了生态系统对外来种入侵的抵御能力，结构简单的群落更容易被入侵。MacArthur（1955）多样性稳定模型认为，一个群落内所含有的物种数量对其稳定性的维持起基本作用，种间关系或联结对其稳定性起补充作用。Frank 和 McNaughton（1991）在黄石公园的草地实验结果支持这一论断，植物群落种类成分稳定性随多样性而增加。这与 MacArthur 的观点相一致。

Robinson 和 Valentine（1979）及 Case（1990）用 Lotka-Voltera 竞争方程构建的群落稳定性模型研究群落可入侵性，结果发现群落达到平衡以后，入侵成功的可能性随群落物种增多和结构复杂化而降低。Post 和 Pimm（1983）在群落集合模型中应用了不同的群落多样性构成处理方式，结果显示入侵成功率随时间延长而下降，多样性增加群落对入侵的抵抗力。Law 和 Morton（1996）提出的模型在某种程度上也支持多样性促进群落抵抗入侵的说法。

群落对外来种入侵的抵抗力并非仅由物种多样性所决定，群落物种组成及其结构功能群的多样性可能起更重要的阻抗效应。由于物种冗余（species redundancy）的存在，物种多样性丰度高的群落并不一定就具有抗御外来种入侵的能力，群落可侵入性更多地依赖于物种结构功能群的多样性，土著种对形态结构或功能生态位相似的外来种入侵会显示出更强的抗入侵能力。

群落内部的空间异质性也可能对入侵有一定的影响。根据群落组合理论，由于物种丰富的立地存在较高的时间、空间异质性，从而可能增加植物入侵的机会。Tilman 等（1996）认为，尽管在物种丰富的草原样地上群落生物量是随时间稳定的，但各物种的生物量差异很大；在物种丰富的样地上，局部物种丰富度的时间波动会给入侵者以机会，一些入侵者由于其多年生的生活史特征能建立并持续。另一种可能是物种丰富度与入侵种适合微生境的可得性相关。这种微生境的高度空间异质性允许许多物种共存，而且有的物种可能直接作用于土壤和光等环境因素并促进微生境的异质性，更多的立地环境提供了更多的入侵机会。

3）繁殖体压力

　　繁殖体压力（propagule pressure）是指生态系统中可以影响入侵种子或根茎等繁殖体进入系统生存下来的来自其自身和外界的压力。Williamson（1996）将生物在入侵过程中呈现出的一种入侵潜力（群体效应，mass effect）称作繁殖体压力，强调的也是繁殖体的总体数量对成功入侵的影响。也有人把生物引入过程中释放生物繁殖体的数量或频率称作繁殖体压力。Lockwood 等（2005）认为繁殖体压力是生物个体释放到非原产地区数量上的一种综合表达，它是每次释放生物繁殖体数量的多少和释放次数的结合。繁殖体压力具有事件水平的特征，即对比生境可入侵性特征和物种本身的入侵性特征而言，繁殖体压力会与多次引入发生联系，对于每一次引入事件或入侵事件来说，繁殖体压力都会各不相同。Martinez-Ghrsa 和 Ghersa（2006）引用 Williamson 的繁殖体定义并加以补充，认为通过繁殖体压力可以估测入侵生物的繁殖体找到适合其种群建立并繁殖新生境的机会的大小。这个定义指出，考虑繁殖体压力时，应该把繁殖体数量和适宜生境结合起来。

　　繁殖体压力解释生物入侵主要从种群建立方面考虑。定居（establishment）是指外来物种能在新生境存活下来，并能繁殖后代。持续不断的繁殖体的提供是外来物种克服不利环境因素达到成功定居的途径，一般说来，繁殖体压力越大，外来生物越容易成功定居新生境。繁殖体压力与基因多样性之间的关系对建群效应有一定的影响。外来种在其初始到达地的基因多样性水平很低，会降低其成功定居的可能性。而高水平的基因多样性能够在以后的入侵和扩散过程中，增强入侵种适应不同生境的能力。此外，外来物种从定居新生境到扩散暴发而成为入侵种存在一段时滞期，不同来源的繁殖体在这一时期内会通过基因的或表型的变化来适应新环境，从而达到成功定居并蔓延为入侵种。因此，增加繁殖体压力对提高外来种群的基因多样性有利，从而提高了外来种成功入侵的机会。繁殖体的体积大小（body size）作为衡量入侵物种繁殖体质量的一个重要方面，与外来生物成功入侵有密切关系。例如，体积大的鱼或鸟比体积小的鱼或鸟更容易在新的环境中生存下来。

　　繁殖体压力可能容易受一些生态环境状况变化的影响。没有受到干扰的、覆盖度很高的群落和繁殖体活动能力强的外来种，均可能受到传播媒介的影响而显示出可入侵性和入侵性的差别。由于自然灾害或人类活动的干扰，可使一些生态环境变为斑块状，从相邻生态环境传播进入的繁殖体可以使原来具有一定抗御能力的群落演变成脆弱生态，其可侵入性明显增加。当环境条件或生物地球化学因素出现变异，可使生态环境发生相应变化，食物链网作出适应性调整，将导致繁殖体传播遇上新机遇或新挑战。

4）干扰

干扰是不连续的因子，有时可能是不确定性因子。在很多情况下，干扰可能增加群落的可入侵性。当然，干扰并非生物入侵的必要前提条件，没有干扰或干扰受抑制时也可能发生生物入侵。但是，干扰会降低群落对外来种入侵的抵抗能力，为生物入侵提供了难得的生态位空缺和可被利用的资源，使群落的可入侵性大为提升。

人类活动通过作用于栖息地而影响物种动态，从而影响着生物多样性的变化。人类活动引起地球上生物多样性的变化是目前主要的全球变化之一，它关系到生态系统的功能（稳定与平衡）。人为轻度干扰即可改变生态系统的稳定性，许多生态位特化的物种首先面临威胁，景观破碎对生物多样性影响更大。

5）胁迫

影响胁迫的因素很多，诸如阳光、水分、土壤营养等的可利用率及各种生存条件的变化（特别是极端条件的出现）等。胁迫影响可侵入性的原因有：一是外来种不能忍受生态环境中高强度的胁迫；二是胁迫可能改变外来种和土著种之间的竞争平衡，低强度胁迫可能对入侵的外来种有利。

对群落可侵入性产生影响的环境胁迫有三种类型：一是资源可利用率低；二是新陈代谢受到环境条件的限制；三是资源获取受环境条件的限制，如极端温度、干旱、毒素的存在。胁迫影响群落可入侵性可从多方面来认识和理解，其中最主要的是生物地球化学循环。

土壤营养水平在决定群落可入侵性方面扮演着重要的角色，Huenneke 等（1990）发现在加利福尼亚草地，几种外来杂草的成功入侵与土壤中高水平的氮有关，这得益于本地的固氮灌木。而土壤营养水平低的草地，可侵入性也很低。英国石灰岩草地植物入侵的实验研究表明营养丰富的地区入侵严重，且干扰可以加快植物入侵。Hobbs 和 Atkins（1988）也发现类似的情况，干扰伴随着超营养作用将增加群落的可入侵性。干扰和超营养的综合作用意味着本地植物对资源摄取的减少及资源总量供给的增加。这种综合将导致可获得资源的大量增加，因而群落可入侵性增加。

2.2　外来物种的表型可塑性

表型可塑性（phenotypic plasticity）是生物界中普遍存在的现象。尽管存在争议，但越来越多的证据表明，表型可塑性具有独立的遗传基础，并且可以承受选择而独立地进化（Scheiner，1993；Pigliucci，2001）。同时，在不同的物种之间，包括近缘种之间，表型可塑性的式样和程度可能有相当大的变异。因此，与其他性状一样，表型可塑性可能会对物种的入侵能力产生影响；如果表型可塑性和物种的入侵能力存在一定的正相关，那么就可以把表型可塑性作为一个指标列入外来种风险评估体系。

2.2.1　表型可塑性和适应性

表型可塑性是指同一个基因型对不同环境应答而产生不同表型的特性（Bradshaw，1965；Pigliucci，2001），是表型进化的一个基本特点（Schlichting and Pigliucci，1998）。表型可塑性是由遗传因素决定的，可以在自然选择的作用下发生进化（Scheiner，1993；Pigliucci，2001）。然而，并非所有的可塑性反应都是适应性的。有一些可塑性反应可能是中性的，不具有适应性意义。在生物对异质环境的适应过程中发挥了重要作用的表型可塑性，称为适应性可塑性（adaptive plasticity）。适应性可塑性（adaptive plasticity）能够增强生物的机能，进而增加物种的适合度（Sultan，1995）。表型可塑性也称反应规范或反应范围（reaction norm），据此可比较一个基因型在两种或多种环境条件下的平均表型值，因此表型可塑性描述了每个基因型应对环境变化时的表型变化程度（Thompson，1991），是理解有机体生长发育及其与环境相互作用的不可或缺的部分。

表型可塑性是生物适应环境变化的重要表征，是物种具有更宽的生态幅和更好的耐受性的体现，具有表型可塑性的物种可以占据更加广阔的地理范围和更加多样化的生境。表型可塑性通过"表现最大化"（maximizing performance）和"表现维持"（sustaining performance）来影响物种的适合度，使生物个体的存活和繁殖能力增加或保持在一定的水平。

适应性是指生物针对不同环境状况调整生理特征的能力，也被称作驯化。生物个体的适应能力直接影响生物在环境变化情况下的生存、分布和迁移，具备适应能力的生物能对环境的变化产生适应性的调整，避免个体死亡或者缓冲分布范围的变化。生物对环境的适应既有普遍性，又有相对性。生物只有适应环境才能生存繁衍，也就是说，自然界中的每种生物对环境都有一定的适应性，否则早就被淘汰了，这就是适应的普遍性。但是，每种生物对环境的适应都不是绝对的、完全的适应，只是一定程度上的适应，环境条件的不断变化对生物的适应性有很大的影响作用，这就是适应的相对性。

2.2.2　表型可塑性与入侵能力

由于表型可塑性和适应性的密切联系，人们很早就提出表型可塑性可能是某些入侵物种的重要特征（Baker，1974）。Rejmanek（1996）在构建种子植物入侵能力的一般模型时，也把表型可塑性包括在内，认为表型可塑性可以直接或间接增强物种的入侵能力。

表型可塑性和入侵能力的相关性可以从入侵种和被入侵生境两个方面来分析。一方面，成功的入侵性物种（包括一些杂草）常常占据多样化的生境，广幅的环境耐受性是其显著特点（Baker，1974）；一些广布性的物种，如农作物、理想杂草及某些入侵性植物都能在很广的地理范围和多样化的环境中很好的生存。遗传分化或表型可塑性或者两者的结合可能是这些物种能够占据广阔分布区和多样化生境的原因。另一方面，尽管所有的群落在一定程度上都是可入侵的（Williamson，1996），但是生境的干扰可视为入侵过程的"催化剂"，是影响群落可入侵性的一个重要因素（Hobbs，1989），干扰下的生境往往具有不可预测、快速变化及异质性等特点，在这种条件下，表型可塑性将是一个非常有利的性状（Bazzaz，1996）。

如果表型可塑性不能缓冲新环境带来的选择压力，那么在入侵的时滞阶段和后续的生境扩展阶段，外来植物还会通过遗传变异来适应新环境。在入侵的早期，表型可塑性可以帮助奠基者适应环境、建立种群，维持遗传多样性，而在入侵的时滞阶段和后续的生境扩展阶段，表型可塑性和适应进化共同起作用，甚至适应进化的作用更大。

2.3　外来物种的入侵行为学

2.3.1　外来物种的适应行为

外来入侵物种的一个重要特点就是适应性强。生物通过各种行为来适应生活环境，从而有利于个体的生存和物种的延续。在不断变化的环境中，生物必须找到食物和居所才能生存下来，因此在很多社会性昆虫中，"舞蹈语言"用来传递食物信息。蜜蜂能通过身体的"舞蹈语言"来传递花粉源信息。1949年，奥地利生物学家Frisch研究欧洲蜜蜂（*Apis mellifera mellifera* L.）时发现，工蜂在采集完花蜜回到蜂巢后，会通过两种特别的飞行方式向同伴通报蜜源。摇臀舞（waggle dance）是蜜蜂一边摇动臀部，一边飞过一条直线，摇臀持续时间表示食物的距离，大约1s代表1000m。直线与地心引力方向的夹角代表食物方向与太阳方向的夹角。环绕舞（round dance）是蜂巢50~60m附近有食物时工蜂使用的一种舞蹈语言，是摇臀舞的变化版本，其直线部分极短。许多入侵蚂蚁，特别是流浪蚁，在不断变化的地理环境中，依靠有效的定位方法来寻找蚁穴和食物。蚂蚁也有多种定位方法，例如，轨迹几何学方法、气味路标法和气味导航与天文路标等。通过这些定位方法，蚂蚁能够寻找食物，并沿直线返回原地。

外来植物摆脱了原产地的专食性天敌，在引入地没有或有较少量广食性天敌的情况下，新的选择压力会驱动植物的防御策略发生进化，把更多的资源从防御转移到生长繁殖，进而提高植物的竞争力。Wang 等（2012）发现乌桕入侵地种群防御专食性昆虫的抗性物质（单宁）含量显著低于原产地种群，而入侵地种群和原产地种群防御广食性昆虫的抗性物质（类黄酮）含量无显著差异。从原产地到入侵地昆虫群落的变化可能导致入侵植物的防御策略发生演化，进而促进外来植物的成功入侵。

入侵能否成功部分取决于入侵种与其入侵环境是否相匹配，所以只要新抵达的环境与其土著环境不同，其形态和行为将出现进化上的趋异以适应新的环境（Losos et al.，1997）。这种情况在动物（包括昆虫、鸟类、爬行类）中的研究实例比较多（Losos et al.，1997；Huey et al.，2000），植物中也有报道（Cody and Overton，1996）。但出乎意料的是，所观察到的进化变化大都发生在入侵以后的较短时期内，从这种意义上来讲，进化并不缓慢。例如，Losos 等（1997）发现，蜥蜴（*Anolis sagrei*）引入加勒比海的一些与原产地植被不同的小岛上 10 余年之后，蜥蜴的后肢长度出现了与栖木半径相适应的分化；果蝇（*Drosophila subobscura*）从东半球入侵北美西海岸 10 年之后，翅大小的纬度梯度变异尚未出现（Pegueroles et al.，1995；Budnik et al.，1991）；但 20 年以后，明显的适应性进化——翅大小的纬度梯度变异已形成（Huey et al.，2000）。

2.3.2　外来物种的防御行为

2.3.2.1　植物的化感作用

1937 年，德国科学家 Molish 提出了化感作用（allelopathy）的概念，按照 Molish 的观点，化感作用是所有类型植物（含微生物）之间生物化学物质的相互作用，包括有害作用和有益作用两种。因此化感作用实际上是指植物（或微生物）向外释放一些化学物质来抑制或刺激邻近植物（或微生物）生长和发育的现象，化感作用可以达到对异种个体的生长抑制，提高自身的竞争优势和资源的获取机遇，也可以刺激同种个体的生长达到种群增长的作用。邻近植物之间相互克制生长的这种现象也称为异株克生现象，其释放的化学物质称为异株克生化合物（allelopathic agents）。这实际上是对化感作用的一种狭义解释，阐述了植物通过分泌有害化合物抑制邻近植物生长的现象，而没有将有益的方面概括在内。化感作用实际上是植物的一种入侵行为，通过这种方式，外来植物才可能占据更多的资源优势，其种群才能够逐渐扩大。

许多外来入侵杂草具有明显的化感作用，如香丝草、紫茎泽兰、薇甘菊、加拿大一枝黄花、小飞蓬、红花酢浆草、车轴草、三叶鬼针草、辣子草、银胶菊、

黄顶菊、葱芥、飞机草、马缨丹、桉树。化感作用使源自欧亚大陆的斑点矢车菊
（*C. maculosa*）、扩散矢车菊（*C. diffusa*）和与之近属的俄罗斯矢车菊（*Acroptilon
repens*）成功入侵到北美生态环境之中，并快速替代本土种类，对生物多样性构成
威胁。外消旋儿茶酚（catechin）是斑点矢车菊分泌的化感物质，释放到土壤中可
引起许多禾本科植物和宽叶草本植物根部迅速死亡。香丝草成功入侵我国珠江三
角洲，其水浸提物能够抑制玉米及蚕豆的种子发芽，诱导根尖细胞微核及染色体
畸变（图 2-1，图 2-2）。在我国广大地区都有分布的三叶鬼针草、车轴草和辣子草
均具有化感作用，其水提取物可诱导蚕豆细胞微核和染色体畸变，并且对根尖细
胞有丝分裂和生长均有抑制作用。

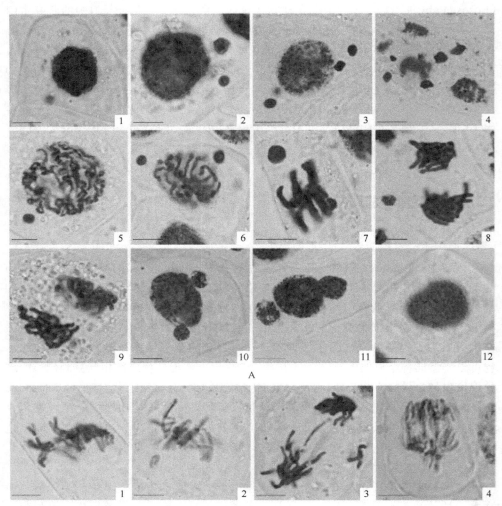

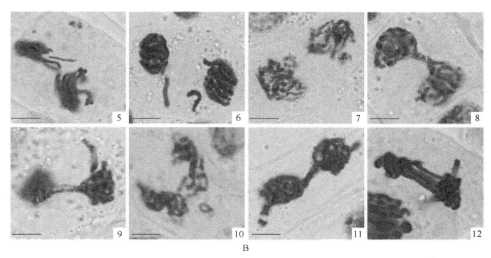

图 2-1　入侵植物香丝草浸提物对玉米根尖微核及染色体畸变的影响（引自杨丽娟等，2013）

A. 1-12 为香丝草浸提物诱导玉米根尖细胞微核形成；B. 1-12 为香丝草浸提物诱导玉米根尖细胞染色体畸变

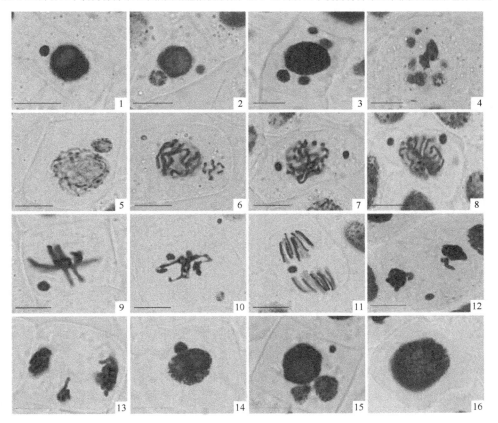

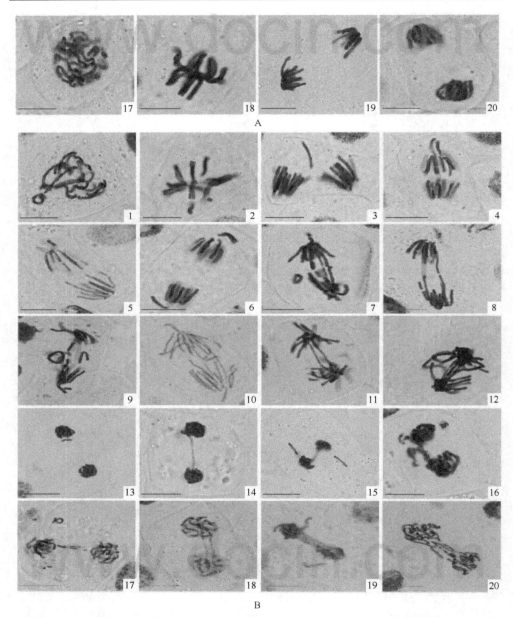

图 2-2　入侵植物香丝草浸提物对蚕豆根尖微核及染色体畸变的影响（引自杨丽娟等，2013）
A. 1-20 为香丝草浸提物诱导蚕豆根尖细胞微核形成；B. 1-20 为香丝草浸提物诱导蚕豆根尖细胞染色体畸变

　　异株克生在入侵种与土著种之间的竞争中有特殊意义，主要表现为相互抑制作用（inhibition）。有些外来种就是因为向环境释放化感物质而达到成功入侵。在外来杂草入侵机理的研究中，从化感作用的角度揭示外来植物入侵机理的研究，即化学武器假说成为了一个研究热点，许多研究也表明化感作用是导致外来植物成功入侵的重要因素。

化感物质（allelochemical）在认识和评价植物化感作用时占有十分重要的地位。植物通过次生代谢途径产生化感物质，因此，对植物次生代谢途径和发育过程及机理的认识将有助于解释植物化感作用。常见的植物化感物质主要包括酚类、萜类、含氮化合物以及聚乙炔和香豆素类等次生代谢物质，这些次生代谢物质也是目前认识最为清楚的植物有机分子。外来入侵植物释放这些化感物质的作用在于抑制邻近植物的生长，取得资源竞争优势和生态位机遇，而使自身获得更多的阳光、水分、营养和空间，从而形成单一优势种，减少和排斥当地生物多样性。自然界中各种植物之间的化学竞争是相当激烈的，许多外来种的入侵过程都伴随着强烈的化感作用。当然化感作用是相对的，研究表明有些植物对化感作用敏感，也有些对化感作用不敏感，说明自然界存在化感作用抗性的机制，而外来物种的化感作用也许会形成新的选择压而加快土著物种化感作用抗性的进化，这种进化过程需要一个较长的时间阶段来完成，一旦土著物种产生了化感作用抗性，外来物种的竞争优势将逐渐被削弱，生态平衡可能会重新恢复。实验表明，化感物质不单纯是抑制其他植物的生长，也有遗传诱变的作用，可以诱发各种染色体畸变和微核形成，这些变异为物种进化提供了新的材料，在化感作用的选择下，对化感物质具有抗性的物种最终会出现，这也是生物进化和自然选择的必然结果。

2.3.2.2　化学毒素

许多入侵植物通过不同策略来达到防御目的，一种策略是增加纤维素含量和生物碱鞣酸含量，降低天敌的取食影响；另一种策略是产生毒性物质，造成动物拒绝取食，如胜红蓟的胜红蓟素、马缨丹的马缨丹烯、乳浆大戟（Euphorbia esula）的茎叶中的巨大戟萜醇 Ingenol 及其二酯，对动物均有毒性作用，引起其生殖障碍和发育迟缓。化学武器假说可以解释植物产生化学防御素的现象。

除了植物利用有毒化学物质进行防御外，许多动物也采用类似的防御方式。芋螺（Conus）在捕食前，毒腺中的毒液经过毒球肌肉挤压进入齿舌中，在捕食猎物时，用细长的管状嘴发射具毒的齿舌，将其扎入猎物体内，毒液可将猎物麻醉或杀死。在目前报道的 500 种芋螺中，有 5 万多种毒素，多数是具有神经毒性的短肽，干扰神经或细胞间信息的传递，对猎物的神经、肌肉及心脏造成伤害。芋螺毒素能与 AchR 结合和抑制 Na^+ 通道，此外还可抑制突触前膜的 Ca^{2+} 通道。蟾蜍入侵到世界很多地方，其原因是其背部的皮脂腺能分泌一种白色毒液，使其他动物不敢取食它们。有些皮肤光滑的蛙类也会产生毒素，在南美洲的热带雨林中的箭毒蛙（poison dart frog），其背部皮肤可以分泌箭毒蛙毒素（dendrobatid toxin），

其分子式是 $C_{31}H_{42}N_2O_6$，属于神经毒素，可阻断神经细胞膜的离子交换，导致神经系统功能瘫痪，心脏和呼吸等重要器官失去神经支配而停止活动。此外，箭毒蛙还可以分泌士的宁（strychnine）和尼古丁（nicotine）等有毒生物碱。毒蛙通过食用有毒蚂蚁和千足虫来获得生物碱。

白蚁（termite）属等翅目不完全变态昆虫，以木材或纤维素为食，是一种多形态、群居性而有严格分工的昆虫。在一个群体内，白蚁个体可达百万只以上，分为蚁王和蚁后、兵蚁、工蚁。其中兵蚁专门打仗，其头部发达的上颚用于对抗外敌和堵塞道路。大颚型兵蚁（mandibulate soldier）的上颚形似一把大钳子，而象鼻型兵蚁（nasute soldier）其头延伸成象鼻，可喷出胶质分泌物对抗敌人。兵蚁有三种施毒方式：一是在伤口处注射毒液或抗凝油，使对手中毒或流血不止而死；二是利用刷状上唇将毒液涂在对手身上，使其中毒死亡；三是利用管状象鼻喷出很臭的胶状毒液。这些毒液成分主要是醛类、酸类及其衍生物、蛋白质、黏多糖等，如散白蚁属的牻牛儿醇沉香醇、家白蚁属的黏多糖、长鼻白蚁及棒鼻白蚁属的乙烯酮类。不同白蚁属在化学成分上的差异是一种适应进化的结果。进化程度高的白蚁属能分泌毒性和反应活性更强的化学防御物质。兵蚁的额腺储存有毒化学物质，以备不时之需。

蜜蜂腹部末端的毒刺是自卫武器，但使用毒刺后蜜蜂会因肠道拉断而死，是一种自我牺牲行为（self-sacrifing behavior）。蜂毒主要成分是蜂毒肽、托肽平和蜂毒明肽，可引起一系列复杂的生物学变化。蜂毒肽可选择性阻滞乙酰胆碱 N 型受体，影响神经信息传递；蜂毒明肽可透过血脑屏障直接作用于中枢神经系统。蜂毒对呼吸和心血管系统有显著的影响。大量的蜂毒可导致人或动物大脑呼吸中枢麻痹而死亡。

2.3.3　动物的攻击和捕食行为

牛蛙的蝌蚪具有很强的攻击行为，通过吞食本土青蛙的蝌蚪，导致本土青蛙数量减少。在入侵蚂蚁中，这种攻击行为发挥到了极致，入侵蚂蚁通过特有的化学通讯，聚集数量众多的入侵蚂蚁来攻击本土蚂蚁的巢穴。入侵蚁的毒素还可以造成脊椎动物中毒，影响其繁殖，甚至导致其死亡。入侵蚁对于正在孵化的鸟类和海龟都构成很大的威胁。特别是入侵海岛的蚂蚁，使当地许多濒危鸟类面临灭绝，造成生物多样性的减少。

蝙蝠凭借高超的飞行技能和特殊的回声定位系统在完全黑暗的环境中飞行和捕捉昆虫。蝙蝠的回声探测器具有很高的精确性，猎物迎面飞来，蝙蝠就会收到反射波，蝙蝠利用反射波来判断猎物的飞行速度。食虫蝙蝠利用声呐系统有选择地捕食夜行昆虫，使其成为夜蛾的天敌。但夜蛾进化出一系列防御和逃遁本领。

夜蛾排列紧密的鳞片可以吸收蝙蝠发出的超声波，减少回声，降低蝙蝠的声呐功能。夜蛾的鼓膜器对蝙蝠的超声波非常敏感，夜蛾通过它来发现蝙蝠并逃遁。夜蛾还可以发出噪声来干扰蝙蝠的回声定位。夜蛾进化出的"反蝙蝠耳"可以听到蝙蝠的超声波，并用自己发出的超声波来干扰。

Barber 和 Conner 首先发现动物中的声拟态（acoustic mimcry）行为。他们在实验室采用超高速摄影机观测红蝙蝠（*Lasiurus borealis*）和大棕蝠的捕食行为。前者主要吃蝴蝶和蛾类；后者大多食甲虫，偶尔也吃鳞翅目昆虫。在正常情况下，这两种蝙蝠都不会取食夹竹桃虎蛾，因为它们有毒。但手术摘除其鼓膜发生器后，蝙蝠就会捕食这些虎蛾。虎蛾鼓膜发出的敲击声是在进行声音模仿，将自己扮成更有毒的种类。

实际上蛾和蝙蝠之间存在协同进化（coevolution），研究表明，蛾可以改变鼓膜听感受器的动力学，使其对蝙蝠发出的超声波更敏感。同时蝙蝠也会改变自己的回声定位系统，以检测飞蛾。蝙蝠采取曲线飞行方式不断改变超声波的方向，以防止蛾和其他昆虫干扰它的信息系统。一些热带蝙蝠可以发出频率很高的声音，使飞蛾无法检测到。而在没有蝙蝠的区域，夜蛾的听觉器功能较差，是因为不存在选择动力。

2.3.4 竞争和协调行为

生存于自然界的生物之间无时无刻不在为争夺资源而展开竞争，这种竞争包括种内的竞争和种间的竞争。许多外来物种侵入后与本地物种竞争共存，成为本地的常见物种。例如，一年蓬（*Erigeron annuus*）已经成为我国大部分地区路边、农田和荒野的常见杂草。当然还有一种实现共存的方式是通过协同进化使它们互利共生。

2.3.4.1 种内竞争

通过各种机制来优胜劣汰，保留最强壮的个体，淘汰最病弱的个体。典型的如性选择（sexual selection），主要表现为有性生殖物种的同化个体（尤其是雄性）之间出现争斗，以获取优先交配权，使最强壮的个体有更多机会留下后代，从而提高整体的生存能力。

在一些外来入侵植物中也有明显的种内竞争现象，例如我国从孟加拉国引进的无瓣海桑其种内竞争强度比种间竞争强度还大。

2.3.4.2 种间竞争

生态位相同或相似的物种要么离开，要么相互协调，以减少对有限资源的共同依赖，最终实现共存。种间竞争的结果可能导致一个物种受到竞争排斥而处于危险境地，其至导致该物种绝灭。入侵美国的亚洲鲤鱼通过生态位替代排斥本土鱼类，造成本土鱼类面临灭绝。生态位替代表现为对有限资源的竞争，外来物种很强的繁殖能力使其种群数量迅速增加，大量消耗有限的资源，使得本土物种的生存难以维持。此外，一些植物通过化感效应抑制邻近土著植物的生长，并迅速扩张自己的植物群体，进行生态位替代，实现成功入侵。

2.3.4.3　协同进化

各个物种在适应上产生同步变化，都进化出对自己有利的变异，最终达到互利共生或相互制约的目的，实现共存。例如，植物根际微生物可以分泌有机物来溶解土壤中的无机物，利于植物吸收，另外植物根部分泌的一些物质又为根际微生物提供了营养成分。

互利共生作用可以促进入侵过程或增强抵御入侵的能力（Richardson et al., 2000）。有不少生物入侵过程可能受益于入侵种之间的协同作用，几种入侵种之间相互配合而促进入侵进程。

外来引入的捕食者、寄生生物、病原生物及其宿主与猎物通常可以快速地形成一些新的相互关系。这可以用"红色皇后假说"（the red queen hypothesis）来解释，即利用关系的所有成员趋向于建立一种进化对峙，一个成员在提高利用能力，另外一个成员在同时改进防卫能力。"红色皇后假说"是根据《爱丽丝奇遇记》中的故事由美国芝加哥大学进化生物学家范瓦伦（van Valen）于1973年提出的假说，该假说描绘了自然界中激烈的生存竞争法则：不进即倒退，停滞等于灭亡。引入的外来物种可能以新的、更加强烈的方式利用土著猎物以及宿主生物，可能导致其灭绝或濒危，也可能使其发生快速适应进化。与"红色皇后假说"相反的另外一种假说是"黑色皇后假说"，该假说主要用于说明生物之间的互利共生关系，在许多入侵事件中，互利共生扮演了重要的作用。B型烟粉虱与其所传播的病毒之间存在互惠共生关系，而土著烟粉虱却不能从传播病毒中获利。这种关系既有利于B型烟粉虱的繁殖入侵，又加速了病毒病的流行。

很多土著草食动物趋向于取食外来植物，由于外来植物的次生化学物质和土著宿主植物类似，会导致草食动物在上面产卵，并产生了对新宿主植物的专食性进化。对外来种的成功利用可能导致新种的形成。对不同宿主植物的偏好选择和利用可产生空间隔离并导致基因交流减少，形成特定宿主的交配模式，从而导致新种的形成。

在美国内华达州西部，斑蝶（*Euphydryas editha*）在有多种土著宿主植物的地区形成多个隔离种群。随着大叶车前（*Plantago lanceolata*）对牧场的入侵，草原生境受到干扰。原本在寇林希属（*Collinsia*）植物上产卵的斑蝶开始以长叶车前为宿主，并排斥原有的宿主植物。在加利福尼亚州沿海草地的许多斑蝶种群，也有明显选择长叶车前作为宿主植物的趋势。由于长叶车前上的斑蝶幼虫成活率更高，可以带来适合度的增加，因此斑蝶趋于选择外来种，由此出现了从选择土著植物到选择外来种的进化转移。

节肢动物有快速适应新宿主植物的潜力。二点叶螨对新环境下的番茄（*Lycopersicon esculentum*）和甘蓝（*Brassica oleracea*）表现出适应力提高，尽管最初并不完全接受这两种宿主植物。美国中部的玉米根虫（*Diabrotica virgifera*）也是一个类似的例子。在北美玉米（*Zea mays*）栽植区，玉米根虫造成的经济损失达到 10 亿美元。一种防治对策是在玉米种植区进行玉米与大豆（*Glycine max*）的轮作。但进行轮作之后，玉米根虫开始出现取食和产卵偏好大豆的现象。

2.4　外来物种入侵的生物学基础和特征

2.4.1　物种适应性进化的遗传学基础

生物入侵的过程实际上是一个涉及进化生物学的问题。一个外来种到了新的生境以后，通过对环境改变的响应而在形态学和遗传学方面产生相应的变异来增强其适应能力和入侵能力，最终成为一个成功的入侵物种，这就是遗传变异通过自然选择的"适者生存"规则而产生作用的进化过程。外来种如何在新的生境中定居和传播?外来种如何克服小群体的遗传瓶颈从而在引入地区成功建立种群?外来种如何获得与新生境相关的适应性状从而成为入侵种?对这些问题的回答将有助于我们深入理解入侵生物的进化机制。

外来物种到达新地域后，会以各种形式进行进化适应。每个物种所具有的特殊遗传变异可以影响其进化潜力。在有些情况下，由于奠基者种群个体数目很少，遗传变异水平也很低。最初的新种群其遗传组成只是源种群遗传变异的一个有偏抽样，因此其子代群体的遗传组成将受到明显影响而产生奠基者效应（founder effect）。另一方面，许多外来种，尤其是那些处于演替早期阶段或干扰生境中的物种，可能具有高水平的表型（phenotype）和遗传适应性。外来种也可能在到达新地区后获得遗传变异。此外，彼此之间存在地理隔离的物种被引入新地区或者被引入有土著近缘种的新地区后，可能产生复杂的杂交形式。除了多样性之外，其他一些遗传特性也有利于产生进化适应，尤其是加性遗传变异（additive genetic variance）在基因组内所占的比例对适应能力影响很大。加性遗传变异是指自然选择可以通过增加某些等位基因的频率而对某个数量性状进行逐步修饰的变异能力。具有加性遗传变异的基因座位称为数量性状位点（quantitative trait loci，QTL）。座位之间基因表达的相互影响，即上位性（epistasis），也能促进快速进化变异。能够造成染色体重排的遗传变异，如倒位（inversion）、易位（translocation）、重复

（duplication）或其他影响基因活动的变异，也是一个重要因素。

2.4.1.1 遗传基因漂变

遗传漂变（genetic drift）是指当一个群体中的生物个体的数量较少时，下一代的个体容易因为有的个体没有产生后代，或是有的等位基因没有传给后代，而和上一代有不同的等位基因频率。一个等位基因可能在经过几个世代后在这个群体中消失，或在群体中固定，使其占有等位基因频率的100%。这种现象具有随机性，因而称为"随机遗传漂变"。这种波动变化导致某些等位基因的消失，另一些等位基因的固定，从而改变了群体的遗传结构。遗传漂变是由群体遗传学家 Wright 于1930年提出的，遗传漂变也因此称为 Wright 效应。在大群体中，不同基因型个体所生子女数的波动，对基因频率不会有明显影响。一般情况下，群体的生物个体数量越少，群体中基因就越容易发生遗传漂变。它和选择、突变、近亲繁殖等等都是影响等位基因频率的因素。

遗传漂变涉及的奠基者效应和遗传瓶颈，有助于增强物种对环境的适应性。外来物种的遗传变异在不同物种之间差异很大。最初进入新环境的外来物种往往只是原产地部分地区的少数几个奠基者个体，它们所携带的基因组成只是原产地基因组成很小的一部分，因此原种群的遗传变异中只有一小部分被引入新分布区。这种奠基者效应可能同时叠加了遗传漂变，由于遗传漂变的效应导致奠基者群体中等位基因的丢失。当奠基者种群持续几代都是小种群时，由于遗传瓶颈使遗传漂变的效应更大，可能造成种群中大部分遗传变异性丧失（Allendorf and Leary，1986）。因此，奠基者种群大小以及遗传瓶颈效应是决定外来种群遗传变异的重要决定因素。另一方面，奠基者种群通常由许多个体组成，或者从原产地的不同地区重复引种而来。在这种情况下，外来种群可能有较高的遗传多样性。许多此类物种不仅表现出很强的入侵性，而且对新地区的不同环境表现出遗传适应。

例如：在一个种群中，某种基因的频率为1%，如果这个种群有100万个个体，含这种基因的个体就有成千上万个。如果这个种群只有50个个体，那么就只有1个个体具有这种基因。在这种情况下，可能会由于这个个体的偶然死亡或没有交配，而使这种基因在种群中消失，这种现象就是遗传漂变。在北美的欧洲八哥（*Sturnus vulgaris*）是遗传瓶颈的一个很好的例子，同时表明低水平的遗传多样性未必会限制外来种的入侵成功。目前，其在北美大陆广泛分布、数量庞大的种群是由1890~1891年在纽约释放的大约100个个体繁衍而来的。通过等位酶分析发现，北美种群的遗传变异很低，与欧洲种群相比，其变异性位点减少了约40%，但其行为适应性却很强，使欧洲八哥成功入侵到北美不同地区，这一例子中可以看出，遗传组成相似并没有阻碍欧洲八哥的成功入侵。在地球另一端的新西兰，欧洲八哥被先后13次引入到该地区，因此新西兰种群表现出的遗传变异性几乎与欧洲八哥种群相当，与北美种群形成鲜明对比。

一些异常基因频率在小隔离群体中特别高，可能是由于该群体中少数始祖所具有的基因，由于遗传漂变而逐渐达到较高水平，这种现象称为奠基者效应（founder effect）。人类的许多群体就存在奠基者效应。在太平洋的东卡罗林岛上，有5%的人患先天性失明，而在整个人类群体中，这种疾病的发生率非常低，1万人中只有2～3人患上先天性失明。在18世纪末因台风侵袭，岛上曾经只剩下30人，由这些少数的奠基者繁殖而形成了现在岛上的1600余人的小群体。最初30名奠基者的某一个人携带有先天性失明的突变基因，其基因频率 $q=1/60=0.016$，经若干世代的隔离繁殖，遗传漂变使先天性失明的基因频率 q 很快上升至0.22，在这个例子中，奠基者效应对基因频率的影响很显著。

2.4.1.2 加性遗传变异

进化适应性是许多外来入侵种的关键性状之一，对环境变化响应的适应性进化需要足够的加性遗传变异（additive genetic variance，AGV），即入侵物种的遗传组成的多样性。从原产地不同地区重复引种而来的外来物种可能具有较高的遗传多样性，表现出很强的入侵性，而且对新环境表现出适应性。多次引入而具有很高遗传变异性的一个例子就是入侵美国东南部的外来植物之一的葛藤（*Pueraria lobata*）。在50多年中，葛藤作为观赏植物、饲料或用于控制水土流失被多次引种到美国东南部，使其具有丰富的遗传多样性。加上有性繁殖的特征，使这个物种的遗传变异性得到进一步的提高，在入侵北美的众多外来物种中，葛藤具有的遗传变异性最高。但以上结论也有例外，在阿根廷蚂蚁（*Linepithema humile*）的研究中发现，缺乏遗传多样性使得该种群减少内讧、更加团结，形成"超级殖民者"，加速其入侵到北美洲的进程。另外，其他一些研究表明，外来种群的显性（dominance）和上位变异（epistatic variance）也可以通过遗传漂变转化为 AGV。因此非加性遗传变异时间上的瓶颈将被突破，更有助于入侵过程中增加进化的速率。但是奠基者事件中 AGV 的丧失和 AGV 增加的消长效应还需要更进一步的研究。

加性遗传变异是由等位基因组成，这些不是显性或隐性的基因位点通常具有加性效应，当两条染色体上都有这个等位基因时，其效应要大于只有一条染色体具有该基因。许多外来物种表现出染色体倍增的现象，这些大于2倍的染色体组使加性基因的效应表现得更大。最近的研究表明，入侵种源种群的 AGV 程度越高则越有利于入侵成功。另外，成功入侵前期所经历的时滞效应有助于积累足够水平的 AGV 以利于增强适应性，增加入侵成功的可能性。适应能力尤其反映了加性和上位性遗传变异的水平，以及通过突变、杂交和染色体重排而获得加性遗传变异的潜力。

2.4.1.3　杂交与遗传渐渗

天然杂交是植物有性生殖的重要过程，在其进化和物种形成的过程中具有重要的作用。杂交可以发生在不同物种的个体之间，即种间杂交；也可以发生在同一物种的不同群体或同一群体的个体之间，即种内杂交。外来物种在新的地区将与土著种或其他外来种等近缘种相遇，这为新的物种形成创造了条件。1879 年在英格兰汉普郡沿岸出现的大米草（S. anglica）就是由于从北美引进的盐沼互花米草（S. alterniflora）与本土的欧洲米草（S. maritima）杂交形成的杂种 S. townsendii 经过染色体加倍形成的。外来种群与新的生境里本地种和外来种的种内和种间杂交也能够减少奠基者事件中 AGV 的损失并产生新的基因型。例如一些杂草通过与生物工程作物杂交而获得除草剂抗性和耐寒的基因。大量的研究证明了杂交行为有助于入侵，如导致生长更快、种群数目更多、入侵性更强等。杂交导致基因重组形成新的基因型，杂交子代会具有更强的遗传变异性和对新环境的适应能力。

由于异源染色体的存在，使得染色体的配对无法实现，通常需要经过多倍化形成稳定的遗传结构，自然界中出现的许多异源多倍体植物正是为了满足减数分裂时染色体的精确配对而采取的一种应对策略。外来种之间通过杂交形成新种也是适应性进化的一种有效途径，如假高粱（Sorghum halepense）和雀麦草（Bromus hordeaceus）均是通过杂交形成的新种。假高粱是由两种非洲野生高粱杂交形成的，雀麦草（Bromus hordeaceus）是由两种旧大陆禾草杂交而形成的四倍体。当然植物的杂交潜力也受到一些因素的影响，例如，自交不亲和程度，花粉传播方式以及物理环境条件等都可影响到杂交的效果。通过昆虫传粉的方式，植物之间可以建立有效的基因交流。由昆虫传粉形成的杂交范围可达到 1km 处，相距较近的作物向日葵和野生向日葵杂交非常频繁，其他的一些作物，如高粱、萝卜和南瓜等，通过昆虫传粉能够进行频繁的杂交。经过遗传工程改造的植物其杂交频率会受到影响，如携带除草剂抗性基因的转基因植物有些品种杂交能力大大增强，比改造前增加了 17 倍。

杂交-渐渗这一过程主要产生于具有相同倍性（染色体数目）并有一定亲缘关系的物种和群体之间，这一过程将对植物群体的生存竞争能力和入侵性产生深刻影响。杂交-渐渗的主要作用是导致遗传重组，改变杂种个体和群体的遗传基础，并影响物种或群体间的生殖隔离关系，为不同环境下的自然选择提供更丰富的新遗传类型。目前认为，杂交-渐渗改变物种或群体生态适应性、促进其生存竞争能力和入侵能力的生物学机制主要表现在以下四个方面：①杂交可以促进杂种优势的产生和固定；②杂交可以促进新进化类型的产生；③遗传渐渗可以导致丰富的遗传变异；④杂交-渐渗可以减轻入侵种群体在定居早期的遗传负荷（genetic load）。除此之外，杂交-渐渗影响外来物种入侵性的其他生物学机制还在不断得到证实。

外来入侵种与土著种之间的杂交-渐渗可以导致土著群体种子产量下降，从而加速土著种被入侵种逐渐取代的过程，这种逆向"遗传湮没"效应在自然界中普遍存在。此外，由于生物技术的发展及转基因植物的大规模释放和商品化种植，具有超强表达的抗性基因，可以通过杂交-渐渗（基因漂移）而进入野生近缘种群体，导致野生近缘种适合度的变化和入侵性的改变，带来不可预测的生态后果，引发了学术界及公众的热烈讨论和争议。

杂交形成的杂种个体还会造成更大的遗传影响，通过遗传渐渗改变本土群体的遗传结构，并达到适应性进化的目的。按照严格的定义，遗传渐渗是指基因或遗传物质通过群体中的杂种个体与其亲本个体之间的不断回交而导致基因在群体或个体之间转移和传递的过程，它是物种形成和适应性进化的一个非常重要的遗传机制。而广义的遗传渐渗是指基因或遗传物质在有一定遗传差异的个体或群体之间进行转移和传递的过程。通过杂交和遗传渐渗这一连续的过程，杂种与其亲本将会在个体的遗传基础和群体的遗传多样性水平上发生变化。

杂交-渐渗是自然界的生物群体在进化事件中最常见的过程之一，在许多外来种成为入侵种的进化过程中都检测到了杂交-渐渗的印迹，由此而推断杂交-渐渗不仅在生物进化和物种形成过程中发挥着非常重要的作用，也在生物入侵过程中具有重要意义。杂交-渐渗的进化意义主要体现在以下几方面：①物种群体内遗传多样性的产生与维持；②适应性的产生及其通过杂交-渐渗再次在群体间进行转移；③物种或群体中新生态型的形成及进一步促进新物种的产生；④物种和群体间原有遗传隔离的打破；⑤对物种传播和定居的促进；等等。

2.4.1.4　有利基因的作用

有利基因是自然选择的宠儿，能够为物种的生存提供基本的保障。在许多昆虫中，信息素基因有助于昆虫个体之间交流信息，特别是社会性昆虫，这样的基因对其生存有利。在攻击其他本土昆虫的巢穴时信息素可以招来更多的外来昆虫和辨识方位。此外，某些昆虫能够产生毒素物质，用于捕食或争斗，这也对它们的生存有利。入侵蚂蚁群体还有一种特殊的基因，存在该基因时蚂蚁群体中可以同时产生出多个蚁后，可以使一个种群分成多个种群，让流浪蚁在数量上增长更快，在竞争中超过本土蚂蚁。红火蚁（*Solenopsis invicta*）之所以有如此强的社会组织能力，与有利基因的作用有密切关系，有利基因对红火蚁的成功入侵有不可忽视的作用。植物中能够产生异生克生化合物的基因对于这些植物的入侵有利，可以通过抑制其他植物的生长来获得更多的土壤营养，并达到扩张的目的。同样，少数基因也影响一些植物的扩张范围，QTL 作图研究表明，多倍体石茅高粱的少数基因与影响其蔓延的特征（如生长、分布及生存等）密切相关。

突变和基因重组都是不定向的，有有利的，也有不利的。但有利和不利不是绝对的,这要取决于环境条件。环境条件改变了,原先有利的变异可能变得不利,而原先不利的变异可能变得有利。等位基因是通过基因突变产生的,并在有性生殖过程中通过基因重组而形成多种多样的基因型,从而使种群出现大量的可遗传变异。变异是不定向的,变异只是给生物进化提供原始材料,不能决定生物进化的方向。因此在确定所谓有利基因时,一定要结合具体的环境条件。外来物种在原产地的环境条件下,有许多基因可能是不利的,但是当进入新的生态环境后,原来不利的基因也可能成为有利基因,并对成功入侵起到积极的作用。

2.4.1.5　遗传与环境相互作用

生物的表型性状是由遗传和环境共同作用的结果。自然选择是环境与基因相互作用的一种极端形式,对适应性表型性状来讲,环境的选择压力和生物的遗传组成共同塑造了生物的繁殖特性,保留下具有优势基因组成的个体,淘汰那些具有不利基因的个体,并使群落的遗传组成发生变化。自然选择在很大程度上造成"权衡",即某个性状适应性的获得伴随着另一个性状适应性的丧失,也能影响进化变异的效能。对于那些拥有可观的遗传变异性的外来种来说,特殊的生境条件和新环境中的生物压力常常能导致快速进化调整(Thompson,1998)。

基因与环境的相互作用对于局部适应是至关重要的。从进化论的角度来讲,基因与环境相互作用实际上就是自然选择过程的体现,环境条件构成的选择压力将导致基因与环境相互作用不同的结果。

苹果实蝇(*Rhagoletis pomonella*)的进化转移是研究得最为透彻的,苹果的引进使过去选择土著山楂(*Crataegus* spp.)的实蝇转而选择以苹果(*Malus sylvestris*)作为宿主。经过一段时间的适应性进化,其宿主偏好出现了遗传分化,这两类实蝇种群间的基因流约为每年 6%,没有出现完全的生殖隔离。山楂和苹果两种果树结实期的差异与实蝇幼虫在果实中的环境温度相结合,正是导致生物型分化的重要选择机制。苹果蝇幼虫的成熟期较山楂蝇早 3～4 周,此季节温度较高,也与苹果果实成熟的时间一致。这些幼虫需要以腐烂的苹果为食物,季节选择导致了苹果蝇的高温适应(26℃的生存环境)。而山楂蝇幼虫与山楂果实成熟季节一致,较低的气温使得山楂蝇的幼虫适应了 17℃的生存环境。部分时间间隔以及不同宿主植物的小环境温度差异所形成的选择压力导致了两种实蝇之间的遗传分化。

同一物种的不同群体由于差异适应(differential adaptation)进化为不同的物种,被称为适应性辐射(adaptive radiation)。适应性辐射往往发生在隆起的山脉和新形成的岛屿上,如杜鹃花属在我国的横断山区有几百个物种,鬼针草属(*Bidens*)在夏威夷岛屿上共有 19 个种和 8 个亚种分布,这些地方的环境条件提供了很多可利用的生态位。遗传变异与生态环境的共同作用加剧了适应性辐射,导致新物种的形成。

2.4.1.6　基因组重排

基因重排是入侵事件中适应性进化的基础。生物若面临选择压力，如繁殖压力、生存压力和种间杂交压力等，生物基因组会发生大量的染色体重排，基因组的这种不稳定性通常是转座子活动的结果。转座子在同一基因组的不同染色体之间或不同基因组之间转座，能引起染色体的断裂和缺失。染色体异常重组有利于基因组进化，转座子的活动是生物进化的一种重要手段。转座子活性迸发主要从三个方面影响生物的进化途径：插入改变基因功能、形成新基因或新调控序列及诱导染色体重排。

在染色体上出现的易位和倒位等染色体结构变异，由于引起基因位置和基因原有的邻里关系发生变化，对生物体的自然演化有一定的作用。易位和倒位等染色体结构变异在植物、昆虫甚至哺乳动物中都存在。在果蝇中大约有 30 个种的自然群体中存在染色体倒位现象。在北美拟暗果蝇（*D. pseudoobscura*）的自然群体中，第 3 染色体上存在 20 多种倒位，这些倒位因果蝇所处的地理位置不同而有很大的差异。在加州的太平洋沿岸，标准型（standard，ST）倒位频率最高，箭头型（arrowhead，AR）在美国整个分布地区都能看到，而且发现 AR 倒位类型的频率随着分布地高度的增加而增加。此外，在美国加州 Mount San Jacinto 地区的拟暗果蝇群体中的倒位频率［标准型和奇里卡华型（Chiricahua，CH）］有随季节变化而变化的现象，表明不同的倒位类型与适合度的差异有关。在日本，一种生活在远离人类居住地的森林野生种果蝇（*D. bifasciata*）中发现靠近物种分布中心地区的倒位现象显著，而分布在边缘地区的群体多态程度则很低，在北美果蝇（*Drosophila robusta*）和欧洲果蝇（*Drosophila subobscura*）等群体中也都发现有这种情况。在南美洲果蝇（*Drosophila willistoni*）的所有染色体臂上倒位类型非常多，而且多态性程度也非常显著。

倒位只是改变基因在染色体上的位置和排列顺序，而基因的数目并未受到影响，因此倒位纯合体及其配子有正常的生活力，其自交后代一般表现完全正常。但由于倒位区段内的基因与连锁群中其他基因的交换值发生了变化，会影响杂交后代的基因重组，同时可能引起基因的位置效应。杂合体倒位环内的基因重组受到明显的抑制，正常的基因重组不能进行。另外，倒位环内如果发生了基因重组，将形成一部分缺失某些基因、重复另一些基因的配子，这些交换配子没有生活力，因此也造成了后代重组率的下降及高度不育。此外，由于染色体可能多次在不同世代中发生倒位，加上自交的作用，产生的倒位纯合体后代将逐渐与原来物种存在生殖隔离而形成新物种或变种，可见倒位也可促进生物进化。例如果蝇 *D. melanogaster* 和 *D. simulans* 是两个比较相似的种，但染色体倒位使得它们之间的杂种一代完全不育。在杂种一代的唾液腺染色体上发现有一个大的倒位存在于一条染色体上，其他染色体上只有几个小的差异。

易位在生物进化上也具有重要意义。一般来讲，易位并未改变染色体和基因的数目，只改变了其原来的位置。易位也可以改变连锁群中基因的连锁关系，使原来连锁的基因变成相互独立遗传的基因；当然也可以使原本独立遗传的基因变成连锁遗传的基因。易位也可以产生位置效应，从而引起表型性状的改变。在很多植物中，通过染色体反复发生易位而形成不同的变种。另外一个例子就是家马和野马，家马的染色体是 $2n=64$，而家马的祖先——蒙古野马的染色体是 $2n=66$。两者进行染色体核型的比较发现，野马缺少了两条中间着丝粒染色体，却多了 4 条近端着丝粒染色体，因此可以推断家马的这两条中间着丝粒染色体是由野马的 4 条近端着丝粒染色体通过罗伯逊易位而形成的。

2.4.2　外来种入侵的适应性生理生态特征

入侵植物种的适应性主要表征为对资源的吸收与利用能力，包括新陈代谢、气体交换、叶结构和功能、营养、生物量分配、冠层组成结构和生长等生理生态特征。其中特别是外来种对于突发环境胁迫的生理耐受力及其散布能力往往同入侵成功直接相关，这是外来种在适应性生理生态特征中的关键性能，也是适应性进化的重要表现。

（a）耐受范围。所谓耐受范围是指物种能够应对环境变化的程度，也是存活的范围。

（b）种间竞争。外来种进入新生态环境，种间互作对外来种造成大的竞争压力。有些入侵种具有对未知条件的可塑响应。

（c）对捕食的响应。当外来种进入新生态环境，可能失去了原有的天敌，因其种群数量迅速增长而导致入侵成功。

（d）物种形成。生物入侵将加快物种形成过程，即使是很弱的适应性选择都可能大大降低物种形成的等待时间（Carroll et al.，2001）。隔离生态环境和配偶异化的喜好导致显著的基因型与环境互作，有助于推进物种形成。

2.4.3　入侵种的繁殖适应性特征

外来种的繁殖力强弱对入侵是否成功有很大意义。在植物中，繁殖能力与入侵能力呈正相关。入侵植物通常依靠有性繁殖与无性繁殖两种方式来扩大群体，产生大量的后代个体，如桂柳、薇甘菊、紫茎泽兰、凤眼莲等都是依靠这两种繁殖方式达到成功入侵。

2.4.3.1 外来入侵物种的无性繁殖适应性

入侵能力强的植物多数能进行无性繁殖，尤其是入侵杂草都是具有很强无性繁殖能力的克隆植物，其营养体的片段能进行营养繁殖。无性繁殖可以完全保留亲代个体的遗传特征，在季节性气温变化、化学除草以及中耕除草引起植株地上部分死亡时，有些入侵植物通过无性繁殖由其根部或老茎长出新植株。

南美蟛蜞菊（*Wedelia trilobata* L.）是菊科（Compositae）蟛蜞菊属（*Wedelia*）植物，多年生草本，无性繁殖能力极强。南美蟛蜞菊以克隆生长进行无性繁殖在自然界中普遍存在。土壤含水量对南美蟛蜞菊的克隆繁殖特性具有显著影响，土壤含水量越高，其克隆繁殖特性越强。充足的水分保证了南美蟛蜞菊植株克隆繁殖过程中对水的需求，这将为合理管理与控制蟛蜞菊的入侵提供强有力的理论依据。此外，其他环境因素如土壤种类、光照强度、生物竞争的强弱、人为因素等也会影响南美蟛蜞菊克隆繁殖生长。

加拿大一枝黄花地下茎和植株基部节处能萌生克隆分株。在机械除草等人为干扰条件下加拿大一枝黄花采用应激繁殖对策，容易产生更多的克隆分株。与其他菊科外来杂草相比，加拿大一枝黄花地下部分的长度、表面积、体积等指标最大，说明其在地下部分形态上具有广泛逸生的结构基础。

除了植物进行无性繁殖以外，入侵动物也存在无性繁殖现象，如稻水象甲（*Lissorhoptrus orxzophilus*）除了两性生殖方式以外，还可以进行孤雌生殖，入侵我国的稻水象甲主要为孤雌生殖，未见有两性生殖的权威报道，成虫产卵60～100粒，产卵期约为30～60d 。

2.4.3.2 外来入侵物种的有性繁殖适应性

植物生长期可分为营养生长期和繁殖生长期。入侵植物发育成熟期一般较本土植物要短，可迅速长成成株繁殖下一代，有助于扩大种群数量，以免其在新生态环境中灭绝。另外，入侵植物成熟期短、花期长、花数多，从而可吸引更多的昆虫授粉，产生更多的种子。

在外来种中可以发生繁殖方式的转变。外来植物常有向自交、营养繁殖（无性繁殖）方向的遗传转变。在异交机会十分有限的情况下，这类转变有利于增强繁殖。例如，鳞茎早熟禾（*Poa bulbosa*）可以从有性繁殖转变成无性繁殖。在欧洲西部广泛分布的鳞茎早熟禾主要以有性方式进行繁殖。而在北美，它主要通过无性生殖产生小鳞茎的方式进行繁殖。此外，有些物种还有异交强化的转变，在一些杂草中表现出异交频率增加的现象。例如，在欧洲的细茎野生燕麦（*Avena barbata* Brot.）和毛雀麦（*Bromis mollis*）种群异交水平不到1%，而在加利福尼亚州，野生小亚细亚燕麦的异交率为 2%～7%，在澳大利亚的毛雀麦异交率为 10%。

2.4.4　入侵种的生长发育特征

　　外来物种之所以能够成为入侵种，与其生长发育特征有密切的关系。关于外来物种生长发育特征的研究也成为入侵生物学的研究热点。郑翔等（2012）对黄顶菊入侵初期的生长发育特征进行了研究。黄顶菊（*Flaveria bidentis* L.）作为一种外来入侵植物，具有结实量大的繁殖优势，分布范围不断扩大，已造成重大经济损失，严重威胁其他植物的生存。密度对黄顶菊种群生长、发育有很大的影响，在黄顶菊一个生长周期中，种群密度呈先增高后降低的趋势并最终趋于平衡，最高密度达到 55 万株/m^2，黄顶菊的株高和主干叶对数随着种群密度的增加而逐渐减少。不同密度的黄顶菊种群株高分布和主干叶对数分布也有较大差异；但不同密度的黄顶菊种群从 5%现蕾到 95%现蕾所用时间均为 20d；从 5%开花到 95%开花所用的时间均为 25d。黄顶菊的现蕾和开花均不受密度影响。

　　张万灵等（2013）研究了增温对入侵植物北美车前生长及繁殖投资的影响。增温显著促进入侵植物北美车前的生长，提高了同化产物向繁殖器官的投资比例及花和种子数量，繁殖能力和入侵性增强。北美车前在模拟增温条件下，不但使自身个体增大，其在群落中的竞争能力相对提高，而且同时增加了对繁殖的投资，扩散能力得到加强，从而使其更具暴发性入侵的潜力。北美车前与本土车前在繁殖投资上有一定的差异，一年生北美车前的繁殖投资明显地比本土车前高很多，并具有明显的 *r*-对策特点。北美车前有风媒传粉及闭花授粉两种类型花，闭花授粉占极大比例，同时又有一定比例的风媒传粉，使其在不利条件下能产生大量种子，保证后代繁衍，后代具较丰富的基因型，从而适应于多样的环境。

　　水葫芦一旦处于其适宜生长环境，5.0d 左右就能萌发出新的叶片，繁殖速度惊人。强光高湿环境是水葫芦生长的适宜条件，能促进水葫芦发育新叶且延缓植株的死亡。水葫芦在有根系和不带有根系的情况下都能萌发新根。水葫芦叶片形态具有多态性，多态性的表现程度与养殖的水质相关。水葫芦的叶片生长具有多态性，有独立成叶的或是带有苞叶等，并且其中部分叶片在生长过程能形成新的根状茎，长出上长下短的新根，从而发育成新株。

2.4.5　常见外来入侵物种的细胞遗传特征

2.4.5.1　水葫芦

　　水葫芦（water hyacinth）又称凤眼莲（*Eichhornia crassipes*）或凤眼蓝，是雨久花科凤眼莲属多年生、漂浮性、宿根大型草木水生植物。原产于巴西东北部。

因它浮于水面生长，又叫水浮莲。因其在根与叶之间有一个葫芦状的结构，故称水葫芦。水葫芦存在有性和无性两种繁殖方式，以无性为主。依靠匍匐枝与母株分离这种方式，在最适合条件下，水葫芦的植株数量在 5d 内可以增加一倍，可见繁殖速度很快。水葫芦的一株花穗可产生 300 多粒种子，种子很小，千粒重为 0.4g 左右，枣核状，黄褐色；种子沉积水下污泥中可存活 5～20 年。水葫芦的生存适应能力很强，在很多生态环境中都可生长，水库、湖泊、池塘、渠道、流速缓慢的河道等是其最为适宜的生态环境，它可在稻田中影响粮食生产。在沼泽地及其他低湿地方，水葫芦也可繁殖。水葫芦作为观赏花卉传入我国，现主要分布于辽宁南部、华北、华东、华中、华南等地。20 世纪 50 年代作为猪饲料大量繁殖，结果造成河道堵塞，影响航运；影响水产养殖；滋生蚊蝇；覆盖水面，对水质造成二次污染，影响生活用水；威胁其他水生生物生长。

　　水葫芦体细胞染色体为 16 对，四倍体，即 $2n=4x=32$（图 2-3）。第 1、2、5、7～9、11、14、16 对为中部着丝粒染色体，第 3、4、6、10、12、13 对为近中部着丝粒染色体，第 15 对为端部着丝粒染色体。核型公式是 $2n=4x=32=18m+12sm+2T$，没有观察到随体的存在，核型类型属于 2B 型。

图 2-3　水葫芦的体细胞染色体（2n=32）（引自王光熙和王徽勤，1989）

2.4.5.2　薇甘菊

　　薇甘菊（*Mikaina micrantha* H.B.K.）属于菊科（*Compositae*）植物，原产于中美洲，现已广泛传播到亚洲热带地区，成为当今世界热带、亚热带地区危害最严重的杂草之一。薇甘菊兼有性和无性两种繁殖方式。现在广泛分布于中国香港、澳门、珠江三角洲地区。

　　薇甘菊茎细长，匍匐或攀援，多分枝；茎中部叶呈三角状至卵形，基部叶呈心形；花白色，头状花序。多年生草质或稍木质藤本，兼有性和无性两种繁殖方式。其茎节和节间都能生根，每个节的叶腋都可长出一对新枝，形成新植株。1919年曾在香港出现，1984 年在深圳发现。薇甘菊是一种具有超强繁殖能力的藤本植物，攀上灌木和乔木后，能迅速形成整株覆盖之势，使植物因光合作用受到破坏窒息而死，薇甘菊也可通过产生化感物质来抑制其他植物的生长。对 6～8m 以下林木，尤其对一些郁密度小的次生林、风景林的危害最为严重，可造成成片树木枯萎死亡而形成灾难性后果。该种已被列为世界上最有害的 100 种外来入侵物种之一。目前尚无有效的防治方法，国内外正在开展化学和生物防治的研究。

薇甘菊具有 19 对染色体，$2n=38$（图 2-4）。根据 Stebbins 按不对称性程度对染色体进行分类的方案，薇甘菊的染色体核型属于 2B 型，属于较为对称的核型。Maffei 等（1999）报道，哥伦比亚的薇甘菊种群染色体数目为 $n=19$；在西印第安种群中发现 $n=19$ 和 $n=20$ 两种类型。厄瓜多尔和阿根廷发现的薇甘菊染色体类型分别是 $n=17$ 和 $n=19$。巴西学者报道，薇甘菊的染色体组成包括 $2n=36$ 和 $2n=42$ 两种二倍体类型，以及 $2n=72$ 的四倍体类型（张炜银等，2002）。

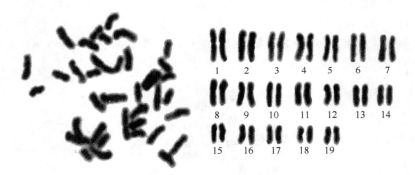

图 2-4　薇甘菊中期染色体形态及核型（引自窦笑菊和吴玉荷，2007）

2.4.5.3　紫茎泽兰

紫茎泽兰（*Eupatorium adenophorum Spreng*）英文名为 Crofton Weed，俗称解放草，破坏草。分类上属于菊科（Compositae）。原产中美洲，在热带地区广泛分布。1935 年它可能经缅甸传入我国云南，现主要分布于云南、广西、贵州、四川、台湾等地，垂直分布上限为 2500m。在其发生区常形成单种优势群落，它能排挤本地植物，影响天然林的恢复；侵入经济林地和农田，影响栽培植物生长；堵塞水渠，阻碍交通，全株有毒性，危害畜牧业。

紫茎泽兰茎紫色，被腺状短柔毛，叶对生，卵状三角形，边缘具粗锯齿。头状花序，直径可达 6mm，排成伞房状，总苞片 3～4 层，小花白色，高 1～2.5m。多年生草本或亚灌木，行有性和无性繁殖。每株可年产瘦果 1 万粒左右，藉冠毛随风传播。根状茎发达，可依靠强大的根状茎快速扩展蔓延。能分泌化感物，排挤邻近多种植物。

紫茎泽兰体细胞染色体数目为 $3n=51$（图 2-5）。Holmgren、Baker、Auld、Keil 等也发现紫茎泽兰体细胞染色体数目为 51。不同年代、不同地域紫茎泽兰体细胞染色体数目均为 51，表明其染色体数目稳定，不存在地域之间的差异，这与飞机草不同。紫茎泽兰是一种无融合生殖的三倍体（$x=17$），通常形成无配子种子。无融合生殖对紫茎泽兰的繁殖和入侵有利。紫茎泽兰的花期在冬季，此时的低温可能会影响其花粉发育、传粉等过程，进而影响种子的形成。通过无融合生殖紫茎泽兰可以在不利的条件下形成大量的种子，且种子发芽率很高。

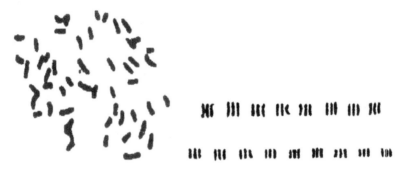

图 2-5　紫茎泽兰分裂中期染色体形态及核型（引自冯玉龙等，2006）

2.4.5.4　空心莲子草

空心莲子草（*Alligator Alternanthera Herb*）俗称水花生。原产于南美洲，后传入我国，现主要分布于我国黄河流域以南地区。20 世纪 50 年代作为猪饲料栽培，以后导致草灾：覆盖水面，影响鱼类生长和捕捞；在田间沟渠大量繁殖，影响农田排灌；堵塞航道，影响水上交通；排挤其他物种，使群落物种单一化；危害农作物，使作物减产，入侵湿地、草坪、破坏景观；滋生蚊蝇，危害人们的健康。空心莲子草抗逆性强。冬季温度降至 0℃时，其水面或地上部分已冻死，但当春天来临，温度回升至 10℃时，越冬的水下或地下根茎即可萌发生长；茎段曝晒 1～2d 仍能存活；未经腐熟或未被家畜消化的茎段进入农田后会造成再次危害。人工防除的方法不仅不能防除空心莲子草，反而会加重空心莲子草的蔓延和扩散。这些是空心莲子草能迅速生长蔓延的主要原因，同时也为空心莲子草的防除增加了难度。

空心莲子草体细胞染色体数目为 $6n=96$（图 2-6）。其多倍化的染色体组成与其生长繁殖能力很强具有密切关系，可以适应变化的环境，具有入侵性特征。

2.4.5.5　豚草

豚草（*Ambrosia artemisiifolia* L.）原产于北美洲，后传入我国，现主要分布于

图 2-6　空心莲子草中期染色体及核型（引自蔡华等，2009）

我国东北、华北、华东等地。它是一种恶性杂草，能使人得花粉病；侵入农田导致作物减产；释放出的多种有害物质，对乔木科、菊科植物有抑制、排斥作用。豚草吸肥能力和再生能力极强，植株高大粗壮，成群生长，有的刈过 5 次仍能再生，种子在土壤中可保持优质生命力 4～5 年，一旦发生难于防除。它侵入各种农作物田，如小麦、玉米、大豆、麻类、高粱等。豚草在土壤中消耗的水分几乎超过了禾本科作物的两倍，同时在土壤中吸收很多的氮和磷，造成土壤干旱贫瘠，还遮挡阳光，严重影响作物生长。豚草的叶子中含有苦味的物质和精油，一旦为乳牛食入可使乳品质量变坏，带有恶臭味。豚草还可传播病虫害，如甘蓝菌核病、向日葵叶斑病和大豆害虫等。豚草花粉是引发过敏性鼻炎和支气管哮喘等变态反应症的主要病源。有人估计，每株豚草可生产上亿花粉颗粒，花粉颗粒可随空气飘到 603.5km 以外的地方。加拿大、美国每年有数以百万计的人受到花粉之害。原苏联的一些豚草发生地"枯草热"发病人数占到居民的 1/7，豚草花粉是花粉类过敏原中最重要的一种。

　　三裂叶豚草（*Ambrosia trifida*）和普通豚草（*A. artemisiifolia*）染色体核型有明显差异，三裂叶豚草的染色体数目为 $2n=24$，核型公式为 $K(2n)=2x=24=22m+2sm$（2SAT），属于 2A 型（图 2-7）。普通豚草的染色体数目为 $2n=36$，核型公式为 $K(2n)=4x=36=32m（2SAT）+4sm$，属于 2A 型（图 2-8）。

2.4.5.6　毒麦

　　毒麦（*Lolium temulentum*）原产于欧洲地中海地区。20 世纪 50 年代从进口的小麦中发现，现主要分布于除西藏、台湾以外的各省、市、自治区。它会造成麦类作物严重减产；该物种为中国植物图谱数据库收录的有毒植物，其毒性为种子有毒，尤以未熟或多雨潮湿季节收获的毒力为强。小麦中若混有毒麦，人、畜食用含 4% 以上毒麦的面粉即可引起急性中毒，表现为眩晕、恶心、呕吐、腹痛、腹泻、疲乏无力、发热、眼球肿胀，重者嗜睡、昏迷、发抖、痉挛等，因中枢神经系统麻痹死亡。

图 2-7　三裂叶豚草分裂中期染色体形态及核型（引自祖元刚和沙伟 1999）

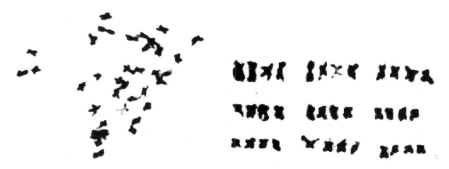

图 2-8　普通豚草分裂中期染色体形态及核型（引自祖元刚和沙伟 1999）

毒麦在中国的分布范围有黑龙江、吉林、辽宁、内蒙古、山东、宁夏、青海、新疆、江苏、江西、湖北、云南、西藏、河北、山西、上海、浙江、湖南、福建、北京、陕西、河南、甘肃、安徽、四川和广东等省（市、区）。全国除热带和南亚热带地区都有可能扩散。

有关毒麦的核型研究报道较少，根据有关资料，毒麦为二倍体，染色体数目为 $2n=2x=14$（图 2-9）。

2.4.5.7　三叶草

三叶草（*Trifolium*）又名车轴草，是多年生草本植物，叶子互生，复叶由三片小叶构成，小叶长圆型。开蝶形花，紫色，结荚果，是一种重要的牧草和绿肥作物。种类遍及全世界，有 300 多种，我国栽培较多的为红三叶草、白三叶草和杂三叶草。三叶草并不是特指叶子为三片，还有象征幸运的四片和五片叶子的三叶草。

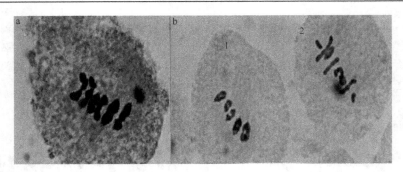

图 2-9　毒麦花粉母细胞第一次减数分裂中期染色体

三叶草植物低矮，高 3～4cm。直根性，根部有与根瘤菌共生的特性，根部分蘖能力及再生能力均强。分枝多，匍匐枝匍地生长，节间着地即生根，并萌生新芽。复叶，具三小叶，小叶倒卵状或倒心形，基部楔形，先端钝或微凹，边缘具细锯齿，叶面中心具 "V" 形的白晕；托叶椭圆形，抱茎。于夏秋开花，头形总状花序，球形，总花梗长，花白色，偶有淡红色。边开花，边结籽，种子成熟期不一，种子细小。

三叶草可以根据花的颜色分为红三叶草和白三叶草。红三叶草体细胞染色体数目已有 $2n=16$，32，14，28 的报道。说明在不同的生境下红三叶草体细胞染色体数目可以发生各种倍数的变化，这也说明多倍化与红三叶草的适应性进化有关。其二倍体属于 2A 型，核型公式为 $2n=2x=16=14m+2sm$。新西兰、美国和秘鲁三个产地的白三叶草的染色体数均为 $2n=4x=32$，白三叶草可能是经过二倍化的同源四倍体。对白三叶草的起源，目前尚无结论性的证据。该种核型由 11 对中部、5 对近中部着丝粒染色体组成，其中第 6 对染色体具随体，最长与最短染色体之间的比值为 1.65，属 2A 核型，核型公式为 $2n=4x=32=22m+10sm$（2SAT）。两种三叶草的染色体及核型见图 2-10，核型模式见图 2-11。

2.4.5.8　飞机草

飞机草（*Eupatorium odoratum* L.），别名香泽兰，原产于中美洲，现在南美、非洲、亚洲热带地区广泛分布。20 世纪 20 年代作为香料植物引入泰国栽培，1934 年在云南南部首次发现，现主要分布于广东、香港、台湾、海南、广西、云南、贵州。它危害多种作物，侵犯牧场；能抑制邻近植物的生长；使昆虫拒食；叶有毒，人误食后可引起头晕、呕吐，还能使家畜、鱼类中毒。

飞机草是外来入侵植物，易繁衍，生长快，在我国南部地区大面积分布，并入侵农田，破坏其他植被，影响植物正常生长，对本地植物造成严重的威胁，对植物的多样性造成极大的破坏。

飞机草染色体数 $2n=60$（图 2-12）。其核型公式为 $2n=60=32m+28sm$，按 Stebbins 的核型分类法，核型应属于 2A 型。但文献报道的飞机草体细胞染色体数目差异较

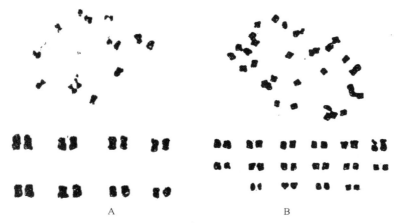

图 2-10　红三叶草和白三叶草的染色体及核型（引自张赞平等，1993）

A：红三叶草；B：白三叶草

红三叶草　　　　　　　　　白三叶草

图 2-11　两种三叶草的核型模式（引自张赞平等，1993）

图 2-12　飞机草的分裂中期染色体形态及核型（引自冯玉龙等，2006）

大，如 Powell 和 King 报道飞机草配子体染色体数为 40，Subramanyam 和 Kamble 报道其配子体染色体数为 60，Grashoff 等报道其配子体染色体数为 80，Mehra 和 Remanandan 报道其配子体染色体数为 51，为三倍体，King 等报道其配子体染色体数为 30 或 60 或 31+41，Mehra 和 Remanandan 报道飞机草孢子体染色体数为 51，但多数文献报道飞机草配子体染色体数为 29 或 30，孢子体为 58 或 60。可能不同地域飞机草染色体数有差异，不同地点同科外来入侵种肿柄菊（*Tithonia diversifolia*）

染色体数目也不同。

2.4.5.9　假高粱

假高粱（*Sorghum halepense* L. Pers.）英文名 Johnson Grass，又称石茅，阿拉伯高粱。分类上属于禾本科（Gramineae）。原产于地中海地区，现广布于世界热带和亚热带地区，以及加拿大、阿根廷等高纬国家。其种子混在作物种子中被引进和扩散，现已分布于我国台湾、广东、广西、海南、香港、福建、湖南、安徽、江苏、上海、辽宁、北京、河北、四川、重庆、云南等16个省、市、自治区。它是高粱、玉米、小麦、棉花、大豆等30多种农作物地里的杂草，使作物减产，还可能成为多种致病微生物、害虫的寄主。鉴别特征：具根状茎延长，具分枝。秆直立，高 1～3m，叶宽线形，叶舌具缘毛。圆锥序大型，淡紫色至紫黑色；分枝轮生，与主轴交接处有白色柔毛；小穗成对，其中一个具柄，另一个无柄，长 3.5～4mm，无芒，被柔毛。颖果棕褐色，倒卵形。

多年生草本，生于田间、果园，以及河岸、沟渠、山谷、湖岸湿处。花期6～7月，果期7～9月，种子和根茎繁殖。20世纪初曾从日本引到台湾南部栽培，同一时期在香港和广东北部发现归化，种子常混在进口作物种子中引进和扩散。是高粱、玉米、小麦、棉花、大豆、甘蔗、黄麻、洋麻、苜蓿等30多种作物地里的杂草，不仅通过生态位竞争使作物减产，还可能成为多种致病微生物和害虫的寄主。此外，该种可与同属其他种杂交。

假高粱体细胞染色体较小（图 2-13），平均绝对长度在 1～2μm 之间，核型公式为 $2n=4x=34=AABB=24m（2SAT）+10sm$，假高粱的染色体类型变化不大，所有染色体均为中部着丝粒染色体（m）或近中部着丝粒染色体（sm），核型类型为2B，表明它是较不对称的核型，在第15号染色体上有一对随体。

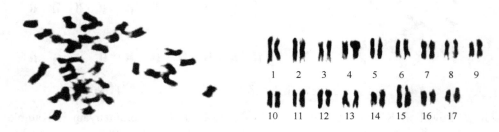

图 2-13　假高粱的分裂中期染色体形态及核型（引自蔡华等，2006）

2.4.5.10　大米草

大米草（*Spartina anglica* Hubb.）原产于英国南海岸，是欧洲海岸米草和美洲米草的天然杂交种。多年生草本，具根状茎。株丛高 20～150cm，丛径 1～3m。根

有两类：第一类为长根，数量少，入土深度可达 1m 以上；第二类为须根，向四面
伸展，密布于 30～40cm 深的土层内。秆直立，不易倒伏。基部腋芽可萌发新蘖和
生出地下茎，在土层中横向生长，然后弯曲向上生长，形成新株。叶互生，表皮
细胞具有大量乳状突起，使水分不易透入；叶背面有盐腺，根吸收的盐分大部分
由这里排出体外。成熟种子易脱落，无休眠期，可被潮水漂流扩散至远近各处。
种子失水即死，故主要用分株进行无性繁殖。

大米草在我国分布于辽宁、河北、天津、山东、江苏、上海、浙江、福建、
广东、广西等省（市、区）的海滩上，国外分布于丹麦、德国、荷兰、法国、英
国、爱尔兰、新西兰、澳大利亚、美国。引入初期，曾获得一定的经济效益，但
后来酿成了草患：破坏近海生物栖息环境，影响滩涂养殖；堵塞航道，影响船只
进出港口；导致水质下降，诱发赤潮；威胁生态系统，使大片红树林消失。

大米草体细胞染色体数目可因倍数不同而有很大的差异，其单套染色体 $x=10$，
四倍体染色体为 $2n=40$，六倍体染色体为 $2n=60$，其十二倍体染色体数目有不同的
报道，一般为 $2n=120$，122，124，126，127（Marchant，1968；Goodman，1969）
（图 2-14）。

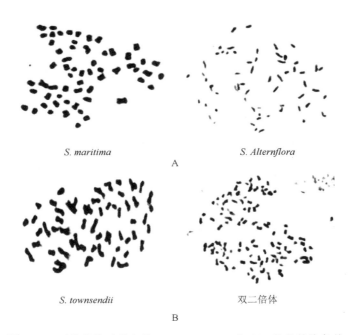

$S.\ maritima$ $S.\ Alternflora$

A

$S.\ townsendii$ 双二倍体

B

图 2-14 两种米草以及杂种 F_1 $S.\ townsendii$ 和双二倍体的染色体
（引自 Marchant，1968；Goodman et al.，1969）
A. 欧洲米草 $S.\ maritima$（$2n=60$）和美洲米草 $S.\ Alternflora$（$2n=62$）的中期染色体形态；
B. 两种米草杂种 F_1 $S.\ townsendii$（$2n=62$）和双二倍体（$2n=122$）的中期染色体形态

大米草泛指大米草属的物种，具有耐盐、耐渍、生长繁殖快、生态幅度宽等特点，在促淤、护堤、保岸等方面有作用，1963 年以来我国先后引进了 4 种大米草属植物，有互花米草、大米草、狐米草和大绳草。但大米草的特点也赋予它很强的侵入性，主要产生四方面的危害：破坏近海生物栖息环境，影响滩涂养殖，堵塞航道，诱发赤潮，大米草和互花米草分别被列入全球 100 种最有危害外来物种和中国外来入侵种的名单。

2.4.5.11　仙人掌

仙人掌（*Cactaceae*）是墨西哥的国花，属于石竹目沙漠植物的一个科。由于对沙漠缺水气候的适应，叶子演化成短短的小刺，以减少水分蒸发，亦能作阻止动物吞食的武器；茎演化为肥厚含水的结构；同时，它长出覆盖范围非常大的根，用于下大雨时吸收最多的雨水，目前仙人掌科的植物有近 2000 种。原产热带、亚热带的高山干旱地区，这些地区水分不足，日照强烈，风大，气温低，形成的多浆植物植株矮小，叶片多呈莲座状，或密被蜡层及绒毛，以减弱高山的大风及强光危害，减少过分蒸腾。

在仙人掌中近 70% 是二倍体，其体细胞染色体为 $2n=22$（图 2-15），另外还有四倍体的，其体细胞染色体数目为 $2n=44$，也有六倍体的，其染色体数目为 $2n=66$。

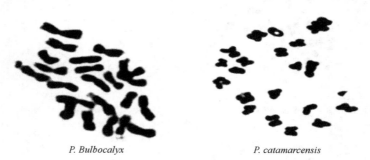

P. Bulbocalyx　　　　　　　　P. catamarcensis

图 2-15　仙人掌中期染色体（$2n=22$）

2.4.5.12　马缨丹

马缨丹（*Lantana camara* Linn.）属于马鞭草科灌木，又称五色梅、山大丹、大红绣球、珊瑚球、臭金凤、如意花、昏花、七变花、如意草、土红花、臭牡丹、杀虫花、毛神花、臭冷风、天兰草、臭草、五色花、五雷箭、穿墙风、野眼菜、五彩花、红花刺、婆姐花。产于美洲，现在我国广东、海南、福建、台湾、广西、江苏、上海等地均有栽培，每年 5～9 月开花，可制作盆景。同时具有清凉解热、活血止血的药用价值。植株有臭味。叶卵形至卵状椭圆形，长 3～9cm，宽 1.5～5cm，边缘有锯齿，两面都有糙毛。花序梗长于叶柄 1～3 倍；苞片披针形，有短柔毛，花萼管状，顶端有极短的齿；花冠黄色、橙黄色、粉红色至深红色，小花橙黄色或橙色，后变红或白色，故名五色梅。果实圆球形，成熟时紫黑色。

马缨丹的果实与茎叶都含有毒素，基本没有动物食用。很容易开花，结成果实的量也相当多，传播性很强。一旦有适合的环境就很容易成长，枝条横生呈块状扩展，马樱丹的周围常常没有其他植物，排他性非常强烈。也由于茎上长有倒刺，一般动物难以直接践踏走过，因此逐年扩充地盘，成长也很快速，是种相当强势的外来侵略性植物。同时由于马缨丹被作为观赏植物人工养殖，很容易扩散到邻近的自然环境中。在我国南方很多地方，马缨丹在野外已经失去控制，扩张速度极快，所到之处其他物种几乎全部灭亡，对我国的生态环境、生物多样性已构成严重危害。

马缨丹的染色体数目不稳定，从二倍体到六倍体均有，$2n=22$，33，44，55，66 均有报道。其中以四倍体居多（图 2-16），马缨丹的 44 条染色体中除了第 4、6、9 号染色体为近中部着丝粒染色体，第 7 号染色体为亚端部着丝粒染色体，第 5 号为随体染色体，其余都为中部着丝粒染色体。马缨丹染色体核型属于 2A 型，核型为 $2n=2x=22=12m+8sm+2st$。染色体长度在 2.27～4.20μm 之间，臂比在 1.05～5.15 之间。

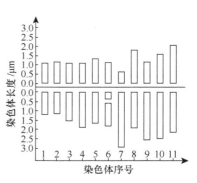

图 2-16　马缨丹的染色体及核型分析（引自刘端玉，2010）

2.4.5.13　刺茄

刺茄（*Solanum torvum* Swartz）原产美洲加勒比地区，现在热带亚热带地区广为分布。目前已扩散到加拿大、原苏联、朝鲜半岛、南非、澳大利亚等国家或地区。在中国的西藏（墨脱）、云南（东南部、南部及西南部）、贵州、广西、广东、海南、香港、澳门、福建、台湾均有分布。刺茄是一种入侵性极强的一年生杂草。中国早在 1982 年在辽宁省朝阳县就有报道，近年来又相继在吉林省白城市、河北省张家口市、北京市密云县等地发现了该物种。2005～2007 年，在新疆境内也发现了乌鲁木齐县和石河子市两个分布区。该植物不仅严重影响草场及农田中棉花等作物的生长，而且影响到牲畜皮毛的品质，牲畜误食后可引起中毒死亡，同时还传播病虫害。

野生茄'红刺茄'均有 2 对近中部着丝粒染色体（sm），核型公式分别为 $2n=2x=24=20m+4sm$（2SAT）和 $2n=2x=24=20m$（2SAT）$+4sm$。野生茄'托鲁巴姆'只有 1 对近中部着丝粒染色体（sm），其核型公式为 $2n=2x=24=22m$（2SAT）$+2sm$（图 2-17）。依据 Stebbins 的核型分类标准，野生茄'红刺茄'的核型为 2A 型；野生茄'托鲁巴姆'的核型为 1A 型。托鲁巴姆染色体长度在 6.23～11.64μm 之间，臂比在 1.09～2.23 之间。红刺茄的染色体长度在 6.56～11.20 之间，臂比在 1.14～2.31 之间。

A. 托鲁巴姆　　　　　　　　　　　B. 红刺茄

图 2-17　野生茄'托鲁巴姆'（A）和'红刺茄'（B）的染色体及核型分析
（引自祝海燕等，2013）

2.4.5.14　加拿大一枝黄花

加拿大一枝黄花（*S. canadensis*）原产墨西哥、美国，20 世纪 30 年代作为观赏花卉引种至我国的上海、南京等地，20 世纪 80 年代迅速扩散蔓延成杂草，现已成为华东地区荒地、路边的主要杂草。北美一枝黄花除种子繁殖外，地下根茎横向扩展繁殖力旺盛，竞争力强，抑制其他植物的生长，最后形成这种杂草的单一群落。该种在城郊荒地、道路、河堤、工厂和住宅区广泛生长。在上海已开始进入农田、果园及菜地的田边地头，并有向田内扩展蔓延的趋势。

加拿大一枝黄花的染色体数为 $2n=54$（图 2-18），各染色体间形态差异不明显，均为中部着丝粒或近中部着丝粒染色体，核型公式为 $2n=54=6x=46m+8sm$（0-6SAT），其中 46 条为 m 型，8 条为 sm 型，核型类型为较对称的 2A 型。随体的数目最多有 6 个，有的细胞内无随体，表现出随体多态性。

加拿大一枝黄花是六倍体，多倍体所具有的优势使得它能突破各个环节的限制而成功入侵。加拿大一枝黄花携带多组染色体，基因重组数目增加，杂合性增强，这使得它在入侵初期能发生快速的适应与进化，容易突破奠基者效应而成功定居。这对加拿大一枝黄花成功入侵具有重要意义。

图 2-18　加拿大一枝黄花中期染色体形态（箭头所指为随体）及核型（引自张中信等，2007）

2.4.5.15　西番莲

西番莲（*Passiflora coerulea*）原产于美洲热带地区，有"果汁之王"的美誉。西番莲品种众多，为多年生常绿攀援木质藤本植物。西番莲是西番莲科西番莲属植物，全属有 400 余种，大都原产美洲热带地区，我国原产 13 种。它们喜光，喜温暖至高温湿润的气候，不耐寒。生长快，开花期长，开花量大，适宜于北纬24°以南的地区种植。对土壤的要求虽不很严格，但要获得丰产、稳产，则要求土壤疏松肥沃，有机质丰富，水分充足、排水良好、灌水方便的生长环境。在气候的适应性方面，要求温暖、全年无冻害的天气。黄果西番莲适应性较强，果实较大，产量较高，品质优，出汁率较高，但耐寒性较差，有些品种还有自花不实现象，需要人工辅助授粉。西番莲在欧洲是颇负盛名的草药，用于治疗失眠和焦虑不安。16 世纪，西班牙探险家在秘鲁和巴西的印第安部落中第一次遇见西番莲，并将它带入欧洲。印第安人认为西番莲是最好的镇定剂。现代医学认为，西番莲富含人体必需的 17 种氨基酸及多种维生素、微量元素等 160 多种有益成分。其中丰富的天然活性成分类黄酮是减除烦躁和缓减压力的基本元素，其卓越的舒压功效有助人们入睡。

黄果西番莲的核型公式为 $2n=2x=18=12m$（4SAT）$+6sm$，按照 Stebbins 核型分类标准，属于 2A 型（图 2-19）。而紫果西番莲的核型公式是 $2n=2x=18=14m$（2SAT）$+4sm$，属于 2A 型，第 4 对染色体上带有随体（图 2-20）。

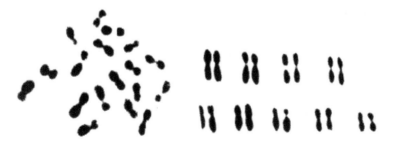

图 2-19　黄果西番莲分裂中期染色体形态及核型（引自梁达德等，1996）

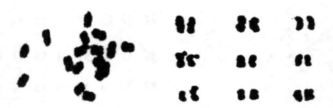

图 2-20　紫果西番莲分裂中期染色体形态及核型（引自魏秀清和陈晓静，2009）

2.4.5.16　美洲车前

美洲车前（*Plantago virginica*）又名北美车前，原产地北美，现广布世界温暖地区。中国分布现状：分布于浙江、上海、江苏、安徽、江西、福建、台湾、广东、湖南、四川、河北。1951 年始见于江西南昌市莲塘区。种子遇水产生粘液，藉人和动物以及交通工具传播。为果园、旱田及草坪杂草，当种群密度大，花粉数量较多时，可能会导致花粉过敏症。

其染色体数目为 24，且均为中部着丝粒染色体。核型为 $2n=2x=24m$。根据 Stebbins 的核型分类标准，其核型属于 2A 型（图 2-21）。

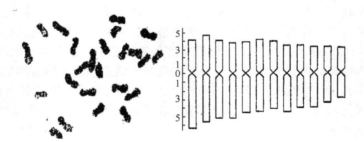

图 2-21　北美车前中期染色体形态及核型（引自王丰等，1993）

2.4.5.17　矮牵牛

矮牵牛（*Petunia hybrida* Vilm）原产南美阿根廷，现世界各地广泛栽培。茄科，碧冬茄属，又称碧冬茄。多年生草本，常作一二年生栽培，株高 40～60cm；茎匍地生长，被有粘质柔毛；叶互生，上部叶近对生，叶质柔软，卵形，全缘，近无柄；花单生，呈漏斗状，重瓣花球形，直径 5～18cm，檐部 5 钝裂，或有皱摺、卷边、重瓣等型。花色极为丰富，如白、红、紫、蓝、黄及嵌纹、镶边等，非常美丽，花期 4 月至降霜；蒴果；种子细小。

矮牵牛有 7 对染色体，核型为 $2n=14=10m+4sm$。含有 5 对中部着丝粒染色体和 2 对近中部着丝粒染色体（图 2-22）。

图 2-22　矮牵牛的中期染色体及核型（引自蔡华等，2006）

2.4.5.18　假连翘

假连翘（*Duranta repens* L.）为马鞭草科，假连翘属植物，又称为番仔刺、篱笆树、洋刺、花墙刺、桐青、白解。原产墨西哥、巴西和印度洋群岛。常绿蔓性灌木，花蓝紫色，花期夏、秋、冬三季，边开花边结果，核果成熟后黄色，有光泽。枝长，下垂或平卧，二叶对生，卵状椭圆形或倒卵形，先端短尖或浑圆，基部楔形，边缘在中部以上有锯齿。核果肉质，卵形，成串包在萼片内，黄色，有光泽。假连翘为观花、观果植物。终年开放着蓝紫色或白色小花，入秋后果实变色，着生在下垂长枝上，十分逗人喜爱。可盆栽布置厅堂，也可地栽作庭园绿篱或丛植。假连翘的体细胞染色体数为 17 对，核型为 2n=34（图 2-23）。

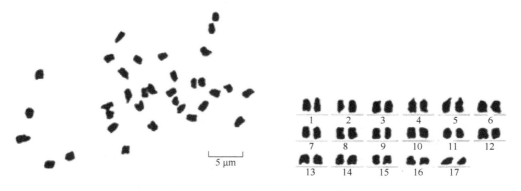

图 2-23　假连翘的中期染色体及核型

2.4.5.19　藿香蓟

藿香蓟（*Ageratum conyzoides* L.）又名胜红蓟，是一种菊科的一年生草本植物。它原产中南美洲，现已广泛分布于非洲、印度、印尼、老挝、越南等地。我国已引种栽培多年，主要用作花坛材料或盆栽观赏，近年来用于地被，效果很好。多年生草本，常作一年生栽培，高 30～60cm，全株被毛。叶对生，叶片卵形。头状花序，小花全部为管状花，花色有淡蓝色、蓝色、粉色、白色等。瘦果。花期 7

月至降霜。藿香蓟染色体有 19 对，核型为 $2n=38$。染色体大小差别悬殊，最长的 1 号染色体比最短的 19 号染色体大 6～7 倍。藿香蓟的中期染色体及核型见图 2-24。

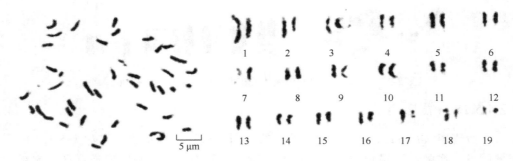

图 2-24　藿香蓟的中期染色体及核型

2.4.5.20　蓖麻

蓖麻（*Ricinus communis* L.）又名大麻子、老麻子、草麻子、蓖麻仁、勒菜、杜麻、草麻。大戟科、蓖麻属一年生或多年生草本植物，热带或南方地区常成多年生灌木或小乔木。原产于埃及、埃塞俄比亚和印度，后传播到泰国、巴西、阿根廷、美国等国。中国蓖麻引自印度，自海南至黑龙江北纬 49°以南均有分布。华北、东北最多，西北和华东次之，其他为零星种植。热带地区有半野生的多年生蓖麻。

蓖麻含有 10 对染色体，核型为 $2n=20$（图 2-25）。染色体大小均匀，最长的 1 号染色体长度为最短的 10 号染色体的大约 2.5 倍。

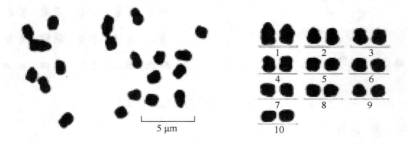

图 2-25　蓖麻的中期染色体及核型

2.4.5.21　紫花苜蓿

紫花苜蓿（*Medicago sativa*）是蔷薇目、豆科、苜蓿属多年生草本，根粗壮，深入土层，根颈发达。起源于"近东中心"，即小亚细亚、外高加索、伊朗和土库曼斯坦的高地，常提到的苜蓿地理学中心为伊朗。苜蓿适宜于在具有明显大陆性气候的地区发展，这些地区的特点是春季迟临，夏季短促，土壤 pH 近中性。苜蓿主要分布于温暖地区，在北半球大致呈带状分布，美国、加拿大、意大利、法国、中国和原苏联南部是主产区；在南半球只有某些国家和地区有较大规模的栽培，如阿根廷、智利、南非、澳大利亚、新西兰等国家。

紫花苜蓿含有 16 对染色体，核型为 $2n=32$。染色体大小均匀，最长的 1 号染色体长度为最短的 16 号染色体的大约 2 倍（图 2-26）。

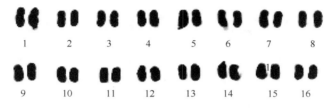

图 2-26　紫花苜蓿的核型（引自张为民，2006）

2.4.5.22　苏丹草

苏丹草（*Sorghum sudanense*）是禾本科高粱属一年生草本植物。须根，根系发达，入土深，可达 2.5m。苏丹草是耐旱、高产、质优，适宜在气候温暖、干旱地区种植的一年生优良牧草。苏丹草具有广泛的适应性，我国南至海南岛，北至内蒙古均能栽培。

苏丹草原产于非洲的苏丹高原。在欧洲、北美洲及亚洲大陆栽培广泛。中国解放前已经引进，现南北各省均有较大面积的栽培。

苏丹草含有 10 对染色体，核型为 $2n=2x=20=18m+2sm$，属 1A 型，核型不对称系数为 55.56%（图 2-27）。

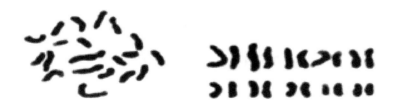

图 2-27　苏丹草的中期染色体及核型（引自詹秋文等，2006）

2.4.5.23　多花黑麦草

多花黑麦草（*Lolium multiflorum*）是禾本科植物，又称意大利黑麦草、一年生黑麦草，可作为先锋草种或保护草种用于草坪。原产于欧洲南部、非洲北部及小亚细亚等地，十三世纪已在意大利北部栽培，以后传播到其他国家，广泛分布于英国、美国、丹麦、新西兰、澳大利亚、日本等温带降雨量较多的国家。

多花黑麦草的几个品种均含有 14 对染色体，核型为 $2n=28$（图 2-28）。

图 2-28　多花黑麦草的中期染色体及核型（引自吴爱忠和陈德鑫，1991）

2.4.5.24　高羊茅

高羊茅（*Festuca elata* Keng ex E. Alexeev）是我国引种的重要冷季型草坪草，高羊茅属于禾本科羊茅属（*Festuca*），比多年生黑麦草具有更广泛的适应性和持久性。高羊茅具有保持水土、改造自然、美化环境等多种功能，因而倍受城市规划与社区建设的重视。高羊茅为多年生异花授粉植物，体细胞染色体数目为 $2n=2x=14m$，染色体基数为 $x=7$，属于 1B 核型（图 2-29）。

图 2-29　高羊茅的中期染色体及核型（引自蔡华等，2006）

2.4.5.25　银胶菊

银胶菊（*Parthenium hysterophorus*）为一年生草本，菊科、银胶菊属植物，又名银色橡胶菊。产胶植物，因叶具银灰色而得名。属我国的入侵物种，可导致人体过敏、肝脏病变和遗传病变等疾病。但同时又具有一定的商业价值。极耐干旱，喜强光照、温暖气候。喜生长在石灰质、渗透性良好的砂壤土杂有大量碎石块的地方。

银胶菊含有 17 对染色体，核型为 2*n*=34（图 2-30）。染色体大小均匀，最长的 1 号染色体长度为最短的 17 号染色体的大约 2.5 倍。

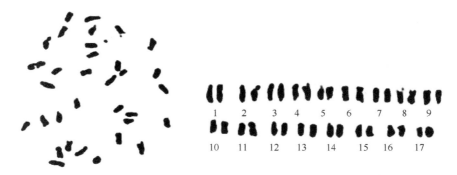

图 2-30　银胶菊的中期染色体及核型（引自陈好，2013）

2.4.5.26　球茎大麦

球茎大麦（*Hordeum bulbosum*），禾本科大麦属植物。原产地意大利，在欧洲、亚洲中部均有分布。在我国南京、北京、青海等地有栽培。多年生，基部具直径约 1.5cm 的球茎。秆直立，高 70～90cm，径 4～5mm，具 4 或 5 节，光滑无毛。可与野生大麦、普通大麦、披碱草等近缘种杂交。

球茎大麦为四倍体，核型为 4*n*=28（图 2-31）。染色体以中部和亚中部着丝粒染色体形式呈现，大小均匀，最大染色体与最小染色体长度之比约为 1∶0.8。

2.4.5.27　黄花草木樨

黄花草木樨（*Melilotus officinalis*）为蝶形花科草木樨属植物，又名墨里老笃、金花草、黄甜车轴草、草木樨、辟汗草、草木犀、胡苜蓿、黄草木樨、黄花车轴草、黄陵零香、黄零陵香、黄甜车轴前、黄香草木樨、欧草木樨、僻汗草、甜三叶、香草木樨、野苜蓿、印度草木樨。一年生或二年生草本。茎高 0.5～3m，有香气，并带甜味，上部被疏毛。我国四川及长江流域以南各省区有野生，东北、华北、西北及西藏各省区都有栽培。欧洲各国也有栽培。宜种于半干燥、温湿地区，土壤不拘，抗碱性及抗旱性均较强。可作牧草、绿肥用。

图 2-31　球茎大麦的中期染色体及核型（引自管启良等，1988）

黄花草木樨含有 8 对染色体，核型为 2*n*=16（图 2-32）。二年生与一年生的黄花草木樨都含有 16 条染色体，但两者的染色体形态和大小有一定差异，二年生黄花草木樨的 4 号染色体具有随体，一年生黄花草木樨的 4 号染色体却没有随体存在。

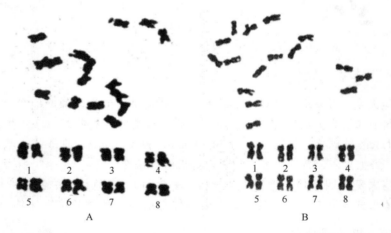

图 2-32　黄花草木樨的中期染色体及核型（A：二年生；B：一年生）（引自刘玉红，1984）

2.4.5.28　白香草木樨

白香草木樨（*Melilotus albus*）为蝶形花科草木樨属植物，又名白香草木樨、白甜车轴草、白花草木樨。是草木樨属二年生草本植物。茎直立，株高 1～3m，多分枝，含香素，全株具有香味，三出复叶，有锯齿。

一般认为草木樨属植物起源于小亚细亚，后来传播到整个欧洲温带各国。另据报导，典型草木樨亚属（二年生白花草木樨和黄花草木樨）起源于中欧到西藏。又据记载，白花草木樨起源于亚洲西部，黄花草木樨起源于欧洲。

白香草木樨与黄花草木樨相似，含有 8 对染色体，核型为 $2n=16$（图 2-33）。二年生与一年生的白花草木樨都含有 16 条染色体，但与二年生黄花草木樨不同的是，其 4 号染色体都没有观察到随体的存在。

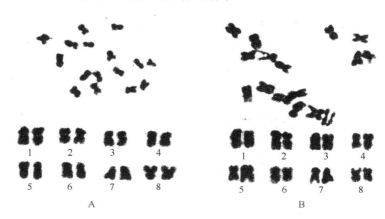

图 2-33　白香草木樨的中期染色体及核型（A：二年生；B：一年生）（引自刘玉红，1984）

2.4.5.29　大花金鸡菊

大花金鸡菊（*Coreopsis grandiflora* Hogg.）为菊科金鸡菊属植物，别名剑叶波斯菊、狭叶金鸡菊、剑叶金鸡菊、大花波斯菊，为多年生草本，高 20～100cm。大花金鸡菊原产于美洲，山东全省各地有栽培，威海等地有逸生，观赏植物，花序药用，能止血，根用于提取菊糖。大花金鸡菊是一种侵占性非常强的外来植物，生命力和繁殖力非常强，对土壤几乎没有任何要求，特别耐旱，不怕冷不怕热，风一吹，种子满天飞扬。如果农田出现这种植物，对农作物会有很大影响，而且很难清除掉。

大花金鸡菊的染色体数目为 $2n=26$，核型公式为 $K(2n)=2x=26=26m$，相对长度组成为 $2n=26=14M_2+10M_1+2S$，核型为"1A"（图 2-34）。

图 2-34　大花金鸡菊的中期染色体及核型（引自杨德奎，2001）

2.4.5.30　矢车菊

矢车菊（*Centaurea cyanus*）为菊科矢车菊属一年生或二年生草本植物，高可达 70cm。矢车菊原产于欧洲，中国主要分布在新疆、青海、甘肃、陕西、河北、山东、江苏、湖北、广东及西藏等地，在公园或庭院普遍栽培，供观赏，又是一种良好的蜜源植物和药用植物，花有利尿作用，全株浸出液明目，瘦果含油。适应性较强，不耐阴湿，须栽在阳光充足、排水良好的地方，否则常因阴湿而导致死亡。较耐寒，喜冷凉，忌炎热。喜肥沃、疏松和排水良好的沙质土壤。矢车菊现在主要分布于欧洲、原苏联（高加索及中亚、西伯利亚及远东地区）、北美等地。

矢车菊为四倍体，含有 48 条染色体，核型为 $4n=48$（图 2-35）。染色体大小较为均匀，有 8 个较大的四倍体染色体，另外 4 个四倍体染色体较小。最大染色体比最小染色体大 2.5 倍。

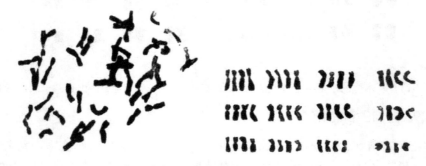

图 2-35　矢车菊的中期染色体及核型（引自杨德奎，2001）

2.4.5.31　紫茉莉

紫茉莉（*Mirabilis jalapa*）为紫茉莉科紫茉莉属的多年生草本植物，产于热带美洲等地，我国各地均有栽培。花漏斗形，夏秋傍晚开放，花色多样，十分艳丽。果实球形有棱，成熟后黑色，像小地雷，又名地雷花。紫茉莉作为外来引进植物，其种子的繁殖能力和适应力极强，并且根和茎也具有较强营养繁殖的能力，尤其是根的繁殖能力使其较难根除，紫茉莉植株还具有化感作用潜能。紫茉莉在各地逸为野生种后主要生长在路旁和荒地，已扩散到全国各地，被国家环保总局认定为外来入侵物种，对中国生态安全具有潜在的危害作用。

紫茉莉含有 28 对染色体，核型为 $2n=56$（图 2-36）。

2.4.5.32　含羞草决明

含羞草决明（*Cassia mimosoides*）属豆科决明属植物，以全草入药。一年生或多年生半灌木状草本，高 30～45cm。茎细瘦，多分枝，被短柔毛。双数羽状复

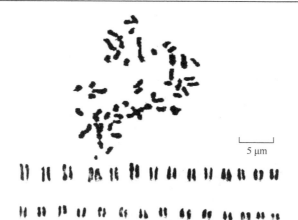

图 2-36　紫茉莉的中期染色体及核型（引自时丽冉等，2010）

叶互生。夏季于叶腋开花，单生或数朵排成短总状花序，花瓣 5，黄色。荚果扁平微弯，稍似扁豆，因而得名，内有种子约 20 粒。生于林下山坡间及田野、路旁。含羞草决明原产于美洲热带地区，现广布于全世界热带和亚热带地区。在中国主要分布于东南、华南和西南地区，广东、广西、海南、贵州、云南、江西、福建和台湾等地均有分布。

含羞草决明含有 8 对染色体，核型 $2n=16$（图 2-37）。

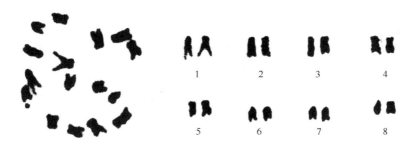

图 2-37　含羞草决明的中期染色体及核型

2.4.5.33　决明

决明（*Cassia tora*）属豆科决明属植物。决明也叫草决明、羊明、羊角、马蹄决明、还瞳子、假绿豆、马蹄子、芹决、羊角豆、野青豆。味苦、甘而性凉，具有清肝火、祛风湿、益肾明目、润肠通便等功效。原产美洲热带地区，现全世界热带、亚热带地区广泛分布。长江以南地区都有种植，主要分布于安徽、广西、四川、浙江、广东等地。

决明含有 13 对染色体，核型为 $2n=26$（图 2-38）。

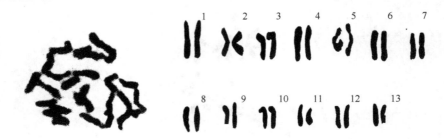

图 2-38　决明的中期染色体及核型（引自武映东和郭澍民，1988）

2.4.5.34　望江南

望江南（*Cassia occidentalis*）属豆科决明属，是一种一年生草本植物。原产于美洲热带地区，现广布于全世界热带和亚热带地区。别名凤凰草、羊角豆、山绿豆、假决明、狗屎豆、假槐花。望江南分布于中国东南部、南部及西南部各省区。常生于河边滩地、旷野或丘陵的灌木林或疏林中，也是村边荒地习见植物。

望江南含有 14 对染色体，核型为 $2n$=28（图 2-39）。在 14 对同源染色体中，除第 1、2 两对为近中部着丝粒染色体外，其余均为中部着丝粒染色体。望江南的核型公式为 K（$2n$）=28=24m+4sm。

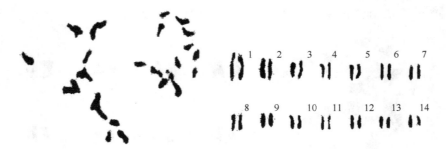

图 2-39　望江南的中期染色体及核型（引自武映东和郭澍民，1987）

2.4.5.35　大麻

大麻（*Cannabis sativa*）为大麻科（Cannabinaceae）大麻属（*Cannabis*）的一种植物，雌雄异株，也存在雌雄同株。大麻具有多方面的经济利用价值，其纤维是当今纺织品原料中的精品，又可用于造纸，而大麻仁则是医用、食用及保健饮料的良好原料。大麻对环境的适应性较强，分布范围广泛，从热带到寒带地区都可种植。

大麻体细胞染色体数目为 $2n$=$2x$=20，染色体核型公式为 $2n$=$2x$=20=14m+6sm（图 2-40）。

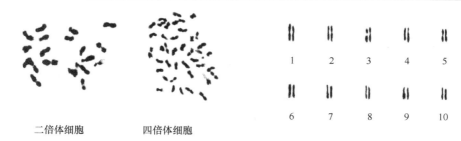

二倍体细胞　　　　　　四倍体细胞

图 2-40　大麻根尖体细胞的染色体及核型（引自辛培尧等，2008）

2.4.5.36　含羞草

含羞草（*Mimosa pudica* Linn.）为豆科多年生草本或亚灌木，由于叶子会对热和光产生反应，受到外力触碰会立即闭合，因此得名含羞草。原产热带美洲，已广布于世界热带地区。中国的台湾、福建、广东、广西、云南等地均有分布。

体细胞染色体数目为 $2n=26$，核型为 $2n=26=18m+6sm+2st$，属于"2B"类型（图 2-41）。染色体相对长度组成为 $2n=26=4L+8M_2+12M_1+2S$。从染色体水平证明含羞草在系统演化上属于较进化的种类。

图 2-41　含羞草体细胞染色体及核型（引自张彬彬和张兰，2007）

2.4.5.37　万寿菊

万寿菊（*Tagetes erecta*）为堆心菊族万寿菊属植物。染色体数目 $2n=24$，核型公式为 $2n=24=6sm+16st$（2SAT）$+2t$（图 2-42）。核型的主要特征为：第 5 对染色体为端部着丝粒染色体，第 2、8、12 对染色体为亚中部着丝粒染色体，其余均

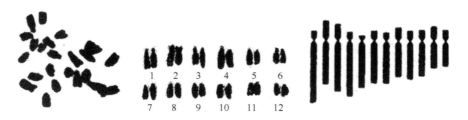

图 2-42　万寿菊的中期染色体及核型（引自张继冲，2006；张嫔，2012）

为亚端部着丝粒染色体，第 3 对染色体的短臂上具随体。

2.4.5.38　狗尾草

狗尾草（*Setaria viridis* L.）属禾本科狗尾草属一年生草本植物，又名阿罗汉草、稗子草、狗尾巴草。狗尾草属（*Setaria*）约有 125 个种，分布于世界温带、暖温带和热带地区，其中非洲有 74 个种，美洲有 25 个种，其他分布于欧亚大陆，在中国大约有 17 个种。狗尾草属中既具有全世界栽培历史最悠久的农作物谷子（*S. italica*），也具有对世界农业生产及土地耕种干扰和危害较严重的多种杂草种，如青狗尾草（*S. viridis*）、法氏狗尾草（*S. faberii*）、轮生狗尾草（*S. verticillata*）和金色狗尾草（*S. glauca*）等。

狗尾草的核型为 $2n=18=14m+2sm+2st$（SAT）（图 2-43）。第 7 对染色体具有明显较大的随体。几种狗尾草的中期染色体形态见图 2-43。

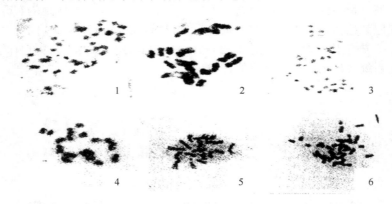

图 2-43　几种狗尾草的中期染色体形态（引自王永强等，2007）
1. 金色狗尾草（$2n=36$）; 2. 轮生狗尾草（$2n=18$）; 3. 轮生狗尾草（$2n=36$）; 4. 青狗尾草（$2n=18$）;
5. 金色狗尾草（$2n=18$）; 6. 金色狗尾草（$2n=36$）

2.4.5.39　节节麦

节节麦（*Aegilops tauschii* Coss.）是禾本科山羊草属植物，是二倍体野生小麦亲属，起源于中东地区，在我国的部分地区也存在其衍生系品种。节节麦的核型公式为 $2n=2x=14=10m+4sm$（2SAT），在第 4 号染色体上有一对随体（图 2-44）。节节麦染色体组和普通小麦中国春 D 组全套染色体类型相同，表明这两组染色体具有较强的同源性；但二者在染色体相对长度和臂比值上表现出一定的差异，表明该地区节节麦未参与普通小麦的起源。

2.4.5.40　南美蟛蜞菊

南美蟛蜞菊（*S. trilobata* L.）的染色体数目为 $2n=56$，核型公式为 $2n=24m+28sm+4st$

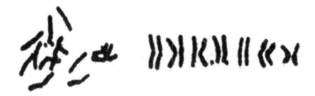

图 2-44　节节麦的中期染色体及核型（引自蔡华等，2006）

（图 2-45）。原产南美洲及中美洲地区，现广泛分布于东南亚和太平洋许多地区。20 世纪 80 年代作为地被植物引入我国，具有很强的入侵性，现已逸生，在我国广东和台湾等地较为常见。

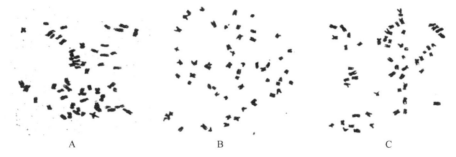

图 2-45　南美蟛蜞菊的中期染色体及核型（引自任琛等，2012）

A. 南美蟛蜞菊（揭东居群，2n=56）；B. 南美蟛蜞菊（福州居群，2n=56）；C. 南美蟛蜞菊（龙川居群，2n=56）

2.4.5.41　红脂大小蠹

红脂大小蠹（*Dendroctonus valens* LeCont）又名强大小蠹；英文名为 red turpentine beetle；属于鞘翅目（Coleptera），小蠹科（Scolytidae）昆虫。原产于美国、加拿大、墨西哥、危地马拉和洪都拉斯等美洲地区。可能因引进美国木材而传入我国，现主要分布于山西、陕西、河北、河南等地。它不仅攻击长势衰弱的树木，也攻击健康生长的树木，导致寄生的树木大量死亡。红脂大小蠹的中期染色体见图 2-46。

图 2-46　红脂大小蠹的中期染色体

成虫圆柱形，长 5.7～10.0mm，淡色至暗红色。雄虫长是宽的 2.1 倍，成虫体有红褐色，额不规则凸起，前胸背板宽。具粗的刻点，向头部两侧渐窄，不收缩；虫体稀被排列不整齐的长毛。雌虫与雄虫相似，但眼线上部中额隆起明显，前胸刻点较大，鞘翅端部粗糙，颗粒稍大。主要危害已经成材且长势衰弱的大径立木，在新鲜伐桩和伐木上危害尤其严重。1 年 1～2 代，虫期不整齐，一年中除越冬期外，在林内均有红脂大小蠹成虫活动，高峰期出现在 5 月中、下旬。雌成虫首先到达树木，蛀入内外树皮到形成层，木质部表面也可被刻食。在雌虫侵入之后较短时间里，雄虫进入坑道。当到达形成层时，雌虫首先向上蛀食，连续向两侧或垂直方向扩大坑道，直到树液流动停止。一旦树液流动停止，雌虫向下蛀食，通常达到根部。侵入孔周围出现凝结成漏斗状块的流脂和蛀屑的混合物。各种虫态都可以在树皮与韧皮部之间越冬，且主要集中在树的根部和基部。

可以采用以下方法来控制强大小蠹：清除严重受害树，并对伐桩进行熏蒸等处理，消灭残余小蠹并避免其再次在伐桩上产卵危害。在成虫侵入期采用菊酯类农药在树基部喷雾，可防止成虫侵害。

2.4.5.42　白蚁

白蚁（termite，white ant）亦称虫尉，属节足动物门，昆虫纲，等翅目，类似蚂蚁营社会性生活，其社会阶级为蚁后、蚁王、兵蚁、工蚁。白蚁与蚂蚁虽一般同称为蚁（见蚁总科），但在社会体系分类地位上，白蚁属于较低级的半变态昆虫，蚂蚁则属于较高级的全变态昆虫。白蚁遍布于除南极洲外的六大洲，其主要分布在以赤道为中心，南、北纬 45°之间。全世界已知白蚁种类有 3000 余种，1937 年从美国传入中国浙江，对森林和树木有重要危害。家白蚁（*Coptotermes formosanus*）的减数分裂双线期染色体图 2-47。

图 2-47　家白蚁（*Coptotermes formosanus*）的减数分裂双线期染色体（n=21）

2.4.5.43　美洲大蠊

美洲大蠊（*Periplaneta americana*）又名蟑螂，常生活在餐厅、厨房等地方，原产南美，食性广泛，喜食糖和淀粉，污染食物，传播病菌和寄生虫，是世界性卫生害虫。1931 年首先在台湾发现。现已在全世界分布。成虫体长 29～35mm，红褐色，翅长于腹部末端。触角很长，前胸背板中间有较大的蝶形褐色斑纹，斑纹的后缘有完整的黄色带纹。卵鞘初期为白色，渐变褐至黑色，每鞘有卵 14～16 粒，卵期约 45～90d（热天只需要 20～30d）。若虫约经过 10 次蜕皮后化为成虫，若虫期长一年多，温度高、食料丰富时，只需 4～5 个月。雌虫成长 1～2 星期便产卵，一生可产 30～60 个孵鞘，多至 90 个。成虫寿命约 1～2 年，完成 1 代约需 2 年半。无雄虫时，雌虫能产不受精卵鞘，其中部分孵化出雌若虫，这种无性生殖习性，在家居蟑螂中以美洲大蠊最强。高温有利于无性生殖。此虫善疾走，也能作近距离飞行。

美洲大蠊的染色体核型雌 $2n=34$，雄 $2n=33～34$。美洲大蠊的雄虫缺乏 Y 染色体，其正常染色体数应比雌虫少 1 条，故美洲大蠊的雄虫应为 33 条染色体，但许多细胞也观察到 34 条染色体的情况（图 2-48）。Rajasekarasetty 等（1963）认为，其中最小的一条为额外染色体，并非 Y 染色体。

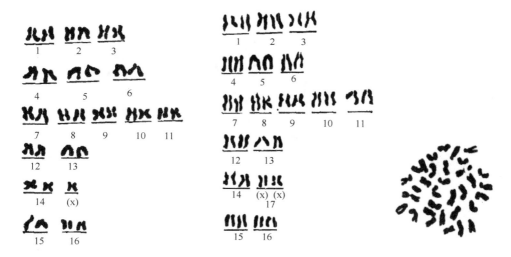

图 2-48　美洲大蠊（*Periplaneta americana*）的中期染色体及核型（左雌；右雄）
（引自张慧如等，1985）

2.4.5.44　德国小蠊

德国小蠊（*Blattella germanica*）虽以德国为名，但实际上它的原产地是非洲，现已遍布全世界。因国际间的贸易往来，在商品流通的过程中输入我国。1935 年在中国东北发现，为家庭卫生主要害虫。由于其体态与常见的其他蟑螂极为相似，个体的大小为一般蟑螂成虫的 1/4，属蟑螂的一个品种。德国小蠊对人们造成的危害与其他蟑螂类似，主要是它们在活动期间将许多有害物质及病菌等传播到人们的食品及用具中，对人们的生命健康造成危害，它能传播数十种疾病。

小蠊的繁殖速度比一般蟑螂要快数千倍，群体数量比一般蟑螂多几倍乃至几千倍。德国小蠊自 20 世纪 80 年代被物流货运带进深圳后，很快"发展壮大"，在不断打击和驱逐"土著"美洲大蠊后，渐渐抢占了深圳绝大部分室内空间的"地盘"。如今深圳 95%左右的室内空间被"德国小蠊"占据，"美洲大蠊"被赶到了室外。

德国小蠊的染色体核型雌 $2n=24$，雄 $2n=23$（图 2-49）。多为中部着丝粒和近中部着丝粒染色体。蜚蠊属于 XO—XX 性别决定机制，Lyon 认为，XO 型性别决定机制中的 X 染色体可能来自一对同源染色体的易位，在长期进化过程中，易位染色体进一步演化为 X 染色体，这样，X 染色体就保留了同源或重复的成分。冯蜀举等（1986，1994）进行德国小蠊联会复合体（SC）的光学显微镜分析时，观察到 X 染色体自身折叠，出现各种形态的"发夹"状结构。德国小蠊的 X 染色体在粗线期为线状轴心结构，不形成通常 SC 结果，在 X 染色体 NOR 附近有一巨大核仁。

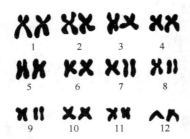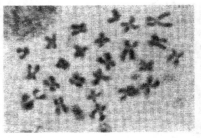

图 2-49　德国小蠊的中期染色体及核型（引自李本文等，1984）

2.4.5.45　红棕象甲

红棕象甲（*Rhynchophorus ferrugineus* Fab.）又名棕榈象甲、锈色棕象、锈色棕榈象、椰子隐喙象、椰子甲虫、亚洲棕榈象甲、印度红棕象甲，属鞘翅目象甲科，是一种外来高危性检疫害虫，在东南亚地区严重危害椰子、油棕等棕榈科植物。以幼虫蛀食茎干内部及生长点取食柔软组织，造成隧道，导致受害组织坏死腐烂，并产生特殊气味，严重时造成茎干中空，遇风很易折断。

在中国海南、福建或广东每年发生 2～3 代，世代重叠。一年中成虫出现较集中时期为 5 月和 11 月，雌成虫产卵于寄主叶腋间或树干的伤口、树皮的裂缝处，产卵。幼虫孵出后随即钻入树干内，钻食柔软组织，树干纤维被咬断且残留在虫道内，严重时可使树干成为空壳。当幼虫钻食生长点时，初期使心叶残缺不全，最终使生长点腐烂，造成植株死亡。

红棕象甲于 1997 年在广东省中山市被发现，现在该虫在我国的海南、广东、广西、台湾、云南、西藏的部分地区均有分布，主要危害椰子、海枣、油棕、槟榔、霸王棕等多种棕榈科植物。在海南该虫1年发生2~3代，世代重叠。成虫在1年中有2个明显出现的时期，即6月和11月。红棕象甲主要以幼虫取食寄主的内部组织，在内部穿孔危害。受害植物在初期树皮或叶柄略有裂缝，有树胶流出，受害后期植物组织内纤维破碎呈腐殖状，常造成植株折断或枯死。

红棕象甲具有22条染色体，$2n=22$。

2.4.5.46 稻水象甲

稻水象甲（*Lissorhoptrus oryzophilus*）又名稻水象、稻根象。成虫长2.6~3.8mm。喙与前胸背板几等长，稍弯，扁圆筒形。前胸背板宽。鞘翅侧缘平行，比前胸背板宽，肩斜，鞘翅端半部行间上有瘤突。雌虫后足胫节有前锐突和锐突，锐突长而尖，雄虫仅具短粗的两叉形锐突。蛹长约3mm，白色。幼虫体白色，头黄褐色。卵圆柱形，两端圆。三倍体稻水象甲卵母细胞成熟分裂的中期染色体形态见（图2-50）。

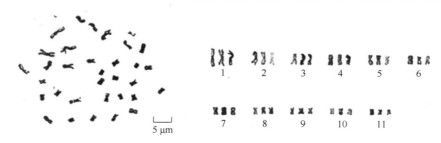

图2-50 三倍体稻水象甲卵母细胞成熟分裂的中期染色体（$3n=33$）（引自杨璞，2008）

在中国、朝鲜、日本、加拿大、美国、墨西哥、古巴、多米尼加、哥伦比亚、圭亚那均有分布。稻水象甲食物复杂，寄主范围非常广泛。稻水象甲最重要的寄主植物是水稻，其次是禾本科、泽泻科、鸭跖草科、莎草科、灯心草科杂草。

2.4.5.47 桔小实蝇

柑橘小实蝇（*Dacus*（*Bactrocera*）*dorsalis*（Hendel））属双翅目实蝇科昆虫。一般成虫体长7~8mm，翅透明，翅脉黄褐色，有三角形翅痣。全体深黑色和黄色相间。胸部背面大部分黑色，但黄色的"U"字形斑纹十分明显。腹部黄色，第1、2节背面各有一条黑色横带，从第3节开始中央有一条黑色的纵带直抵腹端，构成一个明显的"T"字形斑纹。

柑橘小实蝇染色体核型为$2n=12$，包括5对常染色体和1对性染色体，为XY型性别类型（图2-51）。在5对常染色体中，有2对为中着丝粒，3对亚中着丝粒；性染色体长者为X，短者为Y。

图 2-51　柑橘小实蝇染色体核型（引自梁广勤和梁帆，1993）

2.4.5.48　松墨天牛

松墨天牛（*Monochamus alternatus* Hope）是我国松树的重要蛀干害虫，也是松树的毁灭性病害松材线虫（*Bursaphelenchus xylophilus*）病的主要媒介昆虫。在松材线虫的扩散和侵染的过程中，松墨天牛起着携带、传播和协助病原侵入寄主的关键性作用。

松墨天牛含有 10 对染色体，核型为 $2n=20$（图 2-52）。

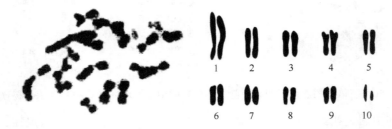

图 2-52　松墨天牛的中期染色体及核型（引自刘平，2009）

2.4.5.49　小龙虾

小龙虾又称为克氏螯虾（*Procambarus clarkia*）、红螯虾和淡水小龙虾。属甲壳纲（Crustacea）、软甲亚纲（Malacostraca）、十足目（Decapoda）、喇蛄科（Astacidae），广泛分布于江苏、安徽一带。克氏螯虾原产美洲，在美洲螯虾为养殖的主要十足类经济动物。后引入日本进行养殖，在二战期间放养到我国。由于这种虾生长迅速，繁殖力强（只需半年就达性成熟），且适应性和抗逆性强，是很好的淡水经济虾类，因肉味鲜美广受人们欢迎。因其杂食性、生长速度快、适应能力强而在当地生态环境中形成绝对的竞争优势。目前已经在野外大量繁殖，对本土物种构成巨大威胁。

克氏螯虾染色体为 $2n=94$（图 2-53）。

图 2-53　克氏螯虾精母细胞中期染色体（引自朱越雄和曹广力，1997）

2.4.5.50　福寿螺

福寿螺（*Pomacea canaliculata*）别称大瓶螺、苹果螺，原产于亚马孙河流域。作为高蛋白质食物而引入我国，现主要分布于广东、广西、云南、福建、浙江等地，目前已被列入中国首批外来入侵物种。它能危害多种植物的生长，对水稻生长构成严重危害，其排泄物污染水体。食用未充分加热的福寿螺，可能引起广州管圆线虫等寄生虫在人体内感染。

福寿螺肉质细嫩鲜美，含有丰富的蛋白质、胡萝卜素、多种维生素和矿物质，由于含脂量低，是高血压、冠心病患者的优质滋补品。另外，它还是一些珍贵水产动物的饲料。福寿螺个体大、食性广、适应性强、生长繁殖快、产量高，中国各地均有养殖。

福寿螺喜生活在水质清新、饲料充足的淡水中，多集群栖息于池边浅水区，或吸附在水生植物茎叶上，或浮于水面，能离开水体短暂生活。福寿螺为雌雄异体、体内受精、体外发育的卵生动物。每年 3～11 月为福寿螺的繁殖季节，其中 5～8 月是繁殖盛期，适宜水温为 18～30℃。一次受精可多次产卵，交配后 3～5d 开始产卵，夜间雌螺爬到离水面 15～40cm 的池壁、木桩、水生植物的茎叶上产卵。卵圆形，粉红色，卵径 2mm 左右。卵粒相互粘连成块状，每次产卵一块，200～1000 粒，一年可产卵 20～40 次，产卵量 3 万～5 万粒。

福寿螺 20 世纪 70 年代引入中国台湾，1981 年由巴西籍中国人引入广东。福寿螺适应环境的生存能力很强，又繁殖得快，因此迅速扩散于河湖与田野；其食量大且食物种类繁多，能破坏粮食作物、蔬菜和水生农作物的生长，已成为广东、广西、福建、云南、浙江、上海、江苏等地的有害动物。在长江以南广大地区福寿螺可自然越冬，1 年发生两个世代。

福寿螺含有 14 对染色体，核型为 2n=28（图 2-54）。中部着丝粒染色体居多，有 9 对，亚中部着丝粒染色体有 4 对，端部着丝粒染色体只有 1 对。

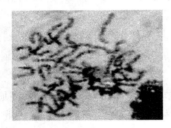

XX 雌性　　　　　　　　　　　　　XY 雄性

图 2-54　福寿螺的染色体核型（2n=28）（引自叶冰莹等，1995）

2.4.5.51　褐云玛瑙螺

　　褐云玛瑙螺（*Achatina fulica*）原产于非洲东部地区，又名非洲大蜗牛，到 21 世纪已经广泛分布于亚洲、太平洋、印度洋和美洲等地的湿热地区。分布于日本、越南、老挝、柬埔寨、马来西亚、新加坡、菲律宾、印度尼西亚、印度、斯里兰卡、西班牙、马达加斯加、塞舌尔、毛里求斯、北马里亚纳群岛、加拿大、美国。以及中国的福建、广东、广西、云南、海南、台湾等地。其中期染色体及核型见图 2-55。

图 2-55　非洲大蜗牛（*Achatina Fulica*）的中期染色体及核型（引自刘彬缤等，2000）

　　非洲大蜗牛主要栖息于菜地、农田、果园、公园、橡胶园里，杂草丛生、树木葱郁、农作物繁茂、阴暗潮湿的环境以及腐殖质的土壤里、枯草堆、洞穴中以及树枝落叶和石块下。常作为食物、宠物以及动物饲料而被引入。20 世纪 30 年代在福建发现，可能是由外籍华人所带植物而引入，现主要分布于广东、香港、海南、广西、云南、福建、台湾等地。它能危害各种农作物、蔬菜和生态系统，还是人畜寄生虫和病草菌的中间宿主。

　　适宜于非洲大蜗牛生长、繁殖的地区为海拔 800m 以下的低热河谷区。非洲大蜗牛生活的适宜气温为 15～38℃。土壤湿度为 45%～85%：最适宜的气温为 20～32℃，土壤湿度为 55%～75%。当气温低于 14℃，土壤湿度低于 40%或气温超过 39℃，土壤湿度达 90%以上时，非洲大蜗牛即产生蜡封进行休眠或滞育。人类活动货物的流通、人为的携带，是非洲大蜗牛传播的主要途径；生产、生活垃圾的堆积，为非洲大蜗牛的栖息、繁衍提供了场所。

　　非洲大蜗牛体细胞含有 27 对染色体，核型为 2n=54。此外，也有报道非洲大蜗牛体细胞染色体为 22 对和 30 对的，核型为 2n=44 和 2n=60（图 2-55）。中部和亚中部着丝粒染色体居多，亚端部着丝粒染色体只有 2 对。染色体大小差异悬殊，最大的 1 号染色体是最小的 27 号染色体的 4 倍多。

2.4.5.52　牛蛙

牛蛙（*Rana catesbeiana*）属蛙科（Ranidae，即赤蛙科）动物。独居的水栖蛙，因其叫声大而得名，鸣叫声宏亮酷似牛叫，故名牛蛙，为北美最大的蛙类。又称美国青蛙。原产于北美洲。因食用而被引入，现遍布于北京以南的许多地区。它威胁两栖类生物、昆虫、鱼类的生长。沼泽绿牛蛙又称猪蛙，是我国近几年引进的蛙类新品种之一。因其个体适中、肉嫩味美而倍受消费者欢迎，同时蛙皮又可制作提包、钱包等装饰用品而具有重要经济价值。

牛蛙的核型公式为 $K(2n)=26=16m+10sm$（图 2-56），有 5 对大型染色体和 8 对小型染色体，可以分成 A、B、C 3 组。雌雄性个体间没有性染色体的分化，在第 7 号染色体短臂上出现次缢痕。

图 2-56　牛蛙分裂中期染色体形态及核型（引自卢龙斗等，2000）

2.4.5.53　麦穗鱼

麦穗鱼（Pseudorasbora parva）生长繁殖和适应能力很强，个体细小，群体数量很大，是一种入侵性很强的鱼类。

麦穗鱼含有 25 对染色体，核型为 $2n=50$，有 9 对中部着丝粒染色体，11 对近中部着丝粒染色体，5 对近端部着丝粒染色体（图 2-57）。

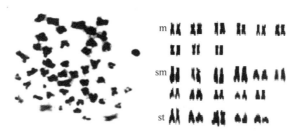

图 2-57　麦穗鱼中期染色体形态及核型（引自杨坤等，2013）

m. 中部着丝粒染色体；sm. 近中部着丝粒染色体；st. 近端部着丝粒染色体

2.4.5.54　鲢

鲢（*Hypophthalmichthys molitrix*）属鲤形目，鲤科，鲢亚科，鲢属。英文名为 silver carp，silver loweye carp。俗称为白鲢、水鲢、跳鲢、鲢子、边鱼。属于鲤形目，鲤科，是著名的四大家鱼之一。鲢鱼是典型的滤食性鱼类，在鱼苗阶段主要吃浮游动物，长达 1.5cm 以上时逐渐转为吃浮游植物，亦吃豆浆、豆渣粉、麸皮和米糠等，更喜吃人工微颗粒配合饲料。适宜在肥水中养殖。

鲢含有 24 对染色体，核型为 2*n*=48（图 2-58）。第 1、2、5、6 对染色体为中部着丝粒染色体，第 3、4、7～18 对染色体为近中部着丝粒染色体，19～24 对染色体为端部着丝粒染色体。

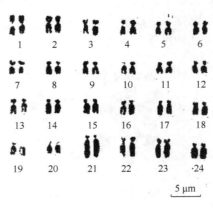

图 2-58　鲢体细胞的中期染色体及核型（2*n*=48）（引自刘凌云，1981；姚红等，1994）

2.4.5.55　青鱼

青鱼（*Mylopharyngodon Piceus*）主要分布于我国长江以南的平原地区，长江以北较稀少；它是长江中、下游和沿江湖泊里的重要渔业资源和各湖泊、池塘中的主要养殖对象，为我国淡水养殖的"四大家鱼"之一。中国历来将青鱼与鲢、鳙和草鱼等混养，成为中国池塘养鱼的主要方式。由于主要摄食螺类，有限的饵料资源影响了青鱼养殖的发展。现采用人工配合饵料已获初步成效。饵料中蛋白质应含 28%～41%，视生长的不同阶段增减。当年青鱼易患出血症，2 龄鱼多发肠炎，孢子虫病和烂鳃病也很常见。自然生长的青鱼在长江中下游一些地区也有较重要经济价值。

青鱼二倍体染色体数在 44～48 之间，多数为 48，因此青鱼的二倍体染色体数可以确定为 2*n*=48（图 2-59）。染色体大小较均匀，最长的 1 号染色体长度为最短的 24 号染色体的 2.5 倍。

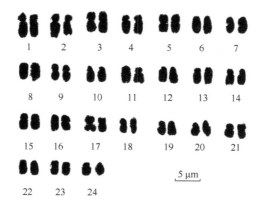

图 2-59 青鱼二倍体细胞中期染色体核型（引自楼允东等，1983）

2.4.5.56 草鱼

草鱼（*Ctenopharyngodon idellus*）属鲤形目鲤科雅罗鱼亚科草鱼属。草鱼的俗称有鲩、油鲩、草鲩、白鲩、草鱼、草根（东北）、混子、黑青鱼等。栖息于平原地区的江河湖泊，一般喜居于水的中下层和近岸多水草区域。生性活泼，游泳迅速，常成群觅食。为典型的草食性鱼类。在干流或湖泊的深水处越冬。生殖季节亲鱼有溯游习性。已移殖到亚、欧、美、非各洲的许多国家。因其生长迅速，饲料来源广，是中国淡水养殖的四大家鱼之一。

草鱼染色体 2n=48，其中有 8 对中部着丝粒染色体，16 对亚中部着丝粒染色体（图 2-60）。染色体大小较均匀，最长的 1 号染色体较最短的 24 号染色体的 2 倍。第 1～8、19、20 号染色体为中部着丝粒染色体，第 10～18、21～24 号染色体为近中部着丝粒染色体，9 号染色体为端部着丝粒染色体。染色体大小较均匀，最长的 1 号染色体长度为最短的 24 号染色体的 2 倍。

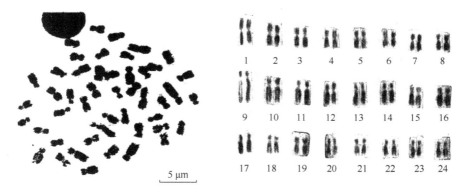

图 2-60 草鱼的中期染色体形态及核型（引自刘凌云，1980）

2.4.5.57　食蚊鱼

食蚊鱼（*Gambusia affinis*）别称柳条鱼、大肚鱼、山坑鱼等。鳉形目鳉亚目胎鳉科食蚊鱼属的一种。体长形，略侧扁，长 15.5～37.5mm。雄鱼稍细长；雌鱼腹缘圆凸。头宽短，前部平扁。吻短。眼大，眼间隔宽平。口小，上位，口裂横直。齿细小。头和身体均被圆鳞。无侧线。原产美国东南部、墨西哥及古巴，因对消灭疟蚊及其他蚊子的幼虫有一定作用，而被一些国家移殖。1935 年引入中国。为小型淡水鱼类。喜生活于缓静水或流水体的表层。通常雌鱼大于雄鱼。卵胎生。仔鱼产出后即能活泼游泳，其体长约 5mm。仔鱼以轮虫类为食。成鱼因吞食孑孓而成为蚊虫的天敌。亦作观赏鱼，无食用价值。小型鱼类。生活于池塘、稻田或缓流水体的上层。体长最大 50mm。原产北美，三十年代引入中国。现分布于南方各水体。

食蚊鱼含有 24 对染色体，核型为 $2n=48$（图 2-61，图 2-62）。除 24 号染色体为近中部着丝粒染色体外，其余均为端部着丝粒染色体。染色体大小较均匀，最长的 1 号染色体长度为最短的 24 号染色体的 2 倍。

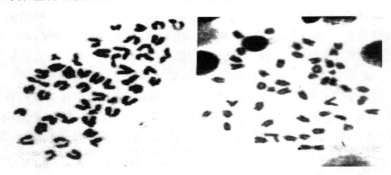

图 2-61　食蚊鱼的中期染色体，左为雄性，右为雌性

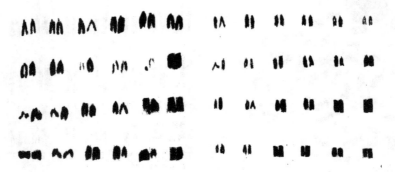

图 2-62　食蚊鱼的染色体核型（$2n=48$），左为雄性，右为雌性

2.4.5.58 海狸鼠

海狸鼠（*Myocastor coypus*）属于海狸鼠科海狸鼠属，又称河狸鼠、狸獭、沼狸，原产地主要在乌拉圭、阿根廷、智利、玻利维亚等国。在美国、原苏联、加拿大、英国、法国、德国、日本等早已引种饲养，成为世界上较重要的毛皮动物之一。我国50年代开始引种饲养，现已遍及各省区。海狸鼠属于大型啮齿动物，世界最大的啮齿动物是水豚，其体长430～635mm，尾长225～425mm，体重5～10kg，大的重达17kg。头较大、鼻孔细小，在水中能关闭。耳小具瓣膜，耳孔处具毛，有防水作用。

海狸鼠适应于水陆两栖的生活环境，是食植物性动物，其食物非常经济广泛。野生植物种类有蒲公英、芦苇、蒲草、水浮莲、杨、柳、榆、槐嫩枝条及树叶，蔬菜类有土豆、萝卜、白菜、菠菜，都是其喜吃食物。农作物有蒿杆、秋叶、玉米、大麦、小麦、豆类等；动物饲料有骨粉、蛋、蛋壳粉、蚕蛹。特殊补助饲料有牛奶、豆浆、鱼肝油等。海狸鼠生长快，繁殖力强。一年四季都可配种、分娩。海狸鼠食性广泛，饲料消耗低。平均日耗饲料125g克，饲料的消耗量与增重比为3：1，与猪的增重比基本相同，用养一头肥猪的饲料可以养20只海狸鼠，经济效益却比养猪要高得多。

海狸鼠染色体数2n=42，X染色体为第二大中着丝粒染色体，Y染色体为第二小端部着丝粒染色体（图2-63）。

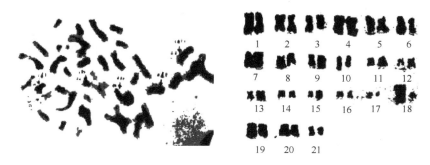

图2-63 海狸鼠的中期染色体形态及核型（引自张成忠等，1995）

2.4.5.59 麝鼠

麝鼠（*Ondatra zibethicus*）又名麝香鼠、青根貂，是麝鼠属中的唯一成员，是北美洲本土较大的水栖啮齿目动物，后被引种到欧洲。它们在中大西洋被称为"沼泽松鼠"。麝鼠俗称麝香鼠的得名原因是其会阴部的腺体能产生类似麝香的分泌物。又因它们生活在水域，善游泳，而有水老鼠、水耗子之称。成年的麝鼠通常长约25～40cm，并有一条约20～25cm长的强壮尾巴。雄性麝鼠在4～9月繁殖期间能通过生殖系统的麝鼠腺分泌出麝鼠香，具有浓裂的芳香味。既可以代替麝香作为名贵中药材，又是制作高级香水的原料。麝鼠香中含有降麝香酮、十七环烷酮等成分，除具有与天然麝香相同的作用外，还能延长血液凝固的时间，可防治血栓性疾病。1957 年开始先后在中国黑龙江、新疆、山东、青海、江苏、浙江、湖北、广东、贵州等地饲养。

　　对麝鼠的染色体组型进行了初步分析研究，结果表明，麝鼠的二倍体染色体数为 54，即 2n=54（图 2-64，图 2-65）。除一对中部着丝粒染色体外，其余全部为端部着丝粒染色体，在染色体进化方面说明麝鼠的染色体组型是较原始的。

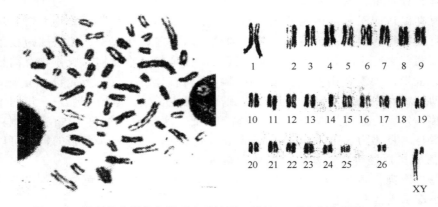

图 2-64　麝鼠的中期染色体形态及核型（雄性）（引自赵文阁等，1991）

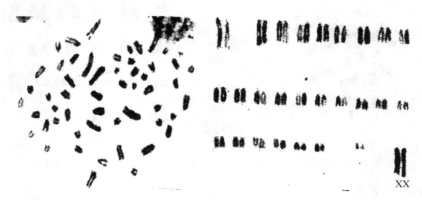

图 2-65　麝鼠的中期染色体形态及核型（雌性）（引自赵文阁等，1991）

2.4.5.60　褐家鼠

　　褐家鼠（*Rattus norvegicus*）别名大家鼠、沟鼠，俗称大耗子，属啮齿目鼠科。分布于全国各地，凡是有人居住的地方，都有该鼠的存在。是广大农村和城镇的最主要害鼠，数量多，为害大，是贮藏期苹果为害较大的害鼠之一。我国褐家鼠已分化出 4 个亚种，分别为：

指名亚种（*R. n. norvegicu*）：分布于东南沿海地区及其附近岛屿，包括海南岛和厦门。

甘肃亚种（*R. n. soccer* Miller）：分布于淮河流域以南，太行山以西，西至甘肃、青海、四川，南抵云南、广西，北达内蒙古自治区。

华北亚种（*R. n. humiliates* Milne-Edward）：分布于淮河流域以北、太行山以东，北至蒙古高原边缘，东北方向达到辽东半岛。

东北亚种（*R. n. caraco* Pall）：从黑龙江向南约至长白山南部，其西南方向达蒙古高原边缘。淮河以北标本属华北亚种，其特点为体型较小，后足长平均 30mm 左右；淮河以南标本属甘肃亚种，其特点为体色淡，体型和后足均较华北亚种为大。

褐家鼠已经成功地适应了人居环境，是一种伴人动物。由于人类的活动，解决了对它们来说很难跨越的地理隔离，为它们的扩散创造了条件。褐家鼠这种伴人动物随着人类活动而不断侵入新的生境。

褐家鼠的二倍体细胞核型为 $2n=42$，其中有 11 对端部和亚端部着丝粒染色体，2 对亚中部着丝粒染色体，7 对中着丝粒染色体和 1 对性染色体（图 2-66）。

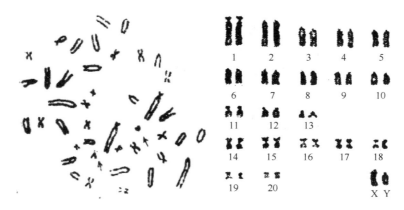

图 2-66　褐家鼠二倍体细胞的中期染色体形态及核型（引自庞宏等，1997）

2.5　生物入侵的理论假说

2.5.1　多样性阻抗假说

生物多样性是生态系统的一个重要指标，反映了生态系统物种的结构组成。生态学家 Elton 在 1958 年提出的多样性阻抗假说就是阐述生态系统物种的结构组成与外来物种成功入侵之间关系的一种理论假设。该假说是建立在生态系统丰富的生物多样性有助于抵抗外来物种入侵的理论基础之上，该假说认为，结构组成相对简单的动、植物群落，其赋予生态系统的缓冲能力比较弱，外来物种容易入侵而导致其群落结构相对失衡，为外来物种提供了空生态位，有利于外来物种的种群繁殖。外来物种在数量和规模扩大之后，在与土著物种的竞争中其优势地位就显现出来，成功入侵的概率大大增加。在人工生态系统中的农田、果园和人工林场，以及自然生态系统中的小岛，都是群落结构相对较为简单的例子。小的岛屿由于群落规模小且多数情况下物种种类较少，为外来物种入侵提供了可乘之机。与此相反，物种丰富和多样性高的热带雨林其对外来物种入侵的抵抗性很强，因此很少有病菌和害虫暴发的现象发生。

在小尺度范围的调查和分析表明，该假说能很好解释一些实际发生的外来物种入侵现象，并得到理论和实验结果的支持，如该假说能解释发生在小岛和农田的生物入侵事件。但大尺度的野外调查和试验研究得出的结论并不一致，甚至相反。Stohlgren 等（2001）经过调查发现，外来种的物种丰度与本地种的物种丰度呈正相关，这表明外来生物入侵更容易发生在当地植物物种多样性的热点地区和稀有生态环境。但事实上，生物多样性和入侵的易感性之间呈正相关和负相关的例证均有。

生物多样性和入侵性之间出现正相关的现象主要是由于某生态环境的湿度、阳光、温度、营养等物理因子和环境异质性优越既有利于本地生物生长，形成多样性丰富的群落，同时也会有利于外来种生长而造成生物入侵。此外，某些本地种不仅不阻抗生物入侵，反而可促进生物入侵，这样的物种被称为"入侵促进者"。这是由于外来种与本地物种中的传粉者、扩散者、菌类、固氮细菌发生互利互惠共生的现象，对入侵外来种的定居、建群、繁殖、扩散起着促进作用。在生物多样性高的地区，"入侵促进者"的种类也相应多一些，为外来物种提供了更多的有利条件，因此对生物入侵更为有利。在这样的特定生态系统中，生物多样性高就成了促进生物入侵的重要因素。在陆生生态系统中，植物群落结构对阻抗外来物种入侵具有重要作用。很多森林群落，只要是树冠层保持完整，外来种就难以入侵。群落结构往往比一个群落中有多少个物种对抵御外来种入侵更具有现实意义。

2.5.2　天敌逃避假说

天敌逃避假说是达尔文（Darwin）于 1859 年提出，用于解释一些物种在原产地的种群密度低，而在新的入侵地却呈现高密度分布的现象。天敌逃避假说从天敌与生物群落相互关系的角度阐述了外来物种入侵的发生机制，其理论基础包括如下几个基本论点：一是天敌对生物种群增长起着主要的限制和调节作用，特别是植物群体，天敌对种群增长的限制作用很强；二是在原产地受到众多天敌的协同调节作用之下，外来种的种群增长缓慢，群体密度很低，不会破坏生态平衡或危及生态环境安全，专一性天敌对生物种群的限制作用很大，因此常被引入用于控制外来物种入侵；三是新地域中存在的广谱性天敌对土著物种的抑制作用要比对外来种的作用要大，从而对外来种的种群增长不构成限制；四是当天敌调节作用降低或消除时，生物种群可以迅速增长，外来种在新生态环境下没有天敌约束，其种群规模会迅速扩大，形成单一优势种群排斥本地物种，造成生态灾难。天敌逃避假说可以合理的解释外来植物入侵的现象。

根据该假说，外来物种能够成功入侵新的生态系统是由于入侵过程可能将天敌"过滤"掉，而本地竞争者的专一性天敌又未发生食性转移的情况下，本地广谱性天敌对土著种的影响大于入侵者时，形成竞争释放而导致外来种分布范围和丰度快速增加。入侵植物通过逃避天敌的方式而实现成功入侵的典型事例很多，如入侵我国的喜旱莲子草，在其原产地有多种与其共生或寄生的天敌群落，如莲草直胸跳甲（*Agasicles hygrophila* Selma & Vogt），而在喜旱莲子草引入的新环境中，这些专一性天敌已不存在或因不适应新环境而消亡，喜旱莲子草在经过一定的适应过渡阶段之后，就出现暴发性的增长，形成单一优势群落。北美黑樱桃（*Prunus serotina*）成功入侵欧洲西北部是因为这些地方的土壤中缺乏原产地的土传病原体腐霉（*Pythium* spp.）。在美国土壤中存在的卵菌纲土传病原体腐霉是北美黑樱桃植株生长的主要抑制因子，而在欧洲西北部的土壤中缺少这种病原体，北美黑樱桃的种群增长速度很快，并形成高度致密的种群，当然除了土壤中缺少这种腐霉外，也可能有其他天敌因素被消除。土传病原体对斑点矢车菊（*Centaurea maculosa*）的生长也有类似的抑制作用，在其欧洲原产地，这些土传病原体的存在不利于矢车菊的生长，北美洲土壤中的这些病原体很少。斑点矢车菊从中欧入侵到北美洲，就是逃避了原产地土壤中的病原体天敌。这些土壤微生物对于控制植物生长具有重要的作用，也可作为防治外来入侵植物的一种方法。

实际上对于外来物种的种群增长，天敌只是主要的限制因素，而非唯一的限制因素。在进入新的生态环境后，外来物种摆脱了原产地专一性天敌的控制，但仍有可能受到入侵地的广谱天敌的攻击。广谱性天敌对本土物种的影响更大，会引起竞争逃避（competition release）问题。广谱性天敌（如蚜虫、蜗牛、植食者）和专性天敌（各种菌类、夜蛾）对外来植物种群增长所采取的抑制方式是不同的。在各种生态系统和群落中普遍存在的广谱性天敌其食性很广，外来物种不是其最喜爱的食物时，其影响相对较弱，而专一性天敌虽然只存在于特定的生态群落中，但对外来物种的影响很大，一旦外来物种在新生态环境中逃避其控制，其生长繁殖速度就会变得很快。外来种进入的新生态环境往往缺乏原产地的专一性天敌，但广谱性天敌存在时就会占据由专一性天敌空出的空生态位，进而对外来种的入侵性扩张进行有效控制。当新环境中不存在广谱性天敌时，外来物种入侵几乎不会受到阻碍。从原产地引入的专一性天敌也不能有效控制其入侵，其原因在于很多入侵植物在原产地有多种天敌，而引入一种专一性天敌难以达到理想的控制效果。例如，紫茎泽兰入侵云南后没有专一性天敌存在，其生长态势凶猛而无法控制，从原产地引入其专一性天敌泽兰实蝇来控制紫茎泽兰，但效果不够理想。

　　通过对粉叶复叶槭（*Acer negundo*）和鹰爪挪威槭（*Acer platanoides*）两种槭属（*Acer*）植物在原产地及入侵地的密度模式（density pattern）比较研究发现，这两种植物在入侵地均能形成比原产地密度更高的群体，其原因是入侵地缺乏槭属植物的天敌。Van der Putten 等（2007）在博茨瓦纳稀树干草原研究了入侵该地区的外来植物 *Cenchrus biflorus*，发现外来植物的成功入侵是由于逃避了原产地天敌的控制。Beckstead 等（2003）对入侵美国加州的欧洲海滨草（*Ammophila arenaria*）进行了研究，发现入侵地与原产地的土壤微生物种类有较大差异，欧洲海滨草通过聚集对土著植物有害的病原体来达到成功入侵。Eppinga 等（2006）通过研究验证了 Beckstead 等的观点，发现入侵物种欧洲海滨草在新环境中通过利用土壤中的土传病原体来抑制土著植物的生长，其竞争优势是通过聚集对土著物种有害的天敌来达到的，并非是欧洲海滨草逃避了其原产地的天敌控制，这一新的入侵机制可以扩充天敌逃避假说的内涵。

2.5.3　增强竞争力进化假说

　　天敌逃逸不仅可以直接提高外来入侵种对本地种的竞争能力，而且可以通过影响外来入侵种的进化提高其入侵能力。增强竞争力进化（evolution of increased competitive ability，EICA）假说认为，天敌缺乏将使外来种降低天敌防御能力，这种状态将使外来种减少用于天敌防御的资源分配，转而将资源重新分配到种群增殖方面，从而提高外来物种的竞争能力，实现成功入侵。该假说认为外来种入侵到新生境后，通过快速进化产生了比原产地个体更大、繁殖能力更强的特征，这主要是由于外来种通过调整生活史策略，减少了生物防御负荷的原因。植物防御专一性天敌和广谱性天敌的机制不同，分为量的防御（quantitative defense）和质的防御（qualitative defense）两种类型。前者主要通过提高植株的纤维素、半纤维素、木质素等无毒性物质，以及单宁和酚类等毒性很小的代谢产物的含量来提高天敌防御效果，降低植物材料的可消化性（digestibility），对于防御专一性天敌和对植物毒素有抗性的广谱性天敌有重要作用。后者主要是通过毒性强的生物碱、生氰糖苷和芥子油苷等次生代谢产物来防御广谱性天敌，但适应了其毒性的专一性天敌可利用它们作为化学信号识别寄主植物或作为自己的防御物质。量的防御物质含量高，合成成本高，对适合度影响较大；而质的防御物质含量低，合成成本低，对适合度影响相对较小。

　　然而，最近美国蒙大拿大学、科罗拉多州立大学和中国科学院西双版纳热带植物园生物入侵生态学研究组的合作研究表明，外来入侵植物斑点矢车菊（*Centaurea maculosa*）入侵种群的生长速度和竞争能力高于原产地种群，它们对天敌有很强的抗性和耐性。化学防御物质含量高、叶片坚韧和具有毛状物或细刺等特征使入侵种群对天敌具有很强的防御能力，而这些特性与特定的基因组成有关。该研究表明，增强竞争能力的进化并不总是由能量或资源向生长和防御分配的生理权衡造成的，与 Blossey 等提出的 EICA 假说也不同。

2.5.4　化学武器假说

　　一般认为，植物化感作用是植物（包括微生物）通过产生和释放化学物质而对其他植物发生直接或间接、有害或有益的作用。外来入侵植物的化感作用不仅可以抑制周边其他植物的种子萌发和植株生长，形成单一优势群落，而且可以通过异味化学成分导致动物拒食、影响生殖发育和中毒等方式来减少植食性昆虫和大型草食动物的取食，从而实现成功入侵，这就是"化学武器假说"（chemical weapon hypothesis）。

　　一些入侵植物可以通过调节自己的根系分泌物来取代本土的杂草和作物，化感物质在帮助外来物种竞争土壤资源中起了重要作用，通过抑制本地植物生长以获得更多的水分和营养。源自欧亚大陆的矢车菊属（*Centaurea*）的斑点矢车菊（*C. maculosa*）、扩散矢车菊（*C. diffusa*）和近缘属的俄罗斯矢车菊（*Acroptilon repens*）在入侵北美后，通过化感作用快速替代本土物种，对当地生物多样性构成了威胁。扩散矢车菊根部分泌的 8-羟基喹啉，通过抑制根尖和芽尖细胞分裂降低邻近土壤中杂草种子的萌发。斑点矢车菊根部分泌的外消旋儿茶酚可以干扰本地植物的生长。斑点矢车菊根围土壤中的外消旋儿茶酚可以引起植物根部细胞质浓缩和细胞凋亡，造成扩散矢车菊和拟南芥（*Arabidopsis thaliana*）幼苗生长迟缓或枯死。肿柄菊挥发油的主要成分是萜类、醇类、酯类等，可以抑制邻近伴生植物假臭草、巴西含羞草、含羞草、蝶豆和鬼针草等的种子萌发和幼苗生长。

2.5.5　渐崩共生假说

　　Vogelsang 等人发现非菌根入侵植物通过降低入侵地丛枝菌根菌（*Arbuscular mycorrhiza*，AM）的丰富度，使当地植物因为缺少 AM 而生长变缓，在与非菌根入侵植物的竞争中处于劣势，导致外来种成功入侵。基于此，Vogelsang 于 2004 年提出了渐崩共生假说（degraded mutualisms hypothesis），并认为由于外来种的入侵使当地种与其地下微生物间的共生关系逐渐崩溃，在与外来种的竞争中失去优势，外来种最终达到成功入侵。在美国加州和犹他州草地，外来植物入侵使当地种根部菌根微生物组成发生了明显变化，菌根菌 *Glomus* spp.逐渐被非菌根菌取代，使当地种的竞争力下降，为外来植物入侵创造了机会。外来植物葱芥（*Alliaria petiolata*）在北美的入侵机制就可以用该假说来解释，Stinson 等（2006）发现，外来植物葱芥进入北美森林生态系统后，明显减少了入侵地的丛枝菌根菌（AM），对依赖 AM 的当地林冠树种的生长产生了强烈影响；Wolfe 等（2005）也发现葱芥的入侵大大降低了上层树种成熟根系中的外生菌根菌（ectomycorrhizal fungi，EMF）的数量，继而使当地树种的生长变得迟缓，从而有利于葱芥入侵。葱芥通过根向土壤中分泌化感物质可以抑制菌根菌的繁殖，使其数量逐渐减少，菌根菌与土著植物的共生关系被消除，使外来植物达到成功入侵。

2.5.6　促进共生假说

入侵植物进入新环境后，土壤微生物通过与外来植物形成互利共生关系，促进外来植物的定殖、扩散，因此微生物在有些外来植物的入侵过程中发挥了重要作用。在美国西北部草地，入侵植物欧洲斑点矢车菊（*Centaurea maculosa*）与土著丛枝菌根菌（AM）形成共生关系，并抑制土著植物爱达荷狐茅（*Festuca idahoensis*）的生长，使爱达荷狐茅在竞争中处于劣势。入侵美国加州中部的马耳他矢车菊（*Cetaurea melitensis*），就是依靠本土的土壤真菌获取土著植物 *Nassella palchra* 的光合产物，为其生长提供更多的营养，马耳他矢车菊通过与 *Nassella palchra* 形成共生关系来达到成功入侵。一旦外来植物与菌根菌之间形成互利共生关系之后，其竞争优势得到提高，入侵潜力也大大增强。促进共生假说（enhanced mutualisms hypothesis）就是基于该原理提出来的。与原产地相比，外来种入侵地的土壤中不仅缺少对其生长有抑制作用的病原菌，而且存在对其定殖有更强促进作用的有益菌根菌，外来植物借助互利共生关系而迅速生长繁殖，进一步加快其入侵进程。许多入侵植物其根际微生物具有溶磷能力，并可以分泌 IAA 等促进植物生长的物质，使入侵植物能够在新环境生长繁殖，入侵能力随之增强。

2.5.7　氮分配进化假说

自然条件下氮常常是植物生长发育的限制因子，植物吸收的氮在植株和叶片内分配的较小变化都可能导致生物量积累的很大变化。冯玉龙等提出了氮分配进化假说，用于解释外来植物入侵机制。该假说的基本要点是：入侵植物通过进化提高氮向光合作用的分配比，光合能力和光合氮利用效率等提高，生长加快，促进入侵，而因为逃脱了原产地天敌控制，其向细胞壁的氮分配比例明显降低，物理防御能力下降。该假说将氮资源分配与植物生长关系作为解释植物入侵能力的依据；将资源分配部位的调节与植物所处的环境变化和生长需求联系起来，即增加光合作用的氮分配比例，降低细胞壁和含氮化学防御素的氮分配；首次提出了资源再分配促进外来植物成功入侵的内在机制，即提高资源捕获能力和利用效率；区分了专性天敌和广谱天敌的不同作用。

2.5.8 强大的繁殖能力假说

强大的繁殖能力假说（greater reproductive potential hypothesis）认为，入侵力强的外来种其繁殖能力也更强。许多外来植物通过产生大量种子来增加子代植株数量，而且有些外来植物能以无性繁殖方式进行繁衍，如薇甘菊（又叫小花假泽兰）（*Mikania micr antha Kunth*）就可产生出大量种子，并且种子细小（千粒重0.0892g），使其能借助于风力远距离传播，而且薇甘菊的茎节与地面接触后可产生大量的须根，所以薇甘菊能以种子和营养体两种方式进行繁殖。

原产中美洲的银胶菊（*Parthenium hysterophorus* L.），俗称小白菊，入侵澳大利亚、印度和埃塞俄比亚等地区，造成灾难性的生态后果。银胶菊在我国南方多省均有分布，这种植物发育成熟需 $4\sim6$ 周，一粒种子生长成熟后可产生 1 万～2.5 万粒种子。银胶菊在 $8\sim30$℃条件下均可发芽。银胶菊的根部、基部茎和上部茎等埋入土壤后均能发芽。此外，其他的入侵植物如紫茎泽兰、水葫芦和三叶草等都具有很强的繁殖能力。

外来入侵动物也具有很强的繁殖能力，泰国鳢鱼、琵琶鼠鱼的繁殖力都很强，在入侵的水域中几乎没有竞争对手，使水域鱼类趋向单一化。其他的一些入侵物种如小龙虾、巴西龟、美国白蛾及非洲大蜗牛等均具有很强的繁殖力。

2.5.9 土著适应性差假说

土著适应性差假说（poorly adapted species）认为，土著种适应环境变化的能力差，而外来种对不良环境有较强的耐受性。外来入侵种强大的竞争及适应能力，在当地生态环境中形成绝对的竞争优势，使其可通过排挤土著种而获得成功入侵；此外，许多入侵种对当地生态系统构成危害，改变生态系统的环境条件，使原有群落中占优势的土著种不能适应新环境，其原有的优势逐渐伤失，外来物种得以成功入侵。对外来物种入侵特别敏感的物种适应性差，很难适应外来物种入侵导致的环境变化，其种群数量难以维系，数量逐渐减少，最后被淘汰，外来物种通过竞争排斥土著物种而成功入侵。

2.5.10　空生态位假说

空生态位假说从空生态位的占有角度来阐述外来物种成功入侵的机制,该假说将外来物种能否成功入侵一个生态系统和群落归因于其在新的生态系统中占据空生态位的能力。空生态位假说认为,外来物种在占据了一个空生态位之后就能够入侵一个群落。然而生态位的空缺往往伴随着互利共生者的缺失,这对于入侵是不利的。按照空生态位假说,岛屿群落和其他一些群落易于遭受入侵是因为其本地种数量的相对贫乏,没有被占据的、可为入侵物种提供的空生态位较多,因此比大陆生态系统更容易遭受外来物种入侵。加拿大一枝黄花在茂密的森林中几乎不可能成功入侵,但是在上海郊区裸露的地表、废弃地以及绿化管理不善的小区,其土壤条件恶劣,其他植物无法生长,但加拿大一枝黄花却利用了这些空生态位而达到成功入侵。

2.5.11　资源机遇假说

任何生物都要从环境中获取资源以维持其种群的生存、繁衍与发展,外来物种的成功入侵与其在新的生态环境中可获得的资源机遇有密切关系。可利用资源的波动会引起生物群落大小的变化,资源机遇假说正是基于此原理而提出的。按照资源机遇假说,当植物群落提供的可利用资源量增加或富余时,该群落就更容易被外来物种入侵。当外来种同当地物种不存在资源竞争时,则其定居建群的成功率就会增大,并可望进而成为入侵种。资源量的大小和可利用性是外来物种能否成功入侵的决定性因素。

如在某些案例中,物种多样性丰富的地区反而还有较多的入侵者个体,这并非生物多样性屏障机制失效,而是由于生物多样性丰富的地区往往资源也富余。例如,喜旱莲子草成为入侵植物的重要原因可能是其较高的形态可塑性和优先占据具有较高土壤养分的小生境;而凤眼莲(*Eichhornia crassipes*)入侵则与其强大的适应力和繁殖能力以及水体富营养化有关。

2.5.12　生态位机遇假说

生态位机遇假说最早由 Shea 和 Chesson 于 2002 年提出,该假说的理论框架涵盖了以前的几种假说。生态位机遇假说认为,外来入侵物种的增长概率是由资源、天敌和物理环境这三大因素共同决定,由于这些因素具有时间和空间的依赖性,随着季节和分布区域而有明显变化,使得外来入侵种的种群增长随时空而变化。一个外来物种对这些因素时空变化的反应和适应特性决定了它的入侵能力。

生态位（ecological niche）又称小生境或是生态龛位，是一个物种所处的环境及其本身生活习性的总称。物理因素（如温度、湿度、光照）和生物因素（食物资源、天敌、营养）在某特定的时空位点上的结合决定了所谓"生态位空间"（niche space）的一个点或一个"域"。

生态位最初由格林内尔（J. Grinell）在 1924 年提出，1927 年埃尔顿（C. Elton）将其内涵进一步拓展。在自然环境里，每一个特定位置都有不同种类的生物，其活动以及与其他生物的关系取决于它的特殊结构、生理和行为，故具有自己的独特生态位。物种生态位（species ecological niche）实际上是物种对每个生态位空间的物理因素和生物因素的反应和效应。反应可用单位个体增长率（per capital rate of increase）来表示，反映了物种存活、个体增长等种群动态变化特征和属性。效应是指物种对资源的利用、物种之间对资源的竞争、对空间的占有以及应对天敌时的消耗。物种生态位决定了物种的适应性与竞争性，对于外来物种而言表现为资源机遇（resource opportunity）和天敌逃避机遇（natural enemy escape opportunity）。因此"生态位机遇"实际上是"资源机遇"、"天敌逃避机遇"或者是资源、天敌和物理环境条件及其时空变化的有利组合。物种生态位有时会发生漂移（niche shift），入侵物种的生态位漂移现象更为突出，这主要有两方面的原因，一方面是外来入侵物种本身的快速进化作用产生了新的生态位适应机制从而影响其基础生态位（fundamental niche）；另一方面是入侵物种在入侵地缺少天敌和竞争者，以及空生态位（empty niche）的存在会导致入侵物种的实际生态位（realized niche）发生漂移。Broennimann 等（2007）比较了入侵物种斑点矢车菊（*Centaurea maculosa*）在原产地（欧洲）与入侵地（北美）的生态位要求，研究发现斑点矢车菊在入侵美洲后其生态位产生了漂移。

生态位机遇假说利用了群落生态学理论框架解释生物入侵。将生物入侵与本地群落的组成、结构、特征和功能以及与外来入侵种的关系联系起来。利用生态位来解释生物入侵，实际上概括了入侵种与被入侵地区环境与生物的相互综合作用。生物入侵涉及个体、种群、群落等不同层次的干扰和影响，而且能促进生物进化、加快物种形成。生物入侵导致的杂交和遗传渗透使外来种不断融合到被入侵的生物群落中，在资源利用和环境适应方面逐渐占据优势，并引起土著物种的基因污染和遗传灭绝。外来干扰和外部驱动以及外来种入侵通过内部机制（如资源、天敌等）的作用得以实现。

2.5.13　干扰假说

在经典生态学中，干扰被认为是影响群落结构和演替的重要因素。干扰破坏了生态系统的稳定性，引起生态系统的对称性破缺，推动了系统的进化和演变。

环境中的各种干扰因素，如火灾、洪涝、干旱、严寒、酷热、水利工程、酸雨、地震、泥石流、滑坡、农事活动、放牧、交通运输及城镇化建设等，对生态系统造成负面影响，引起原有的生物物种和群落的栖息环境发生变化，出现的空生态位有待填补或有富余资源可以利用等都为外来物种入侵创造了机遇。按照干扰假说，当生态系统因外界条件的巨大变动而受到强烈干扰时，群落中物种间的相互作用关系被破坏，一些物种的消失会留下空生态位，外来物种通过占据空生态位而获得入侵机遇，生态系统对外来物种入侵的阻抗能力明显降低，易感性却大大增加。此外，最近的研究表明，受强烈干扰的生态系统往往生物多样性较低，干扰能成为环境因子"过滤器"使系统中具有特定性状适应性的物种才能生存。

　　人类的干扰对外来物种入侵有很大的促进作用，因为从某种角度讲，人类对生态系统干扰的作用力和影响范围远远超过了自然干扰。在生物入侵的诸多前提和促进因素之中，干扰只不过是其中之一，要从全局和总体上认识生物入侵机制，必须与群落结构、资源、生态位、天敌等诸多因素结合起来综合考虑。

3 生物入侵研究的方法学

3.1 数学统计方法

3.1.1 多样性指数

自从 1943 年 Fisher 首先提出物种多样性一词，并采用 α、β、γ 指数来研究群落的物种多样性以来，有关生物多样性得到广泛深入的研究，从定性研究逐步走向定量化，出现了 10 多种度量群落物种多样性的指标和数量模型，如多种丰富度指数、多样性指数、均匀度指数等，这些指数模型，多数以概率论和信息论为基础，用来度量群落中的物种数、总个体数和各地种的多度均匀性的综合指标。生态系统多样性是通过营养结构多样性来体现的，而基于生态系统营养动力学的理论和方法提出的两类指标，即营养物与流通量沿宏观营养链分布特征的多样性（D_{I}），以及所有宏观营养级上营养物与流通量在不同分室上分布特征的多样性（D_{II}），是生态系营养结构多样性的两个基本测度，这样就使得生态系统层次上的多样性研究从对不同类型生态系统的定性描述过渡到定量研究成为可能。随着这些测度指标和模型的出现，人们开始利用它们对生物多样性进行评价。

熵与 Shannon-Wiener 指数非常接近，所以有必要讨论熵与多样性的关系。如果单独对多样性定义，可以说多样性是异质性、不齐性，是一致性的补集；群落多样性则指群落中包含的物种数目和个体在种间的分布特征，这导致了多样性的含义比较模糊：一个物种少而均匀度高的群落其多样性可能与另一个物种多而均匀度低的群落相等。克劳修斯提出熵理论后将它推广到宇宙，形成"热寂说"；与此相反，麦克斯韦提出"麦克斯韦妖"。1944 年，薛定谔为了说明生物的进化，提出与正熵对应的负熵概念，指出："生命的特征在于生命系统能不断地增加负熵"。耗散结构理论以"开放—负熵"为切入点连接了"热寂说"与"进化论"所代表的两类演化方向：进化—系统向着越来越复杂、越来越具有功能、越来越有序的方向演化，生物界所呈现出的演化正是沿着这个方向进行，它可由系统熵值减少来衡量；退化—系统向着越来越简单、越来越均匀、越来越无序的方向演化，它可由熵值的增加来表示。生物个体发育依赖"负熵流"；自然选择对低熵生物的筛选，使向上的进化树枝得以保留；生物体系的熵变小于零，则这个体系将更有序、更有组织，从而保证了生物个体的生存和种群的进化。

在系统的演化过程中，熵与子系统均匀度同方向变化，与子系统的多样性呈相反方向变化。也就是说，群落的种群多样性增加与熵减小相对应，这与生物进化的总体趋势吻合。群落多样性、景观多样性等依据的主要是 Shannon-Wiener 多样性指数的结果，但与此相对应的是必须明确"多样性"定义，因为该指数计算的是信息熵（与热力学熵、统计物理学熵性质相同），反映子系统的均匀程度。如果采用"抽样—物种多样性"定义则熵与"多样性"同向变化；如果采用"群落—种群多样性"定义则熵与"多样性"反向变化。信息熵是生态系统熵量化的最可能的工具。

生物多样性包括遗传多样性、物种多样性和生态系统多样性等不同层次（图3-1），有些学者还将景观多样性纳入生物多样性的评价指标中。狭义的遗传多样性是指物种的种内个体或种群间的遗传（基因）变化，也称为基因多样性。广义的遗传多样性是指地球上所有生物的遗传信息的总和。物种多样性是指一定区域内生物种类（包括动物、植物、微生物）的丰富性，即物种水平的生物多样性及其变化，包括一定区域内生物区系的状况（如受威胁状况和特有性等）、形成、演化、分布格局及其维持机制等。生态系统多样性是指生物群落及其生态过程的多样性，以及生态系统的内生境差异、生态过程变化的多样性等。

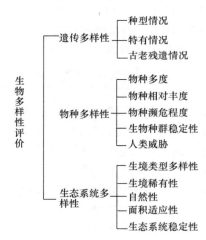

图 3-1 生物多样性评价指标体系

生物多样性指数繁多，主要包括如下几种测度。

（1）物种丰富度指数

Gleason（1922）指数：$D = S/\ln A$

式中 A 为单位面积，S 为群落中的物种数目。

Margalef（1951，1958）指数：$D = (S-1)/\ln N$

式中 S 为群落中的总数目，N 为观察到的个体总数。

（2）α 多样性测度（Magurran，1988）

Shannon-Wiener 指数：$H' = -\sum\limits_{i=1}^{S} P_i \ln P_i$

Pielou 指数（均匀度指数）：$E = H'/\ln S$

Simpson 指数（优势度指数）：$P = 1 - \sum\limits_{i=1}^{S} P_i^2$

式中，P_i 为种 i 的相对胸高断面积或重要值（IV）。

（3）β 多样性测度（Whittaker，1972；Magurran，1988）

Sorensen 指数：$\mathrm{SI} = \dfrac{2c}{a+b}$

Jaccard 指数：$C_J = \dfrac{c}{a+b-c}$

Cody 指数：$\beta_C = \dfrac{g(H)+l(H)}{2} = \dfrac{a+b-2c}{2}$

式中，a 和 b 分别为两群落的物种数，c 为两群落的共有物种数，$g(H)$ 是沿生境梯度 H 增加的物种数目；$l(H)$ 为沿生境梯度 H 失去的物种数目，即在上一个梯度中存在而在下一个梯度中没有的物种数目。上述指数中，Sorensen 指数和 Jaccard 指数反映群落或样方间物种组成的相似性；Cody 指数则反映样方物种组成沿环境梯度的替代速率。

Whittaker 指数（β_w）：$\beta_w = S/m_\alpha - 1$

式中，S 为所研究系统中记录的物种总数；m_α 为各样方或样本的平均物种数。

Wilson Shmida 指数（β_T）：$\beta_T = \dfrac{g(H)+l(H)}{2\alpha}$

该式是将 Cody 指数与 Whittaker 指数结合形成的。式中变量含义与上述两式相同。

3.1.2 生物入侵模型研究

外来生物的入侵一般分为传入、定居与种群建立、潜伏、扩散传播、成灾几个阶段。这是一个复杂而有序的过程，而且不同阶段特点互异，应各有侧重地进行分析。然而数学理论模型的建立与分析往往针对扩散传播的阶段，因为它是生物入侵成灾前的关键阶段，也是判断外来生物入侵的规模和速度的阶段。事实上，就机制而言，入侵生物与非入侵生物的扩散传播是相同的；而且都存在局部的种内或种群间的互作关系。所以这样的生物入侵模型实际上是一个种群动力学模型，即同时考虑生物种群局部和全局变化的时空模型，没有考虑空间变量的模型，即静态模型，有时称为局部动力学模型。下面讨论模型建立所需要面对的基本问题。

3.1.2.1　非空间动力学模型（局部动力学问题）

局部种群动力学理论上的一个通常的假设是：种群规模内部相对增长率是种群密度 u 的一个函数，记为 $f(u)$，则有：

$$\frac{\mathrm{d}u}{\mathrm{d}t} = uf(u) = F(u)$$

式中，$f(u)$ 反映影响种群数量变化的因素，如出生与死亡等。当 $f(u)$ 取与种群密度无关的常数形式时，则得到种群数量呈指数增长的结论，但实际情况并非如此，往往当种群数量密度过大时，由于内部竞争而使相对增长率下降，甚至出现零或负增长。

生物入侵涉及外来物种的种群增长，对于单种群连续模型而言，比较著名的是逻辑斯谛（logistic）模型：

$$\frac{\mathrm{d}x(t)}{\mathrm{d}t} = rx(t)\left[1 - \frac{x(t)}{K}\right]$$

式中，$r=b-d$，是内禀增长率（b 是出生率，d 是死亡率），K 是环境容纳量。

Allee 效应广泛存在于自然界的种群中，对于外来物种也是适用的，可以用如下的微分方程来表示：

$$\frac{\mathrm{d}U}{\mathrm{d}t} = \frac{4wU(U-U_0)(K-U)}{(K-U_0)^2}$$

式中，w 是最大出生率，U_0 表征 Allee 效应的强度。若 $0<U_0<K$，表示强 Allee 效应；若 $-K<U_0<0$，表示弱 Allee 效应；若 $U_0\leq -K$，表示没有 Allee 效应。

对于离散的单种群模型而言，比较常见的有 Beverton-Holt 模型、Verhulst 模型和 Ricker 模型。

Beverton-Holt 模型的表达式如下：

$$N_{t+1} = \frac{aN_t}{(1+bN_t)^q}$$

式中，a、b 和 q 是正的参数。若 $q=1$，则模型为经典的 Beverton-Holt 模型；当 $q>1$，模型具有丰富的动力学性态，其中包括倍周期分支和混沌现象。

Verhulst 模型也叫离散 logistic 模型，其形式如下：

$$N_{t+1} = rN_t\left(1 - \frac{N_t}{K}\right)$$

式中，r、K 的含义与 logistic 模型相同。

Ricker 模型的表达式如下：

$$N_{t+1} = N_t \exp\left[r\left(1 - \frac{N_t}{K}\right)\right]$$

随着 r 的变化，该模型会出现混沌现象。

如果考虑多种群之间的相互影响，那么需要更复杂的模型，例如，二种群的一般方程形式：

$$\begin{cases} \dfrac{\mathrm{d}u_1}{\mathrm{d}t} = F\left(u_1\right) + k_{12}R_1\left(u_1, u_2\right) \\ \dfrac{\mathrm{d}u_2}{\mathrm{d}t} = G\left(u_2\right) + k_{21}R_2\left(u_1, u_2\right) \end{cases}$$

式中，u_1、u_2 分别为两种群的种群密度，$F(u_1)$、$G(u_2)$ 分别描述了两种群的出生死亡状况，R_1、R_2 则分别描述了两者间的相互作用，系数 k_{12}、k_{21} 的取值反映两者的具体关系，诸如竞争、互惠共生等。较常见的，例如，具有各类 Holling 功能反应的捕食模型、Lotka-Volterra 模型及其更为普通的 Kolmogorov 模型等。

3.1.2.2　典型的入侵模型

入侵种群随时空变化的规律是生物入侵模型分析的主要对象，其研究的焦点则是入侵空间传播的动力学性质问题，例如，行波前沿的存在性，传播波速的特性，特别是内部或外部生境条件的改变对入侵扩散的影响等。由于种群特性与具体的生境差异，描述生物入侵扩散过程的数学模型会有不同，特别是近二十多年广泛而深入的研究产生了许多模型和方法，下面介绍典型的生物入侵模型及其最新成果。

1）连续型反应扩散方程

连续型反应扩散方程是描述种群动力学最常见的模型，其前提假设是种群密度为时间和空间上的连续或光滑函数，这往往较适合于可以忽略局部的离散与跳跃性的大尺度时空过程。它由最初的 Fisher 方程发展而来，包含种群规模增长和空间扩散，成为标准的入侵模型。当种群同时进行个体自由随机扩散与整体的定向运动时，即方程中 $J = -D\triangle u(r, t) + Au(r, t)$，由此得到一般对流反应扩散方程：

$$\frac{\partial u(r,t)}{\partial t} = -\nabla Au + \nabla\left(D\nabla u\right) + f(u)u$$

注意到这里的发散系数 D 和对流速度 A 可以为依赖时空及种群密度 u 的函数。上述方程中内部相对增长函数 $f(u)$ 的选取由特定的生物原因确定。

根据研究对象的不同，反应扩散模型可以分为单种群模型和多种群模型。虽然在自然界中存在多个相互作用的种群，但单种群模型对于我们了解复杂明显的整体结构大有帮助，因此单种群模型的研究很有必要。

单种群同质空间模型中，Fisher 方程是最典型的代表，1973 年 Fisher 首次提出了用于刻画种群内突变基因传播的方程，现在该方程已经用于描述生物种群的传播，其形式如下：

$$\frac{\partial N(x,t)}{\partial t} = rN(x,t)\left[1 - \frac{N(x,t)}{K}\right] + D\frac{\partial^2 N(x,t)}{\partial x^2}$$

其中，r、K、D 是正常数，$N(x,t)$ 为 t 时刻、位置 x 处的种群密度，并且种群增长符合 logistic 增长规律。

此外，还有 Skellam 和 Kierstead 提出的 KISS 模型。最简单的 KISS 模型如下：

$$\frac{\partial u}{\partial t} = d\nabla^2 u + ru \quad \text{在} \Omega \times (0,\infty) \text{ 中}$$

$$u = 0 \qquad \text{在} \partial\Omega \times (0,\infty) \text{ 上}$$

式中，$u(x,t)$ 为区域 Ω 上的种群密度，r 和 d 为种群的内禀增长率和扩散系数。

在考虑自然因素如风和水流的作用和存在生物迁移的情况下，可以用如下的反应-扩散-对流方程来描述种群的增长：

$$\frac{\partial u(x,t)}{\partial t} = F(u) + D\frac{\partial^2 u}{\partial x^2} - A(u)\frac{\partial u}{\partial x}$$

其中，$A(u)$ 表示种群沿着 x 轴方向迁移的速度，当 $A(u)$ 为正函数时，种群沿 x 轴正方向迁移;反之当 $A(u)$ 为负函数时，种群沿 x 轴负方向迁移。

多种群反应扩散模型中，Kopell 和 Howard 在 1973 年提出了 λ-ω 系统，并分析了反应扩散模型的空间动力学行为，给出了空间周期解的条件。λ-ω 系统的形式为：

$$\frac{\partial u}{\partial t} = \nabla^2 u + \left(1 - r^2\right)u - \left(\omega_0 - \omega_1 r^2\right)v$$

$$\frac{\partial v}{\partial t} = \nabla^2 v + \left(1 - r^2\right)v + \left(\omega_0 - \omega_1 r^2\right)u$$

其中，$r = \sqrt{u^2 + v^2}$。

此外还有多种群单调行波解模型和基于图灵原理的多种群斑图动力学模型等。

2）积分模型

关于积分差分模型，主要用于描述种群数量增长与位置转移之间存在时间差或时滞的情形。例如，一类植物种群的重新分布（包括入侵和扩张）就属于这类情形，由于其种子的散播一般需要经过一年的时间，而在此期间种群数量增长了而个体却没有移动。假设种群世代不相重叠，并且种群的散布空间无限，以至于可以忽略边界的影响。以一维情形为例，令种群密度 u 为时间 t 和位置 x 的函数，那么种群的时空分布要经过两个过程：一是种群的增长过程，用函数 $F(u)$ 描述；二是空间的重新分布过程，归因于后代的扩散，而且这两个过程会交替持续下去。则有如下积分差分方程：

$$u(x,t+T) = \int_{-\infty}^{+\infty} k(x,y) F\left[u(y,t)\right] \mathrm{d}y$$

式中，T 为相邻两代的时间差；$k(x,y)$ 为发散核函数，表示由位置 y 处产生的后代能够散布到位置 x 处的概率密度函数。

根据研究对象的不同，微分-积分模型可以分为单种群微分-积分模型和多种群微分-积分模型。单种群微分-积分模型根据竞争发生的不同，可以有多种形式，在争夺竞争中，可以用 Ricker 的离散 logistic 模型和 theta-Ricker 模型来描述；当竞争方式为格斗竞争时，可以用 Beverton-Holt 或 Skellam 方程来描述；当两种竞争方式共存时，可以用 Hassell 模型来描述。多种群微分-积分模型就显得更加复杂，目前多用来描述传染性病毒入侵的过程。

为了说明微分-积分模型在实际生态系统中的意义，首先来了解不同扩散核函数的存在及其形式。假设种群的栖息地是一个连续的一维空间，它们的出生和传播具有同步性。一般来讲，生物生存过程可以分为增长过程和传播过程。对于增长过程，可以用非线性方程：$N_{t+1} = f(N_t)$ 来表示。假设种群在空间上的扩散是从空间 x 点到 y 点的线性积分算子，那么在一个一维无限空间区域上，种群的增长和传播过程可以写成微分-积分方程：

$$N_{t+1}(x) = \int_{-\infty}^{+\infty} \kappa(x,y) f\left[N_t(y)\right] \mathrm{d}y$$

其中，传播核函数 $\kappa(x,y)$ 描述了种群的扩散和移动。它描述的是种群从出生地到空间 y 的概率密度函数，它依赖于绝对位置或相对距离，核函数 $\kappa(x,y)$ 必须是非负的。以相对距离来描述空间距离变化，则上述方差可以写成：

$$N_{t+1}(x) = \int_{-\infty}^{+\infty} \kappa\left(|x-y|\right) f\left[N_t(y)\right] \mathrm{d}y$$

3）空间离散模型

自然界的每种生物都处于特定的时空之中，并且与周围的环境以及生物发生相互作用。时空模型可以更为真实地反映生物所处的现状，这也是近年来空间生态学的主要研究方向。

　　为了简化模型，这里只考虑单种群时空离散模型。现以如下的两个方程组进行阐述：

$$\frac{\partial U(r,t)}{\partial t} = \gamma U(U-\beta)(1-U) + D\nabla^2 U$$

$$\frac{\partial U(r,t)}{\partial t} = \alpha U(1-U) + D\nabla^2 U$$

其中，种群增长率是 α 和 γ。若考虑空间的异质性，可以将这些参数作为空间的函数。

　　假设由于局部种群的增长及死亡过程和其他栖息地种群个体的迁入或迁出，第 i 个栖息地的种群规模 U_i 会发生变化。假设传播只具有短距离效应，以致迁移仅在邻近的点间发生，并且内部点的种群流与相应的种群规模差异成比例。因此，描述种群在离散环境中的方程组如下：

$$\frac{\mathrm{d}U_i}{\mathrm{d}t} = J_{i,L} + J_{i,R} + F_i(U_i) \qquad i=1, \cdots, N$$

其中，$J_{i,L} = D_{i,L}(U_{i-1}-U_i), J_{i,R} = D_{i,R}(U_{i+1}-U_i)$。这里的 $D_{i,L}$ 和 $D_{i,R}$ 表示扩散耦合系数，N 表示点的总数。这里描述局部增长和死亡的函数 F_i 可能相同也可能不同，这取决于栖息地的性质。在同一斑块的特殊情形下，上面的方程组可简化为：

$$\frac{\mathrm{d}U_i}{\mathrm{d}t} = D(U_{i+1}+U_{i-1}-2U_i) + F(U_i) \qquad i=1, \cdots, N$$

式中，$D_{i,L} = D_{i,R} = D$。

　　对于多个种群的时空离散模型，可以 Lotka 和 Volterra 的两种群竞争模型为例：

$$\frac{\mathrm{d}X}{\mathrm{d}t} = r_1 X \frac{K_1 - X - aY}{K_1}$$

$$\frac{\mathrm{d}Y}{\mathrm{d}t} = r_2 Y \frac{K_2 - Y - \beta X}{K_2}$$

式中，X、Y 是两物种的种群规模，r_1、r_2 为增长率，K_1、K_2 是环境容纳量。

　　上面的模型存在 3 个非平凡的平衡点：$P=(X^*, Y^*)$，$(K_1, 0)$，$(0, K_2)$。两种群的共存可能发生在 $\alpha\beta<1$，即种间的竞争压力弱于种内的竞争压力的情况下。换句话讲，当 $\alpha\beta>1$ 时，系统演化趋向于其中一个物种灭绝，这取决于初始条件。这种竞争排斥很快就被空间同质的实验证实，而且自然观察和野外替代实验建立起了生态龛理论的核心。

4）随机模型

　　对于生态种群动力系统往往受诸多因素的影响，有确定性的也有随机性的，例如，捕食者对猎物种群的密度变化是确定因素，而天气则是其变化的随机因素。虽然部分随机现象可由确定性模型描述，例如，描述种群个体随机自由运动的反应扩散方程，但此类情形要求种群密度较大，不然种群数量的微小波动会改变整体的扩散模式，可见单纯的确定性模型不足以反映种群实际动态变化。以种群数量动态变化为研究对象的入侵模型，必须考虑因环境波动或外部压力等随机因素对其作用的效果。一种简单有效的做法就是把这种随机作用视为噪声，作一定的性质假设后，直接吸收到模型中去。例如，假设种群的死亡率是因为繁殖受随机干扰所致，那么一般的种群动力学模型可表示如下：

$$\frac{\partial u_i(r,t)}{\partial t} = \nabla(D_i \nabla u_i) + f_i(u_1,\ldots,u_n) - \mu_i u_i \xi_i(r,t)$$

式中，μ_i 为第 i 个种群的平均死亡率，$i=1, 2, \cdots, n$；f_i 为确定性的局部反应项，n 为模型中的种群数。$\xi_i(r, t)$ 为高斯型时空白噪声，即高斯随机场，且其期望值为 0，相关系数 δ 如下：

$$\langle \xi_i(r,t)\rangle = 0, \langle \xi_i(r_1,t_1)\xi_i(r_2,t_2)\rangle = \delta(r_1-r_2)\delta(t_1-t_2)$$

有色噪声 $\eta(r, t)$ 在时间上是相关的，且满足：

$$\langle \eta(r,t)\eta(r',t')\rangle = \frac{\varepsilon}{\tau}\exp\left(-\frac{|t-t'|}{\tau}\right)\delta(r-r')$$

其中，r 控制着时间上的相关性，ε 是噪声强度。

这一类模型在研究种群动力学时考虑了确定因素与随机因素相互作用的情形，且模型分析表明：一方面，当扰动强度较弱时，种群模型表现出确定模型性质，系统仍由确定机制控制；另一方面，若种群密度越低，随机因素影响就越重要，尤其对于种群密度最低的入侵扩散行波前沿具有特别的意义，当传播速度由前沿条件确定时，则它最易受到随机因素的干扰。

在自然界影响种群生长的各种因素中，一些因素是确定性的，另一些因素是随机性的。确定性的非线性作用和噪声对种群的持续和灭绝都有很大的作用。种群的种内和种间作用是确定性和非线性的，这种内在的非线性会产生很复杂的性态，如对初始值的依赖、周期扰动，有分支和混沌行为等。而种群与自然环境间的作用是随机的，这种随机所产生的结果很难预测。

在自然环境中，孤立的单种群模型是理想化的，实际上各个种群之间是相互作用的。只有噪声而没有扩散的多种群模型为：

$$\frac{\mathrm{d}x_i}{\mathrm{d}t} = f_i(x_1,\cdots,x_n,t) + \eta(r,t) \qquad i=1, \cdots, n$$

其中，x_i 代表第 i 个种群，n 代表种群的总数目，$\eta(r, t)$ 是噪声项。

考虑扩散和噪声的多种群模型有如下表达式：

$$\frac{\partial x_i}{\partial t} = f_i\left(x_1,\cdots,x_n,t\right) + D_i\nabla^2 x_i + \eta\left(r,t\right) \qquad i=1,\ \cdots,\ n$$

其中，r 代表一维或者二维空间。

对于有色噪声，它的引入将遵循下面的随机偏微分方程：

$$\frac{\partial\eta(t)}{\partial t} = -\frac{1}{\tau}\eta(r,t) + \frac{1}{\tau}\xi(r,t)$$

5）Lonsdale 可侵入模型

关于可侵入性问题，目前主要存在以下几个假设：空缺生态位假说（vacant niche）、逃离生物限制假说（escape from biotic constraint）、群落物种丰富度假说（community species richness）、迁移前后干扰假说（disturbance before or upon immigration）。但各种假说在长期的发展过程中存在许多冲突和争议，近年来在新的研究数据和成果的支持下又出现了几种似乎更为有效的假说：植物群落资源波动假说（fluctuation resources in plant community）、天敌逃避假说（enemy release）、群落生态学假说（community ecology）。在诸多的假说中争论时间最长的是 Elton 于 1958 年提出的群落物种丰富度假说，该假说的主要论点是多样性增加了生态系统对生物入侵的抵御能力。这一假说提出后曾经得到许多生态学家的支持和认同，并从不同角度对这一经典假说做了进一步的阐释。还有一些学者在资源可利用性理论的基础上提出了群落可侵入性——物种功能群多样性假说，认为功能群多样性丰富的群落对群落有限资源的利用更加彻底，留给潜在入侵种获取资源的机会相对更少。而且在功能群多样性的基础上，物种越丰富，各个资源水平上出现最具有竞争力物种的可能性就越大，因而会表现出越强的入侵抵抗力。

Lonsdale（1999）提出有关群落可侵入性的假设，估计到外来物种引入的数量，可用一个简单的数学模型来表述生态系统中外来种的数量，能简便地解释在某些群落或地域可发生的生物入侵。在任何一个自然生物群落中，生物入侵的成功必须经历 4 个过程：外来种存活、定居、建群、扩展。给定地区内外来种的数量随迁入和灭绝的动态平衡来确定（Andow et al.，1990），大多数的外来物种在定居初期由于缺乏适应性而失败（Williamson，1996）。从可侵入性影响因素和入侵全过程来综合考虑，Lonsdale 入侵模型可以表示如下：

$$E=I\times S$$

式中，E 为给定区域中外来种的数量；I 为外来种引入的数量；S 为外来种的存活率。

$$I=I_a+I_i$$

式中，I_a 为偶然引入（accidental introduction）的外来种数量，如因自然扩散或环境污染不慎引入；I_i 为有意引入（intentional introduction）的外来种数量，如因农业生产或园艺观赏的需要而有目的的引入。

$$S=S_v \times S_h \times S_c \times S_m$$

式中，S_v 为外来种同土著种竞争灭绝后的存活率；S_h 为因草食动物和病原体而灭绝后的外来种存活率；S_c 为定居过程中因意外事件（如干旱等）而灭绝后的外来种存活率；S_m 为不适应环境而灭绝后的外来种存活率（如热带种释放到温带中、陆地种释放到水环境中、潮湿地区种释放到干旱环境中等的不适应性）。

　　生物入侵的机制与控制已经成为生态学关注的重点和研究的热点问题。建立数学模型是解释生物入侵机制的主要手段，对外来生物包括疾病的入侵扩散过程进行模型分析不仅具有重要的理论意义，还有助于风险评估，特别是对入侵进行早期预测、控制、科学管理与防治。

3.1.3　连锁分析及连锁作图

　　连锁分析中最简单的是两位点连锁分析，简称两点分析（two-point analysis），它是构建遗传连锁图的基础。基因定位的连锁分析是根据基因在染色体上呈直线排列，不同基因相互连锁成连锁群的原理，即应用被定位的基因与同一染色体上另一基因或遗传标记相连锁的特点进行定位。生殖细胞在减数分裂时发生交换，一对同源染色体上存在着两个相邻的基因座位，距离较远，发生交换的机会较多，则出现基因重组；若两者较近，重组机会较少。重组 DNA 和分子克隆技术的出现，发现了许多遗传标记—多态位点，利用某个拟定位的基因是否与某个遗传标记存在连锁关系，以及连锁的紧密程度就能将该基因定位到染色体的一定部位，使经典连锁方法获得新的广阔用途，成为基因定位的重要手段。

3.1.3.1　两位点的连锁检验

　　根据群体的不同，两位点的连锁检验有一定差别，下面以 χ^2_{AB} 统计量为例来进行阐述。

　　首先讨论 $AaBb \times AABB$ 回交，在产生的 BC_1 回交群体中，有 4 种类型的子代。AB/AB 型个体数目为 n_{11}，Ab/AB 型个体数目为 n_{12}，aB/AB 型个体数目为 n_{21}，ab/AB 型个体数目为 n_{22}。子代个体总数为 $n=n_{11}+n_{12}+n_{21}+n_{22}$。在基因座 A 和基因座 B 不连锁的情况下，n_{11}、n_{12}、n_{21} 和 n_{22} 的期望值为 $n/4$。能够形成 AA 的个体总数为 $n_{11}+n_{12}$，能够形成 aA 的个体总数为 $n_{21}+n_{22}$，因此 A 基因座等位基因独立分离的卡方检验统计量为：

$$\chi^2_A = \frac{(n_{11}+n_{12}-n/2)^2}{n/2} + \frac{(n_{21}+n_{22}-n/2)^2}{n/2} = \frac{(n_{11}+n_{12}-n_{21}-n_{22})^2}{n}$$

对于基因座 B，类似地有：

$$\chi_B^2 = \frac{(n_{11}+n_{21}-n/2)^2}{n/2} + \frac{(n_{12}+n_{22}-n/2)^2}{n/2} = \frac{(n_{11}+n_{21}-n_{12}-n_{22})^2}{n}$$

对于 BB 个体，A 基因座的分离用 $n_{11}-n_{21}$ 来度量，而对于 Bb 个体，A 基因座的分离用 $n_{12}-n_{22}$ 来度量。由于连锁会影响基因座的分离，对于 A 基因座，这种效应可定量为（$n_{11}-n_{21}$）－（$n_{12}-n_{22}$）＝$n_{11}+n_{22}-n_{12}-n_{21}$。因此有：

$$\chi_{AB}^2 = \frac{(n_{11}+n_{22}-n/2)^2}{n/2} + \frac{(n_{12}+n_{21}-n/2)^2}{n/2} = \frac{(n_{11}+n_{22}-n_{12}-n_{21})^2}{n}$$

另外一个卡方检验统计量是用 4 种基因型的计数值与其期望值 $n/4$ 之比得到的：

$$\chi_T^2 = \frac{(n_{11}-n/4)^2}{n/4} + \frac{(n_{12}-n/4)^2}{n/4} + \frac{(n_{21}-n/4)^2}{n/4} + \frac{(n_{22}-n/4)^2}{n/4}$$

这 4 个卡方检验统计量有如下关系：$\chi_{AB}^2 = \chi_T^2 - \chi_A^2 - \chi_B^2 \sim \chi^2(1)$。

其中，χ_A^2、χ_B^2 是检验位点 A 和 B 的分离比是否正常的统计量。若经过检验表明位点 A 和 B 分离正常，而且 $\chi_{AB}^2 \geqslant \chi^2(1)$，则说明位点 A 和 B 之间存在连锁关系。

对于 $AB/ab \times AB/ab$ 形成的 F_2 群体，当位点 A 和 B 均为共显性标记时，则 F_2 群体中 $AABB$ 基因型个体数目为 n_{11}，$AABb$ 基因型个体数目为 n_{12}，$AAbb$ 基因型个体数目为 n_{13}，$AaBB$ 基因型个体数目为 n_{21}，$AaBb$ 基因型个体数目为 n_{22}，$Aabb$ 基因型个体数目为 n_{23}，$aaBB$ 基因型个体数目为 n_{31}，$aaBb$ 基因型个体数目为 n_{32}，$aabb$ 基因型个体数目为 n_{33}。n_{11}、n_{13}、n_{31} 和 n_{33} 的期望值为 $n/16$，n_{12}、n_{21}、n_{23} 和 n_{32} 的期望值为 $n/8$，n_{22} 的期望值为 $n/4$。

A 基因座等位基因独立分离的卡方检验统计量为：

$$\chi_A^2 = \frac{(n_{11}+n_{12}+n_{13}-n/4)^2}{n/4} + \frac{(n_{21}+n_{22}+n_{23}-n/2)^2}{n/2} + \frac{(n_{31}+n_{32}+n_{33}-n/4)^2}{n/4}$$

对于基因座 B，类似地有：

$$\chi_B^2 = \frac{(n_{11}+n_{21}+n_{31}-n/4)^2}{n/4} + \frac{(n_{12}+n_{22}+n_{32}-n/2)^2}{n/2} + \frac{(n_{13}+n_{23}+n_{33}-n/4)^2}{n/4}$$

9 种基因型的计数值与其期望值的卡方检验统计量为：

$$\chi_T^2 = \frac{(n_{11}-n/16)^2}{n/16} + \frac{(n_{12}-n/8)^2}{n/8} + \frac{(n_{13}-n/16)^2}{n/16} + \frac{(n_{21}-n/8)^2}{n/8}$$

$$+ \frac{(n_{22}-n/4)^2}{n/4} + \frac{(n_{23}-n/8)^2}{n/8} + \frac{(n_{31}-n/16)^2}{n/16} + \frac{(n_{32}-n/8)^2}{n/8} + \frac{(n_{33}-n/16)^2}{n/16}$$

根据关系式 $\chi_{AB}^2 = \chi_T^2 - \chi_A^2 - \chi_B^2 \sim \chi^2(4)$ 可以计算出 χ_{AB}^2。

当 F_2 群体中位点 A 和 B 均为显性标记时, 则 F_2 群体中 $A\_B\_$ 基因型个体数目为 n_{11}, A_bb 基因型个体数目为 n_{12}, $aaB\_$ 基因型个体数目为 n_{21}, $aabb$ 基因型个体数目为 n_{22}。

χ^2_{AB} 统计量可以为: $\chi^2_{AB} = \chi^2_T - \chi^2_A - \chi^2_B \sim \chi^2(1)$。

A 基因座等位基因独立分离的卡方检验统计量为:

$$\chi^2_A = \frac{\left(n_{11}+n_{12}-3n/4\right)^2}{3n/4} + \frac{\left(n_{21}+n_{22}-n/4\right)^2}{n/4} = \frac{\left(n_{11}+n_{12}-3n_{21}-3n_{22}\right)^2}{3n}$$

B 基因座等位基因独立分离的卡方检验统计量为:

$$\chi^2_B = \frac{\left(n_{11}+n_{21}-3n/4\right)^2}{3n/4} + \frac{\left(n_{12}+n_{22}-n/4\right)^2}{n/4} = \frac{\left(n_{11}+n_{21}-3n_{12}-3n_{22}\right)^2}{3n}$$

4 种基因型 ($A\_B\_$, A_bb, $aaB\_$, $aabb$) 的计数值与其期望值的卡方检验统计量为:

$$\chi^2_T = \frac{\left(n_{11}-9n/16\right)^2}{9n/16} + \frac{\left(n_{12}-3n/16\right)^2}{3n/16} + \frac{\left(n_{21}-3n/16\right)^2}{3n/16} + \frac{\left(n_{22}-n/16\right)^2}{n/16}$$

3.1.3.2 连锁群划分

连锁群一般根据两位点间的重组率和 LOD 来划分。若记位点 i 和 j 之间的重组率为 r_{ij}、LOD 为 z_{ij}, 那么连锁群划分的一般规则为下列三者之一:

(a) 如果 $r_{ij} \leqslant c$, 那么位点 i 和 j 划为同一个连锁群;

(b) 如果 $z_{ij} \geqslant a$, 那么位点 i 和 j 划为同一个连锁群;

(c) 如果 $r_{ij} \leqslant c$, 且 $z_{ij} \geqslant a$, 那么位点 i 和 j 划为同一个连锁群;

其中, c 为重组率的某一临界值, a 为 LOD 的一个临界值。

按照这些规则, 可以获得连锁群的唯一划分。实际操作中, 还可适当地调整 c 和 a 的值, 使其获得理想的结果, 使得到的连锁群个数和染色体对的个数相等或相近。

3.1.3.3 三位点排序

在多位点排序中, 3 个基因位点的排序问题相对来说简单得多。对于 3 个位点 A、B、C, 在不考虑方向时共有 3 种可能的顺序, 排序就是找出其中最佳的一种。三位点排序的方法主要有两种: 一种是利用两两位点间的重组率进行排序, 另一种方法是对数似然法。

当连锁的两个位点距离较远时, 其重组率较大, 因此在 3 个位点中位于两端的位点间将会有较大的重组率。例如, 对于 A、B 和 C 3 个位点, 任意两位点之间的重组率分别为 $r_{AB}=0.10, r_{AC}=0.22, r_{BC}=0.30$, 由于位点 B、C 之间的重组率最大,因此这 3 个位点的顺序应该为 B、A、C。

除了利用重组率进行三位点排序外，还可运用对数似然法进行三位点排序，就是比较 3 种顺序的对数似然值，具有最大对数似然值的顺序为最佳排序。这里，对数似然函数为：

$$\ln L(x) = n_{12}\left[r_{12}\ln r_{12} + (1-r_{12})\ln(1-r_{12})\right] + n_{23}\left[r_{23}\ln r_{23} + (1-r_{23})\ln(1-r_{23})\right]$$

式中，x 为三位点的一个排序，n_{ij} 为含有位点 i 和位点 j 的样本数，r_{ij} 表示位点 i 和 j 之间的重组率。

3.1.4　QTL 定位分析方法

生物的许多重要的适应性性状，如病虫害抗性、抗逆性等，多属于数量性状。数量性状在分离群体中表现出连续变化，遗传上受多基因控制。在传统的数量遗传学研究中，一般将控制某一数量性状的多基因作为一个整体，用生物统计学的方法，用平均数、方差、遗传力等遗传参数来描述群体的遗传特征。但传统数量遗传学的研究方法不能确定数量性状基因座位（quantitative trait loci，QTL）的数目，在染色体上的位置、效应以及其相互作用关系。随着 RFLP 等分子标记的出现，Paterson 等在番茄上首次成功实现了对 QTL 进行全基因组扫描。在随后的时间里研究者对大量植物构建了分子标记连锁图并进行了 QTL 定位研究。从分子标记出现到目前为止，QTL 研究在分子标记、作图群体、统计分析方法等各方面都取得了极大的进展。QTL 定位工作现已成为从事数量遗传学研究的一种标准程序。QTL 研究从某一生育阶段的静态 QTL 定位发展到全生育期的动态定位，涉及的数量性状从常规可见的表型发展到生理指标甚至基因的表达水平。

QTL 定位的基本原理是分析标记基因型和数量性状值之间的连锁。QTL 定位工作的基本要素包括适当的分离群体，相应的分子标记连锁图以及合适的统计模型与分析方法。QTL 定位的分析方法，近 20 年来发展很快，从早期的方差分析法、区间作图法，到现在的复合区间作图、基于最小二乘的复合区间作图、基于混合线性模型的复合区间作图等。QTL 作图的效率、准确性和精确度都得到了极大的提高。

研究涉及的数量性状一般包括常规可见的表型、生理指标、抗逆性等，近年来，基因的表达水平也被作为一种数量性状而用于 QTL 定位。2001 年，Jansen 和 Nap 提出了遗传基因组的概念以及相应的研究策略，将 QTL 分析和 DNA 微阵列结合起来，在基因组水平上采用 QTL 分析定位控制基因表达的 QTL（expression QTL，eQTL）。这不仅是对 QTL 研究领域的简单扩展，它为研究复杂数量性状的分子机理和构建调控网络提供了全新的手段。

近年来提出的基于连锁不平衡（linkage disequilibrium，LD）原理的关联分析（association analysis）方法，把自然群体或自交系品种也用于 QTL 定位研究，也可找到控制重要适应性性状的基因，并发现优异等位变异。关联分析（association analysis）又称连锁不平衡作图（LD mapping）或关联作图（association mapping），是一种以连锁不平衡为基础，鉴定某一群体内目标性状与遗传标记或候选基因关系的分析方法。与连锁分析相比，关联分析的优点有三点：①花费的时间少，一般以现有的自然群体为材料，无需构建专门的作图群体；②广度大，可以同时检测同一座位的多个等位基因；③精度高，可达到单基因的水平。

连锁不平衡是不同基因座位上等位基因的非随机组合。当位于某一座位的特定等位基因与同一条染色体上另一座位的某一等位基因同时出现的几率大于群体中因随机分布而使两个等位基因同时出现的几率时，就称这两个座位处于 LD 状态。D 是衡量连锁不平衡的基本参数。若连锁的两个基因座位上的等位基因分别为 A、a 和 B、b，它们组成的单倍型有 AB、Ab、aB 和 ab 共 4 种，$f(x)$ 为各种等位基因和单倍型的频率，当 $D=0$ 时，两基因座位处于连锁平衡状态；当 $D \neq 0$ 时，两基因座位处于连锁不平衡状态。

$$D = f(AB) - f(A)f(B)$$

LD 是由突变产生的多态性形成的，因重组的发生而被打破。由此可见，突变和重组是影响 LD 的重要因素。除此之外，其他生物因素和历史因素也影响 LD 的程度和分布，例如，物种的异交率，即交配体系、染色体位置、群体大小、基因或染色体片段所受的选择强度、遗传漂变等。不同染色体位置的 LD 程度不同，位于染色体着丝粒附近的区域，重组率低，LD 程度高；而位于染色体臂上的区域重组率相对较高，LD 程度就较低。外来物种进入新生态环境中产生的遗传漂变对 LD 的影响很大。一般认为在一个小而稳定的群体中遗传漂变会使 LD 增加。"奠基者效应"（founder effects）是遗传漂变的另一种形式，即一个小群体从一个大群体中分离出去并在此基础上逐渐发展起来，这是一种剧烈的漂变。

QTL 作图受多种因素影响，其中基因间的相互作用（epistasis）、基因与环境相互作用（gene-environmental interaction）都可能降低 QTL 作图方法的统计效率。近年来随着统计方法的改进，特别是参数估计方面的一些新方法，如 Bayes 压缩估计方法、Bayes-LASSO 等，可以降低 QTL 作图时的计算难度，使 QTL 作图逐渐精确化。

了解与对新环境迅速适应有关的性状是入侵生物学研究的主要目的。证实这些性状的遗传基础可以解释基本的问题：成功入侵的外来物种对新环境的迅速适应是源于已有的遗传变异还是新的突变？同一种生物通过多次独立的入侵时是否以类似的基因作为选择的靶点？使用基因组扫描结合 QTL 作图可证实入侵物种适应性进化有关的基因和染色体区域。

　　基因组扫描通过对群体中的许多个体进行基因型分型，以检测具有异常高水平差异的位点。这可以区分影响整个基因组的进化动力（如瓶颈效应）和影响特定位点的进化动力（如选择作用）。由于绝大多数入侵物种是非模式生物，其基因组没有完全测序，要证实这些特殊位点最好是利用表达序列标签非翻译区的微卫星标记。这一途径是利用多态性位点与转录基因的紧密连锁来检测与适应性进化有关的候选位点。通过对原产地和入侵区域的外来物种进行基因组扫描，就能确定群体创建时的瓶颈效应以及作为选择靶点的潜在候选位点。但值得注意的是，基因组扫描的一个主要缺陷是在单独使用时通常不知道哪些位点与表型性状有关。利用 QTL 作图可以证实对于成功入侵十分重要的基因位点及其数目。

　　Paterson 等（1995）通过 RFLP 作图方法，检测了高粱栽培种（*Sorghum bicolor*）和野生种拟高粱（*S. propinquum*）杂交后代的杂草性特征，发现了与植物根状茎形成、数目及萌芽有关的多个 QTL。Hu 等（2003）以栽培稻与野生稻（*O. longistaminata*）杂交产生的 F_2 代个体为研究对象，通过基于简单序列重复图谱的分子作图研究，获得了控制根状茎性状的两个主要基因——*Rhz2* 和 *Rhz3*，并发现它们与拟高粱中控制根状茎的主要 QTL 高度一致。此外，还在野生稻中发现了许多影响根状茎多度的 QTL，其中多数与拟高粱中根状茎相关的 QTL 一致。

　　QTL 途径可以探索在不同环境条件下的适应过程，但由于 QTL 可能含有许多基因，因此很难确定与特定性状相关的基因。而将两者结合起来，可以发挥更大的优势，剖析生物入侵的遗传基础，证实参与入侵过程快速进化的候选基因和位点，推动入侵生物学研究和发展。

3.1.5　近交群体 QTL 作图

　　对 QTL 进行分析，一般采用近交群体如 BC 群体或 F_2 群体等，这部分介绍 QTL 作图方法中最常见的几种，如 QTL 单标记分析、QTL 区间作图和复合区间作图。

3.1.5.1　QTL 单标记分析

　　单标记分析法就是检测一个分子标记与某个 QTL 间是否存在连锁关系。一般通过 *t* 检验、方差分析、回归分析或似然比检验，比较不同标记基因型数量均值的差异，如果差异显著，那么说明 QTL 与该标记有连锁关系。下面以回交群体和 F_2 群体的 QTL 单标记分析为例进行阐述。

　　对于回交 B_1 群体，假设具有标记基因型 *MM* 和 *Mm* 的个体数分别为 n_1 和 n_2，并且个体的数量性状服从正态分布，而且方差均为 S^2，那么可以用 *t* 统计量来检验两类标记基因型的均值有无显著性差异：

$$t = \frac{\overline{x}_1 - \overline{x}_2}{\sqrt{S^2\left(\frac{1}{n_1} + \frac{1}{n_2}\right)}}$$

式中，$\overline{x}_1$、$\overline{x}_2$ 分别表示标记基因型 MM 和 Mm 样本的均值，n_1 和 n_2 分别表示两类样本的大小。

$$S^2 = \frac{(n_1-1)S_1^2 + (n_2-1)S_2^2}{n_1 + n_2 - 2}$$

统计量 t 服从自由度为 (n_1+n_2-2) 的 t 分布，在给定显著性水平 a 下，当 $|t| > t_{a/2}$ 时，就认为 B_1 群体的两类标记基因型的表型均值具有显著性差异，据此可以认为该标记位点与 QTL 紧密连锁，其位置却无法精确定位。此外，还可以利用方差分析和线性回归模型来检验分子标记与 QTL 之间的连锁，但这些方法的最大缺陷就是无法确定分子标记与 QTL 之间的距离。

为了解决这一问题，有的学者提出了极大似然法，并通过 EM 算法来确定 QTL 的具体位置，下面对该方法作简单介绍。

设 B_1 群体标记位点与 QTL 之间的重组率为 r，数量性状在两类 QTL 基因型内的分布分别为：

QQ：$N(\mu_1, \sigma^2)$　　Qq：$N(\mu_2, \sigma^2)$

则数量性状在两类标记基因型的分布分别为：

MM：$(1-r)N(\mu_1, \sigma^2) + rN(\mu_2, \sigma^2)$
Mm：$rN(\mu_1, \sigma^2) + (1-r)N(\mu_2, \sigma^2)$

记第 j 个个体的数量性状值为 y_j，则参数 μ_1，μ_2，σ^2 和 r 的似然函数为：

$$L = \prod_{j=1}^{n}\left[p_{0j}f(y_j;\mu_1,\sigma^2) + p_{1j}f(y_j;\mu_2,\sigma^2)\right]$$

式中，$f(x;\mu,\sigma^2) = \frac{1}{\sqrt{2\pi\sigma^2}}e^{-\frac{1}{2\sigma^2}(x-\mu)^2}$ 为正态分布 $N(\mu, \sigma^2)$ 的密度函数，$p_{1j}=1-p_{0j}$，当个体的标记基因型为 MM 时，$p_{0j}=1-r$；当个体的标记基因型为 Mm 时，$p_{0j}=r$。

关于标记位点与 QTL 连锁的检验问题可用似然比来检验：

$$\lambda = -2\ln\left[\frac{L(\tilde{\mu}_1,\tilde{\mu}_2,\tilde{\sigma}^2,r=0.5)}{L(\hat{\mu}_1,\hat{\mu}_2,\hat{\sigma}^2,\hat{r})}\right]$$

在零假设 H_0：$r=0.5$ 成功的条件下，λ 服从自由度为 1 的卡方分布。

也可以使用 LOD 来检验标记位点与 QTL 的连锁关系。LOD 的表达式如下：

$$\text{LOD} = -\log_{10}\left[\frac{L\left(\tilde{\mu}_1, \tilde{\mu}_2, \tilde{\sigma}^2, r = 0.5\right)}{L\left(\hat{\mu}_1, \hat{\mu}_2, \hat{\sigma}^2, \hat{r}\right)}\right]$$

当 LOD>2 时，可以认为 QTL 与某个标记有连锁的关系。

要确定 QTL 与分子标记之间的距离，需要利用如下的公式：

$$\mu_1 = \sum P_j y_j \Big/ \sum P_j$$

$$\mu_2 = \sum \left(1 - P_j\right) y_j \Big/ \sum \left(1 - P_j\right)$$

$$\sigma^2 = \frac{1}{n}\sum_{j=1}^{n}\left[P_j\left(y_j - \mu_1\right)^2 + \left(1 - P_j\right)\left(y_j - \mu_2\right)^2\right]$$

式中，$P_j = \dfrac{p_{0j}f\left(y_j; \mu_1, \sigma^2\right)}{p_{0j}f\left(y_j; \mu_1, \sigma^2\right) + p_{1j}f\left(y_j; \mu_2, \sigma^2\right)}$

参数估计的 EM 算法步骤如下。

（a）对于重组率 r 以 1cM 为步长在区间（0，0.5）取值。

（b）对于特定的 r，选取参数 μ_1、μ_2、σ^2 的初值 μ_{10}、μ_{20}、σ_0^2。

（c）利用上面的公式计算 μ_1、μ_2、σ^2，并以此为初值重复本步骤，直到每个参数的前后迭代值之差的绝对值小于某个临界值为止。这样便得到了对于特定的 r 值，参数 μ_1、μ_2、σ^2 的极大似然估计值 $\tilde{\mu}_1$、$\tilde{\mu}_2$、$\tilde{\sigma}^2$。

（d）计算似然函数值 $L\left(\tilde{\mu}_1, \tilde{\mu}_2, \tilde{\sigma}^2, r\right)$。

（e）让 r 以 1cM 为步长遍历区间（0，0.5），对于每一个确定的 r，重复（a）～（d），便得到一系列的似然函数值 $L\left(\tilde{\mu}_1, \tilde{\mu}_2, \tilde{\sigma}^2, r\right)$，在这些似然函数值中，最大的似然函数值所对应的估计 $\tilde{\mu}_1$、$\tilde{\mu}_2$、$\tilde{\sigma}^2$、r 就是参数 μ_1、μ_2、σ^2、r 的 EM 算法的极大似然估计 $\hat{\mu}_1$、$\hat{\mu}_2$、$\hat{\sigma}^2$、$\hat{r}$。

F_2 群体的 t 检验方法如下。

设在标记基因型 MM、Mm、mm 内，个体的数量性状分别为相互独立的随机变量 X_1、X_2、X_3，并假设 $X_i \sim N\left(\mu_i, \sigma^2\right)$，$i=1$, 2, 3。

三种标记基因型 MM、Mm、mm 的样本容量分别为 n_1、n_2、n_3，样本的均值分别为 $\bar{x}_1$、$\bar{x}_2$ 和 $\bar{x}_3$，样本的方差分别为 S_1^2、S_2^2 和 S_3^3，则有 $\bar{x}_1 \sim N\left(\mu_1, \sigma^2/n_1\right)$，$\bar{x}_2 \sim N\left(\mu_2, \sigma^2/n_2\right)$，$\bar{x}_3 \sim N\left(\mu_3, \sigma^2/n_3\right)$。

检验加性效应和显性效应的两个零假设分别为：

$$H_0^1: \mu_1 = \mu_3; \quad H_0^2: \mu_2 = \frac{1}{2}\left(\mu_1 + \mu_3\right)$$

在 H_0^1、H_0^2 成立的条件下，得到检验加性效应和显性效应两个 t 统计量分别为：

$$t_1 = \frac{\overline{x}_1 - \overline{x}_3}{\sqrt{S_1^2\left(\dfrac{1}{n_1} + \dfrac{1}{n_2}\right)}} \sim t\left(n_1 + n_3 - 2\right)$$

$$t_2 = \frac{\overline{x}_2 - \dfrac{1}{2}\left(\overline{x}_1 + \overline{x}_3\right)}{\sqrt{S_2^2\left(\dfrac{1}{n_2} + \dfrac{1}{4n_1} + \dfrac{1}{4n_3}\right)}} \sim t\left(n_1 + n_2 + n_3 - 3\right)$$

利用极大似然法对 F_2 群体进行分析，可以确定 QTL 的具体位置。

设标记与 QTL 之间的重组值为 r，数量性状在 QTL 基因型内的概率分布为：

QQ：$N\left(\mu_1, \sigma^2\right)$　　Qq：$N\left(\mu_2, \sigma^2\right)$　　qq：$N\left(\mu_3, \sigma^2\right)$

则数量性状在标记基因型内的概率分布为：

MM：$(1-r)^2 N\left(\mu_1, \sigma^2\right) + 2r\left(1-r\right)N\left(\mu_2, \sigma^2\right) + r^2 N\left(\mu_3, \sigma^2\right)$

Mm：$r\left(1-r\right)N\left(\mu_1, \sigma^2\right) + \left(1-2r+2r^2\right)N\left(\mu_2, \sigma^2\right) + r\left(1-r\right)N\left(\mu_3, \sigma^2\right)$

mm：$r^2 N\left(\mu_1, \sigma^2\right) + 2r\left(1-r\right)N\left(\mu_2, \sigma^2\right) + \left(1-r\right)^2 N\left(\mu_3, \sigma^2\right)$

记第 j 个个体的数量性状值为 y_j，则关于参数 μ_1、μ_2、σ^2、r 的似然函数为：

$$L = \prod_{j=1}^{n}\left[p_{1j}f\left(y_j; \mu_1, \sigma^2\right) + p_{2j}f\left(y_j; \mu_2, \sigma^2\right) + p_{3j}f\left(y_j; \mu_3, \sigma^2\right)\right]$$

其中，$f\left(x; \mu, \sigma^2\right) = \dfrac{1}{\sqrt{2\pi\sigma^2}}\mathrm{e}^{-\frac{1}{2\sigma^2}(x-\mu)^2}$，而 p_{1j}、p_{2j}、p_{3j} 是根据个体的标记基因型而定，如第 j 个个体的标记基因型为 MM，则 $p_{1j} = (1-r)^2$、$p_{2j} = 2r(1-r)$、$p_{3j} = r^2$。

参用 EM 算法来计算参数和确定 QTL 距离需要如下几个参数计算公式：

$$\mu_1 = \sum_{j=1}^{n}P_{1j}y_j \left/ \sum_{j=1}^{n}P_{1j}\right., \mu_2 = \sum_{j=1}^{n}P_{2j}y_j \left/ \sum_{j=1}^{n}P_{2j}\right., \mu_3 = \sum_{j=1}^{n}P_{3j}y_j \left/ \sum_{j=1}^{n}P_{3j}\right.$$

$$\sigma^2 = \frac{1}{n}\sum_{j=1}^{n}\left[P_{1j}\left(y_j - \mu_1\right)^2 + P_{2j}\left(y_j - \mu_2\right)^2 + P_{3j}\left(y_j - \mu_3\right)^2\right]$$

式中，$P_{ij} = \dfrac{p_{ij}f\left(y_j; \mu_i, \sigma^2\right)}{p_{1j}f\left(y_j; \mu_1, \sigma^2\right) + p_{2j}f\left(y_j; \mu_2, \sigma^2\right) + p_{3j}f\left(y_j; \mu_3, \sigma^2\right)}$。

参数估计的 EM 算法与 BC 群体相似。

3.1.5.2　QTL 区间作图

近年来，由于分子标记技术的发展，QTL 作图有了很大的进步。Lander 和

Botstein（1989），Jensen（1989），Knapp 和 Bridges（1990）提出了利用两个侧邻分子标记来定位 QTL 的方法，称为区间作图法（IM），或双标记 QTL 定位法。该方法利用 QTL 两端的分子标记，建立目标性状个体观察值对双侧标记基因型指示变量的对应关系，计算重组率和各种参数。利用正态混合分布的似然函数，可以计算任何分子标记区间的任一位置所对应的 LOD 值（似然函数比的对数），当 LOD 值超过某一给定的临界值时，就认为该区间中存在着 QTL，而且 QTL 的位置也可以被确定。与单标记分析法相比，区间作图具有许多优点。一是能够确定 QTL 在区间中的位置；二是染色体上只有单一的 QTL 时估计效果很好，QTL 的参数估计接近无偏；三是不需要很大的实验群体就可以满足 QTL 的统计学检验。

除了 Lander 和 Botstein 的极大似然法之外，还有 Haley 和 Knott（1992）以及 Martinez Curnow（1992）提出的区间作图的回归分析法。但 Haley 和 Knott 的方法对剩余方差的估计有偏差，QTL 检测的有效性可能受到影响（Xu，1995）。

下面以 BC 群体和 F_2 群体为例说明 QTL 区间作图的极大似然法、相关方法以及 Z 值法。

1）极大似然法

为简单起见，假设位点间无重组交换干扰。标记 M_1 和 M_2 之间存在一个 QTL，这个 QTL 与标记 M_1 之间的重组率为 r_1，与标记 M_2 之间的重组率为 r_2，那么在给定标记基因型的条件下 QTL 基因型的条件概率如下：

基因型	条件概率 p_{i1}	基因型	条件概率 p_{i2}
$M_1M_1M_2M_2$（QQ）：	$(1-r_1)(1-r_2)/(1-r)$	$M_1M_1M_2M_2$（Qq）：	$r_1r_2/(1-r)$
$M_1M_1M_2m_2$（QQ）：	$r_2(1-r_1)/r$	$M_1M_1M_2m_2$（Qq）：	$r_1(1-r_2)/r$
$M_1m_1M_2M_2$（QQ）：	$r_1(1-r_2)/r$	$M_1m_1M_2M_2$（Qq）：	$r_2(1-r_1)/r$
$M_1m_1M_2m_2$（QQ）：	$r_1r_2/(1-r)$	$M_1m_1M_2m_2$（Qq）：	$(1-r_1)(1-r_2)/(1-r)$

设 BC_1 群体中个体的数量性状在两类 QTL 基因型内的概率分布为：

$$QQ: N(\mu_1, \sigma^2) \quad Qq: N(\mu_2, \sigma^2)$$

在 BC_1 群体中第 i 个个体的数量性状在标记基因型内概率分布为正态的混合分布：

$$p_{i1}N(\mu_1, \sigma^2) + p_{i2}N(\mu_2, \sigma^2)$$

其中，p_{i1}、p_{i2} 是 QTL 在标记基因型内的条件概率，并且有 $p_{i1}+p_{i2}=1$。

记第 i 个个体的数量性状值为 y_i，则关于参数 μ_1、μ_2、σ^2、r 的似然函数为：

$$L(\mu_1, \mu_2, \sigma^2; r_1) = \prod_{i=1}^{n}\left[p_{i1}f(y_i; \mu_1, \sigma^2) + p_{i2}f(y_i; \mu_2, \sigma^2) \right]$$

式中，$f(x; \mu, \sigma^2) = \dfrac{1}{\sqrt{2\pi\sigma^2}}e^{-\frac{1}{2\sigma^2}(x-\mu)^2}$。

关于区间作图的假设检验问题，设零假设为数量性状不受 QTL 控制或数量性状受很多微效基因控制。在此假设下，数量性状在标记基因型内呈正态分布，此时似然函数为：

$$L_0\left(\mu_0,\sigma_0^2\right)=\prod_{i=1}^{n}f\left(y_i;\mu_0,\sigma_0^2\right)$$

式中，μ_0 和 σ_0^2 分别为群体的平均值和方差，其极大似然估计值可以通过如下公式获得：

$$\hat{\mu}_0=\frac{1}{n}\sum_{i=1}^{n}y_i,\ \hat{\sigma}_0^2=\frac{1}{n}\sum_{i=1}^{n}\left(y_i-\hat{\mu}_0\right)^2\ \sigma_0^2$$

利用 LOD 值检验标记区间 M_1M_2 内是否存在 QTL：

$$\text{LOD}=-\log_{10}\left[\frac{L_0\left(\hat{\mu}_0,\hat{\sigma}_0^2\right)}{L\left(\hat{\mu}_1,\hat{\mu}_2,\hat{\sigma}^2,\hat{r}_1\right)}\right]$$

当 LOD>2 或 3 时，便认为标记区间 M_1M_2 内存在一个 QTL。

μ_1、μ_2、σ^2、r_1 的极大似然估计值可以通过 EM 算法来获得，其具体方法如下：

设 $P_{i1}=\dfrac{p_{i1}f\left(y_i;\mu_1,\sigma^2\right)}{p_{i1}f\left(y_i;\mu_1,\sigma^2\right)+p_{i2}f\left(y_i;\mu_2,\sigma^2\right)}$, $P_{i2}=\dfrac{p_{i2}f\left(y_i;\mu_2,\sigma^2\right)}{p_{i1}f\left(y_i;\mu_1,\sigma^2\right)+p_{i2}f\left(y_i;\mu_2,\sigma^2\right)}$

则可以用如下公式来计算参数 μ_1、μ_2、σ^2：

$$\mu_1=\sum_{i=1}^{n}P_{i1}y_i\bigg/\sum_{i=1}^{n}P_{i1},\ \mu_2=\sum_{i=1}^{n}P_{i2}y_i\bigg/\sum_{i=1}^{n}P_{i2}$$

$$\sigma^2=\frac{1}{n}\sum_{i=1}^{n}\left[P_{i1}\left(y_i-\mu_1\right)^2+P_{i2}\left(y_i-\mu_2\right)^2\right]$$

采用 EM 算法估计参数时的具体步骤如下。

（a）对于重组率 r_1 以 1cM 为步长在分子标记区间 M_1M_2 内取值。

（b）对于特定的 r_1，选取参数 μ_1、μ_2、σ^2 的初值 μ_{10}、μ_{20}、σ_0^2。

（c）利用上面的公式计算 μ_1、μ_2、σ^2，并以此为初值重复本步骤，直到每个参数的前后迭代值之差的绝对值小于某个临界值为止。这样便得到了对于特定的 r_1 值，参数 μ_1、μ_2、σ^2 的极大似然估计值 $\tilde{\mu}_1$、$\tilde{\mu}_2$、$\tilde{\sigma}^2$。

（d）计算似然函数值 L（$\tilde{\mu}_1$、$\tilde{\mu}_2$、$\tilde{\sigma}^2,r_1$）。

（e）让 r_1 以 1cM 为步长遍历整个分子标记区间 M_1M_2，对于每一个确定的 r_1，重复（a）～（d），便得到一系列的似然函数值 L（$\tilde{\mu}_1$、$\tilde{\mu}_2$、$\tilde{\sigma}^2,r_1$），在这些似然函数值中，最大的似然函数值所对应的估计 $\tilde{\mu}_1$、$\tilde{\mu}_2$、$\tilde{\sigma}^2,r_1$ 就是参数 μ_1、μ_2、σ^2、r_1 的

EM 算法的极大似然估计 $\hat{\mu}_1$、$\hat{\mu}_2$、$\hat{\sigma}^2$、$\hat{r}_1$。

　　将参数 μ_1、μ_2、σ^2、r_1 的 EM 算法的极大似然估计 $\hat{\mu}_1$、$\hat{\mu}_2$、$\hat{\sigma}^2$、$\hat{r}_1$ 代入 LOD 值计算公式进行计算，用于检测分子标记区间是否存在 QTL。

　　对于 F_2 群体，QTL 的基因型有 3 种，因此计算过程比 BC_1 群体更为复杂。在每一种标记基因型内数量性状的分布是 3 个正态分布的混合分布。设数量性状在 3 种 QTL 基因型内的概率分布如下：

$$QQ: N(\mu_1, \sigma^2) \quad Qq: N(\mu_2, \sigma^2) \quad qq: N(\mu_3, \sigma^2)$$

　　则数量性状在标记基因型内的概率分布为：

$$p_{i1}N(\mu_1, \sigma^2) + p_{i2}N(\mu_2, \sigma^2) + p_{i3}N(\mu_3, \sigma^2)$$

式中，p_{i1}、p_{i2}、p_{i3} 是 QTL 在标记基因型内的条件概率，是由个体的标记基因型所确定，并且有 $p_{i1}+p_{i2}+p_{i3}=1$。

　　由各种标记基因型所决定的 QTL 基因型频率如下：

	p_{i1} QQ	p_{i2} Qq	p_{i3} qq
$M_1M_1M_2M_2$:	$\dfrac{(1-r_1)^2(1-r_2)^2}{(1-r)^2}$	$\dfrac{2r_2(1-r_1)(1-r_2)}{(1-r)^2}$	$\dfrac{r_1^2 r_2^2}{(1-r)^2}$
$M_1M_1M_2m_2$:	$\dfrac{(1-r_1)^2 r_2(1-r_2)}{r(1-r)}$	$\dfrac{r_1(1-r_1)(1-2r_2+2r_2^2)}{r(1-r)}$	$\dfrac{r_1^2 r_2(1-r_2)}{r(1-r)}$
$M_1M_1m_2m_2$:	$\dfrac{(1-r_1)^2 r_2^2}{r^2}$	$\dfrac{2r_1(1-r_1)r_2(1-r_2)}{r^2}$	$\dfrac{r_1^2(1-r_2)^2}{r^2}$
$M_1m_1M_2M_2$:	$\dfrac{r_1(1-r_1)(1-r_2)^2}{r(1-r)}$	$\dfrac{(1-2r_1+2r_1^2)r_2(1-r_2)}{r(1-r)}$	$\dfrac{r_1(1-r_1)r_2^2}{r(1-r)}$
$M_1m_1M_2m_2$:	$\dfrac{2r_1r_2(1-r_1)(1-r_2)}{(1-2r+2r^2)}$	$\dfrac{(1-2r_1+2r_1^2)(1-2r_2+2r_2^2)}{(1-2r+2r^2)}$	$\dfrac{2r_1r_2(1-r_1)(1-r_2)}{(1-2r+2r^2)}$
$M_1m_1m_2m_2$:	$\dfrac{r_1(1-r_1)r_2^2}{r(1-r)}$	$\dfrac{(1-2r_1+2r_1^2)r_2(1-r_2)}{r(1-r)}$	$\dfrac{r_1(1-r_1)(1-r_2)^2}{r(1-r)}$
$m_1m_1M_2M_2$:	$\dfrac{(1-r_1)^2 r_2^2}{r^2}$	$\dfrac{2r_1(1-r_1)r_2(1-r_2)}{r^2}$	$\dfrac{r_1^2(1-r_2)^2}{r^2}$
$m_1m_1M_2m_2$:	$\dfrac{r_1^2 r_2(1-r_2)}{r(1-r)}$	$\dfrac{r_1(1-r_1)(1-2r_2+2r_2^2)}{r(1-r)}$	$\dfrac{(1-r_1)^2 r_2(1-r_2)}{r(1-r)}$

$m_1m_1m_2m_2$：　　　$\dfrac{r_1^2 r_2^2}{\left(1-r\right)^2}$　　　　　　　　$\dfrac{2r_1r_2\left(1-r_1\right)\left(1-r_2\right)}{\left(1-r\right)^2}$　　　　　　　　$\dfrac{\left(1-r_1\right)^2\left(1-r_2\right)^2}{\left(1-r\right)^2}$

设第 i 个个体的数量性状为 y_i，则 n 个样本的似然函数为

$$L\left(\mu_1,\mu_2,\mu_3,\sigma^2;r_1\right)=\prod_{i=1}^{n}\left[p_{i1}f\left(y_i;\mu_1,\sigma^2\right)+p_{i2}f\left(y_i;\mu_2,\sigma^2\right)+p_{i3}f\left(y_i;\mu_3,\sigma^2\right)\right]$$

其中，$f\left(x;\mu,\sigma^2\right)=\dfrac{1}{\sqrt{2\pi\sigma^2}}e^{-\frac{1}{2\sigma^2}(x-\mu)^2}$。

对于区间作图的假设检验，零假设为数量性状不受 QTL 控制或数量性状受很多微效基因控制。在此假设下，数量性状在标记基因型内呈正态分布，似然函数为：

$$L_0\left(\mu_0,\sigma_0^2\right)=\prod_{i=1}^{n}f\left(y_i;\mu_0,\sigma_0^2\right)$$

其中，μ_0 和 σ_0^2 分别为群体的平均值和方差，其极大似然估计值可以通过如下公式获得：

$$\hat{\mu}_0=\frac{1}{n}\sum_{i=1}^{n}y_i,\ \hat{\sigma}_0^2=\frac{1}{n}\sum_{i=1}^{n}\left(y_i-\hat{\mu}_0\right)^2$$

利用 LOD 值检验标记区间 M_1M_2 内是否存在 QTL 的表达式为：

$$\mathrm{LOD}=-\log_{10}\left[\frac{L_0\left(\hat{\mu}_0,\hat{\sigma}_0^2\right)}{L\left(\hat{\mu}_1,\hat{\mu}_2,\hat{\mu}_3,\hat{\sigma}^2,\hat{r}_1\right)}\right]$$

当 LOD＞2 或 3 时，便认为标记区间 M_1M_2 内存在一个 QTL。

Broman 等（2001）在研究老鼠感染李斯特菌的死亡时间时，提出了用隐马尔科夫模型（hidden markov model，HMM）处理存在基因型缺失数据的方法。设 F$_2$ 代有 n 个个体，亲本基因型为 CC 和 BB，用 g_i 表示个体 i 在假设 QTL 位置的基因型。$z_i=1$ 或 0 表示个体 i 是否存活。y_i 表示死亡时间的对数。g_i、y_i 和 z_i 是相互独立的，$\Pr\left(z_i=1\middle|g_i=g\right)=p_g$，$y_i\middle|\left(g_i=g\right)\sim\mathrm{normal}\left(\mu_g,\sigma\right)$。为了简化方程，以 $x_{ig}=1$ 表示 $g_i=g$，否则 $x_{ig}=0$。在 QTL 基因型数据完整的情况下，参数 $\theta=\left(p_g,\mu_g,\sigma\right)$ 的对数似然值为：

$$L(\theta)=\sum_i\sum_g z_i x_{ig}\ln p_y+\left(1-z_i\right)x_{ig}\ln\left(1-p_y\right)+\left(1-z_i\right)\ln f\left(y_i;\mu_g,\sigma\right)$$

此处的 $f\left(y;\mu,\sigma\right)$ 是具有均值 μ 和标准差 σ 的正态分布的密度。参数的极大似然估计值（MLE）为：

$$\hat{p}_g = \frac{\sum_i x_{ig} z_i}{\sum_i x_{ig}} \ , \quad \hat{\mu}_g = \frac{\sum_i y_i x_{ig}(1-z_i)}{\sum_i x_{ig}(1-z_i)} \ , \quad \hat{\sigma}^2 = \frac{\sum_i \sum_g (y_i - \hat{\mu}_g)^2 x_{ig}(1-z_i)}{n}$$

当有基因型数据缺失时，采用 Lander 和 Botstein（1989）的方法，用 EM 算法来得到参数。对于每个个体，在无交叉干涉的条件下，运用 Baum 等（1970）的隐马尔科夫（HMM）模型方法来计算 $q_{ig} = \mathrm{Pr}\left(g_i = g | m_i\right)$。

EM 算法运行时，参数的初始值为 $\hat{\theta}^{(0)} = \left(\hat{p}_g^{(0)}, \hat{\mu}_g^{(0)}, \hat{\sigma}^{(0)}\right)$ 用完全数据模型来获得，用 q_{ig} 来替换 x_{ig}。然后进行迭代运算。在 k+1 次迭代，

$$w_{ig}^{(k+1)} = \mathrm{Pr}\left(g_i = g | y_i, z_i, m_i; \hat{\theta}^{(k)}\right)$$

$$= \begin{cases} \dfrac{q_{ig}\hat{p}_g^{(k)}}{\sum_g q_{ig}\hat{p}_g^{(k)}} & \text{if } z_i = 1 \\[4mm] \dfrac{q_{ig}\left(1-\hat{p}_g^{(k)}\right)f\left(y_i; \hat{\mu}_g^{(k)}, \hat{\sigma}^{(k)}\right)}{\sum_g q_{ig}\left(1-\hat{p}_g^{(k)}\right)f\left(y_i; \hat{\mu}_g^{(k)}, \hat{\sigma}^{(k)}\right)} & \text{if } z_i = 0 \end{cases}$$

新的估计值 $\hat{\theta}^{(k+1)} = \left(\hat{p}_g^{(k+1)}, \hat{\mu}_g^{(k+1)}, \hat{\sigma}^{(k+1)}\right)$ 用完全数据模型计算获得，用 $w_{ig}^{(k+1)}$ 替换 x_{ig}。

在以下 4 种假设下计算极大似然值和对数似然值。H_0：$p_g = p$，$\mu_g = \mu$；H_1：$p_g = p$，$\mu_g \neq \mu$；H_2：$p_g \neq p$，$\mu_g = \mu$；H_3：$p_g \neq p$，$\mu_g \neq \mu$。用 L_i 表示在假设 H_i 下的对数似然值。利用 LOD 值来进行假设检验：$\mathrm{LOD}(\mu) = L_3 - L_2$，检验 $\mu_g = \mu$；$\mathrm{LOD}(\mu) = L_3 - L_1$，检验 $p_g = p$；$\mathrm{LOD}(\mu) = L_3 - L_0$，检验组合假设 $p_g = p$，$\mu_g = \mu$。极大似然值在 H_3 假设下进行计算，相应的对数似然值为：

$$\sum_i \ln\left\{\sum_g q_{ig} p_g^{z_i}\left(1-p_g\right)^{(1-z_i)} f\left(y_i; \mu_g; \sigma\right)^{(1-z_i)}\right\}。$$

在 H_0 假设下，$L(\theta) = \ln p_0 \sum_i z_i + \ln(1-p_0)\sum_i(1-z_i) + \sum_i \ln(1-z_i)f\left(y_i; \mu_0; \sigma_0\right)$ 因此极大似然值为：

$$\hat{p}_0 = \frac{1}{n}\sum_i z_i \ , \quad \hat{\mu}_0 = \frac{\sum_i y_i(1-z_i)}{\sum_i(1-z_i)} \ , \quad \hat{\sigma}_0^2 = \frac{\sum_i(y_i - \hat{\mu}_0)^2(1-z_i)}{n}$$

对于假设 H_1，$\hat{p}_g^{(k)} = \hat{p}_0$，而 μ_g 和 σ^2 的极大似然值用 EM 算法进行估计。类似的，在假设 H_2，$\mu_g^{(k)} = \hat{\mu}_0$，$\mu_0$ 和 σ^2 的极大似然值可用 H_0 的方法计算，而 p_g 的极大似然值可用 EM 算法进行估计。用 μ_0 和 σ_0^2 替换 $\mu_g^{(k)}$ 和 $\hat{\sigma}^2$ 计算 $w_{lg}^{(k+1)}$。3 种 LOD 值以及在 4 种模型下的极大似然值都在每个标记位点进行计算，标记间以 1cM 为步长。在基因型数据完全的情况下，p 和 μ 的似然值分别计算，并且有：

$$\mathrm{LOD}(p,\mu) = \mathrm{LOD}(p) + \mathrm{LOD}(\mu)$$

2）相关方法

假设 BC 群体的 P_1、P_2 亲本标记基因型分别为 $AABB$、$aabb$，F_1 代标记基因型为 AB/ab，若与隐性亲本 ab/ab 测交，A 与 QTL 之间的重组值为 r_a，B 与 QTL 之间的重组值为 r_b，A 与 B 之间的重组值为 r_{ab}，可以得到 A-Q-B 型（或Ⅰ型）连锁时子代的基因型频率：AQB/aqb 和 aqb/aqb 基因型频率的期望值为 $\frac{1}{2}(1-r_a)(1-r_b)$，其观察值分别为 p_1 和 p_2；Aqb/aqb 和 aQB/aqb 基因型频率的期望值为 $\frac{1}{2}r_a(1-r_b)$，其观察值分别为 p_3 和 p_4；AQb/aqb 和 aqB/aqb 基因型频率的期望值为 $\frac{1}{2}(1-r_a)r_b$，其观察值分别为 p_5 和 p_6；AqB/aqb 和 aQb/aqb 基因型频率的期望值为 $\frac{1}{2}r_ar_b$，其观察值分别为 p_7 和 p_8。同理，可以得到 A-B-Q 型（或Ⅱ型）连锁时子代的基因型频率：ABQ/abq 和 abq/abq 基因型频率的期望值为 $\frac{1}{2}(1-r_{ab})(1-r_b)$，其观察值分别为 p_1 和 p_2；Abq/abq 和 aBQ/abq 基因型频率的期望值为 $\frac{1}{2}r_{ab}(1-r_b)$，其观察值分别为 p_3 和 p_4；abQ/abq 和 ABq/abq 基因型频率的期望值为 $\frac{1}{2}(1-r_{ab})r_b$，其观察值分别为 p_5 和 p_6；AbQ/abq 和 aBq/abq 基因型频率的期望值为 $\frac{1}{2}r_{ab}r_b$，其观察值分别为 p_7 和 p_8。

对标记座位赋值：

$$AaBb \to 1+1 = 2, \quad aabb \to (-1)+(-1) = -2,$$
$$Aabb \to 1+(-1) = 0, \quad aaBb \to (-1)+1 = 0$$

而 QTL 的取值直接由该数量性状的表现型测量值代替。由这种赋值后的成对数据，可求出区间标记与 QTL 间的简单相关系数 R，其遗传学期望值为：

$$E(R) = \frac{(1-r_a)(1-r_b) - r_a r_b}{\sqrt{\left[(1-r_a)(1-r_b) + r_a r_b\right]}} \qquad \text{I 型连锁}$$

$$E(R) = (1-2r_b)\sqrt{(1-r_{ab})} \qquad \text{II 型连锁}$$

由统计学知识，有抽样方差：

$$S_R^2 = \frac{1-R^2}{N-2}, \quad t(R) = \frac{R}{\sqrt{(1-R^2)/(N-2)}}$$

对于 I 型连锁和 II 型连锁，t 统计量分别为：

$$t(R) = \begin{cases} \sqrt{\dfrac{\left[(1-r_a)(1-r_b) - r_a r_b\right]^2 (N-2)}{\left[(1-r_a)(1-r_b) + r_a r_b\right] - \left[(1-r_a)(1-r_b) - r_a r_b\right]^2}} & \text{I 型连锁} \\[4mm] \sqrt{\dfrac{(1-2r_b)^2 (1-r_{ab})(N-2)}{1 - (1-2r_b)^2 (1-r_{ab})}} & \text{II 型连锁} \end{cases}$$

检测连锁必需的样本大小为：$N > \left(\dfrac{1}{R^2} - 1\right) t_a^2 + 2$

重组值的计算方法如下，对于 I 型连锁，有如下的关系式：

$$p_1 + p_2 + p_7 + p_8 = \left[(1-r_a)(1-r_b) + r_a r_b\right]$$

$$p_1 + p_2 - p_7 - p_8 = \left[(1-r_a)(1-r_b) - r_a r_b\right]$$

因此相关系数 R 可以表示如下：

$$R = \frac{p_1 + p_2 - p_7 - p_8}{\sqrt{(p_1 + p_2 + p_7 + p_8)}}$$

通过联立方程来确定 QTL 在区间中的位置：

$$\begin{cases} r_a + r_b = 1 - R\sqrt{(p_1 + p_2 + p_7 + p_8)} \\[2mm] r_a r_b = \dfrac{1}{2}\left[(p_1 + p_2 + p_7 + p_8) - R\sqrt{(p_1 + p_2 + p_7 + p_8)}\right] \end{cases}$$

为简化起见，设：

$$A = 1 - R\sqrt{(p_1 + p_2 + p_7 + p_8)}$$

$$B = \frac{1}{2}\left[(p_1 + p_2 + p_7 + p_8) - R\sqrt{(p_1 + p_2 + p_7 + p_8)}\right]$$

则上面的联立方程简化为：$\begin{cases} r_a + r_b = A \\ r_a r_b = B \end{cases}$

解方程得：$\begin{cases} \hat{r}_a = \dfrac{1}{2}\left[A + \sqrt{A^2 - 4B} \right] \\ \hat{r}_b = \dfrac{1}{2}\left[A - \sqrt{A^2 - 4B} \right] \end{cases}$

对于 II 型连锁，有如下的关系式：

$$p_1 + p_2 + p_5 + p_6 = \left(1 - r_{ab} \right)$$

于是相关系数可表示为：

$$R = \left(1 - 2r_b \right)\sqrt{\left(p_1 + p_2 + p_5 + p_6 \right)}$$

通过计算可得到重组值如下：

$$\begin{cases} \hat{r}_a = \dfrac{1}{2}\left(1 - 2r_{ab} \right)\left(1 - \dfrac{R}{\sqrt{p_1 + p_2 + p_5 + p_6}} \right) + r_{ab} \\ \hat{r}_b = \dfrac{1}{2}\left(1 - \dfrac{R}{\sqrt{p_1 + p_2 + p_5 + p_6}} \right) \end{cases}$$

为了更精确的定位 QTL 位置，李宏（2001）提出了具有交叉干涉的区间标记定位 QTL 的相关方法，并利用 Fisher 信息量对 I 型连锁和 II 型连锁的重组值估计精度进行了分析。相关方法已经应用于各种近交群体的 QTL 作图，如 DH 群体（胡中立等，1998）、BC 群体（李宏，2000，2001）、F_2 群体（李宏，2002a，2002b）以及 RIL 群体（李宏和胡中立，2006）等。

3）Z 值法

区间作图除了采用 LOD 值以外，在相关方法中采用了 t 检验方法来确定 QTL 的存在，此外还有采用 Z 值来确定 QTL 的存在，有关 Z 统计量的详细描述在相关文献中可以查到。下面只作简单介绍。

在 BC 群体中，设亲本 P_1 和 P_2 的基因型分别为 $M_1 M_1 Q Q M_2 M_2$ 和 $m_1 m_1 q q m_2 m_2$，杂交形成的 F_1 代基因型为 $M_1 m_1 Q q M_2 m_2$，当与 P_1 亲本进行回交时，就会产生具有 Qq 的子代，假设 M_1 和 M_2 之间的重组值为 r，M_1 与 QTL 之间的重组值为 r_1，M_2 与 QTL 之间的重组值为 r_2，利用 Haldane 作图函数转化得到的相应遗传距离分别是 D、x 和 $D\text{-}x$，为了便于表达 QTL 基因型的条件概率，我们引入参数 θ_1 和 θ_2，其定义如下。

子代基因型为 $M_1 m_1 Q q M_2 m_2$ 时，其条件概率为：

$$\theta_1 = \frac{r_1 r_2}{1 - r} = \frac{1 + e^{-2D} - e^{-2x} - e^{-2(D-x)}}{2\left(1 + e^{-2D} \right)}$$

子代基因型为 $m_1m_1QqM_2m_2$ 时，其条件概率为：

$$\theta_2 = \frac{r_1(1-r_2)}{r} = \frac{1-e^{-2D}-e^{-2x}+e^{-2(D-x)}}{2(1-e^{-2D})}$$

假设 QTL 具有加性效应，定义 QTL 基因型 Qq 和 qq 的期望值为分别为 $\mu+\Delta$，$\mu-\Delta$，μ 为群体数量性状的均值。

4 种标记基因型对表型值的贡献分别为：

$$(1-\theta_1)N(\mu-\Delta,\sigma^2)+\theta_1 N(\mu+\Delta,\sigma^2),\quad (1-\theta_2)N(\mu-\Delta,\sigma^2)+\theta_2 N(\mu+\Delta,\sigma^2),$$

$$\theta_2 N(\mu-\Delta,\sigma^2)+(1-\theta_2)N(\mu+\Delta,\sigma^2),\quad \theta_1 N(\mu-\Delta,\sigma^2)+(1-\theta_1)N(\mu+\Delta,\sigma^2)$$

假设回交群体的样本大小为 N，四种标记的样本大小分别为 n_1，n_2，n_3 和 n_4。当 N 很大时，

$$\lim(n_1/N)=\lim(n_4/N)=\frac{1}{2}(1-r),\lim(n_2/N)=\lim(n_3/N)=\frac{1}{2}r$$

由于 QTL 在分子标记区间的存在可以用 $\Delta\neq0$ 来表示，其统计显著性可以用假设检验，

$$H_0:\ \Delta\neq0\ \text{vs}\ H_1:\ \Delta=0。$$

值得注意的是在零假设下，所有观察值都是独立的，具有相同的分布 $N(\mu,\sigma^2)$，因此 QTL 位置参数 $\theta=(\theta_1,\theta_2)=\theta(x,D)$ 在 H_0 为真时是不可确证的，因为 θ 是没有信息的。在这种情况下，MLR 检验统计量不服从自由度为 2 的标准 χ^2 分布。为了说明这个问题，可以考虑标记密度很大的情况。此时 n_2 和 n_3 很小，MLR 检验近似等价于两样本比较检验，接近于自由度为 1 而不是为 2 的 χ^2 分布。

用计分统计量可以克服这个问题。设 $N_1=n_1$，$N_2=N_1+n_2$，$N_3=N_2+n_3$，$N_4=N_3+n_4$。基于标记信息的表型数据的对数似然值可以描述成：

$$L(\Delta,\mu,\sigma^2,x)=-\frac{N}{2}\ln 2\pi=-\frac{N}{2}\ln\sigma^2+\sum_{i=1}^{N_1}\ln\left[(1-\theta_1)e^{-\frac{1}{2\sigma^2}(y_i-\mu+\Delta)^2}+\theta_1 e^{-\frac{1}{2\sigma^2}(y_i-\mu-\Delta)^2}\right]$$

$$+\sum_{i=N_1+1}^{N_2}\ln\left[\begin{matrix}(1-\theta_2)e^{-\frac{1}{2\sigma^2}(y_i-\mu+\Delta)^2}\\+\theta_2 e^{-\frac{1}{2\sigma^2}(y_i-\mu-\Delta)^2}\end{matrix}\right]+\sum_{i=N_2+1}^{N_3}\ln\left[\begin{matrix}\theta_2 e^{-\frac{1}{2\sigma^2}(y_i-\mu+\Delta)^2}\\+(1-\theta_2)e^{-\frac{1}{2\sigma^2}(y_i-\mu-\Delta)^2}\end{matrix}\right]$$

$$+\sum_{i=N_3+1}^{N_4}\ln\left[\theta_1 e^{-\frac{1}{2\sigma^2}(y_i-\mu+\Delta)^2}+(1-\theta_2)e^{-\frac{1}{2\sigma^2}(y_i-\mu-\Delta)^2}\right]$$

由上式，在 $\Delta=0$ 时可以演变出计分统计量 u：

$$u\left(\mu,\sigma^2,x\right)=\frac{2L}{2\Delta}\bigg|_{\Delta=0}=\frac{1}{\sigma^2}\left\{\begin{array}{l}-\left(1-2\theta_1\right)\sum\limits_{i=1}^{N_1}\left(y_i-\mu\right)-\left(1-2\theta_2\right)\sum\limits_{i=N_1+1}^{N_2}\left(y_i-\mu\right)\\+\left(1-2\theta_2\right)\sum\limits_{i=N_2+1}^{N_3}\left(y_i-\mu\right)+\left(1-2\theta_1\right)\sum\limits_{i=N_3+1}^{N_4}\left(y_i-\mu\right)\end{array}\right\}$$

在零假设下，μ_0 和 σ_0^2 的 MLE 分别为 $\hat{\mu}=\frac{1}{N}\sum\limits_{i=1}^{N}y_i$，$\hat{\sigma}^2=\frac{1}{N}\sum\limits_{i=1}^{N}\left(y_i-\hat{\mu}\right)^2$。对于已知

的 $x\in[0,D]$，为了得到计分统计量，需要用 $\hat{\mu}$ 和 $\hat{\sigma}^2$ 来置换 μ_0 和 σ_0^2。为简便起见，设

$$\bar{y}_t=\frac{1}{n_t}\sum\limits_{i=N_{t-1}+1}^{N_t}y_i, t=1,2,3,4$$

$$a(x,N)=\left(\theta_1-\theta_2\right)n_2-\left(1-\theta_1-\theta_2\right)n_3-\left(1-2\theta_1\right)n_4,$$

$$b(x,N)=\left(\theta_2-\theta_1\right)n_1-\left(1-2\theta_2\right)n_3-\left(1-\theta_1-\theta_2\right)n_4,$$

$$c(x,N)=\left(1-\theta_1-\theta_2\right)n_1+\left(1-2\theta_2\right)n_2+\left(\theta_1-\theta_2\right)n_4,$$

$$d(x,N)=\left(1-2\theta_1\right)n_1+\left(1-\theta_1-\theta_2\right)n_2+\left(\theta_2-\theta_1\right)n_3,$$

此处的 $N=$（n_1，n_2，n_3，n_4）。$u\left(\hat{\mu},\hat{\sigma}^2,x\right)$ 可以写成：

$$u\left(\hat{\mu},\hat{\sigma}^2,x\right)=\frac{1}{N\hat{\sigma}^2}\left[a(x,N)n_1\bar{y}_1+b(x,N)n_2\bar{y}_2+c(x,N)n_3\bar{y}_3+d(x,N)n_4\bar{y}_4\right]$$

在零假设下，$u\left(\hat{\mu},\hat{\sigma}^2,x\right)$ 的方差为：

$$\mathrm{Var}\left(u\left(\hat{\mu},\hat{\sigma}^2,x\right)\right)=\left(\frac{2}{N\hat{\sigma}^2}\right)\left[a^2(x,N)n_1+b^2(x,N)n_2+c^2(x,N)n_3+d^2(x,N)n_4\right]$$

计分统计量 $U(x)$ 等于 $u\left(\hat{\mu},\hat{\sigma}^2,x\right)$ 除以它的标准差，

$$U(x)=\frac{u\left(\hat{\mu},\hat{\sigma}^2,x\right)}{\sqrt{\mathrm{Var}\left(u\left(\hat{\mu},\hat{\sigma}^2,x\right)\right)}}$$

分别用 $\frac{1}{2}(1-r)N,\frac{1}{2}rN,\frac{1}{2}rN$ 和 $\frac{1}{2}(1-r)N$ 替换 n_1，n_2，n_3 和 n_4。可以得到：

$$U(x)\approx U^*(x)=\left(\frac{\sqrt{N}}{2\hat{\sigma}}\right)\frac{(1-r)(1-2\theta_1)\left(\bar{y}_4-\bar{y}_1\right)+r(1-2\theta_2)\left(\bar{y}_3-\bar{y}_2\right)}{\sqrt{(1-r)(1-2\theta_1)^2+r(1-2\theta_2)^2}}$$

在零假设下，

$$\frac{1}{2}\sqrt{(1-r)N}\frac{\left(\bar{y}_4-\bar{y}_1\right)}{\hat{\sigma}}\approx W_1, \quad \frac{1}{2}\sqrt{rN}\frac{\left(\bar{y}_3-\bar{y}_2\right)}{\hat{\sigma}}\approx W_2$$

W_1 和 W_2 是两个独立的正态随机变量。因此，$U^*(x)$ 近似等价于：

$$Z(x) = \frac{\left[(1-2\theta_1)\sqrt{1-r}W_1 + (1-2\theta_2)\sqrt{r}W_2\right]}{\sqrt{(1-r)(1-2\theta_1)^2 + r(1-2\theta_2)^2}}$$

设置不同的 QTL 位置 x 来计算 $Z(x)$，在区间内出现 $Z(x)$ 峰值的位置就是 QTL 所在位置。该方法不需要估计群体均值、加性遗传效应、群体方差等参数就可以定位 QTL 位置，实际上是一种非参数统计方法。

3.1.5.3　复合区间作图

Lander 和 Botstein（1989）曾倡导了对多个区间上的多个 QTL 进行同步检测的策略，但在参数估计及模型鉴别上存在一些困难。此外，一个染色体上 QTL 数目不确定，因此，作图有偏差，而且该法仍然未利用其他标记所提供的信息。Haley 和 Knott（1992）以及 Martinez 和 Curnow（1992）曾建议利用二元回归分析沿着被检测的染色体在二维检验空间检测以定位两个 QTL。Moreno-Gonzalez（1992）提出以区间作图为骨架的混合模型（mixture model）分析法。Jansen（1993）倡导了一种将多元回归分析与区间作图相结合的 QTL 作图方法，类似于复合区间作图法，但也有不同之处。

1994 年 Zeng 建立了对标记区间中的 QTL 和该标记区间以外的标记位点的回归模型，统计推断使用极大似然法，这就是复合区间作图法（the composite interval mapping，CIM），该方法又叫多标记 QTL 定位法，是一种基于全基因组的所有标记进行 QTL 定位及效应分析的作图方法。CIM 法以单区间作图法为基础，利用多元线性回归分析的性质，在假定不存在上位性效应的条件下，把特定标记区间外的其他标记拟合到模型中，以控制背景遗传效应，提高作图精度;用类似于单区间作图方法，计算各参数的 LOD 值及显著性，绘制各染色体的似然图谱，标出各 QTL 的可能位置。

复合区间作图法的主要优点是：①仍采用 QTL 似然图来显示 QTL 的可能位置及显著程度，从而保留了区间作图法的优点；②一次只检验一个区间，把对多个 QTL 的多维搜索降低为一维搜索；③假如不存在上位性和 QTL 与环境互作，QTL 的位置和效应的估计是渐近无偏的；④充分利用了整个基因组的标记信息；⑤以所选择的多个标记为条件，在较大程度上控制了背景遗传效应，提高了作图的精度和效率。

为了检验相邻标记位点 M_i 和 M_{i+1} 之间有无 QTL，复合区间作图采用了线性模型：

$$y_j = b_0 + b^* x_j^* + \sum_{k \neq i, i+1} b_k x_{jk} + \varepsilon_i$$

式中，b^* 为潜在的 QTL 的效应，x_j^* 为一指示变量，取 1 或 0，其概率依赖于标记基因型 $M_i M_{i+1}$ 以及 QTL 在区间中的位置，b_k 为表型 y 对第 k 个标记的偏回归系数，

x_{jk} 表示个体 j 的第 k 个标记基因型,取 1 或 0。如果标记区间 M_iM_{i+1} 中不存在 QTL,那么 $b^*=0$,这是因为所有其他 QTL 的效应都包含在 b_k 里。

用于检验 QTL 是否存在的零假设为 $H_0:\ b^*=0$。

当 $x_j{}^*=1$ 时,性状是具有均值 $b_0+b^*+\sum\limits_{k\neq i,i+1}b_kx_{jk}$ 和方差 σ^2 的正态分布,而当 $x_j{}^*=0$ 时,其均值则为 $b_0+\sum\limits_{k\neq i,i+1}b_kx_{jk}$。

上述线性模型的似然函数为:

$$L\left(b^*,B,\sigma^2\right)=\prod_{j=1}^{n}\left[p_{j1}f\left(y_j;b^*+X_jB,\sigma^2\right)+p_{j2}f\left(y_j;X_jB,\sigma^2\right)\right]$$

其中, $X_jB=b_0+\sum\limits_{k\neq i,i+1}b_kx_{jk}$。

为了求出参数的极大似然法估计,对似然函数的对数求偏导。先对 b^* 求偏导:

$$\frac{\partial \ln L}{\partial b^*}=\sum_{j=1}^{n}\frac{p_{j1}f\left(y_j;X_jB+b^*,\sigma^2\right)}{p_{j1}f\left(y_j;X_jB+b^*,\sigma^2\right)+p_{j2}f\left(y_j;X_jB,\sigma^2\right)}\frac{\partial \ln f\left(y_j;X_jB+b^*,\sigma^2\right)}{\partial b^*}$$

$$=\sum_{j=1}^{n}P_j\frac{y_j-b^*-X_jB}{\sigma^2}$$

其中, $P_j=\dfrac{p_{j1}f\left(y_j;X_jB+b^*,\sigma^2\right)}{p_{j1}f\left(y_j;X_jB+b^*,\sigma^2\right)+p_{j2}f\left(y_j;X_jB,\sigma^2\right)}$。

令 $\dfrac{\partial \ln L}{\partial b^*}=0$,得:

$$b^*=\sum_{j=1}^{n}\left(y_j-X_jB\right)P_j\bigg/\sum_{j=1}^{n}P_j=\left(Y-XB\right)'P\big/c$$

其中, $c=\sum\limits_{j=1}^{n}P_j$, $Y=\left(y_1,y_2,\cdots,y_n\right)'$, $P=\left(P_1,P_2,\cdots,P_n\right)'$。

对 B 求偏导,可以得到:

$$\frac{\partial \ln L}{\partial B}=\frac{1}{\sigma^2}\sum_{j=1}^{n}\left[P_jX_j'\left(y_j-X_jB-b^*\right)+\left(1-P_j\right)\left(y_j-X_jB\right)\right]$$

$$=\frac{1}{\sigma^2}\sum_{j=1}^{n}\left[X_j'\left(y_j-X_jB\right)-P_jX_j'b^*\right]=X'\left(Y-XB\right)-X'Pb^*$$

令 $\dfrac{\partial \ln L}{\partial B} = 0$，得：

$$B = \left(X'X\right)^{-1} X'\left(Y - Pb^*\right)$$

对 σ^2 求偏导，可以得到：

$$
\begin{aligned}
\frac{\partial \ln L}{\partial \sigma^2} &= -\frac{n}{2\sigma^2} + \frac{1}{2\sigma^4} \sum_{j=1}^{n} \left[P_j \left(y_j - X_j B - b^* \right)^2 + \left(1 - P_j\right)\left(y_j - X_j B\right)^2 \right] \\
&= -\frac{n}{2\sigma^2} + \frac{1}{2\sigma^4} \sum_{j=1}^{n} \left[\left(y_j - X_j B\right)^2 - 2b^* P_j \left(y_j - X_j B\right) + P_j b^{*2} \right] \\
&= -\frac{n}{2\sigma^2} + \frac{1}{2\sigma^4} \left[\left(Y - XB\right)'\left(Y - XB\right) - cb^{*2} \right]
\end{aligned}
$$

令 $\dfrac{\partial \ln L}{\partial \sigma^2} = 0$，得：

$$\sigma^2 = \frac{1}{n}\left[\left(Y - X\mathrm{B}\right)'\left(Y - X\mathrm{B}\right) - cb^{*2} \right]$$

可用 EM 算法获得参数 b^*、B、σ^2 的极大似然值 $\tilde{b}^*$、$\tilde{B}$、$\tilde{\sigma}^2$，对应的似然函数值为：

$$L\left(\tilde{b}^*, \tilde{B}, \tilde{\sigma}^2, r_1\right)$$

检验的零假设为 H_0：$b^*=0$。在零假设成立条件下，似然函数为：

$$L\left(b^* = 0, B, \sigma^2\right) = \prod_{j=1}^{n} f\left(y_j; X_j B, \sigma^2\right)$$

其参数的极大似然估计为：

$$\hat{\hat{B}} = \left(X'X\right)^{-1} X'Y, \quad \hat{\hat{\sigma}}^2 = \frac{1}{n}\left(Y - X\hat{\hat{B}}\right)'\left(Y - X\hat{\hat{B}}\right)$$

检验零假设是否成立的似然比统计量为：

$$\mathrm{LR} = -2\ln \frac{L\left(b^* = 0, \hat{\hat{B}}, \hat{\hat{\sigma}}^2\right)}{L\left(\hat{b}^*, \hat{B}, \hat{\sigma}^2, r_1\right)}$$

当样本容量较大且标记数较少时，LR 统计量近似于自由度为 1 的 χ^2 分布（5% 的显著性值为 3.84）。但是当样本容量较小时，LR 统计量并不符合自由度为 1 的 χ^2 分布，因此需要通过模拟来确定统计量 LR 的显著性值。

3.1.6　异交群体 QTL 作图

对于随机交配的异交群体来讲，通常是利用标记基因型和遗传协方差之间的关系来进行 QTL 作图。这里主要针对半同胞群体和全同胞群体的 QTL 作图进行介绍。

3.1.6.1 半同胞群体 QTL 作图

1）ANOVA 方法

考虑父本不相关的半同胞群体，并假设一个父本具有基因型 $A_j A_{j'}$，子代表型性状的模型如下：

$$y_{ijk} = \mu + s_i + m_{ij} + e_{ijk}$$

式中，y_{ijk} 为从父本 i 那里得到标记 j 的第 k 个子代的性状表型值，$\mu=E（y_{ijk}）$，s_i 为均值为 0、方差为 σ_s^2 的随机效应，m_{ij} 为具有均值为 0 和方差为 σ_m^2 的随机效应，e_{ijk} 为具有均值为 0 和方差为 σ_e^2 的随机残差，并假定这些随机效应是相互独立的。

在此模型下，从同一父本那里得到相同的标记等位基因的两个半同胞之间的协方差为：

$$\text{cov}\left(y_{ijk}, y_{ijk'}\right) = \sigma_s^2 + \sigma_m^2$$

而从同一父本那里得到不同的标记等位基因的两个半同胞之间的协方差为：

$$\text{cov}\left(y_{ijk}, y_{ij'k'}\right) = \sigma_s^2$$

设父本在标记位点 A 处是杂合子，标记位点 A 同某个 QTL 的位点 Q 连锁，该 QTL 对加性遗传方差 σ_s^2 的贡献为 σ_Q^2。假设标记位点 A 同其余的 QTL 不连锁，并且其余的 QTL 对 σ_a^2 的贡献为 σ_u^2。设父本 i 的基因型为 $A_1 Q_i^1 / A_2 Q_i^2$，其中，Q_i^j 是同标记等位基因 A_j 连锁的 QTL 等位基因。一个子代 k 从父本那里得到标记等位基因 A_1，那么它将以概率 $1-r$ 从父本那里获得 QTL 等位基因 Q_i^1，而以概率 r 从父本那里获得 QTL 等位基因 Q_i^2，这两个概率分别是标记位点 A 同 QTL 位点 Q 之间没有发生重组和发生重组的概率。对于两个子代来讲，从父本获得的等位基因是相互独立的，因此它们从父本获得 Q_i^1 的概率为（$1-r$）^{2}，获得 Q_i^2 的概率为 r^2。这样，两个子代从相同的父本获得相同标记等位基因和 QTL 等位基因的概率为：

$$P\left(Q_k^p \equiv Q_{k'}^p\right) = \left(1-r\right)^2 + r^2$$

因为父本和母本的 QTL 等位基因各自说明加性方差的一半，所以如果子代 k 和 k' 从同一父本获得相同 QTL 等位基因，其协方差为：

$$\text{cov}\left(v_k^p, v_{k'}^p\right) = E\left(v_k^p v_{k'}^p\right) = E\left(v_k^p v_{k'}^p \big| Q_k^p \equiv Q_{k'}^p\right) P\left(Q_k^p \equiv Q_{k'}^p\right) = \frac{\sigma_Q^2}{2}\left[\left(1-r\right)^2 + r^2\right]$$

当 A 与 Q 不连锁时，将 $r=0.5$ 代入上式得到：

$$\text{cov}\left(v_k^p, v_{k'}^p\right) = \frac{\sigma_u^2}{4}$$

于是从父本 i 获得相同的标记等位基因的两个半同胞之间的协方差为：

$$\text{cov}\left(y_{ijk}, y_{ijk'}\right) = \frac{\sigma_Q^2}{2}\left[\left(1-r\right)^2 + r^2\right] + \frac{\sigma_u^2}{4}$$

而从父本 i 获得不同的标记等位基因 A_j 和 $A_{j'}$ 的两个半同胞之间的协方差为：

$$\text{cov}\left(y_{ijk}, y_{ij'k'}\right) = \sigma_s^2 = \frac{\sigma_Q^2}{2}\left[2r\left(1-r\right)\right] + \frac{\sigma_u^2}{4}$$

于是，

$$\sigma_m^2 = \text{cov}\left(y_{ijk}, y_{ijk'}\right) - \text{cov}\left(y_{ijk}, y_{ij'k'}\right) = \left(1-2r\right)^2\frac{\sigma_Q^2}{2}$$

在标记与 QTL 连锁情况下，将有 $\sigma_m^2 > 0$，可以用统计量 F_{cal} 来检验标记与 QTL 是否连锁，

$$F_{\text{cal}} = \frac{MS_m}{MS_e}$$

式中，MS_m 为父本内的标记均方，MS_e 为误差均方。在备择假设下，F 服从以下分布：

$$F_{\text{cal}} \sim F_{v_1, v_2} \frac{E\left(MS_m\right)}{E\left(MS_e\right)}$$

式中，$v_1 = n_s, v_2 = 2n_s\sum\left(n_{ij}-1\right)$。$n_s$ 为父本的个数，n_{ij} 为父本 i 得到标记 j 的子代数。

在 $n_{ij}=n_w$ 时，$E\left(MS_m\right) = \sigma_e^2 + n_w\sigma_m^2, E\left(MS_e\right) = \sigma_e^2$，因此检验效率为：

$$P\left[F_{v_1, v_2} > F_{\alpha, v_1, v_2}\frac{\sigma_e^2}{\sigma_e^2 + n_w\sigma_m^2}\right]$$

式中，F_{α, v_1, v_2} 为使 $P\left(F_{v_1, v_2} > F_{\alpha, v_1, v_2}\right) = \alpha$ 成立的值。

2）贝叶斯 QTL 作图方法

最近，贝叶斯方法被用于多 QTL 作图，在估计 QTL 数目时，贝叶斯方法具有特别的优势。在贝叶斯多 QTL 作图框架中，用到多种算法，如逆转跳跃 MCMC（the reversible jump Markov chain Monte Carlo，RJMCMC）（Sillanpää and Arjas，1998;Stephens and Fisch，1998）、随机搜索（the stochastic search variable selection，SSVS）（Yi，2004）和贝叶斯压缩方法（the Bayesian shrinkage method）（Xu，2003;Wang et al.，2005;Yang and Xu，2007）。

在仅知道父本信息的情况下，半同胞群体中个体的表型观察值可用线性模型表示如下：

$$y_i = \mu + \sum_{k=1}^{q} x_{ik} g_k + u_i + e_i$$

式中，y_i 是个体 i 的表型观察值，μ 是群体均值，g_k 是第 k 个 QTL 的效应值，q 是 QTL 的个数，x_{ik} 是第 k 个 QTL 的指示变量，根据个体携带的父性 QTL 是 Q 或 q，$x_{ik}=1$ 或 -1。u_j 是多基因的残余效应，服从 $N(0, A\sigma_u^2)$，A 是加性遗传效应相关矩阵，σ_u^2 是多基因效应方差。e_i 是残差，服从 $N(0, I\sigma_e^2)$。

在多 QTL 作图中，非常重要的一个方面就是估计 QTL 数目。通过贝叶斯压缩估计将预先定义的 QTL 数目压缩到 QTL 的真实数目。模型的参数就是 QTL 的位置 $\lambda(\lambda_1, \lambda_2, \cdots, \lambda_q)^\mathrm{T}$ 和 QTL 的效应 $g(g_1, g_2, \cdots, g_q)^\mathrm{T}$。模型的全部未知参数为：

$$\theta' = \left(\mu, \lambda', g', \sigma_1^2, \sigma_2^2, \cdots, \sigma_q^2, X, u', \sigma_u^2, \sigma_e^2 \right)$$

这里，X 是所有 QTL 的指标变量的向量，u 是所有个体残余多基因效应的向量。在已知数据情况下，θ 的后验分布为：

$$p(\theta|D) \propto p(D|\theta') p(\theta'|\Theta)$$

式中，$p(D|\theta)$ 是已知参数 θ 时数据的似然值，而 $p(\theta|\Theta)$ 是具有参数向量 Θ 的 θ 的先验密度。

已知数据有表型数据（y）和标记数据（M）两类，它们具有条件独立性，因此有：

$$p(D|\theta) = p(y, M|\theta) = p(y|\theta) p(M|\theta) = p(y|\theta) p(M|X, \lambda)$$

假设 y 服从正态分布，已知参数 θ 时 y 的似然值是：

$$p(y|\theta) = \prod_{i=1}^{N} f(y_i) \propto \sigma_e^{-2N} \exp\left[\frac{1}{2\sigma_e^2} \sum_{i=1}^{N} \left(y_i - \mu - \sum_{k=1}^{q} x_{ik} g_k - u_i \right) \right]$$

其中，N 是半同胞家系的个体总数。

$$p(M|X, \lambda) = \prod_{i=1}^{N} \frac{p(M, X_{i\bullet}|\lambda)}{p(X_{i\bullet}|\lambda)}$$

这里，$X_{i\bullet} = (x_{i1} x_{i2} \cdots x_{iq})^\mathrm{T}$。$p(M, X_{i\bullet}|\lambda)$ 和 $p(X_{i\bullet}|\lambda)$ 可以从 Markov 模型衍生得到，为了说明其含义，以 3 个分子标记和 2 个 QTL 为例来说明。在此条件下，Markov 模型表示为：

$$p(m_{i1}, x_{i1}, m_{i2}, x_{i2}, m_{i3}|\lambda) = p(m_{i1}) p(x_{i1}|m_{i1}, \lambda) p(x_{i2}|m_{i2}, \lambda) p(m_{i3}|x_{i2}, \lambda),$$

其中， $p\left(x_{i1}, x_{i2} \mid \lambda\right) = p\left(x_{i1}\right) p\left(x_{i2} \mid x_{i1}, \lambda\right)$ ，这里的 $p\left(m_{i1}\right) = \dfrac{1}{2}$ 。

在杂交群体，标记连锁相是未知的，所以必须从子代和亲本的标记信息来推断，一种方法就是推断 QTL 的 IBD（identity-by-descent）。Haley 和 Knott（1992）和 Knott et al.（1996）提出了推断 IBD 概率的方法，主要有三个步骤：

（a）按照家系所有成员的基因型来推断每个家系的标记连锁相。

（b）根据已知 QTL 位置和推断的标记连锁相来推断 QTL-标记的连锁相。

（c）根据推断的标记-QTL 连锁相计算半同胞家系两代间 QTL 基因型的传递概率。

QTL 基因型的条件概率依赖于 QTL 所在区间的分子标记及其与 QTL 的重组值。对于任意的位置，用来计算概率的区间标记在不同父本和同一父本的子代是各不相同的。有时选择的位置可能位于最末端的分子标记之外，此时的条件概率仅依赖于最后这个标记。如果所有标记都不能提供信息，此时的条件概率设为 0.5。

Metropolis–Hastings 算法用于更新 QTL 基因型和 QTL 位置，每个新的位置从 QTL 的邻近区间抽取，计算该位置 QTL 基因型的条件概率，并进行 QTL 基因型抽样。该位置以概率 min（1，α）被接受。

$$\alpha = \frac{p\left(\lambda_k^{(*)} \mid y, \mathbf{X}_{\bullet k}^{(0)}, \cdots\right)}{p\left(\lambda_k^{(0)} \mid y, \mathbf{X}_{\bullet k}^{(0)}, \cdots\right)} \times \frac{q\left(\lambda_k^{(0)}\right)}{q\left(\lambda_k^{(*)}\right)} \times \frac{q\left(\mathbf{X}_{\bullet k}^{(0)}\right)}{q\left(\mathbf{X}_{\bullet k}^{(*)}\right)} 3$$

上表*和 ^{0} 分别表示新的和旧的样本值。上述表达式的第一项是：

$$\frac{p\left(\lambda_k^{(*)} \mid y, \mathbf{X}_{\bullet k}^{(0)}, \cdots\right)}{p\left(\lambda_k^{(0)} \mid y, \mathbf{X}_{\bullet k}^{(0)}, \cdots\right)} = \frac{\prod_i p\left(y_i \mid \mathbf{X}^{(0)}, \lambda_k^{(0)}, \cdots\right) \cdot p\left(x_{ik}^{(*)} \mid \lambda_k^{(*)}, \mathbf{M}\right) p\left(\lambda_k^{(*)}\right)}{\prod_i p\left(y_i \mid \mathbf{X}^{(*)}, \lambda_k^{(*)}, \cdots\right) \cdot p\left(x_{ik}^{(0)} \mid \lambda_k^{(0)}, \mathbf{M}\right) p\left(\lambda_k^{(0)}\right)}$$

其中， $p\left(\lambda_k^{(*)}\right)$ 和 $p\left(\lambda_k^{(0)}\right)$ 分别是新位置和旧位置的先验概率，在均一先验分布下， $p\left(\lambda_k^{(*)}\right) \Big/ p\left(\lambda_k^{(0)}\right) = 1$ 。

第二项 $q\left(\lambda_k^{(0)}\right) \Big/ q\left(\lambda_k^{(*)}\right) = 1$ 是新位置替换旧位置的建议概率。而第三项 $\dfrac{q\left(\mathbf{X}_{\bullet k}^{(0)}\right)}{q\left(\mathbf{X}_{\bullet k}^{(*)}\right)} = \dfrac{\prod_i p\left(x_{ik}^{(0)} \mid y_i, \cdots\right)}{\prod_i p\left(x_{ik}^{(*)} \mid y_i, \cdots\right)}$ 是 QTL 基因型相对于新位置和旧位置的建议概率。特别是在缺乏 QTL 时，QTL 效应的后验均值的估计值趋于 0，所以 QTL 的效应的抽样观察值接近于 0，而具有大效应的真正 QTL 估计并没有压缩。在贝叶斯压缩估计框架下，为了达到此目的，我们让每个 QTL 效应都有其自身的具有特

定预期分布的变化参数，所以方差可以通过观察数据和预期分布的综合信息来估计。

t 统计量可用于检验 QTL 的存在，它与 Z 统计量在限定条件下是等价的。首先将基因组分成 m 小块，对每个小块，t 统计量可以表示为：

$$t(\xi_l) = \frac{\beta(\xi_l)}{s(\xi_l)/\sqrt{N_{\text{sam}}}}$$

N_{sam} 是后验样本数，$\beta(\xi_l)$ 和 $s(\xi_l)$ 是 QTL 在位置 ξ_l 的 QTL 效应的均值和方差。在无任何 QTL 存在的零假设下，$t(\xi_l)$ 遵循标准正态分布。

为了进一步减少贝叶斯压缩方法的计算负荷，一种称为最小绝对压缩与选择算子（least absolute shrinkage and selection operator，LASSO）的方法被应用于多 QTL 作图。LASSO 也在不断改进，Zou（2006）提出了适应性 LASSO（adaptive LASSO），Park 和 Casella（2008）提出 Bayesian LASSO 方法，Cai 等（2011）提出了快速经验 Bayesian LASSO（fast empirical Bayesian LASSO），Sun 等（2010）将两者结合起来，形成了 Bayesian 适应性 LASSO（Bayesian adaptive LASSO），这些方法被用于多 QTL 作图（Yi and Xu，2008; Sun et al.，2010; Cai et al.，2011）。在线性模型中，回归系数的估计可以通过使用 $\min\limits_{\beta,\lambda}\left[\left(y - \sum X_j\beta_j\right)^{\mathrm{T}}\left(y - \sum X_j\beta_j\right) + \lambda\sum|\beta_j|\right]$ 来获得，其中，

λ 为罚分系数，用于控制压缩程度。

3.1.6.2 全同胞群体 QTL 作图

1）极大似然法

Xu 和 Atchley（1995）提出了全同胞群体极大似然法 QTL 作图方法，考虑以下的随机效应模型：

$$y_{ij} = \mu + g_{ij} + a_{ij} + e_{ij}$$

式中，y_{ij} 为全同胞群体第 i 个家系的第 j 个子代的表型值，μ 为群体均值，$g_{ij} \sim N(0, \sigma_g^2)$ 为某一染色体上待检测的 QTL 的加性效应，$a_{ij} \sim N(0, \sigma_a^2)$ 为多基因的加性效应，而 $e_{ij} \sim N(0, \sigma_e^2)$ 为环境误差。多基因的效应为其染色体上 QTL 的加性效应之和。该模型未考虑 QTL 显性效应以及其他的随机效应，因此是一个理想化的简约模型。

假设标记和 QTL 处于连锁平衡状态，那么 y_{ij} 的方差为：

$$\text{var}(y_{ij}) = \sigma^2 = \sigma_a^2 + \sigma_g^2 + \sigma_e^2$$

两个非近交的同胞之间的协方差为：

$$\mathrm{cov}\left(y_{ij}, y_{ij'}\right) = \pi_Q \sigma_g^2 + \frac{1}{2}\sigma_a^2$$

式中，π_Q 为全同胞 j 和 j' 在潜在的 QTL 处具有相同的等位基因（identical by descent，IBD）数所占的比例，对于不同的同胞对，π_Q 将有所区别。在无法知道 QTL 全同胞的基因型时，可以用 π_Q 的期望值 1/2 来代替。此外，由于两个非近交的同胞平均具有一半的 IBD 的等位基因，因此其多基因方差 σ_a^2 的系数为 1/2。

假设交配 $A_1A_2 \times A_3A_4$ 产生相同比例的 4 种子代，其基因型分别是 A_1A_3、A_1A_4、A_2A_3、A_2A_4，其比例均为 1/4。这 4 种基因型共组成 10 种同胞对（sib pair）组合。A_1A_3 和 A_1A_3 具有完全相同的等位基因，IBD = π_Q = 1；A_1A_3 和 A_2A_4 具有完全不同的等位基因，IBD = π_Q = 0；A_1A_3 和 A_1A_4 具有一半相同的等位基因，IBD = π_Q = 1/2。因此若一对同胞在 QTL 处的基因型均为 A_1A_3，那么 $\mathrm{cov}\left(y_{ij}, y_{ij'}\right) = 1\sigma_g^2 + \frac{1}{2}\sigma_a^2$；若一对同胞在 QTL 处的基因型分别为 A_1A_3 和 A_2A_4，那么 $\mathrm{cov}\left(y_{ij}, y_{ij'}\right) = 0\sigma_g^2 + \frac{1}{2}\sigma_a^2$；若一对同胞在 QTL 处的基因型分别为 A_1A_3 和 A_1A_4，那么 $\mathrm{cov}\left(y_{ij}, y_{ij'}\right) = \frac{1}{2}\sigma_g^2 + \frac{1}{2}\sigma_a^2$。

利用联合概率分布和两个连锁位点 IBD 之间的相互关系，可以利用两侧标记 IBD 来推算出位于标记区间中的 QTL 的 π_{iq}。设 r_{12} 为 QTL 两侧标记之间的重组值，r_{1q} 和 r_{q2} 分别是 QTL 位点 A 和标记位点 B 之间的重组率，那么有：

$$\hat{\pi}_Q = E\left(\pi_Q \mid \pi_A, \pi_B\right) = \alpha + \beta_A \pi_A + \beta_B \pi_B$$

式中，π_A 和 π_B 分别是标记 A 和 B 的 IBD 值，而 β_A、β_B 和 α 分别为：

$$\begin{bmatrix} \beta_A \\ \beta_B \end{bmatrix} = \begin{bmatrix} \mathrm{var}(\pi_A) & \mathrm{cov}(\pi_A, \pi_B) \\ \mathrm{cov}(\pi_A, \pi_B) & \mathrm{var}(\pi_B) \end{bmatrix}^{-1} \begin{bmatrix} \mathrm{cov}(\pi_A, \pi_Q) \\ \mathrm{cov}(\pi_B, \pi_Q) \end{bmatrix}$$

$$\alpha = E\left(\pi_Q\right) - \left(\beta_A, \beta_B\right) \begin{bmatrix} E\left(\pi_A\right) \\ E\left(\pi_B\right) \end{bmatrix}$$

定义指示变量 F_A 和 M_A 分别表示两个同胞是否从父本和母本获得相同等位基因。F_A=1，表示同胞从父本获得相同的等位基因；F_A=0，表示同胞从父本获得不同的等位基因；M_A=1，表示同胞从母本获得相同的等位基因；M_A=0，表示同胞从母本获得不同的等位基因。

同样可以 F_B 和 M_B，F_Q 和 M_Q 来分别定义 B 和 QTL 位点的等位基因从父本和母本传递给子代同胞对的情况。

F_A 的数学期望和方差分别为：$E(F_A) = 1/2$，$\text{var}(F_A) = 1/4$；

同样，$E(F_B) = 1/2$，$\text{var}(F_B) = 1/4$；$E(F_Q) = 1/2$，$\text{var}(F_Q) = 1/4$。

由于 F_A 和 M_A 是相互独立的，因此 A 位点的 π_A 为两者的平均，有

$$E(\pi_A) = \frac{1}{2}\left[E(F_A) + E(M_A)\right] = \frac{1}{2}, \quad \text{var}(\pi_A) = \frac{1}{4}\left[\text{var}(F_A) + \text{var}(M_A)\right] = \frac{1}{8}$$

对于标记位点 B 也有同样的结果，即

$$E(\pi_B) = \frac{1}{2}\left[E(F_B) + E(M_B)\right] = \frac{1}{2}, \quad \text{var}(\pi_B) = \frac{1}{4}\left[\text{var}(F_B) + \text{var}(M_B)\right] = \frac{1}{8}$$

而由于 F_A 和 M_B，F_B 和 M_A 相互之间的独立性，π_A 和 π_B 之间的协方差可以表示如下：

$$\text{cov}(\pi_A, \pi_B) = \frac{1}{4}\left[\text{cov}(F_A, F_B) + \text{cov}(M_A, M_B)\right]$$

其中，$\text{cov}(F_A, F_B) = E(F_A F_B) - E(F_A)E(F_B) = P(F_A = 1, F_B = 1) - \frac{1}{4}$

$$= P(F_A = 1)P(F_B|F_A = 1) - \frac{1}{4} = \frac{1}{2}\left[(1 - r_{12})^2 + r_{12}^2\right] - \frac{1}{4}$$

同样地，有 $\text{cov}(M_A, M_B) = \frac{1}{2}\left[(1 - r_{12})^2 + r_{12}^2\right] - \frac{1}{4}$

因此可得到：

$$\text{cov}(\pi_A, \pi_B) = \frac{1}{4}\left[(1 - r_{12})^2 + r_{12}^2 - \frac{1}{2}\right] = \frac{1}{8}(1 - 2r_{12})^2$$

用类似的方法可以推导出 π_A 和 π_Q，π_B 和 π_Q 之间的协方差：

$$\text{cov}(\pi_A, \pi_Q) = \frac{1}{8}(1 - 2r_{1q})^2$$

$$\text{cov}(\pi_B, \pi_Q) = \frac{1}{8}(1 - 2r_{q2})^2$$

因此，β_A, β_B 和 α 的最小二乘估计如下：

$$\begin{bmatrix} \beta_A \\ \beta_B \end{bmatrix} = \begin{bmatrix} \dfrac{1}{8} & \dfrac{1}{8}(1 - 2r_{12})^2 \\ \dfrac{1}{8}(1 - 2r_{12})^2 & \dfrac{1}{8} \end{bmatrix}^{-1} \begin{bmatrix} \dfrac{1}{8}(1 - 2r_{1q})^2 \\ \dfrac{1}{8}(1 - 2r_{q2})^2 \end{bmatrix}$$

$$= \frac{1}{1-(1-r_{12})^4}\begin{bmatrix} 1 & -(1-2r_{12})^2 \\ -(1-2r_{12})^2 & 1 \end{bmatrix}\begin{bmatrix} (1-2r_{1q})^2 \\ (1-2r_{q2})^2 \end{bmatrix}$$

$$= \begin{bmatrix} \dfrac{(1-2r_{1q})^2-(1-2r_{q2})^2(1-2r_{12})^2}{1-(1-2r_{12})^4} \\ \dfrac{(1-2r_{q2})^2-(1-2r_{1q})^2(1-2r_{12})^2}{1-(1-2r_{12})^4} \end{bmatrix}$$

$$\beta_A = \frac{(1-2r_{1q})^2-(1-2r_{q2})^2(1-2r_{12})^2}{1-(1-2r_{12})^4},$$

$$\beta_B = \frac{(1-2r_{q2})^2-(1-2r_{1q})^2(1-2r_{12})^2}{1-(1-2r_{12})^4},$$

$$\alpha = \frac{(1-\beta_A-\beta_B)}{2}$$

利用这 3 个参数和 π_A 及 π_B 来估计 QTL 位点的 $\hat{\pi}_Q$，并可以用于估计两个非近交的同胞之间的协方差 $\mathrm{cov}(y_{ij},y_{ij'})$。

对于第 i 个家系中的一对同胞，协方差矩阵为：

$$V_i = \mathrm{var}\begin{bmatrix} y_{ij} \\ y_{ij'} \end{bmatrix} = \sigma^2\begin{bmatrix} 1 & c_i \\ c_i & 1 \end{bmatrix}$$

其中，$c_i = \hat{\pi}_{iq}h_g^2 + \dfrac{1}{2}h_a^2$。这里，$h_g^2$ 和 h_a^2 分别是 QTL 和多基因的遗传力。

设 $C_i = \begin{bmatrix} 1 & c_i \\ c_i & 1 \end{bmatrix}$

如果家系中有 k 个同胞，那么 C_i 是 $k \times k$ 的矩阵。在 y_i 服从正态分布的条件下，表型数量性状的联合密度函数为：

$$f(y_i) = \frac{1}{(2\pi\sigma^2)^{k/2}|C_i|^{1/2}}\exp\left\{-\frac{1}{2\sigma^2}(y_i-1\mu)'C_i^{-1}(y_i-1\mu)\right\}$$

式中，$y_i = (y_{i1}, \cdots, y_{ik})'$ 为第 i 个家系子代的表型向量，k 是家系的大小，1 是 $k \times 1$ 的向量，其所有的元素均为 1。

对于相互独立的 n 个家系，总的对数似然函数为：$L = \sum_{i=1}^{n} \log\left[f(y_i) \right]$。

这个似然函数与 QTL 在区间中的位置有关，未知参数为 μ、σ^2、h_g^2、h_a^2 和 r_{1q}。对整个基因组的每个标记区间进行似然函数估计，QTL 的极大似然函数估计的位置就是 QTL 在某个区间存在的位置。

对于标记区间中的一个确定位置，可以先给定 h_g^2 和 h_a^2，则 $\hat{\mu}$ 和 $\hat{\sigma}^2$ 可以表示如下：

$$\hat{\mu} = \mu\left(h_g^2, h_a^2\right) = \left[\sum_{i=1}^{n} 1'C_i^{-1}1\right]^{-1}\left[\sum_{i=1}^{n} 1'C_i^{-1}y_i\right],$$

$$\hat{\sigma}^2 = v\left(h_g^2, h_a^2\right) = \frac{1}{nk}\sum_{i=1}^{n}\left(y_i - 1\hat{\mu}\right)' C_i^{-1}\left(y_i - 1\hat{\mu}\right)$$

如果家系大小不一致，那么应该用 $\sum_{i=1}^{n} k_i$ 去替换 nk。

将 $\hat{\mu}$ 和 $\hat{\sigma}^2$ 代入原始似然函数，可以得到：

$$L = -\frac{1}{2}nk\ln\hat{\sigma}^2 - \frac{1}{2}\sum_{i=1}^{n}\ln\left|C_i\right|$$

该对数似然函数是 h_g^2 和 h_a^2 的函数，这个过程可以表示为：

$$L = f\left(\mu, \sigma^2, h_g^2, h_a^2\right) \rightarrow L = f\left[\mu\left(h_g^2, h_a^2\right), v\left(h_g^2, h_a^2\right), h_g^2, h_a^2\right]$$

检验标记区间是否存在 QTL 的零假设为 H_0：$h_g^2 = 0$，即标记区间内不存在 QTL。设在零假设成立的条件下似然函数值为 L_0，那么似然函数统计量为：

$$LR = -2\left(L_0 - L_1\right)$$

LR 服从自由度 1～2 的 χ^2 分布。其中一个自由度是因拟合参数 h_g^2，而其他自由度是拟合 QTL 的位置。

2）贝叶斯压缩方法

由于数量性状通常具有多基因的遗传特性，因此多 QTL 作图就存在模型选择问题。最小均方法和极大似然法对于单个 QTL 作图非常适用，但在多 QTL 作图时会遇到困难。最近，一些研究者提出了用 Bayesian 逆转跳跃 MCMC 方法和 Bayesian 压缩方法用于多个 QTL 作图（Yi and Xu, 2000; Liu et al., 2007）。下面以 Bayesian 压缩方法为例进行介绍。为简化起见，该模型不考虑 QTL 显性效应和多基因效应。其线性模型表示如下：

$$\mathbf{y} = \mathbf{X\beta} + \sum_{j=1}^{q}\mathbf{a}_j + \mathbf{g} + \mathbf{e}$$

此处的 $\mathbf{y}$ 是 $n\times1$ 表型向量；$\mathbf{\beta}$ 是 $k\times1$ 协变量效应向量；k 是协变量的个数；$\mathbf{X}$ 是 $n\times k$ 协变量距阵；$\mathbf{a}_j \sim N\left(0,\Phi_j\sigma_j^2\right)$ 是 QTL 随机效应的 $n\times1$ 向量，$j=1$，2，…，q，Φ_j 是 IBD 距阵；σ_j^2 是 QTL 方差；$e\sim N\left(0,I_n\sigma_e^2\right)$ 是随机误差距阵；q 是预设的最大 QTL 数目；$g\sim N\left(0,A\sigma_A^2\right)$ 是 $n\times1$ 随机多基因效应，A 是加性距阵，σ_A^2 是对基因加性方差。方差组分模型可以表示为：

$$\mathrm{var}\left(y\right) = V = \sum_{j=1}^{q}\Phi_j\sigma_j^2 + A\sigma_A + I\sigma_e^2$$

该方法假设方差组分服从 Jefferys 先验 $p\left(\sigma_j^2\right)\sim1\big/\sigma_j^2$。多基因方差和残差服从精度相反的 χ^2 分布，自由度为 ω，精度参数为 s^2。由于 QTL 方差 $\left\{\sigma_j^2\right\}_{j=1}^{q}$ 的后验分布没有确定的形式，可以采用 Metropolis-Hastings 算法进行模拟。利用 Browne 提出的随机游走（random walking）Metropolis-Hastings 算法（RWM-H）来更新 QTL 方差。首先提出新的 QTL 方差 $\sigma_j^{2(*)}$，从精度相反的 χ^2 分布进行抽样，以现有 QTL 方差 $\sigma_j^{2(t)}$ 为条件，则 $p\left(\sigma_j^{2(*)}\big|\sigma_j^{2(t)}\right)\sim\mathrm{inv}\text{-}\chi^2\left(v,s_j^2\right)$，$v$ 为自由度，精度参数 s_j^2 等于 $\sigma_j^{2(t)}$ 的期望值，$s_j^2 = E\left(\sigma_j^{2(t)}\right) = \left(v-2\right)\sigma_j^{2(t)}\big/v$。

接受新的 QTL 方差的概率等于 min（1，r），此处的 r 可表述如下：

$$r = \frac{f\left(y\big|\theta_{-\sigma_j^2},\sigma_j^{2(*)},\lambda,\hat{\Phi},A,X\right)\cdot\left(1\big/\sigma_j^{2(*)}\right)}{f\left(y\big|\theta_{-\sigma_j^2},\sigma_j^{2(t)},\lambda,\hat{\Phi},A,X\right)\cdot\left(1\big/\sigma_j^{2(t)}\right)}\cdot hr$$

式中，$-\sigma_j^2$ 表示除 σ_j^2 以外 θ 的所有因子。r 的表达式包括三项，第一项是似然值，第二项是先验概率，第三项 hr 是 Hastings 比率。Hastings 比率可表述如下：

$$hr = \frac{p\left(\sigma_j^{2(t)}\big|\sigma_j^{2(*)}\right)}{p\left(\sigma_j^{2(*)}\big|\sigma_j^{2(t)}\right)} = \left(\frac{\sigma_j^{2(*)}}{\sigma_j^{2(t)}}\right)^{v+1}\cdot\exp\left\{\frac{\left(v-2\right)}{2}\left(\frac{\sigma_j^{2(t)}}{\sigma_j^{2(*)}} - \frac{\sigma_j^{2(*)}}{\sigma_j^{2(t)}}\right)\right\}$$

3.1.7　入侵物种适应性进化的统计分析

物种适应新环境的遗传变异来自新突变或已有的遗传变异是目前进化生物学

中的关键问题，这个问题对于了解生物入侵的快速进化非常重要。在入侵过程中，快速适应常发生在几十代或更少世代内，绝大多数情况下没有机会产生新的突变，而是利用已存在的遗传变异。从这些遗传变异中能够立即得到有利的基因，并且其频率相当高。此外，由于入侵群体常面临新的环境条件，在原产地是中性或有害的等位基因在新环境下可能变成有利的。来自巴西的水葫芦（Brazil water hyacinth）对加勒比群岛（the Caribbean islands）和中美洲的自然入侵为此提供了证据支持。在该物种中的隐性基因启动了自交（selfing），但通常频率很低，可能由于巴西的杂交群体具有可靠的传粉机制以及由于近交衰退的遗传代价而没有成功。但在加勒比群岛，自体受精得到了发展，隐性基因频率也在增加，可能是因为新环境下传粉昆虫较少。最近群体遗传学理论的发展使得区分源自现有遗传变异的适应和来自新突变的适应成为可能，因为在基因组中会留下不同的分子签名（molecular signature）。下面对有关的群体遗传学理论作简单介绍，有助于了解入侵物种适应性进化过程。

3.1.7.1　选择性清除（selective sweep）

物种适应性进化最经典的模型是遗传搭车模型（genetic hitchhiking model），最早由 Maynard 和 Haigh（1974）提出，后来由 Stephan 等（1992）和 Barton（1998）进一步进行了研究。对于二倍体随机交配群体，假设 A、B 两位点的重组值是 r。A 位点的等位基因 A_1、A_2 的频率分别为 p 和 $q=1-p$，在加性模型中，基因型 A_1A_1、A_1A_2、A_2A_2 的相对适合度分别为 $1+2s$、$1+s$ 和 1。另一个位点是中性的，等位基因 B_1 和 B_2 的频率分别为 u 和 $1-u$。

在选择位点，第一代等位基因 A_1 的频率变化为：

$$\Delta p = \frac{spq}{1+2ps}$$

而中性位点 B_1 的频率变化为：

$$\Delta u = \frac{sD}{1+2ps} = \frac{D}{pq}\Delta p$$

这里 D 是位点 A 和 B 之间的连锁不平衡，定义为 $f(A_1B_1) - pu$。$f(A_1B_1)$ 表示 A_1B_1 的单体型。$\frac{D}{pq}$ 是位点间的统计关联测度，由于遗传重组而发生变化。

$$\frac{D}{pq} = \frac{D_0}{p_0 q_0}(1-r)^t \approx \frac{D_0}{p_0 q_0}\mathrm{e}^{-rt}$$

假设 $s \ll 1$，基因频率的变化可以用连续时间过程来近似。在中性位点基因频率的总变化是：

$$\Delta u_{\text{tot}} = \frac{D_0}{p_0 q_0} \int_{p_0=\varepsilon}^{p_{\text{fix}}=1-\varepsilon} e^{-rt(p)} dp$$

函数 $t(p)$ 是突变基因达到已知频率 p 所需时间。最初的关联 $\dfrac{D_0}{p_0 q_0}$ 依赖于起始

条件，当 A_1 是单拷贝时，它可与 B_1 关联，导致 $\dfrac{D_0}{p_0 q_0} \approx 1-u_0$，或与 B_2 关联，导致

$\dfrac{D_0}{p_0 q_0} \approx -u_0$。将两种情况综合考虑，中性位点总的杂合子减少期望值为：

$$R_H = E\left(\frac{2(u_0 + \Delta u_{\text{tot}})(1-(u_0 + \Delta u_{\text{tot}}))}{2u_0(1-u_0)} \right) = 1 - \left(\int_{\varepsilon}^{1-\varepsilon} e^{-rt(p)} dp \right)^2$$

在选择性清除（selective sweep）过程中，重组使携带 A_1 的单体型（haplotypes）产生了多样性。产生的多样性的总量依赖于选择性清除的时间轨迹（the trajectory in time），即依赖于 A_1 的动力学。有利基因的完全轨迹对于预测搭车效应是必需的信息。Maynard 和 Smith 研究了简单的情形，突变基因达到已知频率 p 所需时间为：

$$t(p) = \frac{1}{s} \ln \left(\frac{(1-\varepsilon)p}{\varepsilon(1-p)} \right)$$

可引起杂合子的减少为：

$$R_H = 1 - \left(\int_{\varepsilon}^{1-\varepsilon} \left(\frac{(1-\varepsilon)p}{\varepsilon(1-p)} \right)^{-r/s} dp \right)^2 = 1 - \left(\frac{\varepsilon}{1-\varepsilon} \right)^{2r/s}$$

$$\times \left(B\left(1-\varepsilon; 1-\frac{r}{s}, 1+\frac{r}{s}\right) - B\left(\varepsilon; 1-\frac{r}{s}, 1+\frac{r}{s}\right) \right)^2$$

此处的 B 是 Euler 不完全贝塔函数。假定 $r \ll s$，$s \ll 1$，且 $\varepsilon \ll 1$，杂合子的减少可以近似为：$R_H = 1 - \varepsilon^{2r/s}$。

3.1.7.2　软清除（soft sweep）过程

进化生物学家有两种方法来研究物种对环境变化的适应过程或在新生态位的定居和建群。在短时间内，许多物种几乎没有可能发生新的突变。在自然界，大部分的适应性替代不是来自新的突变，而是来自群体中已经存在的遗传变异。而在分子生物学文献中，常常以新突变基因来研究适应过程和选择性清除。

这两种观点的差异是可能产生完全不同的进化结果。假如适应来自新的突变，适应过程的快慢将受有利基因的突变速度和效应所限制。相反，假如大部分适应替代来自现有的遗传变异，适应过程将由可获得的遗传变异的质和量来决定。因

为变异经过了以前的选择过程已经定型，未来的选择过程不仅依赖于现有的选择压力，而且与群体经受过的环境条件和选择的历史有关。很明显，假如要估计过去和未来的进化速率，这两种情况下应该使用完全不同的参数。要评价哪种情况在自然界更普遍，群体遗传学理论是非常有用的。首先，要确定两种情形下选择性适应的概率。其次是群体遗传学理论可用于预测是否这些不同的适应模型可以从群体数据进行验证。下面就软清除模型作简单介绍。

假设有效群体大小为 N_e 的二倍体群体在时间 T 经历了迅速的环境迁移而使已知位点的选择规则发生了改变。一个位点上有 a 和 A 两个等位基因，a 是野生型基因，A 是突变基因。在新环境中，A 是有利的，其纯合子适合度优势为 s_b。显性系数是 h，杂合子适合度优势为 $1+hs_b$。假设群体在原环境中适应较好，在 T 之前，A 是中性或有害的，用选择系数 s_d 度量其纯合子劣势，显性系数为 h'。a 以突变率 u 产生 A。为便于理解，定义精度变量 $a_b=2N_es_b, a_d=2N_es_d$ 和 $\Theta_u=4N_eu$。在分析单个适应性替代时，不同适应事件是相互独立的，不会由于连锁或上位互作而相互干扰。

下面对现有遗传变异的固定概率进行分析：

具有选择优势 s_b 的等位基因 A 在群体中以频率 x 进行分离，其固定概率为：

$$\prod_x\left(a_b,h\right)\approx\frac{\int_0^x\exp\left[-a_b\left(2hy+(1-2h)y^2\right)\right]\mathrm{d}y}{\int_0^1\exp\left[-a_b\left(2hy+(1-2h)y^2\right)\right]\mathrm{d}y}$$

在杂合子选择作用很强的情况下，$2ha_b\gg(1-2h)/2h$。与 y^2 有关的项可以忽略不计，因此 $\prod_x\left(ha_b\right)\approx\frac{1-\exp[-2ha_bx]}{1-\exp[-2ha_b]}$。假如 A 以单拷贝进入群体，$x=1/2N_e$，假设 $2N_e\gg 2ha_b\gg 1$，得到 Haldane 的经典结论，即固定概率是杂合子选择优势的两倍，$\prod_{1/2N_e}\approx 2hs_b$。由于固定概率对选择系数有很强的依赖性，具有小的有利效应的等位基因将可能随机消失。固定过程就像随机筛子一样，有利于遗传效应大的基因在新环境下的适应。在起始频率 x 或杂合子优势 ha_b 很小时，$2ha_bx<1$，$\prod_x$ 对 ha_b 的线性依赖关系成立。

如果等位基因起源于单个突变，在环境变化以前，在选择作用建立时，已经在群体中以中性形式分离。在此情况下，等位基因以一定频率分离的概率与其频率成反比：

$$\rho\left(x_k\right)=a_{N_e}^{-1}k^{-1}$$

此处的 $x_k = k/2N_e$ ， $\alpha_{N_e} = \sum_{k=1}^{2N_e-1} 1/k$ 。

平均固定概率为：

$$\Pi_{\text{seg}} = \sum_{k=1}^{2N_e-1} \Pi_{x_k} \rho(x_k) 。$$

对于已有的遗传变异，在 $2N_e \gg 2ha_b \gg 1$ 情况下：

$$\Pi_{\text{seg}}(h\alpha_b, N_e) \approx 1 - \frac{\left|\ln(2hs_b)\right|}{\ln(2N_e)} = \frac{\ln(2h\alpha_b)}{\ln(2N_e)}$$

在 T 时刻环境发生变化时群体处于突变、选择和迁移平衡状态，现在考虑群体中等位基因 A 的分离。$t > T$ 时，正选择出现。在 T 时刻，群体获得等位基因 A 并随后固定的概率 P_{sgv} 为：

$$P_{\text{sgv}} = \int_0^1 \rho(x)\Pi_x \mathrm{d}x$$

在中性情况下（ $a_d = 0$ ），等位基因 A 的分布为：

$$\rho(x) \approx C_0 x^{\Phi_u-1} \frac{1-x^{1-\Phi_u}}{1-x}$$

对于有害等位基因， $2ha_d \gg (1-2h')/2h' \gg (1-2h')/2h'$ ，有

$$\rho(x) \approx C_0 x^{\Phi_u-1} \exp(-2h'a_d x) \frac{1-\exp\left[2ha_d(x-1)\right]}{1-x}$$

式中， C_0 是常数。

在 $\Phi_u < 1$ ， A 在 T 时刻不在群体中出现的概率为：

$$\Pr_0(h'a_d, N_e) \approx \left(\frac{2N_e}{2h'a_d+1}\right)^{-\Phi_u} = \exp\left(-\Phi_u \ln\left[2N_e/(2h'a_d+1)\right]\right)$$

对于群体从已有变异成功适应的概率可以近似为：

$$P_{\text{sgv}}(ha_b, h'a_d, \Phi_u) \approx 1 - \left(1+\frac{2ha_b}{2h'a_d+1}\right)^{-\Phi_u} = 1 - \exp\left(-\Phi_u \ln[1+R_a]\right)$$

此处的 R_a 为相对选择优势， $R_\alpha = \frac{2h\alpha_b}{2h'\alpha_d+1}$ 。

了解已有变异与新突变在适应过程中的作用，有必要比较已有变异的固定概率和由新突变产生的适应替代性概率。对于最后固定的新等位基因，其在群体中出现的概率是 $p_{\text{new}} = 2N_e u 2hs_b$ （每世代）。使用 Poisson 近似，在 G 世代内发生这

样的突变的概率是 $P_{\text{new}}(G) = 1 - \exp[-\Phi_u h\alpha_b G]$。，此处 G 的单位是 $2N_e$。

可以确定使 $P_{\text{new}}(G_{\text{sgv}}) = P_{\text{sgv}}$ 的世代数 G_{sgv}，该值可以作为已有变异的相对适应潜力的测度。利用 $P_{\text{new}}(G)$ 和 P_{sgv} 的表达式可以得到：

$$G_{\text{sgv}}(h\alpha_b, h'\alpha_d) \approx \frac{\ln[1+R_a]}{h\alpha_b}$$

该值独立于 Φ_u，仅依赖于等位基因的选择系数。用选择优势 $h\alpha_b$ 可以将 G_{sgv} 与平均固定时间 t_{fix} 关联起来：

$$t_{\text{fix}}(h\alpha_b) \approx \frac{2\left(\ln[2h\alpha_b] + 0.577 - (2h\alpha_b)^{-1}\right)}{h\alpha_b}$$

在世代 T 之后的世代 G，在群体中已经固定或将要固定的等位基因 A 源于已有遗传变异的概率为：$\Pr_{\text{sgv}} = P_{\text{sgv}}\big/\left[P_{\text{sgv}} + (1-P_{\text{sgv}})P_{\text{new}}\right]$。利用 $P_{\text{new}}(G)$ 和 P_{sgv} 的表达式可以得到：

$$\Pr_{\text{sgv}}(\alpha_b, \alpha_d, \Phi_u) \approx \frac{1 - \exp\left[-\Phi_u \ln(1+R_a)\right]}{1 - \exp\left[-\Phi_u\left(\ln(1+R_a) + h\alpha_b G\right)\right]}$$

在自然条件下，由于环境条件变化通常伴随群体瓶颈现象，有效群体大小恒定的假设不够真实。在经历瓶颈后群体可能迅速得到恢复，用 N_{av} 表示从世代 T 到 $T+G$ 的平均群体大小，则新突变的瓶颈参数 $B_{\text{new}} = N_0/N_{\text{av}}$，精度变量为 α_b/B_{new}。对于源自于已有遗传变异的固定现象而言，其瓶颈强度为 $B_{\text{sgv}}(h\alpha_b) = N_0/N_{\text{fix}}(h\alpha_b)$，相对选择强度为 R_α/B_{sgv}，N_{fix} 是平均"固定有效群体大小"。因为强选择性等位基因的停留时间比弱选择性等位基因停留时间更短，N_{fix} 和 B_{sgv} 依赖于等位基因的选择系数。对于 logistic 生长模型，$B_{\text{sgv}} = \dfrac{N_0}{N_T} \cdot \dfrac{h\alpha_b + \lambda N_T/K}{h\alpha_b + \lambda}$。

因为源自于现有遗传变异的适应是从较高拷贝数的选择性等位基因开始的，不止一个这样的拷贝可以逃脱随机丢失而最终固定下来。根据一个或多个拷贝参与替代过程，连锁的中性位点变异会有差别，这就是留下的适应足迹。假设每个拷贝逃脱随机丢失的事件是独立的，应用 Poisson 近似，如果在环境变化时，A 的频率是 x，有 $k=n$ 个拷贝存在并趋于固定的概率近似于 $\Pr(k=n;x) = \exp[-2h\alpha_b x] \dfrac{(2h\alpha_b x)^n}{n!}$。在软清除替代模型中，$k>1$，$A$ 的频率从 x 到固定的概率为

$\Pr(k > 1; x) = 1 - (1 + 2h\alpha_b x)\exp[-2h\alpha_b x]$。对于时刻 T 的等位基因频率分布 $\rho(x)$ 进行平均,在固定确实发生的情况下,可得到源于已有遗传变异的适应性软清除的概率为:

$$P_{\text{mult}} \approx 1 - \frac{2h\alpha_b}{P_{\text{sgv}}} \int_0^1 x \exp[-2h\alpha_b x] \rho(x) \, dx$$

利用 $\rho(x)$ 以及 P_{sgv} 的近似公式,可以得到:

$$P_{\text{mult}}(R_\alpha, \Phi_u) \approx 1 - \frac{\Phi_u R_\alpha / (1 + R_\alpha)}{(1 + R_\alpha)^{\Phi_u} - 1}$$

在 $\Phi_u \to 0$ 时,

$$P_{\text{mult}}(R_\alpha, \Phi_u) \approx 1 - R_\alpha / \left[(1 + R_\alpha) \ln(1 + R_\alpha) \right]$$

假设 $x \equiv \Phi_u / 2h'\alpha_d$,则有:

$$P_{\text{mult}} \approx \frac{\exp[\Phi_u h\alpha_b / h'\alpha_d] - 1 - \Phi_u h\alpha_b / h'\alpha_d}{\exp[\Phi_u h\alpha_b / h'\alpha_d] - 1} \approx \frac{1}{2} \Phi_u h\alpha_b / h'\alpha_d$$

在固定已经发生时,多个独立拷贝固定的概率为:

$$P_{\text{ind}}(R_\alpha, \Phi_u) \approx 1 - \frac{\Phi_u \ln(1 + R_\alpha)}{(1 + R_\alpha)^{\Phi_u} - 1}$$

并且有如下关系:

$$1 - P_{\text{mult}}(R_\alpha, \Phi_u) = \left[1 - P_{\text{ind}}(R_\alpha, \Phi_u) \right] \left[1 - P(\Phi_u = 0) \right]$$

3.1.7.3　硬清除(hard sweep)过程

设有 m 个中性位点,在位点内没有重组存在,因此每个位点可以看成是祖先重组图的一个点。这些中性位点的位置可以通过两种方法确定。第一种方法是将这些位点在特定区域的分布看成是随机的,称为位点位置策略 1(locus position strategy 1,LPS1)。第二种方法是将这些位点在特定区域的分布看成是均一的,称为位点位置策略 2(locus position strategy 2,LPS2)。将区域[0, w]分成 m 个相同片断,每个片断只有一个中性位点。第 i 个片断的位点位置在[$(i-1)w/m$, iw/m]是均一分布的,因此与其他中性位点的位置是独立的。设定的选择强度和清除事件发生的时间分别是 $\hat{\alpha}(= 2N\hat{s})$ 和 $\hat{\tau}$,此处的 $\hat{s}$ 是选择系数。将从模拟数据得到的结果记为物理距离而不是遗传距离,假设 1Mb 的 DNA 片断对应 1cM 的重组率,群体大小很定为 N。

记现在的时间为 0,向回追溯时间,t 表示现在之前的世代数,单位为 $2N$。祖先的重组和溯祖历史被分成三个阶段：第一个中性阶段、选择阶段和第二个中性阶段。假设选择性等位基因的固定时间为 t_s，第一个中性阶段为 $[0，\tau]$，选择性阶段为 $[\tau，\tau+t_s]$，第二个中性阶段为 $[\tau+t_s，\infty]$，此处为固定事件发生的时间。选择性阶段导致清除效益的有利突变正逐渐趋于固定。有利等位基因 B 比亲代等位基因 b 具有基因选择优势 s。B 的频率记为 x，在群体很大、选择作用很强时（如 $\hat{\alpha}=2N\hat{s}$ 很大），x 从 $1-\psi$ 变为 ψ。在时间 t，x 的大小为：

$$x(t)=\frac{\psi}{\psi+(1-\psi)e^{\alpha(t-t_s)}}$$

此处的时间 t 满足条件 $0\leqslant t\leqslant t_s$，$t_s=-(2/\alpha)\ln(\psi)$，为选择性阶段的时间长度。假如新突变最初只有 1 个拷贝，则 $\psi=1/2N$。

第 k 个中性位点的突变率是每世代 μ_k，则 $\theta_k=4N\mu_k$。抽样的染色体数目是 n，有 $n\geqslant5$。设 ξ_i 表示第 i 染色体上的突变数目。例如，ξ_1 是在一个染色体上观察到的突变数，ξ_2 是发生在两个染色体上的突变数。进一步假设 $\xi_X=\sum_{i=3}^{n-1}\xi_i$。$M$ 个位点的突变谱定义为：

$$D=\begin{bmatrix}\xi_{11},\cdots,\xi_{1k},\cdots,&\xi_{1m}\\\xi_{21},\cdots,\xi_{2k},\cdots,&\xi_{2m}\\\xi_{X1},\cdots,\xi_{Xk},\cdots,&\xi_{Xm}\end{bmatrix}$$

式中，ξ_X 表示当样本很小时的高频率突变。根据 Felsenstein（1992）和 Kuhner 等（1995）的方法，在选择位点（M）的位置已知的情况下，观察到 D 的概率为：

$$L=P(D|M)=\sum_G P(D|G)P(G|M)$$

此处的 $G=[G_1,\cdots,G_k,\cdots,G_m]$，$G_k$ 是第 k 个位点的系谱。M 是参数组，如选择位点的位置，正选择的强度以及有利等位基因的固定时间。将选择位点的 H 个不同候选位置表示成：$M=[M_1,\cdots,M_H]$。然后计算已知 M_i 值时的似然函数 $L_i=P(D|M_i)$，已发现使似然值 L 最大的 M_i 值。

因为不可能获得似然函数的分析表达式，只能进行模拟分析。由于似然函数 L 的方差需要大量的拓扑形式，每种拓扑形式有一个特定数目的可能分支长度。因此，不会对所有谱系进行抽样，只考虑 G 的大量随机样本。

这种途径是可行并且有效的，因为在 $n\geqslant5$ 时，每个模拟的 G 与 m 个位点的突变频率谱是一致的。因为 $P(G|M)$ 在模拟过程中是确定的（以参数组 M 为条件），L 的估计值可通过下面的步骤获得：

（a）以选择性位点（M）的位置，$\hat{\alpha}$ 和 $\hat{\tau}$ 为条件对 m 个位点进行谱系（没有突变的拓扑）模拟。

（b）计算 L_G 的值：

$$L_G = P(D|G) = \prod_{k=1}^{m} P(\xi_{1k}|G_k) P(\xi_{2k}|G_k) P(\xi_{Xk}|G_k)$$

此处的 $P(\xi_i|G)$ 由 Poisson 概率给出。

$$P(\xi_i|G) = \frac{\lambda^{\xi_i} \mathrm{e}^{-\lambda}}{\xi_i!}$$

此处 $\lambda = l_i \theta/2$，l_i 是大小为 i 的分支的长度，$l_X = \sum_{i=3}^{n-1} l_i$。分支的长度以 $2N$ 世代为一个单位。

（c）重复操作（a）和（b）步骤 K 次，得到 L 的估计值：

$$\hat{L} = (1/K) \times \sum_G L_G$$

很明显，采用大的 K 值可以改进估计的精度。这种方法称为 L_1。此外，还有类似的 L_2 方法。该方法以参数 M，已知的 $\hat{\alpha}$ 和 $\hat{\tau}$ 为条件进行 K 次模拟，用于计算 l_{ij} 的平均分支长度，此处 $i=1$，2，X；$j=1$，2，$\cdots$，m。然后这些平均长度按照类似 L_1 方法的步骤（b）用于计算 $\hat{L}$。

似然比检验（the likelihood-ratio test，LRT）用于两种模型之间的好适度（the goodness-of-fit）检验。中性可以看成是搭车（hitchhiking）的特殊形式，在选择位点远离中性位点时，该区域没有搭车效应（hitchhiking effect）。因此，

$$\lim_{M \to \infty} L_M = L_{\text{neutrality}}$$

LRT 统计量近似服从自由度为 1 的卡方分布（a chi-square distribution），因此，

$$\chi^2 = -2\ln(L_{\text{neutrality}}/L_{\text{max}})$$

$L_{\text{neutrality}}$ 可通过类似于 L_1 和 L_2 方法进行估计，L_{max} 是在清除模型下用 L_1 和 L_2 方法估计得到的最大似然值。

3.2　分子生物学方法

3.2.1　基因组分子标记

入侵生态学的研究对于认识外来入侵物种（invasive alien species）的入侵机制及其可持续控制具有重要的意义。对于外来入侵物种的鉴定、地理分布、原产地、

传播模式、种群遗传变异、杂交及基因渗入等入侵生态学研究中的许多基本问题，传统的生态学研究方法往往不能解决。近年来，分子标记技术由于具有稳定性高、信息含量高、不同层次和类群之间广泛可比等优点，突破了表达型标记（形态学标记、细胞学标记、等位酶标记）的限制，为解决上述问题提供了良好的手段。如微卫星序列（microsatellite）或简单重复序列（simple sequence repeats，SSR）、随机扩增多态性 DNA（random amplified polymorphism DNA，RAPD）、简单重复序列区间（inter-simple sequence repeats，ISSR）和扩增片段长度多态性（amplified fragment length polymorphism，AFLP）及特定基因片断序列等 DNA 分子标记技术已成为入侵生态学研究中强有力的工具。但随着 DNA 分子标记技术的迅速发展，特别是以 PCR 为基础的 RAPD、AFLP、SSR 等分子标记技术的不断完善和广泛应用，大大地促进了各类物种遗传连锁图谱的构建。1993 年，Castiglione 等首先利用 RAPD 技术对杨属不同种的 32 个无性系进行标记，发现利用 RAPD 技术可鉴别出那些从形态和物候上难以识别的无性系。随后，Cortizo 和 Colombon（1996）和 Sanchez 等（1998）利用 RAPD 技术分别对美洲黑杨、银白杨、欧洲山杨、毛果杨等多个无性系进行了鉴定。1996 年 Akerman 等利用 AFLP 技术构建垂枝桦的指纹图谱，并检测到亲缘关系很近的品种间的 DNA 差异性。我国尹佟明等（1998）首次利用 AFLP 技术绘制美洲黑杨指纹图谱，并对 42 个美洲黑杨无性系进行了鉴定。

许多外来入侵物种种群间（内）存在高度的遗传分化或存在近缘种或隐藏种，如烟粉虱复合种至少包括 24 种生物型，从形态上很难将其区分开。外来入侵物种的正确鉴定，是其可持续控制的基础，对于摸清其地理分布、寻找高效低毒化学农药以及有效的农业防治措施等具有重要的指导意义。采用分子标记技术对烟粉虱复合种内生物型的鉴定，是近年来外来入侵物种分子鉴定最著名的事例之一。入侵突尼斯、西班牙、法国、哥伦比亚、委内瑞拉、巴西等国家的 B 型烟粉虱的首次鉴定均是依据 RAPD 分子标记方法。近几年，入侵我国的烟粉虱 B 型和 Q 型的首次鉴定是使用了线粒体 DNA（mtDNA）基因序列的方法。根据不同种群的遗传距离、遗传分化程度以及基因交流的分析推测，我国 B 型烟粉虱的入侵来源具有多元性，主要有三个入侵来源：美国、地中海地区、澳大利亚。烟粉虱的传播以人为运输传播为主，自然传播为辅，应该注重烟粉虱的检疫，断绝其传播途径。

分子标记技术解决了对一些外来入侵物种原产地的长期争议。利用核糖体 DNA 内转录间隔区（rDNA-ITS）序列作为标记，发现地中海的紫杉叶蕨藻（*Caulerpa taxifolia*）可能来自澳大利亚地区，而 B 型烟粉虱可能起源于北非和中东一带，解决了紫杉叶蕨藻和 B 型烟粉虱的原产地问题。此外，分子标记技术也为分析外来入侵物种复杂的传播模式提供了有力的工具。首先，利用分子标记技术研究表明，入侵种群的建立常常是多次入侵的结果。例如，入侵新大陆的瘤拟黑螺（*Melanoides tuberculata*）种群并没有聚为一支，它们至少来自 6 次独立的入侵，而且入侵种群并非来自同一个地区。其次，利用分子标记技术研究表明，外来入侵物种在入侵地区定居、建立种群后又常常成为新的入侵来源。如利用 AFLP 和重复系列区间分子标记（ISSR）技术研究发现，最早传入我国云南地区的紫茎泽兰（*Eupatorium adenophorum* Spreng）种群和四川、重庆、广西、贵州等地区的种群具有明显的地源性亲缘关系，紫茎泽兰可能首先从缅甸、越南、老挝经风媒自然传入我国云南南部，然后从云南北部和东部传入四川、广西、贵州等地区，现在重庆和湖北也发现了紫茎泽兰。中国境内的紫茎泽兰以风向和水流的传播为主。

　　一般认为，入侵种群往往经历瓶颈效应或遗传漂变导致遗传多样性的降低，从而降低了对新环境的适应能力。然而，利用分子标记对外来入侵物种的分析表明，一些外来入侵物种种群内遗传同质性的增加导致种群快速增加，较低的种群遗传多样性反而能增强入侵种在新栖息地的竞争能力，这和认为遗传多样性降低会对种群发展有害的观点不同。地中海实蝇（*Ceratitis capitata*）是具有较长入侵历史的农业重要害虫，在美国的不同地区都造成危害，但长期以来不能确定在过去采集的实蝇是来自入侵种群还是来自当地种群。Bonizzoni 等用 10 个微卫星位点分析了 1992～1998 年多次危害加利福尼亚地区的 109 只地中海实蝇，以及在夏威夷、危地马拉、萨尔瓦多、厄瓜多尔、巴西、阿根廷和秘鲁建立种群的 242 只地中海实蝇，结果表明一些从加利福尼亚捕获的地中海实蝇起源于独立的入侵事件，洛杉矶盆地地方种群可能起源于危地马拉。阿根廷蚂蚁（*Linepithema humile*）在原产地南美洲地区是小而分散的蚁群（multicolony），不同巢内个体之间争斗激烈，巢穴间边界明确；而入侵北美地区的蚁群是单一蚁群（unicolony），种群内争斗很少，没有明显的巢穴界限。利用 3 个微卫星位点发现，阿根廷蚂蚁种群共有 17 个等位基因，加利福尼亚的入侵种群只有 8 个等位基因，且为阿根廷种群等位基因的子集；阿根廷种群杂合度（0.299）高于加利福尼亚种群（0.089）。根据这些结果提出了阿根廷蚂蚁成功入侵的"瓶颈假说"，即由于阿根廷蚂蚁入侵种群遗传瓶颈，其入侵种群的同质性增加，减少了入侵种群不同巢穴间的争斗，从而形成了有利于其入侵的行为特性。在红火蚁（*Solenopsis invicta*）、安堆瘿蜂属（*Andricus*）物种 *A. quercuscalicis*、葡萄根瘤蚜（*Viteus vinifolii*）、双脐螺属（*Biomphalaria*）物种 *B. pfeifferi*、黄胡蜂属（*Vespula*）物种 *V. germanica*、羽萼悬钩子（*Rubus alceifolius*）等外来入侵物种种群中也发现了入侵种群经历遗传瓶颈的现象。

　　利用分子标记技术对一些外来入侵物种的研究发现，外来入侵物种的成功入侵并不总是伴随着瓶颈效应，入侵种群遗传多样性并没有显著降低。其原因可能与其复杂的传播模式有关。首先，入侵种群常常是在外来物种多次入侵后建立起来的，而每次入侵的来源种群可能来自不同地区，这就使入侵种群的遗传多样性表现出没有降低反而增加的现象。其次，外来入侵物种从原产地向入侵地区持续传入，也可能是某些外来入侵物种种群遗传多样性没有降低的原因之一。此外，外来入侵物种也可以通过杂交或变异来提高入侵种群的遗传多样性。

分子标记技术为鉴定外来入侵物种与当地物种的杂交及基因渗入提供了手段。如北美的互花米草（*Spartina alterniflora*）和英国当地的米草（*S. maritima*）杂交产生不育子代 *S. townsendii*，然后 *S. townsendii* 通过染色体加倍产生了入侵性更强的大米草（*S. aglica*）。利用 RAPD 与 ISSR 分子标记方法从核 DNA 水平证实了这种关系。

分子标记技术在入侵生态学研究中已得到了广泛应用并取得了许多令人瞩目的成果。随着国际贸易全球化，生物入侵将日益严重，许多外来入侵物种传入世界各地并迅速定居、扩散、暴发成灾。在今后若干年中，分子标记技术将以其独特的优势更加广泛地应用于入侵生态学研究中，并将有力地推动生物入侵的研究和发展。

3.2.2　基因测序及分析

近年来，病原微生物的基因组研究取得了飞速的进展。基因组研究通过对微生物的全基因进行核苷酸测序，在了解全基因的结构基础上，研究各个基因单独或数个基因间相互作用的功能。由于以前人们大多从表型分析入手，寻找已知功能的编码基因，实际只了解微生物中极少数的基因，如链球菌的链激酶基因、结核杆菌编码的热休克蛋白基因等。还有大量未知基因未被发现。通过基因组研究，则从根本上揭示了微生物的全部基因，不仅可发现新的基因，还可发现新的基因间相互作用、新的调控因子等。

目前已经启动全基因组测序的细菌有百日咳鲍氏杆菌、空肠弯曲菌、结核分枝杆菌、鼠伤寒沙门氏菌、伤寒沙门氏菌、艰难梭杆菌、土拉氏菌、嗜酸乳杆菌、麻风分枝杆菌、鸟分枝杆菌、嗜肺军团菌、金黄葡萄球菌、淋病奈氏菌、脑膜炎奈氏菌、单细胞李氏菌、绿脓假单胞菌、变异链球菌、肺炎链球菌、化脓链球菌、霍乱弧菌，已启动全基因组测序的原生物有肺炎衣原体、沙眼衣原体和溶脲脲原体，已启动全基因组测序的霉菌有构巢曲霉，已启动全基因组测序的真菌有白色念珠菌（2 株）和酿酒酵母菌，已启动全基因组测序的寄生虫有利什曼原虫、恶性疟原虫、曼氏血吸虫、布氏及克氏锥虫、卡氏肺孢子虫和马来布鲁丝虫。

3.2.2.1　血吸虫基因组

血吸虫病是一种"被忽视的"热带疾病，影响 76 个国家的超过 2 亿人。埃及血吸虫、曼氏血吸虫、日本血吸虫、间插血吸虫、湄公血吸虫是寄生于人类引起血吸虫病的 5 种血吸虫类型。澳大利亚墨尔本大学、华大基因等单位的研究人员联合利用先进的 Illumina 测序技术完成了对埃及血吸虫的全基因组测序，获得了大小约为

385Mb 的基因组序列，覆盖深度达 74 倍。此外，还进一步展开了血吸虫基因组注释、比较基因组学、基因组进化等各种相关的生物学分析。这些研究为开展血吸虫疾病的基础研究提供了重要的资源，对防治此类疾病具有极其重要的意义。

3.2.2.2　HIV 基因组

一般而言，病毒的基因组小，在基因组早期研究中常作为实验材料。1977 年完成了噬菌体 DNA 的全基因测序，其也是最早进行基因组测序的生物体。此后，很多病毒相继完成了全基因测序。除一般大小的病毒已完成了基因组测序，对大基因组病毒，如 0.125Mb 的疱疹病毒科水痘病毒基因组和 0.229Mb 的巨细胞病毒基因组也已完成了测序。我国已对痘苗病毒天坛株（约 0.2Mb）进行了全基因测序，发现与国外的痘苗毒株序列有明显的差异。我国还对甲、乙、丙、丁、戊、庚型肝炎病毒进行了国内毒株的全基因测序。近来还对国内发现的 2 株虫媒病毒毒株完成了全基因测序。我国从不同来源的标本中发现了不少乙肝病毒变异株，有的具有特殊的生物学特性。通过对病毒基因中调控因子的分析，发现了与乙肝病毒增强子作用的新细胞核因子。

人类免疫缺陷病毒（HIV）是一种核糖核酸（RNA）病毒。RNA 是 HIV、流感病毒等病毒的基础。这些病毒没有 DNA，完全靠 RNA 携带并执行遗传指令，使病毒能够侵略并征服其宿主细胞。DNA 的编码信息几乎全部存储于 DNA 序列的基本构成单元核苷酸之中，而 RNA 则会折叠成错综复杂的形状结构，其编码信息的解析更显复杂。美国北卡罗来纳大学研究人员通过使用一种新的成像技术，首次破译出完整的 HIV 基因组结构。这对于了解人类艾滋病具有普遍意义，将有效推进抗艾滋病药物和抗流感病毒药物的研发。

上海公共卫生艾滋病检测专家运用一种称为 HIV 核酸检测的方法，同时对病患感染过程中数以百计的病毒变种进行测序。这些数据方便研究人员更深和更敏感地认识艾滋病毒感染患者循环系统中突变株的复杂性，以及随着时间的推移每一种突变株是如何发展的。这些基因数据结合详细的免疫分析使得研究人员能综合评价在艾滋病毒感染的关键急性期内病毒与宿主之间的相互作用。这项研究中的一部分基因组学和计算开发工具使研究人员了解艾滋病毒的完整基因组，以前所未有的分辨率确定病毒的遗传变异，使我们能够在患者体内获得有关病毒在感染过程中是如何改变的详细信息。更准确地了解艾滋病毒在患者体内演变、HIV的突变可能为设计出能遏制和可能完全治愈感染患者的疫苗提供新思路。

3.2.2.3　SARS 病毒基因组

SARS 病毒由一种相对稳定的 RNA 病毒特有蛋白质（RNA-dependent RNA polymerase）和另外 5 种蛋白质组成。RNA 特有蛋白质在 SARS 病毒中所占比例为 2/3，是所有病毒都具有的维持其活性的基本蛋白质，它的变异性不大。中国科学院北京基因组学研究所通过与军事医学科学院的合作，完成了对取自北京 SARS 患者的一株冠状病毒的全基因组测序。这是继加拿大、美国和香港科学家完成同 SARS 有关的 4 株冠状病毒全基因组测序之后的又一重要成果。

2004 年在沙特阿拉伯出现了一种新型冠状病毒，导致 3 名患者中的 1 人死亡。这种新型病毒与蝙蝠体内的病毒有密切联系。研究人员对 HCoV-EMC/2012 病毒进行了测序研究，分析了该病毒与其他病毒的关系及其潜在来源。这一测序分析的结果将有助于人们对这一新兴病毒进行治疗。HCoV-EMC/2012 病毒基因组测序达到了 90%的覆盖度，该病毒分入 *Betacoronavirus* 属，在已测序的病毒中与它亲缘最近的是 BtCoV-HKU4 和 BtCoV-HKU5，这两种病毒分别分离自亚洲的扁颅蝠（*Tylonycteris pachypus*）和普通伏翼蝠（*Pipistrellus abramus*）。HCoV-EMC/2012 与 BtCoV-HKU5 病毒序列只有 77%的相似度，这样的差异使其完全有资格被称为新型病毒。该研究除了有助于探明新病毒来源及其与疾病的关系，还能帮助人们对这类病毒进行深入研究，例如，可以人工合成病毒基因组，在实验室内构建病毒，以研究其毒力来源。同时一个注释良好的基因组将为人们提供很大帮助，来开发合适的诊断治疗方法并生产相应疫苗。

3.2.2.4 流感基因组

禽流感是由正黏病毒科中的 A 型流感病毒引起的一种禽类感染和疾病综合症。H_9N_2 亚型禽流感病毒（avian influenza virus，AIV）一般呈低至中等毒力，但由于其分布广泛、能造成宿主的免疫抑制以及可以与其他致病微生物协同作用，因此它对养禽业的危害仍然不可忽视，尤其是 1999 年以来发生多例 H9N2 亚型 AIV 感染人的事件，其公共卫生意义更引起世界关注。

美国敏感症和传染疾病国家研究中心（NIAID）近期宣布与其他几个研究机构合作启动“流感基因组测序计划”。这个项目将帮助研究人员了解有关病毒的进化、散播和疾病的引发等多个方面的信息。研究将可能使每年流感的破坏性降到最低并且增加人们对流感病毒暴发的了解。“流感基因组测序计划”已完成了 2000 多种流感病毒的基因组测序工作，有关数据全部开放使用，将有助于各国科研人员开发新的流感治疗方法和流感疫苗。完成基因组测序的病毒既有人类流感病毒，也包括禽类流感病毒，病毒样本取自世界各地。病毒的基因组测序数据将纳入美国的互联网基因测序公共数据库“基因银行”，供各国科研人员通过网络免费获取使用。2009 年 5 月 10 日，中国内地分离出首株甲型 H1N1 流感病毒，经过序列分析比较，该株甲型 H1N1 流感病毒与美国、墨西哥分离的甲型 H1N1 流感病毒高度同源，表明其为同一类病毒，并没有发生变异。

新型流感病毒的出现是由于流感病毒的抗原产生小改变（突变）和大改变（基

因重组），而这些改变都在宿主细胞内进行，主要突变方式有插入突变、缺失突变和错义突变。对于禽流感病毒来说同样存在着基因重组，基因重组多发生在病毒基因组需大量复制时，由正股 RNA 转录成负股 RNA 的过程也极易发生基因重组。通过基因组的深度测序，可以了解流感病毒基因组中发生的变异或遗传重组，对于解析新的流感病毒的致病性具有重要的参考价值。

3.2.2.5　美国白蛾核型多角体病毒基因组

贡成良等（1999）研究完成美国白蛾核型多角体病毒 CP 基因的核苷酸序列测定以及蛋白质的一级结构特征分析；测定了美国白蛾核型多角体病毒几丁质酶基因核苷酸序列；2000 年对美国白蛾核型多角体病毒半胱氨酸蛋白酶、几丁质酶基因进行失活分析，得出 CP、ChiA 两基因失活后可延长细胞持续表达外源基因的时间的结论。2006 年，Ikda 等（2006）完成美国白蛾核型多角体病毒全基因组序列的测定，HcNPV 基因组序列全长 132 959bp，G+C 含量为 45.1%，有 148 个可读框，编码 50 多种多肽。因拥有 INPVs 组群中特有的基因以及近缘关系，推断 HcNPV 属于 INPVs 组群，与 CfMNPV 和 OpMNPV 相似。完成美国白蛾核型多角体病毒全基因组序列，大大推进了美国白蛾核型多角体病毒的分子生物学研究。

3.2.2.6　庆网蛱蝶转录组

Vera 等（2008）利用 454 测序方法，对具有重要生态学意义但尚无基因组数据的庆网蛱蝶（*Melitaea cinxia*）进行了转录组初步分析（*de novo* transcriptome analysis），获得了 48 354 个迭连群（contig）和 59 943 个独立片段（singleton），从中鉴定了约 9000 个基因，并发现大量单核苷酸多态性（single nucleotide polymorphism，SNP）位点，为深入研究该物种的适应和进化机制奠定了基础。

3.2.2.7　薇甘菊转录组

方晓婷采用第二代高通量测序技术（Illumina GAII），以薇甘菊作为研究对象来进行转录组水平上的拼接和组装，并进一步探讨其入侵特性的分子基础。获得了 3200 万对可读序列（read）并采用多种拼接方法进行整合，成功组装了 51 782 条平均长度为 734nt、最大长度达到 7324nt 的参考转录本拼接序列，72.9% 的特异组装序列与 NCBI 数据库里的序列具有显著同源性，其中 25 478 条序列能够进行基因分类（gene ontology assignments），为研究入侵杂草提供了表达基因的序列数据。

3.2.2.8　紫茎泽兰转录组

聂小军利用 Illumina GAIIx 测序平台对原生地和入侵地紫茎泽兰的叶转录组进行了 *de novo* 测序，并通过生物信息学工具进行序列拼装，共获得了 127 189 个独立基因（unigene），平均基因长度为 702bp；通过基因注释（gene ontogeny，GO）可以将 41 481 个独立基因注释到 3 大类 65 亚类的 GO 分类上，COG 分析可以将 17 498 个独立基因注释到 25 种 COG 功能类型，主要功能包括细胞信号转导、次生物质生物合成、细胞代谢等；KEGG 分析能把 18 306 个基因定位到 297 个代谢通路中，包括信号转导、物质代谢和次生代谢产物生物合成等。根据转录本表达丰度分析（RPKM 值），共筛选出 9495 条差异表达的基因，这些基因可能与紫茎泽兰的入侵和适应进化相关，GO 富集和 KEGG 富集分析发现这些基因的功能主要集中在次生代谢物生物合成和植物信号转导。

3.2.3 基因克隆及表达调控研究

细胞色素 P450 是一类具有混合功能的血红素氧化酶系，从简单的细菌到高等动植物普遍存在，参与生物界多种重要的代谢过程。细胞色素 P450 在植物界广泛分布，具有非常重要而复杂的功能，可以催化许多次级代谢反应，根据其功能可以分为两大类型，即具生物合成功能的 P450 和具代谢解毒功能的 P450。P450 生物合成酶广泛参与植物次生代谢产物，如木质素中间物、紫外防护素、色素、防御物质等化合物的合成，在植物与环境相互作用的进化过程中，不断提高植物对环境的适应，增强植物的抗病性和抗虫性，提高种间竞争能力。

在时间向度上考察生命进化的历史和在生物组织不同层次上考察生物进化现象，是进化研究的两个相互补充的途径。已知众多昆虫细胞色素 P450 家族中以 CYP6 家族与杀虫剂抗性关系较为密切，蚊虫 CYP6 家族在亚家族、亚家族成员以及各成员等位基因变异体三个层次上均存在着多样性现象。此种多样性一方面与其参与杀虫剂抗性有着一种天然的联系，另一方面也是其进化的证据。因此探讨昆虫 CYP6 家族成员分子进化机制对正确理解其多样性形成的原因以及其参与杀虫剂抗性的分子机理具有极其重要的意义，同时也为生物进化理论提供可靠依据。

细胞色素 P450 系谱树分析表明，白纹伊蚊 CYP6N3 基因与来自冈比亚按蚊的 CYP6N1、CYP6N2（Ranson et al.，1999，个人通讯）亲缘关系比来自致倦库蚊的 CYP6E1、CYP6F1 亲缘关系要近，提示白纹伊蚊 CYP6N3 基因可能比致倦库蚊的 CYP6E1、CYP6F1 基因更古老。

基因重复是生物基因组进化的一种重要方式，是产生新基因和新生化代谢途径的最重要的机制，同时对具有相似功能的基因家族的形成及进化过程中基因功能的改进和完善也很重要。因此强烈提示这 3 个 CYP6N 亚家族式基因是通过整个 CYP6N3 基因座的新近复制而产生。可以想象，正是由于此种基因复制机制，才使得昆虫在外部环境的选择压力下，通过几亿年的漫长进化，分化出 CYP6 家族，并呈现出越来越广泛的多样性。

3.3　细胞遗传学方法

3.3.1　染色体核型分析

染色体核型分析是根据染色体的长度、着丝粒位置、臂比、随体的有无等特征，并借助染色体分带技术对某一生物的染色体进行分析、比较、排序和编号。其分析以体细胞分裂中期染色体为研究对象。染色体核型分析一般有 4 种方法，即常规的形态分析、带型分析、着色区段分析和定量细胞化学方法。下面分别对这几种方法作简单介绍。

3.3.1.1　常规的形态分析

选用分裂旺盛细胞的有丝分裂中期的染色体制成染色体组型图，以测定各染色体的长度（μm）或相对长度（%）、着丝粒位置及染色体两臂长的比例（臂比），鉴别随体及副缢痕的有无作为分析的依据。

3.3.1.2　带型分析

显带技术是通过特殊的染色方法使染色体的不同区域着色，使染色体在光镜下呈现出明暗相间的带纹。每个染色体都有特定的带纹，甚至每个染色体的长臂和短臂都有特异性。根据染色体的不同带型，可以更细致而可靠地识别染色体的个性。

3.3.1.3　着色区段分析

染色体经低温、KCl 处理和酶解、HCl 或 HCl 与乙酸混合液体处理等步骤后制片，能使染色体出现异固缩反应，使异染色质区段着色可见。在同源染色体之间着色区段基本相同，而在非同源染色体之间则有差别。因此用着色区段可以帮助识别染色体，作为分析染色体组型的一种方法。

3.3.1.4　定量细胞化学方法

根据细胞核、染色体组或每一个染色体的 DNA 含量以及其他化学特性去鉴别染色体。如 DNA 含量的差别一般能反映染色体大小的差异，因此可作为组型分析的内容。

染色体核型分析有助于探明染色体组的演化和生物种属间的亲缘关系，对于遗传研究与人类染色体疾病的临床诊断也非常重要。

3.3.2　染色体显带

据 1888 年 Waldeyer 的解释，染色体这一名称在希腊语中的意思是"带颜色的物体"（colored body）。根据染色体生物学中采用的现代技术（许多技术使用了多色荧光），这是一个早成的恰当的术语。这种"带颜色的物体"由称为染色质的 DNA—蛋白质混合物组成。染色体在细胞周期的中期得到了最大限度的浓缩，在此阶段，一个典型的哺乳类动物染色体较之 DNA 双螺旋分子压缩了约 10 000 倍。因此，这样的染色体可以作为独立的实体通过光学显微镜观察到。

染色体显带之所以适用于作为研究各种生物学材料（包括同种不同细胞类型以及不同种属）的基因组结构的技术，在很大程度上依赖于中期染色体易于分离并展开以进行显微镜分析。采用可破坏纺锤体微管的毒物如秋水仙素或秋水酰胺，可使细胞停滞于分裂中期。

常用的染色体显带技术所显示的带有 Q 带、G 带、R 带、C 带、T 带、Cd 带、G—11 带、N 带（包括 Ag—NOR）、BrdU 带（包括 SCD）和高分辨显带等。就每一种显带技术而言，每一染色体的带型是高度专一和恒定的。Q 带技术是 1968 年瑞典细胞化学家卡斯珀松（Caspersson）建立的，所显示的是中期染色体经芥子喹吖因染色后在紫外线照射下所呈现的荧光带，这些区带相当于 DNA 分子中 AT 碱基对成分丰富的部分。

G 带即吉姆萨带，是将处于分裂中期的细胞经胰酶或碱、热、尿素等处理后，再经吉姆萨染料染色后所呈现的区带。C 带又称着丝粒异染色质带，由 Pardue 在 1970 年建立，是将中期染色体先经盐酸、后经碱（如氢氧化钡）处理，再用吉姆萨染色，显示的是紧邻着丝粒的异染色质区。R 带是中期染色体不经盐酸水解或不经胰酶处理的情况下，经吉姆萨染色后所呈现的区带，所呈现的是 G 带染色后的带间不着色区，故又称反带。T 带又称端粒带，是染色体的端粒部位经吉姆萨和吖啶橙染色后所呈现的区带，典型的 T 带呈绿色。

20 世纪 70 年代后期，由于细胞同步化方法的应用和显带技术的改进，因而可获得更长、带纹更为丰富的染色体，这种染色体称为高分辨染色体。例如，1975 年以后，美国细胞遗传学家龙尼斯（Ronneys）等建立了高分辨显带法，先用氨甲蝶呤使细胞分裂同步化，然后用秋水酰胺进行短时间处理，使之出现大量的晚前期和早中期的分裂相。

早期染色体比正中期染色体长，显带后可制出分带细、带纹更多的染色体。例如在早期分裂相可显示 555~842 条带，晚前期可显示 843~1256 条带，而从早前期获得的更长的染色体上可显示出 3000~10 000 条具有更高分辨程度的带型。高分辨技术能为染色体及其畸变提供更多的细节，有助于发现更多细微的染色体异常，可对染色体的断裂点作更为精确的定位，这些对基因图的详细绘制有重要价值。

总之，无论在细胞遗传学和遗传学理论研究中，还是在医疗诊断、动植物育种等方面，分带技术都是一种用途广泛的重要技术。

3.3.3　化感效应及毒副作用分析

外来植物一旦侵入某种生境，会很快形成单一优势群落，这与它们具有化感作用特性，从而能在竞争中处于优势地位密切相关。如豚草可释放酚酸类、聚乙炔、倍半萜内酯及甾醇等化感物质，对禾本科、菊科等一年生草本植物有强的抑制和排斥作用。有些外来入侵植物能够产生有效的化学物质以防御动物的取食和微生物的侵染，从而增加其入侵能力，如飞机草可合成和释放次生化学物质对昆虫和真菌产生忌避或抑制作用；腺凤仙花之所以迅速入侵是因为其能比当地灌木种多分泌 5 倍以上的花蜜吸引蜜蜂，增加了其传粉机会和繁殖优势。最近的研究证明：大多数能够入侵的外来植物都具有化感作用，有时甚至起主导作用，如在对北美入侵杂草 Centaurea maculosa 和土著种 Festuca idahoensis 的种间作用关系研究中发现，两者虽然都具有较强的竞争能力，但由于入侵种还可以从根部分泌化感物质，最终排挤了土著种 F. idahoensis，若在两种植物混合群落的土壤中用活性炭减少 C. maculosa 根部分泌的化感物质，则其入侵能力也会降低，这充分说明化感作用在 C. maculosa 入侵过程中的重要作用。

植物化感作用的研究愈来愈受到重视并不断取得进展，但是其中呈现的问题和误区也是不容忽视的。当前的植物化感作用研究必须以新的角度和思路找准真正值得探讨的科学问题，并以可靠的研究方法取得强有力的证据，阐明植物化感作用的机制。

目前化感作用研究主要采用植物根尖细胞有丝分裂抑制、微核形成、染色体变异等细胞学方法以及根尖生长和种子发芽抑制来确定化感作用的影响。有丝分裂指数、微核千分率及各染色体畸变类型的畸变率是常有的统计指标，种子发芽和根尖生长情况主要以种子发芽率和根尖长度与对照组进行比较来确定。

采用蚕豆根尖微核试验研究植物化感效应的步骤如下：选择饱满、大小均匀的蚕豆种子在蒸馏水中浸泡 24h，置入具有纱布的培养皿中室温培养 2～3d，每 24h 用水冲洗 1 次，换水培养；选择根长约 1.0～1.5cm 整齐一致的蚕豆随机分组，放入大小相同的培养皿中，每皿 10～13 颗，加入 25mL 不同浓度（分别为 0.0050g/mL、0.0075g/mL、0.0100g/mL、0.0250g/mL，蒸馏水为对照）的地上部分、叶、茎以及花水浸提液，处理 24h；每处理重复 3 次，恢复培养 24h；于上午 9：00 切下 1cm 左右根尖，卡诺氏固定液（无水乙醇：冰醋酸=3：1）固定 24h；转入体积分数为 70% 的乙醇中 4℃保存。

常规制片参照杨昌凤、涂传馨的方法。用 1mol/L 盐酸：45%冰醋酸＝2∶1 混合液解离 10～15min，石炭酸品红染液染色，压片镜检。每个处理观察 10 个根尖，每个根尖观察 1000 个细胞，记录分生区细胞总数和分裂期的细胞数以及带有微核的细胞数。用带有照相装置的光学显微镜（如 Olympus BH-2）观察拍照。计算细胞有丝分裂指数（MI/%）、微核千分率（MCN/‰）以及染色体畸变率（CAF/%）。这几个统计参数的计算方法如下：

$$有丝分裂指数(MI) = \frac{进行分裂的细胞数}{所有观察的细胞总数} \times 100\%$$

$$微核千分率(MCN) = \frac{具有微核的细胞数}{所有观察的细胞总数} \times 1000‰$$

$$染色体畸变率(CAF) = \frac{染色体畸变细胞数}{所有观察的细胞总数} \times 100\%$$

化感效应敏感指数（RI）计算方法参照 Williamson 等的方法：

$$RI = 1 - C/T$$

式中，C 分别为有丝分裂指数、微核千分率、染色体畸变率对照值，T 分别为有丝分裂指数、微核千分率、染色体畸变率的处理值，RI 为化感作用效应。化感作用综合及整体效应以各参数的化感效应敏感指数绝对值的算术平均值表示。

3.4　生物信息学与基因组学方法

3.4.1　基因组信息资源

人类基因组计划促进了基因组信息资源的发展，同时推动了有效的信息分析工具的层出涌现，构建适合于基因组研究的数据库已经成为比基因组计划本身还重要的事情。建立生物信息数据库是存储基因组相关信息的重要步骤，当前在因特网上可以找到与基因组信息相关的大量重要数据库、服务器。目前，已经有美国的 GenBank，欧洲的 EMBL 和日本的 DDBJ 等国际性 DNA 数据库，用户可以通过光盘或其他存储媒体以及 Internet 获得数据库中的序列，包括最新的序列。蛋白质的一级结构也建立了相应的数据库，其中著名的有国际蛋白质序列数据库（PIR）和欧洲管理的 SWISS-PROT 等。迄今为止，已经有 6 000 种以上蛋白质的空间结构被阐明，记录这些详尽空间结构的数据库为美国的 PDB。美国国立图书馆生物技术信息中心（National Center for Biotechnology Information，NCBI）的 Entrez 不但有序列数据库，还有大量的文献信息。除了这些主要的大型数据库之外，还有相对较小的专门性数据库，如 Gen-ProEc 为大肠杆菌基因和蛋白质数据库。这些信息各异的数据库，由 Internet 连接构成了极其复杂的、规模巨大的生物信息资源网络。

　　数据库的建立使基因组学或蛋白质组学研究产生的大量数据从输入、储存、加工至调取，均能进行迅速和有效的控制。计算机网络实现了数据库之间的联系和数据的全球化。应用分析软件能够对大规模的已知数据进行分析，如序列相似性分析、电泳成像及图谱分析等，还能够以已知数据为基础，对未知数据进行预测，如用 DNA 序列预测蛋白质序列、用蛋白质序列顶测其结构和功能等。

　　生物信息学伴随着生命科学的发展而发展，其数据库建立和应用软件开发日益成熟，已广泛应用于包括蛋白质组学在内的各个领域，同时基因组学和蛋白质组学的研究也依赖于生物信息学的辅助。例如，在双向凝胶电泳后首先通过成像和图像处理获得双向凝胶电泳图，然后既可以直接通过网络进入双向凝胶电泳图库进行检索，也可以通过分析软件获取不同生理或病理条件下双向凝胶电泳图的改变，及目标蛋白质斑点的参考等电点（pI）和分子量（Mr）。如果要进一步鉴定某些蛋白质斑点，需要将相应蛋白质点切割、消化后进行质谱分析。质谱分析的结果需要应用软件分析处理，然后不论是"肽指纹图谱"还是"肽序列标签"，都必须对相应数据库进行检索，才能获得所需蛋白质的鉴定资料。之后如果需要进行更深入的功能研究，还可利用数据库和应用分析软件进行二级结构预测和功能预测。

3.4.2　入侵物种基因组研究

　　随着近年来新一代高通量测序技术的发展，从基因组层面探讨外来物种入侵性相关的分子基础、认识入侵性表达的分子调控机制、揭示外来种成功入侵的机理和"后适应"进化机制已成为可能，并由此促进了"入侵植物基因组学"（invasive plant genomics）的发展，Stewart（2009）主编的专著《杂草性和入侵性植物的基因组学》（Weedy and Invasive Plant Genomics）标志着基因组研究已经成为入侵生物学的重要方向。

　　入侵物种基因组学的研究才刚起步，加上某些方面条件的限制，对所有入侵种进行全基因组测序存在一定的难度（Chao et al.，2005）。随着新一代测序技术和生物信息学分析工具的发展，单个物种基因组序列数据以及功能信息的获得必将更加全面且便捷。利用同源序列比对等方法，参照同科属模式物种的基因组信息，通过综合分析可获得入侵种中相应基因的功能及可能的表达调控途径。最近开展的一些杂草 DNA 芯片的研究（Lee and Tranel，2008）可用于获取其他入侵物种（尤其是其近缘种）的基因组信息、了解特定基因的功能作用以及基因表达调控机制，有利于深入认识生物入侵的分子基础。

　　从研究现状看，生物入侵性研究的基因组学方法可归为 3 种：比较基因组学

（comparative genomics）、功能基因组学（functional genomics）和表观基因组学（epi-genomics）。

3.4.2.1　核 DNA C 值

近年来，人们发现 DNA C 值变化与生物对环境的适应性密切相关。DNA C 值与细胞大小、体积、重量、发育速率等细胞水平上的表型特征存在正相关关系，这些与核型相关的 DNA C 值的影响效应，可扩展到多细胞生物体的发育速率，在生物生活史的各个阶段起作用。DNA C 值指的是一个物种单倍体配子核中所包含的 DNA 量，该值具有种的稳定性和特异性，可以作为每种生物的特征值。同一物种的 DNA C 值大小稳定，不同物种的 DNA C 值有明显差别，即使是近缘种有时也会有较大差异。例如，木本植物和草本植物之间、单子叶与双子叶植物之间、一年生和多年生植物之间，特别是在不同的科之间，植物的 DNA C 值存在较明显的差异。非编码的、自私的 DNA 大量复制扩增也可以造成有些被子植物姐妹种间表现出极大的 DNA C 值差异。基因组 C 值大小与外来物种入侵有密切关系。由于在不同物种之间，DNA C 值差异很大，因此，根据 DNA C 值预测外来物种的入侵性，应该严格地限于同一科（或属）内的相关物种间的比较。

在同一科、属中，与非杂草相比，典型杂草的 DNA C 值往往偏小。核 DNA C 值大小会影响植株的生理性状，如生活史、种子大小、幼苗生长时间长短，从而使某些植物具有更强的入侵特性。一些世界性分布的杂草比其他植物具有更低的核 DNA C 值，恶性杂草更为明显；在澳大利亚的千里光属（*Senecia*）和印度的金合欢属（*Acacia*）植物中，外来入侵种比同属其他种类具有较低的核 DNA C 值，松属（*Pinus*）植物也有类似现象。婆婆纳（*Veronica didyma*）、细叶芹、印度薄菜、假稻、北美车前、熊耳草、霍香蓟、裂叶牵牛等植物具有比较低的核 DNA 含量，低于世界恶性杂草的核 DNA 含量的平均值，反映出这些植物可能具有较强的入侵能力，这与实际情况比较符合。但是也发现野燕麦、金狗尾、苏门白酒草、加拿大一枝黄花的核 DNA 含量与近缘非入侵种的相近，或者高于后者。

有证据显示，核 DNA C 值大的物种往往存在更大的灭绝风险（Vinogradov，2003），可能与其需要消耗更多的资源有关。DNA C 值大的物种在进行细胞分裂时需要更多的核苷酸原料。在一些濒危物种中发现，配子染色体基数很大，导致 DNA C 值增大；而有些入侵性很强的物种如蚂蚁，其染色体数目很少，DNA C 值也小。较低的核 DNA 含量和短的世代时间则有助于其快速繁殖和扩张，增加生物入侵成功的机会，因此核 DNA C 值与生物的入侵性有一定关系。一些研究结果表明，入侵种的基因组显著小于同科、属非入侵种的基因组，而与归化非入侵种的基因组无显著差异，由此推测小的基因组有助于外来种的归化过程。目前确实已发现部分外来入侵种（如紫茎泽兰、飞机草、假臭草、三叶鬼针草以及刺花莲子草）的核 DNA C 值显著低于同属本地种（如泽兰属的多须公，鬼针草属的金盏银盘、婆婆针，莲子草属的莲子草）。Lavergne 等（2010）的研究结果也显示入侵北美的藕草（*Phalaris arundinacea*）的基因组比其欧洲祖先的要小。但也发现一些例外，如草胡椒属外来入侵种草胡椒（*Peperomia pellucida*）的核 DNA C 值显著高于同属本地种蒙自草胡椒（*P. heyneana*），莲子草属另一种外来入侵种喜旱莲子草（*A. philoxeroides*）的核 DNA C 值显著高于同属本地种莲子草。

3.4.2.2　多倍体

　　自 20 世纪 30 年代以来，染色体数目、大小和倍性在细胞水平的变化被认为可能与外来物种入侵性相关，因为染色体数目和倍性的变化是物种在细胞水平上的一种表观遗传变异形式，加上染色体结构大小的变化而产生的细胞水平累积效应，有可能在整体水平上使外来物种对环境的适应能力增强，从而决定外来物种的分布范围，因此染色体数目、大小和倍性变化与入侵性相关。在自然界，多倍体在植物中普遍存在，许多有关多倍体与外来物种入侵性的研究就采用了植物作为研究材料。董梅等（2006）研究发现，加拿大一枝黄花（*S. canadensis*）拥有二倍体、四倍体、六倍体等多种倍性。Chen 等（2010）对 3676 种被子植物的统计分析表明，杂草中多倍体与二倍体的比值（0.65）较非杂草（0.28）明显高。在一些特定的案例中，那些在原产地包含多个染色体倍性的复合种，在入侵地仅仅发现高倍性的分类群，表明染色体倍数的增加对入侵植物的环境适应有利。例如，虎杖（*Fallopia japonica*）在原产地亚洲就是一种高倍性的杂草，有四倍体、六倍体和八倍体三种细胞型，入侵美洲与欧洲的虎杖主要是八倍体（Bailey et al.，2007）。千屈菜（*Lythrum salicaria*）在原产地存在二倍体、四倍体和六倍体三种细胞型，而在入侵地北美洲仅发现四倍体（Kubátová et al.，2008）。类似的结果也发生在入侵欧洲的巨大一枝黄花（*Solidago gigantea*）（Schlaepfer et al.，2008）。Schlaepfer 等（2008）研究了原产地和入侵地的巨大一枝黄花（*Solidago gigantean*）的染色体多倍性现象，发现该植物在入侵地仅以四倍体类型存在，而在原产地具有多种倍性。出现这种现象的原因是入侵地的新环境对巨大一枝黄花构成了很强的选择压，四倍体可能因具有很强的适应性而被自然选择保留下来，而其他类型则被淘汰掉。入侵过程就像一个"过滤筛"，将某些遗传类型过滤掉，而保留下特定的多倍体类型。

　　最近的研究表明，各种物种的自然种群中出现的染色体多倍化可以产生大量的表观遗传变异。表观遗传变异是影响基因表达的一种调控方式，而且这种遗传调控方式可遗传给子代细胞或个体。染色体多倍化可以引起一些重要的表观遗传特性发生变化，包括遗传学和细胞学上的二倍化、基因加倍后表达的多样性以及基因组间的相互协调。如三倍体的稻水象甲与其二倍体近亲明显不同，表现出很强的入侵性特征。

有资料显示，很多入侵植物在自然环境中有多倍体存在，并且表现出基因组 C 值变小的现象。染色体倍性变异通过影响细胞 DNA 含量和基因组大小引起表观遗传变化，明显增强了物种对新环境的适应能力。研究表明，几乎所有开花植物都曾经发生过染色体多倍化事件，这种进化上的共性表明多倍体进化与物种选择有密切的关系。多倍化并非简单的染色体加倍，而是同时伴随着基因组结构的巨大改变，有的重复基因可能发生选择性丢失，同时也可能产生具有新功能的基因，因此多倍化会大大增加物种的遗传多样性，以及物种对恶劣环境的适应能力。Pandit 等（2006）对新加坡的多种入侵植物如假含羞草（*Neptunia plena*）、大黍（*Panicum maximum*）和巴拉草（*Urochloa mutica*）等进行研究，发现这些植物的染色体普遍存在多倍化现象，暗示染色体的多倍化可以使外来物种更具有入侵性，多倍化也为外来物种在新环境下的适应性进化提供了细胞遗传学证据。在入侵我国华东地区的许多杂草中，普遍存在多倍化现象，如紫叶酢浆草和金狗尾的染色体为五倍体，刺果毛茛的染色体则为六倍体，半夏具有四倍体的遗传组成等。喜旱莲子草（*Atlernanthera philoxeroides*）体细胞染色体数 $2n=96$，属六倍体（$2n=6x=96$），染色体基数 $x=16$。各染色体间形态差异不明显，表明导致喜旱莲子草成功入侵的可能原因是表观遗传变异。

此外，异源多倍体现象也常存在于有些入侵物种中。自然界中近缘物种之间的杂交不仅是创造异源多倍体的重要途径，同时也架起了近缘物种之间基因流的桥梁。由欧洲米草（*S. maritima*）与其近亲互花米草（*S. alterniflora*）杂交后经过染色体加倍形成的大米草（*Spartina anglica*）为我们提供了入侵物种异源多倍化现象的例证。大米草具有其欧洲双亲的染色体，比其欧洲亲本具有更强的环境适应能力和繁殖扩张能力。除此之外，入侵植物与土著物种发生远缘杂交，也可能形成新物种，但首先形成的新物种必须具有较强的适应能力。假高粱就是通过远缘杂交形成的，其染色体组成与原物种有所不同。假高粱的染色体数目为 $2n=34$，与原产地同物种（$x=10$）相比，染色体数目发生了变化，其核型公式为 $2n=2x=34=24m$（2SAT）$+10sm$，为异源四倍体，核型类型为 2B 型，与核型为 2A 型的高粱相比，二者的染色体数不成倍性关系，表明该假高粱种可能是由入侵种假高粱和禾本科其他植物通过远缘杂交形成的新变种。

据报道，在海南地区的 6 个银胶菊居群的染色体数目为 $2n=34$，在巴基斯坦的银胶菊居群的染色体数目为 $2n=36$，在广西和云南的银胶菊居群均有 $2n=32$ 的染色体出现。这说明为了适应不同的环境，银胶菊的染色体数目在一定程度上发生了改变，在核型上已经产生了分化。通过研究发现泽兰族在进化的过程中，其染色体数目在不断减少。通过对假泽兰属植物进行染色体组型分析表明，在假泽兰属内存在多种不同倍型，并且发现假泽兰属在进化过程中，其染色体组型朝着不均衡的方向发展。假泽兰属在进化的过程中 DNA 数量减少或增加可能导致这种不均衡发展。研究发现，薇甘菊和假泽兰具有不同的倍型，并且研究发现了薇甘菊在其最大的染色体中有异染色质的增加。目前，对全世界危害很大的杂草有很多。研究发现，世界危害最严重的 30 种入侵杂草的染色体都是多倍体（表 3-1）。

表 3-1　世界危害最严重的入侵杂草的染色体组倍性

种名	中文名	属染色体基数	染色体数目	染色体组倍性
Amaranthus hybridus L.	绿穗苋	$x=8$	$2n=32$	多倍体
Amaranthus spinosus L.	刺苋	$x=8$	$2n=34$	多倍体
Avena fatua L.	野燕麦	$x=7$	$2n=42$	多倍体
Chenopodium album L.	藜	$x=6/9$	$2n=54$	多倍体
Convolvulus arvensis L.	田旋花	$x=7\sim15$	$2n=50$	多倍体
Cynodon dactlon（L.）Pers.	狗牙根	$x=9/10$	$2n=36/40$	多倍体
Cyperus esculentus L.	油莎草	$x=5\sim60$	$2n=108$	多倍体
Cyperus rotundus L.	香附子	$x=5\sim60$	$2n=108$	多倍体
Digitaria sanginalis（L.）Scop.	马唐	$x=9$	$2n=28/36/54$	多倍体
Echinochloa colonum（L.）Link	光头稗	$x=9$	$2n=36/54$	多倍体
Echinochloa crus-galli（L.）Beauv	稗	$x=9$	$2n=36/54$	多倍体
Eichhornia crassipes（Mart.）Solms.	凤眼莲	$x=8$	$2n=32/64$	多倍体
Eleusine indica（L.）Beauv.	牛筋草	$x=9$	$2n=18/36$	多倍体
Imperata cylindrical（L.）Beauv.	白茅	$x=5/10$	$2n=20$	多倍体
Paspalum conjugatum Berg.	两耳草	$x=10$	$2n=60/80$	多倍体
Portulaca olerxaea L.	马齿苋	$x=9$	$2n=54$	多倍体
Rottboellia exaltata L.	筒轴茅	$x=9/10$	$2n=36/40$	多倍体
Sorghum halepense（L.）Per.	假高粱	$x=10$	$2n=40$	多倍体
Ambrosia artemisiifolia	豚草	$x=9$	$2n=24/36$	多倍体
Trifolium	三叶草	$x=8/16$	$2n=14/16/32/48$	多倍体
Cactaceae	仙人掌	$x=11$	$2n=22/44/66$	多倍体
Lantana camara	马缨丹	$x=11$	$2n=22/33/44/55/66$	多倍体
Neptunia plena	假含羞草	$x=7/9/13$	$2n=72/78$	多倍体
Panicum maximum	大黍	$x=4/5/7/8/9$	$2n=32$	多倍体
Urochloa mutica	巴拉草	$x=6/7/8/9/10$	$2n=36$	多倍体
Mimosa pigra	含羞树	$x=5/6/8/9/13$	$2n=26$	多倍体
Asystasia gangetion spp. micrantha	宽叶十万错	$x=6/7/11/13$	$2n=26$	多倍体
Spartina anglica	大米草	$x=7/9/10$	$2n=120/122/124$	多倍体
Solidago canadensis	加拿大一枝黄花	$x=9$	$2n=18/36/54/56$	多倍体
Alternanthera philoxeroides	喜旱莲子草	$x=16$	$2n=96$	多倍体

多倍化从表面上来看，会导致物种育性降低，特别是异源多倍体，由于染色体无法精确配对，导致无活性的配子形成。但自然界的许多物种通过无性繁殖的方式来补偿多倍化引起的育性下降，导致多倍体植物比其二倍体祖先具有更强的生命力、更广泛的适应性和更大的异地定居潜力，因而它们常比其二倍体近缘种分布更广泛，并能成功入侵和占据环境异质性更大的生境（Hegarty and Hiscock，2008）。例如，Treier 等（2009）研究了原产地和入侵地斑点矢车菊种群中 2000 多个个体的多倍性水平，发现入侵地以四倍体为主，而原产地则以二倍体为主；同时，四倍体植株更适应入侵地较为干旱的环境，且种子生产期更长，有利于其成功入侵。其他相关研究也得出了相似的结论（Henery et al.，2010）。

多倍体的形成对物种或群体的适应能力和入侵能力均有较大的影响。由于多倍体植物包含了双亲的基因组，比其二倍体亲本物种具有成倍增加的染色体数目，并且在多倍体形成的过程中经历了复杂的遗传重组，因此大多数多倍体植物不仅体型较大，而且往往会比其亲本种具有更强的适应性和竞争能力（Feldman and Levy，2009），所以多倍体植物成为入侵种的可能性要比其二倍体亲本种高得多（Prentis et al.，2008；Feldman and Levy，2009）。另外，多倍体形成之后，还可以与亲本物种或其他近缘物种再次产生天然杂交和遗传渐渗，进一步增强其杂种后代的入侵性。

尽管多倍体是否增强生态抗逆性的假设还需要更多试验证据支持，但前人的研究表明，多倍体与其二倍体在自然分布中常常占据不同生态位，具有明显的空间隔离现象。例如，四倍体千母草出现在从阿拉斯加南部至俄勒冈州中部被威斯康星冰川覆盖的地区，二倍体千母草仅出现在从俄勒冈州中部至加利福利亚州北部未被冰川覆盖的地区。类似的现象也出现在巨大一枝黄花。来自入侵植物的研究表明，许多外来种在入侵地会出现生活史特征的进化变化。例如，柽柳（*Tamarix ramosissima*）、贯叶连翘（*Hyperium perforatum*）、宾州苍耳（*Xanthium strumarium*）均在入侵地表现出生态型适应性。农田杂草因人工选择也已演化出一些特殊的生物型即作物生态型（agroecotypes），即能模拟农作物的生长和繁殖模式，从而避免在人为除草过程中被淘汰。

3.4.3　比较基因组分析

众多基因组学研究表明，如果生物之间存在很近的亲缘关系，这些物种基因组中的基因及其在染色体上的排列位置具有一定的相似性或同线性（synteny），即基因序列的部分或全部保守。这样就可以利用与模式生物基因组在编码顺序上和结构上的同源性，通过已知基因组的作图信息定位其他基因组中的基因，从而揭示基因潜在的功能，阐明物种进化关系及基因组的内在结构。

比较基因组学（comparative genomics）是在基因组图谱和测序的基础上，利用某个基因组研究获得的信息推测其他原核生物及真核生物类群中的基因数目、位置、功能、表达机制和物种进化的学科。利用模式生物基因组与其他物种基因组之间编码顺序和结构上的同源性，克隆目标基因，揭示基因功能和生物入侵性表型的相互关系，在生物入侵的研究方面具有重要作用。比较基因组学研究方法有比较作图和比较生物信息学两种。基本方法是先用相同的一套 cDNA 探针对不同物种进行作图，然后用生物信息学方法进行分析。现在发展成为用 DNA 序列来比较基因组的方法，尽管这对研究大多数物种基因组间的宏观共线性（macrosynteny）不太适用，但对研究部分区段的微观共线性（microcolinearity 或 microsynteny）还是有效的。

利用 FASTA、BLAST 和 CLUSTAL W 等序列比对工具，种间的比较基因组学能够让人们了解物种间在基因组结构上的差异，发现基因的功能、物种的进化关系，以及进行功能基因的克隆。种内的比较基因组学研究主要涉及个体或群体基因组内诸如 SNP、CNP 等变异和多态现象。比较基因组学的研究结果不但有助于深入了解生命体的遗传机制，揭示生命的本质规律，而且可以在基因组水平上揭示外来物种的入侵机制，丰富入侵基因组学的研究成果。

3.4.3.1　种间比较基因组学

通过对不同亲缘关系物种的基因组序列进行比较，能够鉴定出编码序列、非编码调控序列及给定物种独有的序列。而基因组范围之内的序列比对，可以了解不同物种在核苷酸组成、共线性关系和基因顺序方面的异同，进而得到基因分析预测与定位、生物系统发生进化关系等方面的信息。

种间比较基因组学为研究生物的复杂生理过程提供了理论依据和实验模型。通过对不同物种的基因组序列进行比较，能够鉴定出编码序列、非编码调控序列及物种特有的序列，也可以了解不同物种在核苷酸组成和基因顺序方面的异同，进而得到基因定位、进化关系等方面的信息。

种间比较基因组学以进化理论作为理论基石，当在两种以上的基因组间进行序列比较时，实质上就得到了序列在系统发生树中的进化关系。基因组信息的增多使得在基因组水平上研究分子进化、基因功能成为可能。通过对多种生物基因组数据及其进化、演化过程进行研究，就可以了解对于生命至关重要的基因的结构及其调控作用。但由于生物基因组中约有 1.5%～14.5% 的基因与"横向迁移现象"有关，即基因可以在同时存在的种群间迁移，这样就会导致与进化无关的序列差异。因此在系统发生分析中需要建立较完整的生物进化模型，以避免基因转移和欠缺合适的多物种共有保守序列的影响。

将不同物种基因组信息进行相互比较是一种非常有效的鉴定新基因的方法。

利用种间比较基因组学方法发现新基因的途径主要有两条：一是间接法，即通过比较遗传作图，借鉴与利用不同物种的作图信息与标记，进行基因的定位克隆；二是直接法，即根据已克隆的某一物种的目标基因序列从其他物种基因组中克隆出控制目标性状的同源基因序列。

应用 DNA 分子标记技术对控制数量性状的遗传位点进行定位，即 QTL 分析，是开展外来物种基因组研究的切入点。RAPD、AFLP 和 RFLP 等 DNA 标记已应用于研究杂草的遗传多样性、种群生物学和鉴定控制杂草特异性状的数量性状位点（QTL）。在 QTL 作图基础上，如能通过比较基因组学方法在其他已知序列的物种基因组中找到相应的基因组区域，分析位于这些目标基因组区域内的序列信息，就能猜测控制杂草靶标性状的候选基因。这非常适合于芸苔属（*Brassica*）和稻属（*Oryza*）杂草的基因组学研究。因为模式植物拟南芥和水稻的全基因组序列已经完成，许多基因的功能注释为杂草的研究提供了丰富的信息。通过对控制杂草特异性状的基因与已知功能的基因进行序列同源性分析可揭示出基因组结构及功能、基因互作、种间关系、翻译后修饰等更多有益的信息。因此，对于入侵物种基因组学研究而言，种间比较基因组学是一种成本低、获得有用信息多的研究策略。目前化感物质的遗传机理研究进展缓慢，其原因主要就在于化感物质的产生和释放是受多基因控制，另外各种化感物质之间存在拮抗和协同作用。因此如何通过分子生物学技术探明植物化感物质的主效应 QTL 位点，再应用分子标记和建立近等基因系的方法将化感物质的主效应 QTL 位点进行精细定位，最终实现化感物质有利基因的克隆，将是植物化感物质及其作用机理研究的一个重要方向（徐正浩等，2003）。

3.4.3.2　种内比较基因组学

自由生活线虫 *Caenorhabditis elegans* 与其他线虫由共同祖先线虫进化而来，它们在基因组构成上存在普遍的共线性，很多重要生命过程的分子机制也高度保守。根结线虫与 *C. elegans* 间的比较基因组学研究，有助于了解根结线虫的起源和种属进化关系。根结线虫（*Meloidogyne* spp.）是一类固着型内寄生植物病原线虫，在世界各地广泛分布，可寄生于 3000 多种植物。据估计，在全世界农业生产每年因各类灾害造成的总损失中，根结线虫的危害约占到 5%，多达 500 亿美元。目前，农业生产上仍然缺乏有效的防治措施。研究根结线虫的遗传组成，揭示其寄生、繁殖等生物学习性及分子机制，采用生物技术手段，开发新型环保高效的防治措施，被认为是最有前景的抗根结线虫研究方向。根结线虫的近亲之一、模式线虫 *C. elegans* 基因组测序早在 1998 年已经完成，对其很多生物行为和分子机理也有了相当深入的研究，为通过比较基因组学方法研究根结线虫基础生物学现象提供了重要参照。通过比较基因组学鉴定线虫重要的保守基因，被认为是一种有效的快速筛选抗线虫靶标基因的方法。早在 2003 年，一直致力于研究病原线虫基因组学和开发抗线虫新策略的美国 Divergence 公司，大规模测定了 5700 个南方根结线虫表达序列标签（EST），通过与 *C. elegans* 的比较基因组学分析，筛选出一批重要靶标基因，设计出新的抗线虫药物，并在试验田检验中获得了很好的防效。南方根结线虫测序小组以 *C. elegans* 中 2958 个有 RNAi 致死表型的基因为模板，检索南方根结线虫基因组序列，鉴定出 1083 个同源基因，作为抗根结线虫的候选靶标基因。

据不完全统计，目前已经建立的草坪草遗传连锁图谱有近 30 张，涉及的草坪草种有多年生黑麦草（*Lolium perenne*）、高羊茅（*Festuca arundinacea*）、匍匐剪股颖（*Agrostis stolonifera*）、草地早熟禾（*Poa pratensis*）、狗牙根（*Cynodon* sp.）、结缕草（*Zoysia japonica*）等。近年来，在已构建的遗传连锁图谱基础上也进行了草坪草与其他禾本科植物基于 RFLP 标记水平的比较基因组研究。Chen 等（1998）应用相同的 RFLP 标记对高羊茅与草地羊茅的比较研究表明，2 个种有高度保守的连锁群，在共有的 33 个 RFLP 标记中，23 个（70%）定位在 2 个种的相应连锁群上，其中 8 个标记均被定位于草地羊茅的连锁群 I 和高羊茅的连锁群 I 上，进一步证明了六倍体高羊茅的 *P* 基因组来自于草地羊茅。

周巧玲（2012）利用比较基因组学方法分析与五爪金龙入侵有关的功能基因。通过对五爪金龙与七爪龙的硝酸还原为亚硝酸通路的差异转录进行分析，发现差异表达的有 9 个 unigene，其中五爪金龙相对于七爪龙表达上调的有 5 个 unigene，下调的有 4 个 unigene。五爪金龙硝酸还原酶 NR 的转录量高于七爪龙，这为研究五爪金龙的入侵机制提供了依据。

以基因组图谱和全基因组测序为基础的基因组组成和结构分析是比较基因组研究的中心内容。目前在公共数据库中已有包括拟南芥（*Arabidopsis thaliana*）、水稻（*Oryza sativa*）、杨树（*Populus trichocarpa*）、葡萄（*Vitis vinifera*）、番木瓜（*Carica papaya*）、百脉根（*Lotus japonicus*）等一系列模式植物或重要栽培植物的全基因组序列，为揭示植物基因组的组成和结构特点、开展比较基因组研究奠定了基础。

尽管目前还没有完整的入侵物种全基因组序列，但运用新一代高通量测序技术，目前已能在缺乏基因组信息的背景下进行非模式生物（包括外来入侵生物）的 *de novo* 转录组和全基因组表达谱分析（Mardis，2008）。利用全基因组 *de novo* 测序技术，可以获得动植物的全基因组序列，构建物种的全基因组序列图谱及其基因组数据库，为该物种的后基因组学研究搭建平台，为后续的基因挖掘、功能验证提供 DNA 序列信息。然后利用生物信息学工具，对照一个参比基因组（reference genome），筛选和鉴定在不同环境下差异表达的、与入侵性相关联的基因，并进行功能注释，从而在此基础上分析影响和控制入侵性的遗传基础及其作用机制，探讨入侵性相关的基因表达及进化的分子机理。

3.4.4 表观基因组分析

现代科学研究发现，环境条件的变化可以在不影响 DNA 序列的情况下改变基因组的修饰，这种改变不仅可以影响个体的发育，而且可以遗传下去，这类变异被称为"表观遗传修饰"。表观遗传修饰体现在 DNA 及其包装蛋白、组织蛋白和调节基因功能方面，表现为 DNA 的甲基化作用和翻译后组蛋白修饰。这些分子标签影响着染色体的结构、完整性及其包装，DNA 调控成分的可使用组件和染色质与核复合物的相互作用。

表观基因组（epigenome）记录着一个生物体的 DNA 和组蛋白的一系列化学变化；这些变化可以被传递给该生物体的子代。表观基因改变会导致染色体结构以及基因作用发生变化。表观基因参与基因表达、个体发展、组织分化和转座子的抑制过程。不同于其底层的基因，表观基因对于个体而言并不是基本静态不变的，而是可以被环境因素动态更改的。在不断涌现的基因组测序新技术的推动下，在基因组水平上研究表观遗传修饰的领域——表观基因组学（epigenomics）也以一个崭新的姿态展现在世人面前。表观基因组学就是在基因组水平上对表观遗传改变进行研究，它是后基因组时代的一个重要研究领域。2010 年 2 月 4 日，在国际著名期刊 *Nature* 杂志上发表的一篇关于表观基因组时代的评述，对表观基因组学进行了全面总结，激起了人们对表观基因组学更高的期待。表观基因组学使人们对基因组的认识又增加了一个新视点：对基因组而言，不仅序列包含遗传信息，而且其修饰也可以记载遗传信息。表观遗传修饰与基因遗传变异有本质不同，两种事件可以独立发生、独立存在。一些实验研究结果也支持这一观点，如 Bossdorf 等（2010）在模式植物拟南芥的研究中发现，表观遗传修饰并不依赖于遗传变异，但表观遗传修饰却会显著影响基因的表达，进而影响植物的适合度以及物种之间的相互作用。

植物的入侵性通常与其种群较高的适合度密切相关，而特定环境下高适合度的产生有两种来源，即基因和表型。前者是指物种具有较高的遗传多样性，在特定环境条件下通过快速进化实现对局域生境的适应（Prentis et al.，2008；Ward et al.，2008）；后者是指物种本身的遗传多样性水平可能较低，但可通过极强的表型可塑性产生对局域环境的适应（Pigliucci and Hayden，2001）。以往研究生物与环境的相互作用以及物种的适应性进化都特别强调遗传变异的作用（Cheverud et al.，1994），但事实上植物也能通过基因型相同的个体在不同环境中基因表达式样的改变，进而产生不同的表型来维持其适合度（Ghalambor et al.，2007）。

利用基因芯片技术进行转录组和表达谱分析，能确定由环境变异信号诱导的基因表达谱差异（Urano et al.，2010），在环境应答基因分析方面是一种有效的手段；运用表观遗传学方法检测这些基因在不同环境下表观遗传修饰状态的动态变化（Choi and Sano，2007；Lu et al.，2007），结合同质园实验（common garden experiment）（Sultan，1995），研究基因与环境的交互作用、发育过程对环境因子变化的敏感性和响应机制、基因差异表达与发育式样及适应性变化的关联，可以为认识表型可塑性变异发生的分子基础、揭示入侵性表达的分子机制提供很多直接证据。目前，新一代测序技术正在不断发展和改进，可以检测生物基因组中的DNA甲基化位点，进而了解甲基化式样相关的调控途径，以及它所产生的表观遗传效应，这将有助于我们对外来物种入侵性的深入认识。

当前人们已确信遗传因素参与生物入侵过程，而基因组的表观遗传修饰影响生物入侵的机制值得深入探索。甲基化敏感扩增多态性（methylation sensitive amplification polymorphism，MSAP）技术已经被用于从表观遗传方面探究飞机草的入侵机理。结果表明入侵地的飞机草因为甲基化的增多而使更多的基因表达受到抑制。氮素的供应量升高，甲基化的水平也随之升高，使得更多的基因处于被甲基化抑制的状态。氮素的供应量降低，甲基化的水平也随之降低，使得更多的基因解除了原来被甲基化抑制的状态，从而得以表达。飞机草由原产地进入入侵地以及生长环境中氮供应水平的高低都会引发DNA甲基化程度和模式的改变。此外，研究发现甲基化能迅速重塑多倍体的基因表达的模式，并且甲基化状态与多倍体的稳定性有非常紧密的联系。

Gao 等（2010）通过对恶性入侵杂草——喜旱莲子草（*Alternanthera philoxeroides*）甲基化敏感扩增多态性（MSAP）分析发现，尽管入侵种群种内遗传多样性相对于原产地种群而言很低，但入侵种群具有大量 DNA 甲基化多态性。通过喜旱莲子草的 *de novo* 转录组分析，目前已鉴定出近 2000 个功能明确并在不同水、陆环境下差异表达的基因;确认了喜旱莲子草并非通过个体的遗传分化适应不同环境条件，由甲基化介导的基因表达式样的改变才是喜旱莲子草"喜旱又耐淹"两栖特性的重要分子基础。以表观遗传调控为基础的基因差异表达不仅与喜旱莲子草形态和结构的"可塑性"变异以及对不同水、陆生境的广泛适应性相关，而且与喜旱莲子草的入侵机制密切相关。以基因差异表达为基础的对不同生境的快速适应能力在很大程度上增强了喜旱莲子草的竞争能力，加之其能通过克隆生长进行快速繁殖，因而能够迅速蔓延扩散至不同区域，从而影响土著生态系统的生物多样性和功能。目前，新一代测序技术正在不断发展与改进中，虽然就现有情况而言，它们在非模式物种研究中的应用还远非完美，但利用这些测序技术，结合亚硫酸氢盐处理，我们可以快速、大规模地检测生物基因组中的 DNA 甲基化位点，进而理解甲基化式样相关的调控途径，以及它所产生的表观遗传效应，这将有助于我们对植物入侵性的深入认识。

　　表观基因组学与表型可塑性的定义都包含在基因型不变的前提下表型发生变化，可以将两者的理论结合起来运用基因组学和分子生物学技术从基因水平解释可塑性进化的机制。表观基因组（epigenome）是环境修饰的重要对象，在 DNA 序列稳定不变的情况下，表观基因组能随发育进程和环境动荡发生动态变化，因而是适应性反应和表型可塑性变异发生的重要基础。表观遗传修饰不仅能调节基因在不同环境条件下的选择性表达，而且提供了一种将基因活动状态从一个世代稳定遗传到下一个世代的机制（Kalisz and Purugganan，2004；Pray，2004；Molinier et al.，2006；Richards，2006；Henderson and Jacobsen，2007；Jirtle and Skinner，2007）。这种跨世代的可塑性变异（cross generational plasticity）对经历与亲本同样环境变化的子代无疑是有利的。可塑性变异跨世代传递的分子和遗传机制是目前表型可塑性研究的热点问题，因为无论是适应性还是非适应性跨世代效应（cross generational effect）都会影响子代的发育和适合度，并在一定程度上决定物种对环境变化的耐受性和生态适应范围（Huxman et al.，1998），因而被认为与自然种群的表型变异和微观进化有重要关联（Chong and Whitelaw，2004; Kalisz and Purugganan，2004）。

　　不同物种的表型可塑性由什么因素决定？是否存在"可塑性基因"？不同学者看法不一。Via（1993）认为"可塑性基因"并不存在，但 Schlichting 和 Pigliucci（1993）认为存在"可塑性基因"，并将其定义为控制表型表达的调控基因，它区别于控制性状均值（trait mean）的基因，这些基因决定着一种特定性状在响应环境变化时反应规范的斜率。Pigliucci（1996）又基于分子生物学而非数量遗传学的思想，将"可塑性基因"重新定义为："直接响应特定环境刺激、并引发一系列特定形态改变的调控位点"。

3.4.5　群体基因组分析

　　遗传多态性是外来种广泛适应不同生境并成功入侵的重要基础。外来物种常常扩张到不同的生态区域，在环境选择压力的作用下，基因组中会留下一些分子"印迹"，反映在群体基因组水平的遗传多态性差异。各种分子标记技术如 RFLP、AFLP、RAPD 和 SSR 等已被运用到入侵物种不同种群的遗传多态性分析，了解外来入侵种在不同生态环境中产生的遗传分化，比较入侵种群与原产地祖先种群的遗传差异，推测入侵种群的来源、迁移路线以及是否经历了多次入侵的过程（Nissen et al.，1995；Rowe et al.，1997；Pester et al.，2003）。聂小军利用高通量测序技术对紫茎泽兰总 DNA 进行了 2 倍覆盖度的探查测序，拼接获得了 58 432 个大于 200bp 的序列片段。利用这些序列对紫茎泽兰基因组微卫星序列的特征进行了分析，共鉴定到 3012 个 SSR 位点，其中两碱基的重复是最丰富的重复类型；利用鉴定的

SSR 位点，开发了 30 个紫茎泽兰特异的 SSR 分子标记。SSR 分子标记将为紫茎泽兰的群体遗传学和分子生态学研究提供重要工具。近年来，SSR 标记已经基本取代了其他标记，广泛应用于入侵生物种群来源鉴定、瓶颈效应、杂交和基因渗透、入侵因素等许多方面的研究。Tsutsui 等使用 7 个多态性 SSR 标记对南美洲阿根廷 11 个巢穴、巴西 1 个巢穴和入侵美国加州的 17 个巢穴的阿根廷蚂蚁（*L. humile*）种群进行了研究，从不同种群遗传距离、个体的基因型以及等位基因数量差异三个方面分别探讨了加州阿根廷蚂蚁（*L. humile*）的入侵来源，结果表明入侵加州的阿根廷蚂蚁（*L. humile*）很可能来自阿根廷 Rio Parana 南部地区，尤其是 Rosario 地区。用 SSR 标记进行种群基因组学研究，发现入侵美国加州的阿根廷蚂蚁的等位基因的多样性和杂合性的水平都低于南美洲原产地的种群；由于遗传瓶颈使得入侵种群同质性增加，使入侵种群的遗传多样性减少。胡蜂（*Vespula germanica*）起源于欧洲，后来入侵了美洲、南非、澳大利亚以及新西兰等多个国家和地区。1959 年胡蜂出现在澳大利亚的塔斯马尼亚岛，利用 SSR 标记研究表明，塔斯马尼亚岛种群与其他三个地区种群的遗传分化尤其显著，相隔超过 25km 距离的胡蜂出现了生殖隔离，表明胡蜂在澳大利亚定居过程中经历了多次瓶颈效应。

　　随着后基因组时代对基因功能和作用机制的深入研究，目前不仅能够对不同入侵种群的遗传分化式样和基因组多态性组成特点进行定性的描述，而且能利用群体基因组学分析不同种群的自然选择分子印迹，克隆和鉴定与入侵性表达以及适应性进化直接相关的遗传调控因子，开展入侵基因组多态性研究与功能注释。新一代测序技术可以使 DNA 测序数据呈现指数式增长，测序成本大幅下降，加快了对外来入侵物种的 DNA 测序和基因组研究。

　　群体基因组学（population genomics）已经成为一种新的分析策略广泛应用于自然选择研究。新一代测序技术给群体基因组学研究带来了新的机遇（Varshney et al.，2009）。具有高通量、低成本优势的新一代测序技术正逐步应用于对目标基因的定位作图研究。群体基因组策略的重点是在全基因组范围内构建一个群体遗传指标的经验分布，以反映特殊环境条件或特殊历史事件对种群基因组的整体影响；基于群体基因组策略的异常值方法（outlier approach）则能有效地揭示种群动态变化过程中自然选择的作用靶点，有助于从基因组水平认识自然选择对种群分化的影响及其功能背景。近年来发展起来的"正向生态学（forward ecology）"途径可用于在分子水平研究外来物种入侵性，通过新的测序方法建立分子标记图谱，对"候选基因"位点进行定位克隆，测定相关基因序列，进一步研究基因的功能及其与入侵性的关联（Friesen and von Wettberg，2010）。通过序列比对和基因本体（gene ontogeny，GO）注释分析（Botton et al.，2008；Bradford et al.，2010），可以初步了解"候选基因"的潜在功能，推测其可能参与的生物学过程或代谢途径，通过对不同环境条件下该基因的表达谱分析，可以综合判断该基因表达式样改变对植物发育式样、适应性以及入侵性的影响，并阐明其与自然生境条件以及其他生物因子之间的关联。正向生态学与反向遗传学（reverse genetics）在研究思路上既有相似也有差别，正向生态学更强调环境因素的作用，在种群水平上分析基因差异表达的生物效应，而反向遗传学则是个体水平分析基因表达对发育的影响。外来生物入侵性及入侵性状的表现除了与基因变异有关外，也与基因转录水平或表达模式的改变有关，因此研究基因表达的表观遗传机制可以更全面地认识生物入侵的分子基础（Salmon et al.，2005；Li et al.，2008）。

近年来，将限制性酶切位点特异相关 DNA（restriction site associated DNA，RAD）标签序列分析技术与高通量测序技术相结合，也为从基因组层面探讨非模式生物（包括入侵植物）自然居群的遗传多态性、挖掘与适应性发展相关的基因提供了一个有效手段。因此，运用新一代测序技术在群体水平上进行大规模基因组分析，了解遗传变异在群体内以及群体间的分布模式，了解影响基因组多态性分布式样的各种因素，不仅有助于阐明遗传变异在群体和基因组水平的动态变化机制，而且通过在种群水平上检测和寻找特定环境下基因组中潜在的自然选择靶点，可以建立遗传变异与环境、植物入侵性状及入侵性之间的关联，进而解释入侵现象发生的分子机制。值得注意的是，植物入侵性及入侵性状的表现并不总是与基因变异有关，也可能是由基因转录水平或表达模式的改变所导致，因此还需要通过研究控制基因表达的表观遗传机制，以全面认识表型差异的分子基础。

随着后基因组时代对基因功能和作用机制的深入研究，目前不仅能够对不同入侵种群的遗传分化式样和基因组多态性组成特点进行定性的描述，而且能利用群体基因组学策略扫描不同种群特异的自然选择信号，克隆和鉴定与入侵性表达以及适应性进化直接相关的遗传调控因子，开展基因组多态性与功能的综合研究。群体基因组学作为一种新的分析策略，目前已广泛应用于自然选择研究。例如，通过构建遗传图谱，Gu 等（2004）对杂草稻（*Oryza sativa*）种子休眠的遗传结构进行了研究，发现有 6 个数量性状位点 QTL 与之相关。Lai 等（2008）运用 DNA 芯片，检测了向日葵（*Helianthus annuus*）野生种群和杂草种群基因表达的差异，获得了 165 个基因（约占芯片基因总数的 5%），它们在两类种群间表现出显著差异。Bundock 等（2009）运用 454 测序技术，对甘蔗（*Saccharum officinarum*）以及甘蔗与甜根子草（*S. spontaneum*）杂交个体的 307 个 PCR 扩增产物进行测序，分别获得了 1632 和 1013 个 SNPs，在最终候选的 225 个 SNP 位点中，93%被证实具有多态性，可进一步用于获取目标基因。Dlugosch 等（2013）利用 454 测序技术对 40 个取自全球各地的入侵杂草 *Centaurea solstitialis* L.（Asteraceae）的样本进行转录组数据分析，以揭示该植物的入侵机制。

夏威夷地区莫纳克亚山的食肉鹦鹉（*Argyroxiphium sandwicense* ssp.）经过由于外来有蹄动物种群的激增而导致的严重的种群瓦解，而且经历过再次传播导致的种群瓶颈效应。Friar 等使用 8 个 SSR 标记研究了种群瓦解和瓶颈效应的遗传学影响，结果表明种群瓦解对于等位基因数目和杂合性没有显著影响，而瓶颈效应却会显著影响等位基因数目和杂合度。而 Holland 的研究则发现，生物入侵过程也并不总是伴随着入侵生物的瓶颈效应，使用 2 个 SSR 标记对褐贻贝（*Perna perna*）6个自然种群和 6 个入侵种群中的 448 个个体的种群遗传多样性进行研究发现，自然种群和入侵种群的杂合度间尽管存在微弱的差异，但在预期的杂合度或等位基因多样性方面差异并不显著。引入苏格兰的日本梅花鹿不断扩散并与本地红鹿杂交，Abernethy 使用 SSR 以及其他分子标记研究表明，在两个鹿种中均存在基因渗入现象，苏格兰地区的红鹿基因库资源由于梅花鹿的入侵而受到严重威胁。

　　基于分子标记信息来研究入侵植物可塑性进化至今尚无报导，大多数研究都是关于入侵地中摆脱种群可塑性变化，它们通常只揭示了入侵物种都有广阔的生态幅，并存在可塑性的遗传变异，外来入侵植物的可塑性进化研究可以采用与原产地种群比较的分子标记方法，进而总结出可塑性在入侵过程中的作用规律。如 QTL 作图可以研究自然种群和人工选择种群中表型变化的遗传基础。生物入侵的过程非常复杂，就影响入侵能力的生物性状而言，可能不同的性状影响不同的入侵阶段（如引入-定居-扩散-危害等），在不同的生境、不同的类群中有不同的重要性。显而易见，并非所有入侵种的成功都可以归因于性状的表型可塑性。当然，在遗传多样性比较低的情况下，入侵植物通过无性繁殖来增大种群规模，通过表型可塑性来适应环境变化时，表现出与入侵能力成正相关。

3.4.6　遗传基因组分析

　　对具有遗传特点的种群进行研究，是发现导致表型改变的基因变异的核心方法。一个常用的方法是将两个近交系品种进行杂交，得到在每个等位基因位点均为杂合型的后代。经过这样一轮典型的杂交试验，就会得到携带有成千乃至百万种遗传位点差异的后代。使用分子标志物可以知道这些子代遗传位点来自亲代基因组中哪一个片段，最终就能发现是哪些遗传位点（即 QTL）变异能对表型造成影响。

　　基因型与表型关系研究的最新方法是检测两者之间关联性的"表型状态（phenotypic state）"。其中，最主要的就是对每个待测基因转录物的丰度进行检测。用数量遗传学在全基因组范围内进行转录物丰度的研究有时也被称作遗传基因组学（genetic genomics）。遗传基因组学是近年来发展起来的一门新的学科领域，借助于基因芯片技术和高通量分析技术研究与转录物丰度有关的基因位点。现在可以利用分子标记将基因表达数量性状（gene expression quantitative trait）相关的位点定位在染色体特定区域。这一技术对于研究生物入侵的适应机制有很大的推动作用，生物对环境的适应主要是通过生理特性的转变来达到的，这些都与基因表达的水平高低密切相关，研究基因表达数量性状的定位作图对于解释外来物种的入侵现象，可以从分子水平上得到更清楚的认识。遗传基因组学中采用的这种定位基因表达数量性状位点的方法称为 eQTL 作图（eQTL mapping）（Li and Deng，2010）。通过 eQTL 作图可以找到相互关联的基因表达位点，利用基因模块构建遗传网络，这为认识生物入侵的适应机制提供了新的视角，是今后入侵生物学研究的新方向。

通常，在研究转录物丰度和基因之间的关系时会发现，很多相关性是与结构基因相联系的。由于这些基因都有它们自己的 QTL。这些相关性大部分属于顺式作用调控多态性（*cis*-acting regulatory polymorphisms），只有少部分属于反式作用（*intrans*）调控。基因组中的 eQTL 热点（hotspot）与基因的转录丰度密切相关，其改变会影响多数转录本的丰度。因此，这些对表型效应（phenotypic effect）具有"强大影响力"的基因位点很有可能是能够在很大程度上影响表型的调控位点（Li and Zhang，2012；Li，2013）。另一种可能是，这些位点的基因发生变异，只会对转录物丰度产生非特异性的影响。这种多效等位基因（pleiotropic allele）有可能改变细胞内环境的稳态，对多种性状产生影响。

3.4.7 生态基因组分析

生态基因组学是一门应用功能基因组学原理与方法来研究生命系统与环境系统相互作用的生态机理及其分子机制的学科。生态基因组学研究可以了解有机体响应自然环境的遗传机制，了解基因组在更高水平组织中的相互作用规律，从而通过这些遗传机制和组织间的相互作用以明确有机体适应生态环境的进化机制。

外来物种进入新的生态环境并成功入侵，其主要原因是外来物种对新环境具有较强的适应能力（Gu et al.，2005；Kane and Rieseberg，2008；Leger et al.，2009）。外来物种的适应能力是通过响应与反馈来实现对环境的适应调节：一方面对新生态环境的各种条件变化进行响应，通过自身的遗传或表观遗传改变，产生适应性表型，各种适应性表型的形成是进化的表现形式，遗传分化是适应性表型形成的分子基础；另一方面通过影响环境生物因子和非生物因子，进一步增强其适合度，从而实现成功入侵。生态基因组学研究方法在生物入侵机制研究中的应用，将有助于深入了解入侵物种响应和反馈的分子基础，并进一步加深我们对外来物种入侵机制的认识。

生态基因组学在入侵生物学研究中的应用尚刚起步。Prentis 等（2008）构建了入侵植物 *Senencio madagascariensis* 原产地种群与入侵种群的表达序列标签（EST），可用于植物入侵相关的候选基因的筛选。生态基因组学在入侵生物学中的应用可以在探索生物入侵的快速进化、对环境的适应性进化及入侵性形成的分子遗传学机制等方面具有重要的作用及意义。随着分子生物学技术的发展，新的测序技术的应用，入侵生态基因组学的研究将在入侵机制的阐明中发挥重要作用，极大地丰富入侵生物学的研究。

生态基因组学在群落生态学中的应用可以使生态学家获得具有明确的表型可塑性及相关机理的基因型，从而可以将分子机理与功能整合在一起，研究个体与群落中其他物种相互作用时的基因型表达与表型行为的相关性（Dicke，2004）。但由于缺少具有明确生物学特性的基因型，因此有关生态基因组学在群落中的研究刚处于起步阶段。月见草（*Oenothera biennis*）和北美一枝黄花（*Solidago altissima*）种内基因型多样性的增加可以显著增加节肢动物的丰富度和多样性，并且拥有更大的净生产力，表明基因型多样性可以级联改变群落与生态系统水平的结构与功能（Johnson et al.，2006；Crutsinger et al.，2006）。Gobler 等（2011）采用宏蛋白质组学的方法对藻华物种 *Aureococcus anophagefferens* 的基因组，并与其他 6 个竞争性浮游微藻物种的基因进行了比较，发现 *A. anophagefferens* 具有更大的基因组，并且含有更多与光捕获、有机碳利用、有机氮利用、编码耐硒等重金属的酶等相关的基因，从而表明人类活动导致的有机质的增加、重金属的增加，将会给海岸生态系统中的 *A. anophagefferens* 提供一个特殊的生态位，有利于该有害藻类的入侵。

随着基因组科学的发展以及基因组信息的不断积累，加上生物信息学的推动作用，基因组学与入侵生物学的结合将成为必然趋势，入侵基因组学将成为一个新的研究热点，并在基因组时代的大科学背景下得到进一步发展。在后基因组时代，各种组学相互交融带动了新技术和新方法的不断更新，特别是像蛋白质组学与其他大规模科学如基因组学、生物信息学等领域的交叉，所形成的系统生物学范式将为认识生物入侵机制带来很大的契机。系统生物学是从整体上去阐述各种生命现象，将其应用于生物入侵的研究可以从更全面的角度认识生物入侵的分子机制。系统生物学适合于大规模数据分析，将不同尺度、不同方面的信息有效整合起来，用于构建分子相互作用网络和基因调控网络。系统生物学研究将有助于全面认识入侵性相关基因的功能、作用途径及其在不同组织水平产生的影响，分析生物系统响应外界压力并作出反馈的过程，评估入侵物种本身的适合度，预测入侵物种潜在的生态危害。对于涉及多个基因的性状研究，系统生物学是有效的研究工具。从系统生物学分支出来的系统遗传学，可以用于解释基因表达调控的机制，用于揭示生物适应性进化的分子基础和入侵能力相关的基因表达调控方式，对于生物入侵的研究无疑大有帮助。

4 外来物种入侵的人类因素

4.1 人类活动与外来物种入侵

4.1.1 人类活动是外来物种入侵问题的核心

人类是具有广谱能力的物种之一，人类的迁移实际上就是物种自然侵入的一个例证。人类对火的使用改变了生态系统，并致使其他一些物种灭绝（Martin and Klein，1984）。人类虽然最初起源于非洲等局部地区，但很快就遍布世界各地。但人类迁移与其他物种的迁移有所不同，总是伴随着一些生活中需要的物种同时迁移。例如，第一批来到美洲的亚洲人带来了狗，玻利尼亚人航海时携带着猪、芋头、白薯和其他至少 30 种物种（包括老鼠、蜥蜴）。生产和贸易活动也促进了动植物的物种迁移。

人类活动与外来物种入侵密切相关，在人类历史上，由于经济贸易、美学观赏、战争行动、宗教传播、文化交流、旅行探险、民族迁徙，或其他偶然性事件，甚至心理学上的原因，都可能有意或无意地携带和引入外来物种，导致对本土生物物种与生态系统的入侵，进而引起生物多样性的丧失并带来生态灾害。在物种引进上盲目引种成为生物入侵的"主渠道"之一。目前草坪引种、退耕还林还草工作中，大量引入外来物种，很可能导致入侵物种种类增加，危害加剧。近年来，草地成为我国越来越多城市中的新景观。我国草坪业的草种几乎全部依赖进口，每年草种的进口量就达几千吨，这些草坪草适应性强，一旦疯长很难根除，甚至成了"不死草"。

互花米草的成功入侵也与人类活动密切相关。最近 100 余年来，互花米草在世界部分沿海滩涂极快的扩散速度表明，运输业的发展及有意引种对互花米草（*Spartina alterniflora*）的成功入侵起着极为重要的作用。Willapa 海湾和欧洲的互花米草是通过船舶无意带入的。对于互花米草而言，由于 Allee 效应，其入侵常常会被延迟甚至失败（Davis et al.，2004）。例如 Willapa 海湾的互花米草在入侵 50 年后才出现具有繁殖能力的种子。而在旧金山海湾及我国沿海滩涂，互花米草被人类有意引种用于保滩促淤。现在互花米草的分布区已经遍布我国沿海大多数省市，其分布面积也呈指数型增长，人类的作用对这种快速扩张的影响是至关重要的。我国海岸带盐沼生态系统中土著高等植物的多样性低、人类活动干扰频繁和环境变化等有利于互花米草的生长和繁殖（Li et al.，2009；Wang et al.，2006）。水葫芦（*Eichhornia crassipes*）也更易入侵人类干扰后富营养化严重的水体（Chen et al.，2010）。

人类活动是外来物种入侵问题的核心，可以从以下几个方面来认识。

（a）人类在各种生产和经济贸易活动中，常常把各类物种的卵、种子、孢子、植物部分或整个有机活体（动植物）从一个地方运到另一个地方，通过交通运输、邮件递送、走私活动和旅行来实现。人类应对外来入侵物种问题负有很大的责任。

（b）受人类活动干扰的生态系统更容易遭受外来生物入侵，尽管一些物种有能力入侵到那些未被干扰的生态系统中，但在人类活动干扰过的地方，如农田、经济林、园林、人类聚集地和道路，外来物种入侵更为频繁。

（c）不少外来物种是出于经济目的和美学观赏等原因被特意引进的。

（d）外来物种入侵问题的特征与功能往往同人群的设计和行为有关，对外来入侵物种的反应行动、如何控制利用与科学应对更是不同的策略措施会有不同的效应与影响。

（e）在没有认真研究和了解外来入侵种的生物特性与生态行为的情况下，盲目引进外来种，往往事与愿违，释放到野外的外来物种可能成为入侵者。为此，在引进物种前需要考虑本土生态系统面对入侵种所表现的脆弱性，以便有效控制物种入侵。

（f）引入外来物种也是人类社会福利与地区文化的重要组成部分和表征，需要对入侵物种的成本收益进行科学的分析。外来物种引进是柄"双刃剑"，只有当收益大大高于成本时，外来种的引入才可谓基本上成功。

（g）自然生态系统中各种生物相互制约，在一定空间和环境里形成彼此依赖、关系稳定、循环平衡的食物链网和生态系统，食物链网中各种生物相互克制。

总之，在经济全球化的背景下，开放式的自由贸易将继续影响生态系统，未来还有相当多的物种因为各种原因被引进，那些竞争性和适应性很强的外来物种将会成为新区域的优势种群，并引起某些本土物种失去生存空间，最后被淘汰。从战略角度来讲，生物入侵可能危及生物安全和生态安全，涉及国家的根本资源安全。所以可以说生物入侵是国家安全的重要组成部分，开展生物入侵研究和防治，是国家安全的重要措施。

4.1.1.1　外来物种入侵首先是一个人为问题

在长达数十亿年之久的地球生命演化史中，世界上现存的所有物种有许多并非本地种，而是从其他地方"迁移"而来的。但如果把视线只投向人类诞生之前的数百万年的时间，基于华莱士生物地理区（Wallace biogeographical provinces）的存在，绝大多数物种只能栖息在各自的分布区内，只有极少数能够穿越重重自然障碍在世界各地间迁徙。在人类社会出现以前，物种迁移只是依靠自然途径而发生的，因此迁移的数量和规模极其有限，但却促进了物种在地球上不同区域之间的生物交流（biological exchange）。

人类社会出现后，由于农业引种和贸易往来，以前的那种纯自然的生物交流依然存在，但借助人类活动而出现的物种迁移却成为了主流，外来物种的自然入侵（natural invasion）和人为入侵（man-made invasion）现象并存。后者是外来物种由于人的有意或无意行为而非风力或河流等自然力所引起的入侵。这种入侵当然包含了外来种的入侵性和被入侵生态系统的脆弱性等生物学基础因素，但人的行为无疑是引起入侵的主导因素。

千万年来，海洋、山脉、河流和沙漠为物种和生态系统的演变提供了天然的隔离屏障。然而近几百年间，随着交通工具的发达，运输业、旅游业的发展越来越快，借助人的帮助，外来物种冲破天然的阻隔，远涉重洋到达新栖息地，繁衍扩散成为入侵物种。随着人类逐渐向世界各地迁徙以及人类利用和改造自然的能力增强，特别是由于交通运输技术的进步，很多外来入侵生物随着人类活动而无意传入，它们作为"偷渡者"或者"搭便车"被引入新的环境中。船舶的压舱水就是无意传入外来物种的非常便利的顺风车。长期以来，保持船舶的稳定性和航行安全的压舱水，将无数的海洋浮游生物从一个国家带到了另一个国家，使其随着压舱水一起被排放到当地的水体中，造成了生物入侵。外来物种的人为入侵开始占据主导地位，其规模逐渐使得自然入侵现象相形见绌。外来物种入侵不是一个纯科学问题，其大多数是由人类活动引起的。

全球物种之间以及人与物种之间关系的失衡现象，其根本原因在于人类的行为，解决这一问题的关键就是人类行为的转变。而在可能导致外来物种入侵的各种人类行为中，行为人的哲学理念往往起着潜移默化的影响。长期以来，人类一直奉行"人定胜天"的哲学理念，以征服自然为目标导向，成为包括外来物种入侵在内的各种生态危机的深层根源之一。在农业实践活动中，人类不断引进物种以改变生产状况，不断发展的农业规模促进了外来物种在不同地域的流动，生物入侵的危害也逐渐被放大，导致了生态环境破坏，农业和林业资源被占据，本土物种逐渐消失，这些都与人类生产和经济活动密切相关，由人类活动导致的生物入侵事件数量远远超过自然形式的生物入侵事件数量，毫无疑问人类活动已经成为导致生物入侵的最重要因素。

生物入侵与人类活动密切相关，从某个角度来讲，人类活动在生物入侵中起着主导作用。目前世界上的很多外来物种入侵都是由人类活动造成的，其中有些是通过搭乘我们的交通工具偷渡到异地的，有些则是我们人类自己不恰当地引进物种所导致的。生物入侵最根本的原因是人类活动把这些物种带到了它们不应该出现的地方。外来入侵物种问题的关键是人为问题。人类常在有意或无意的情况下充当了引种的行为媒介，将物种、亚种或以下的分类单元转移到其自然分布范围及扩散潜力以外的地区。这种转移可以发生在国家内，也可以发生在国家之间。例如，水葫芦、水花生、牛蛙和桉树等的入侵就是由于人为引种造成的。人类行为和生活方式对传染性疾病的传播起着重要作用，最好的例证就是性传播性感染（sexually transmitted infectious，STI），性行为和注射使用毒品对艾滋病、乙型和丙型肝炎等病毒性肝炎传播和流行的影响已是众所周知的事实。喂养宠物、不讲卫生、不健康的生活方式更是传播许多传染性疾病的罪魁祸首。随着森林的大面积开发，工业和生活污染的加剧，自然环境必然受到影响，使人类接触到有些以前很少遇到的传染性疾病虫媒和带病动物而感染疾病。在这方面，西方国家从18世纪开始，到20世纪快速工业化、都市化造成的传染性疾病大规模流行就是很好的例证。

日益增长的全球化贸易和发达的国际旅游使得外来生物入侵的几率大幅度上升。壶菌（chytrid fungus *Batrachochytrium dendrobatidis*）是对两栖动物有致死性的病原菌，已导致全球超过200种两栖动物的严重减少或绝灭。Liu等（2013）通过5年来对中国10个省区两栖动物壶菌的野外采样和实验室分析，并结合壶菌在80多个国家的精确分布资料，探索了壶菌的分布格局与因素之间的关系，结果显示，该病原菌的分布随贸易量及外来两栖动物宿主的分布增加而上升。

4.1.1.2　农业文明的发展加快了物种入侵

农业文明大约始于5000多年前，从采集狩猎生产转变为原始农业生产，是人类社会生产的质的变化，远古的农业文明也随之产生。农业文明带来了种植业的创立及农业生产工具的发明和不断改进，带来了固定居所的形成和人口的迅速增长，带来了纺织业等手工业和集市贸易的诞生，带来了农业历法等科学技术，也带来了"人定胜天"的精神和信念。在各地的原始农业遗址中发现许多用于砍伐林木的石斧、石锛，表明最初的原始农业实行过"砍倒烧光"的农耕方式。

人类创造的农业文明使地球上出现过一个个辉煌灿烂的古文明，它们包括中国的黄河文明、埃及的尼罗河文明、古巴比伦文明、玛雅文明、撒哈拉文明等。与此同时，城市的发展使人类文明达到了新的高度，城市之间对于物质的需求使贸易得到快速发展，城市化增加了外来种入侵的概率，主要表现在三个方面：一是在城市环境中，由于物质流动和人类流动量巨大，因此为外来物种的入侵提供了许多便利条件；二是在城市绿地建设中，由于大面积人为引入外来植物品种，造成大量本地原生植被逐渐被外来种替代，以致本地原生植被消失，给当地生物多样性带来极大的危害；三是随着外来植物的引进，一方面为许多外来动物，特别是各种低等动物如昆虫、土壤动物等创造了适宜的生存环境，形成新的群落结构，改变了当地动物区系组成，另一方面由于外来植被改变了原生态系统结构和功能，造成当地的动物数量和种类减少，甚至灭绝，为其他外来物种的入侵提供了更大的生存空间。

4.1.2　引种和国际贸易对外来物种入侵的影响

4.1.2.1　经济目的驱动引进外来物种

人们把外来物种引进到新的栖息地可能是出于不同的目的，如获取利润、观赏。而在外来种引入之前，很少做过认真的成本效益分析，也没有从战略决策层上进行战略环境影响评估，更没有认真考虑引进外来种对本土生物多样性与生态系统可能带来的潜在风险与危害。有些人是无意中把外来物种带入新栖息地的，但他们不愿投入必要的资金用来阻止这类偶然事件的发生。

外来物种的引入自古就有，我国在西汉时，张骞通西域后将芝麻和红蓝花先后引种到中原。芝麻原产非洲，先在新疆种植，称为胡麻。因产油脂，唐宋后称为脂麻，后讹为芝麻。高粱原产非洲，后引种到西南地区种植，故有"巴禾"、"蜀黍"之称。棉花也是外来物种，原产于非洲、印度和美洲，后引种到我国西北、西南以及岭南等地区种植。马铃薯和甘薯均原产于美洲，甘薯又称番薯，在明代万历年间从菲律宾和越南传入我国广东和广西，后在各地均有种植。而马铃薯则是从南洋传入台湾，在荷兰人占领台湾时就有马铃薯种植的记载，后转入福建和广东，又称荷兰薯、瓜哇薯。其他的一些原产美洲的植物如银合欢（*Leucaena leucocephala*）、金合欢（*Acacia farnesiana*）、量天尺（*Hylocereus undatus*）、马缨丹（*Lantana camara*）等也被荷兰人引种到台湾。

在我国，作为牧草或饲料引进而造成生物入侵的例子包括水花生（*Alternanthera philoxeroides*）、紫苜蓿（*Medicago sativa*）、白花草木樨（*Melilotus albus*）、赛葵（*Malvastrum coromandelianum*）、梯牧草（*Phleum pratense*）、牧地狼尾草（*Pennisetum setosum*）、苏丹草（*Sorghum sudanense*）、波斯黑麦草（*Lolium persicum*）、大黍（*Panicum maximum*）、大漂（*Pistia stratiotes*）、芒颖大麦草（*Hordeum jubatum*）、凤眼莲等。此外，作为观赏植物引进了熊耳草（*Ageratum houstonianum*）、剑叶金鸡菊（*Coreopsis lanceolata*）、秋英（*Cosmos bipinnata*）、堆心菊（*Helenium autumnale*）、万寿菊（*Tagetes erecta*）、加拿大一枝黄花、牵牛（*Pharbitis nil*）、圆叶牵牛（*Pharbitis purpurea*）、含羞草（*Mimosa pudica*）、红花酢酱草（*Oxalis corymbosa*）、韭莲（*Zephyranthes grandiflora*）、荆豆（*Ulex europaeus*）、蜘蛛兰（*Hymenocallis littoralis*）等，这些植物逃逸到自然界成为了有害的入侵物种。

有许多植物是作为药物引进的，后来成为入侵种，如肥皂草（*Saponaria officinalis*）、含羞草决明（*Cassia mimosoides*）、决明（*Cassia tora*）、土人参（*Talinum paniculatum*）、望江南、垂序商陆（*Phytolacca americana*）、洋金花（*Datura metel*）、澳洲茄（*Solanum laciniatum*）等。

作为麻类作物，在古代就引进了苎麻（*Abutilon theophrasti*）、大麻（*Cannabis sativa*），但随着棉花的引入而逐渐被淘汰，在许多地方沦为杂草。

作为水产养殖品种，我国先后引进的外来物种包括克氏原螯虾（*Procambius clarkii*）、罗氏螯虾（*Macrobrachium rosenbergii*）、红螯螯虾（*Cherax quadricianalus*）、虹鳟鱼（*Oncorhynchus mykiss*）、口孵非鲫（*Tilapia* sp.）、欧洲鳗（*Anguilla anguilla*）、匙吻鲟（*Polyodoh spathula*）、淡水白鲳（*Colossoma brachypomum*）、斑点叉尾鮰（*Letalurus Punetaus*），以及一些食肉性鱼类如加州鲈（*Micropterus salmoides*）、条纹狼鲈（*Morone saxatilis*）和金眼狼鲈（*Morone chrysops*）等。

4.1.2.2　国际贸易促进了外来物种入侵

1）贸易的发展

贸易的产生可以追溯到史前的人类社会。随着长途旅行越来越普遍，贸易也越发重要。6000 年前爱琴海地区就出现了贸易网，使希腊和土耳其之间的合作不断加强。至少在几千年以前，中国商人就航行至东南亚，在中国、印度和中东之间进行贸易往来。公元前 138 年左右，汉朝开辟了古代“丝绸之路”，在北方经过甘肃、新疆将中国货物远送到西域，拓展了中西贸易和文化交流。在南方，一条起于现今中国四川成都，经云南到达印度的通商通道，被称为“蜀身毒道”，即南方丝绸之路。其总长有大约 2000 公里，是中国最古老的国际通道之一，早在距今两千多年的西汉时期就已开发。它以四川宜宾为起点，经雅安、芦山、西昌、攀枝花到云南的昭通、曲靖、大理、保山、腾冲，从德宏出境；进入缅甸、泰国，最后到达印度和中东。它和西北丝绸之路、海上丝绸之路同为我国古代对外交通贸易和文化交流的主要通道。与西北“丝绸之路”一样，“南方丝路”对世界文明作出了伟大的贡献。三星堆遗址发掘后，学者们注意到其中明显的印度地区和西亚文明的文化因素集结，于是提出南方丝绸之路早在先秦即已初步开通的看法。原产非洲的酸豆（*Tamarindus indica*）及原产中非的葡萄（*Vitis vinifera*）、紫苜蓿（*Medicago sativa*）、胡豆（*Vicia faba*）、石榴（*Punica granatum*）、红花（*Carthamus tinctorius*）等经济植物的种子就是公元前 4 世纪和公元前 1 世纪时分别通过古代著名的“蜀身毒道”和“丝绸之路”引入我国的。此后，北宋时有芦荟（*Aloe barbdensis*）等经济植物被转引到中国。

在元朝，成吉思汗极力主张中国与西域进行贸易往来，并派遣了大量商队前往西域。1405～1433 年，明朝郑和奉明成祖朱棣之命，率领大批船队和 2.7 万人七下西洋,从中国南方航海而行,越印度洋到达东非,并抵红海,往来于东南亚、南亚、西亚和东非各地之间,前后 28 年,经历 30 余国;在越洋跨国的对外贸易、文化交流、移民活动中也有物种的交流迁徙。在西方,航海业也快速发展起来,由于航海工具的日益完善,贸易也随之发展。自 1492 年哥伦布(Christopher Columbus)航海探险发现了新大陆之后,贸易活动得到了推进,彻底打开了新物种资源的大门。贸易活动促进了新物种的迁移和外来物种入侵,许多欧洲植物和牲畜被带到了美洲并大量繁殖,使美洲土著物种受到很大的影响。

自由贸易的强化、经济全球化和贸易与旅游的大幅度增长,为物种偶然或有意的传播提供了比以往更多的机会。虽然外来生物入侵者可以通过铁路、航运等渠道无意之中引进,但是人为引种造成的生物入侵事件占有相当大的比例。在有目的引入物种的过程中,可能发生逃逸现象,对生态环境形成威胁。生物入侵的严重区域包括重要港口、口岸附近,铁路、公路两侧。人为干扰严重的森林、草场,以及那些物种多样性较低、生态环境较为简单的岛屿、水域、牧场由于天敌数量少,外来种也容易入侵。

2)国际贸易与生物入侵的关系

人类的贸易活动会引起生物入侵问题,并且导致的生态破坏和控制成本会继续增长,贸易开放会增加外来入侵物种及所带来的危害。经济全球化进程有力地推动全球性贸易的发展,从而促使现代社会受益于全球范围内的物种的空前转移和迁徙。当代全球市场相当活跃,农业、林业、渔业、园艺、宠物交易,以及许多工业原材料的消费都依赖于原产于遥远地区的物种。入侵生物随国际贸易货物携带有两种:贸易货物本身携带和包装物携带。货物进口是除有意引进外来物种进入中国外最重要的渠道,而包装物携带是外来物种无意进入的主要途径。许多外来物种随着交通工具进入并蔓延。以最典型的赤潮生物为例,它主要是通过压舱水传播的。

经济全球化促进了生产要素的自由流动,带动了资源的优化配置,导致了商品在全球市场交易,也使人们享受了由全球生物多样性所带来的巨大财富。经济全球化应该是有益于全球生物多样性保护和可持续发展的全球化。与此同时,有部分人和部分国家或地区可能在经济全球化进程中处于弱势地位而被边缘化。世界各国经济发展的不平衡,使其在全球化进程中的回报与收益差别很大。同样,由于全球各地区的自然地理条件分异,现实社会经济发展程度的巨大差异和对生物安全的意识与理解的不同,在经济全球化进程中生物物种的遭遇也会差异迥然。世界市场经济趋于统一的格局为经济全球化创造了必要的条件,市场全球化促使世界正在快速变为一个大城市,真正意义上的地球村正在逐步实现。21 世纪初,全球有一半以上的人居住在城市。城市成为全球经济的焦点或热点地区,也是大多数外来物种的入境处。不仅在城市中，而且在城乡结合部这个生态最脆弱的地带，还有城市边缘地区以及长期被人为干扰的广阔的裸露地表，甚至城市园林和绿化带都为外来物种入侵提供了更多条件。许多城镇居民从各种自然资源中寻找装饰物种，这些物种可能成为入侵种。例如，柏林有 839 种本土植物物种，593 种外来物种（Kowarik，1990）。城市化涉及大量的流动人口，人们可以轻易地逃脱由于错误利用资源而导致的环境报复。人类居住习惯也涉及人们之间的运输关系，而许多入侵物种正是沿着运输途径传播，所以这种人类居住习惯也是入侵物种问题的一部分（Marambe et al.，2001）。

但也有一些学者通过研究提出贸易开放有可能减少外来物种入侵及其带来的损失，同时提出某些观点过分夸大了国际贸易带来外来物种入侵而造成损害问题。Costello（2001）利用贸易与生物入侵结合起来的简单模型，找到了贸易保护和外来物种入侵所带来危害之间的关系。与普遍观点不同的是，其认为贸易越开放越能降低外来入侵物种所带来的危害。

有相当多的证据表明，目前外来入侵物种的数量和影响正在快速增长（Mooney and Hobbs，2000）。贸易和经济的普遍发展导致更多外来物种入侵现象的发生；Vila 和 Pujadas（2001）发现，越是和全球贸易体系联系紧密的国家，外来入侵物种也越多，这与地球上的运输网络发展、移民比例、旅游人数、商品交易等方面成正比关系（Dalmazzone，2000）。全球性的外来物种入侵现象表明，物种相互混杂，其长期结果无法预测，但有一点是清楚的，即趋于同质化（Mooney and Hobbs，2000）。因全球贸易发展未来物种会出现相当多的转移，也会减少其他一些物种的数量，甚至导致某些物种灭绝。但整体的影响可能是导致全球范围内的物种多样性和遗传多样性的丧失。由人类利益所控制的物种"大调整"是怎样的？它又是怎样影响人类的？人类是怎么认识这个问题的？有什么样的利害关系？究竟是谁的利益受到了影响？科学家、资源管理者和政治家又将如何以最好的方式处理这其中的人为因素？以上问题值得我们深思。

全球化贸易促进了物种的空前转移，例如，北美苗圃目录为全球提供了近 6 万个种和品种的植物物种，常常是通过国际互联网进行交易。这种全球化贸易还有一个不为多数人知道的副效应，即在引入外来物种的时候，它们中至少有一些物种具有侵略性。

由于人类很难预测被引入新环境中的外来物种的行为，因此，在有目的将外来物种引入新环境前，要进行谨慎的评估，并在大众心中树立对外来入侵物种问题的高度认识，使那些与外来入侵物种问题最直接相关的人群树立起责任感。全球贸易体系为人类带来很多利益，但它也需要受到控制管理，把外来入侵物种对生态系统、人类健康和经济活动带来的有害影响降到最低水平，其中人类的行为起到举足轻重的作用。

4.1.3 移民对物种迁移的影响

自从航海家哥伦布发现新大陆后，欧洲殖民者就开始了向世界各地的移民计划，并在其移民地区建立殖民统治。几个世纪以来，先后有 5000 多万欧洲移民涌入南北美洲、大洋洲及世界其他地方，欧洲人在北美、澳大利亚、新西兰及其他地方建立了殖民统治，并从中获得了丰厚的利润。殖民者或移民将与欧洲大陆相似的生活条件带到了新的地区，跟随他们一起来到殖民地的还有在欧洲种植的各种农作物和驯养的家畜，例如，小麦、黑麦、牛、猪、马、羊等。于是大量的移民活动将物种的转移迁徙推向第一次全球化的新时代。在最初的移民过程中携带的转移物种数量相对较少，这与当时运输能力的限制有关。此时物种的迁移量不够大，因此不会对生态系统产生太大影响。但欧洲是工业革命的发源地，欧洲人在交通运输工具的发展上受到很大的裨益。自从蒸汽轮船被普遍使用后，海洋航运得到新发展，运输能力得到迅速的提高。借助于轮船这种运输工具，在 1820～1930 年，就有 5000 多万欧洲人移民到遥远的美洲、大洋、亚洲和非洲海滨，并将欧洲大量物种带到殖民地，丰富了当地的植物群和动物群。同时，亚洲的中国人、印度人、印度尼西亚的华人，以及非洲人和其他地区的移民也将各类物种带到美洲、大洋洲和欧洲等地，并在新家园安家落户，繁衍生息。可以说各类物种的全球化的"大迁徙"就开始在这个时期出现，并逐渐被世界各地的移民推向新的高潮。历史上人类的各类活动推动了物种的迁移，只是不同时期物种迁移的规模大小有所不同，其迁移途径也有差异，有些物种是人为有意引进的，而有些则是无意之间跟随移民携带过去的。随着各类物种的全球化"大迁徙"，某些适应性很强的外来入侵种逐渐在世界各地出现，并对当地的生物种群和生态系统产生了深远的影响。其中有些影响已经凸显，有些影响还在酝酿、演变或演化之中，也许还有更大的影响，将在未来某个时机出现；影响可能是渐变的，也可能是突发性的，存在不确定性潜在生态风险。

4.1.4 战争强化了外来入侵物种的侵袭

自从有了人类社会，就开始有了战争。人类社会自古以来，一直到现在，战争就没有停过。原始的战争是原始的国家与团体间自然选择的有力手段，是建立新帝国和强权的主要途径，但同时也是导致人类种族灭绝的重要原因。战争的危害无止境，它残酷地充当对衰弱民族的清除器，也是破坏甚至毁灭一个地区生态系统和生物物种资源的利器。

至少在几千年前军队就扮演着物种迁移的重要载体，许多物种通过军队这种载体被带到了遥远的国度或新环境,其中一些物种转变为入侵物种,如豚草随着日军的马饲料进入我国,小龙虾被日本人用来处理被屠杀的中国人尸体。因此,战争强化了外来物种的入侵和侵蚀,是历史上造成大规模外来物种入侵的强大推动力。战争有效地传播外来入侵物种,并为入侵物种开道,同时,军队还会导致新疾病的流行和传播。历史上发生的大规模传染病流行,许多都与战争有直接关系。1918年第一次世界大战结束后很快就暴发了大规模的流感流行,一年之内就夺去了2000万~5000万人的生命,这次流感与西班牙和美国之间的战争有密切关系。

在19世纪以前的战争中,军人死亡的主因是疾病。国外公认因病死亡与战斗死亡的比例是4∶1,许多战争常常超过这一比例。一些重要的传染病,如斑疹伤寒、痢疾、伤寒、古典型霍乱、鼠疫、天花等,在19世纪末以前的战争中扮演了重要角色,有时对战役起到了决定性的作用。

4.1.4.1　人类战争是特殊形式的生物入侵

在有记载的5560年的人类历史上,人类共发生过各类战争14 531次,平均每年2.6次。战争对人类文明的破坏性是巨大的,对人类社会领域的方方面面均有影响,战争不仅给人类带来恐惧、死亡、伤害和人道主义灾难,还给人类带来废墟和生态环境破坏甚至毁灭。军队人员众多,人群密度很大,为各类物种和病原体的传播创造了条件。战争也是一种特殊的生物入侵。任何战争实质就是人群的入侵和抵抗,而人群总是携带着疾病。战争就是疾病的传播载体和瘟疫的拓展机。例如,大约发生在迈锡尼文明时期的特洛伊战争(公元前1192~公元前1183),其对希腊的自然生态和人文生态造成的影响至今仍依稀可辨。在伯罗奔尼撒战争中,斯巴达人也曾大量毁坏雅典农村,导致对手发生饥荒和瘟疫。在美国内战中,佐治亚和弗吉尼亚的大量农田被焚烧。

有时军队以疾病的形式与对手相遇,这些疾病在他希望征服的人中是可以忍受的,而对入侵者却十分致命。当然有时也会出现相反的情况。公元前14世纪,正值西台(Hi-ttite,别称赫梯)帝国最鼎盛、最繁荣的时代,强有力的国王苏皮卢利乌马斯一世的野心也更加膨胀起来,为争夺叙利亚地区的控制权,西台帝国与埃及发生了多次战争。劫持来的埃及俘虏将一种疾病传给了赫梯人,为后者带来持续三代人以上的瘟疫灾难。此病从公元前1350年开始在赫梯的士兵和平民中传播和流行,赫梯帝国首领苏皮卢利乌马斯一世及他的继承人阿诺旺达斯也成为牺牲品,赫梯帝国从此瓦解。这一流行病就是天花,自此之后,天花先后于公元前10世纪在埃及和印度的印度河河谷流行,随后公元前5世纪从埃及传播到利比亚和埃塞俄比亚,再从希腊传到波斯;公元前395年又从利比亚传到叙拉古,于公元45年传到中国。

公元前 431 年～公元前 404 年的伯罗奔尼撒战争，是古代希腊史上的大战役。这场战争引起了雅典城内一场瘟疫 3 年多的流行，造成 1/4 的军队和大量老百姓死亡。这就是历史上称为"雅典瘟疫"的大流行。伯罗奔尼撒战争之前，古希腊人从来没有遭到这种传染病的攻击，这种新型流行病借助这场战争迅速传播，从非洲传到了波斯，在公元前 430 年又传到了希腊。瘟疫流行造成的后果非常惨重，直接导致了雅典的衰落。

古代马其顿国王亚历山大（公元前 356～公元前 323 年）建立了一个横跨小亚细亚、埃及和印度的庞大帝国。其大军纵横征战近 2 万公里，把希腊文化传播到了世界各地。但在印度，他的军队遭遇了各种疾病，继续东征的计划受阻，于公元前 325 年率军队返回，在经过沙漠时，多数士兵死去。亚历山大也因此染上一种怪病，并于公元前 323 年死于巴比伦。

公元 4 世纪以后，曾经盛极一时的罗马帝国渐渐分裂为东西两部分。雄距东部的拜占庭帝国的历代皇帝一向以罗马帝国的正统继承人自居，所以一直试图收复失地，重新统一罗马帝国，再现往日的辉煌。查士丁尼于公元 533 年发动了对西地中海世界的征服战争。然而就在他横扫北非、征服意大利，即将重现罗马帝国辉煌的时候，一场空前规模的瘟疫却不期而至，使东罗马帝国的中兴之梦变为泡影。公元 541 年，鼠疫开始在东罗马帝国属地中的埃及暴发，接着便迅速传播到了首都君士坦丁堡及其他地区。

拿破仑在征服俄罗斯时，法国军队因瘟疫人数大减，60 万人仅余几万人。在征服埃及时，又因瘟疫而败。在拿破仑派往美洲的 2.5 万士兵中，2.2 万人死于瘟疫。当时法国没有办法，将北美殖民地 214 万平方公里的土地，以 1500 万美元卖给了美国，美国的面积扩大了近一倍。

据西方史料记载，人类历史上最早一次有文字记载的传染病是公元前 430～公元前 427 年的雅典瘟疫，希腊时期的历史学家修昔底德对这次瘟疫的流行和患者出现的症状进行了记载。修昔底德在其著作《伯罗奔尼撒战争史》中描述了发生在公元前 430 年的这场大瘟疫，其也被称为"修昔底德综合征"。身边强壮健康的年轻人会突然发高烧，咽喉和舌头充血并发出异常恶臭的气味。不幸的患者打喷嚏，声音嘶哑，因强烈的咳嗽而胸部疼痛。疾病几乎摧毁了整个雅典城邦。幸运的是一位医生发现用火可以防止这种瘟疫，从而挽救了雅典。

伯罗奔尼撒战争被认为是整个人类历史上的一次大战。这场战争不仅影响到整个城邦的财力和国力，由战争引起的社会混乱和百姓贫困为病菌的侵入提供了有利条件。正当伯罗奔尼撒军队囤积在阿提卡地区边界科林斯地峡准备进攻首府雅典城的时候，首席执政官伯里克利却让雅典郊区的农民放弃家园，把家眷和财产迁入城内，固守城垣。在战前伯里克利就下令在雅典城与外港比雷埃夫斯之间修建一道长垣，以防备斯巴达人从陆上入侵，可以说雅典城为战争做好了充分的准备，陆海两方面的防务都有所巩固。伯里克利采取的战略是利用城垣在陆上据城坚守，同时用海军优势力量袭击伯罗奔尼撒沿岸城市，采取疲劳战术牵制敌方，以达到求和的目的。伯罗奔尼撒同盟军的侵入使阿提卡地区的大量农民涌进雅典城内，密集而拥挤的人群使雅典面临一场危机。公元前 430 年夏，一场意想不到的可怕瘟疫从非洲的埃塞俄比亚通过商船传到埃及、利比亚和波斯帝国以西的爱奥尼亚诸行省，然后蔓延至雅典城。20 多万人塞在城墙后面和附近的比里亚斯港口，疾病在此蔓延开来，并迅速蔓延到雅典。许多人相继死亡，据估计，大约有1/3 的人死于这场瘟疫。公元前 429 年，伯里克利也罹难于此疫，拥有 4 000 名士兵的雅典舰队也随之消亡。从这次瘟神光顾之后，雅典没有真正再恢复过来。这场使雅典衰落的瘟疫也是由巨大的生物入侵（人流）所引起的，但究竟是何种病原体传播流行，至今还争论不休。雅典附近岛屿上古代壁画中所描绘的绿猴子可能就是导致雅典瘟疫的不知名的病毒传播者和宿主。可能是猴子把病毒传给了附近的人群并引起规模化扩散。这让人联想到像马尔堡-埃博拉一类的绿猴病毒病原体，可能是引起雅典瘟疫的元凶。这些神秘第Ⅳ级病毒具有很强的传染性和致死率，与雅典瘟疫有些类似。也有医学家和史学家认为雅典瘟疫是由斑疹伤寒引起的。毫无疑问，这场两千多年前的瘟疫对雅典所造成的灾难是致命的。更令雅典人悲痛的是，这场瘟疫直接影响到当时的伯罗奔尼撒战争。公元前 404 年，雅典战败向斯巴达投降，从此古希腊陨落了，再也没有出现过这样的辉煌。

到了 1347~1351 年，黑死病大瘟疫暴发，蔓延至整个西欧，许多地方有近 1/3~1/2 的人口死亡。这场瘟疫的发端无人知晓，但是可以确定腺鼠疫传播到欧洲与蒙古军队有关。研究表明腺鼠疫杆菌原产于中亚草原，原来的携带者是中亚的土拨鼠，在蒙古征服欧洲之前曾经数次沿丝绸之路传入中国，历史上发生的一些地区性瘟灾也使中国人对普通的鼠疫有一定的免疫力。但对于欧洲来讲，鼠疫杆菌完全是一种外来病原体，蒙古人利用这种生物武器来攻打欧洲城堡，导致了黑死病在欧洲人中间传播，导致欧洲大陆一半人口死亡。

在人类历史经过 200 多年时间轮回之后，进入了欧洲殖民主义时期，第二场超级瘟疫暴发了，这次瘟疫不只是黑死病，而是由天花、麻疹、霍乱、伤寒、鼠疫、流感等多种传染性极强的疾病不断交替流行，瘟疫在全球范围内广泛传播。

瘟疫作为战争利器的最好例证可以用欧洲殖民者开辟疆土清除土著来说明，在哥伦布到达美洲之前，美洲土著印第安人的人口总数应该为 5000 万~1 亿。在欧洲殖民主义者对美洲扩张过程中，真正因为屠杀而死的土著人很少，大部分是因为染上了欧洲人带去的天花、麻疹、霍乱、伤寒、鼠疫、流感等严重的传染病而死去的——这些疾病充当了战争利器，毁灭了美洲土著 90%的人口。印第安人口从西班牙人到达美洲前的近 2000 万锐减到几十万，印第安人遭到了残酷的种族清洗，这是世界史上最黑暗的一幕。虽然 15 世纪天花在东西方都曾经流行过，但是都没能颠覆当地社会，但是在美洲天花病毒却是一个新物种，其杀伤力更强，这次瘟疫摧毁了印加、阿斯特克这些超大型的美洲帝国。

稍后英国人对北美印第安人、大洋洲和太平洋岛屿的土著也如法炮制，利用细菌进行了有组织的种族灭绝，占有了当地人的土地。印第安人、毛利人、波力尼西亚人这些新大陆人种中的大部分都断送在人类瘟疫的利器之下。少量幸存者虽然产生了抵抗力，但是其种族人数日渐减少，绝大部分幸存者不得不逃到偏远的内地山区谋生或者就地被同化，昔日的繁盛已成往事，土著民在殖民者的排挤下已经被边缘化。土著民的文化也被主流社会边缘化，甚至他们的存在也被遗忘。

消灭了大部分新大陆人种之后，传统的粗放式的细菌战对旧大陆人种就不起什么作用了。一直到19世纪末，尝到过细菌战甜头的帝国主义列强又有了新的工具来培养自然界中不可能产生的超级细菌，比如炭疽。大概30年代，英国科学家研究出了可以让人感染的菌种和方法，稍后美国、德国、苏联、日本都掌握了这一技术，日本研究出了"干燥鼠疫菌"，其毒性和传染性比鼠疫强数十倍，这是731部队最重大的一项研究成果。很快在战争中日本人就将这些最新的"科技"用于战场。

4.1.4.2　人类战争是瘟疫的催化剂

自古以来，疾病与战争就有密切的关系。据史书记载，马援南征交趾，遭受"瘴疠"侵害，士卒死亡近半，学术界更有观点认为正是他的南征给中原带回了恶性疟疾。人们常说瘟疫是人类的头号杀手，这一说法有一定理由，并非空穴来风。瘟疫同时也是战争利器，其大规模流行总是与战争相伴而行。纵观人类历史，可以发现传染病大规模流行有以下三个渠道。第一个渠道是战争，大规模的征战可以使疾病随着军队传播到很远的地方，像"非洲军团病"就是典型，其名称也反映了该病与军队的关系。第二个渠道是通商，运输工具可以将一些病源媒介如鼠和蚊虫等带到新的地方，而隐形感染的经商人群也会将病菌传播到没有免疫力的新人群。第三个渠道是传教士的宗教活动。当然战争对疾病流行的作用是最强的，是瘟疫的催化剂。

军队人数众多且战地环境恶劣，加上卫生条件差，常常在一场大战后引发疾病的流行。在战争过程中，双方避免不了近距离的交战甚至贴身搏斗，一旦有人携带病菌，就可能在很短时间内传播开来。特别是缺乏疾病免疫力的一方很可能成为牺牲品。此外，战争本身表现为一方对另一方的领土入侵或武力抵抗，有些军队也使用致病力很强的病菌作为战争武器，企图通过疾病的传播和瘟疫的流行来削弱敌方的战斗力，达到控制战争局势的目的。古罗马帝国曾经在人类历史长河中留下浓墨重彩，但帝国从辉煌走向衰亡却是起因于瘟疫流行。来自北非的柏柏尔人塞普蒂米乌斯·塞维鲁建立了塞维鲁王朝，这位罗马帝国辉煌时期的统治者还希望西征不列颠，建立更庞大的帝国。公元 208 年塞维鲁率军西征不列颠，但随之暴发的瘟疫使罗马军队元气大伤，5 万罗马兵死亡让塞维鲁占领不列颠的计划失败，这位罗马皇帝染上重病于公元 211 年死于约克。公元 452 年匈奴人发动了对西罗马的战争，正当要攻打罗马城的时候，一场瘟疫开始流行，匈奴人将因瘟疫死亡的士兵尸体扔进城中，使罗马城变成了魔窟。公元 542 年，罗马再次发生大瘟疫，此次瘟疫重创了整个欧洲大陆，并使强大的罗马帝国走向衰落。西方人认为这次瘟疫是源自于从中国北方西迁的匈奴人。弗雷德里克·卡特赖特在 Disease and History 一书中指出，来自蒙古地区的匈奴人，在公元一世纪末将新的传染病带到了欧洲东南。从这些历史记录可以推测，此次瘟疫源于匈奴人，并通过战争使瘟疫得以流行。

造成这些瘟疫的病原菌是鼠疫杆菌，匈奴人在来到欧洲之前长期生活在蒙古大草原，而草原是鼠类及旱獭等野生啮齿动物体繁育的天堂，鼠疫杆菌在这些宿主中得以大量繁殖。北方游牧民族生活环境卫生条件较差，跳蚤容易滋生，并作为媒介生物将鼠疫杆菌从啮齿动物传给人类而导致鼠疫（plague）发生。但匈奴人因长期生活在大草原这样的环境中，对鼠疫已经具有一定的免疫力，即使遭受鼠疫的侵扰也不会大规模流行。来到欧洲后，一直残留在匈奴人群中的这种病菌通过战争的形式传给了欧洲人，在毫无免疫力的欧洲人中迅速流行，引起了人类历史上第一次鼠疫大暴发。建都于君士坦丁堡的东罗马帝国又称拜占庭帝国，版图辽阔，横跨欧、亚、非三大洲，使得这次鼠疫大流行具有世界性的规模。东罗马帝国同匈奴人、波斯人、突厥人、斯拉夫人多次发生战争，加上商贸发展等社会因素的影响，鼠类和鼠疫沿着丝绸之路的水陆通道传播到了印度、埃及和埃塞俄比亚，而引起鼠疫在欧、亚、非三大洲的大流行。战争与商贸交替运行，成为这次鼠疫大流行的幕后推手。这次始于公元 542 年的鼠疫大流行发生于查士丁尼掌政时期，因此被人们冠以"查士丁尼鼠疫"（Plague of Justinian）的称谓。在公元 14 世纪 20 年代，又一次大的鼠疫开始从中亚细亚的戈壁蔓延开来，加上十字军东征、奥斯曼帝国的军事行动及莫卧儿人的征服等，在这段时间内发生的各种军事行动助推了鼠疫的传播并引起了第二次鼠疫大流行。有人估计，仅在 1347～1350 年的 3 年间，欧洲就有 2000 万人因鼠疫丧生（图 4-1）。这次鼠疫还席卷了中国的中原地区，导致了大量死亡并肆虐了几百年。

另一种传染性强和致死率很高的传染病就是天花。天花原本只在旧大陆的欧、亚、非三大洲流行，使得许多曾染上天花而幸存下来的成年人具有了免疫力。但当欧洲殖民者在 15 世纪末踏上美洲新大陆时，天花迅速找到了新的寄生对象——缺乏免疫力的美洲土著人。天花在 10 年间造成阿兹特克帝国（现墨西哥）的人口从原来的 2 500 万减少到 650 万，锐减了近 3/4，由天花导致的种族清洗使阿兹特克帝国就此消亡。强大的印加帝国（现秘鲁）也因为天花流行而被西班牙殖民者轻易征服。天花成了北美殖民者征服印第安人的利器，殖民者到来之前原住民有几千万人，到 16 世纪末只剩下 100 万人，原住民在他们自己生存的家园被殖民者清除殆尽。天花虽然凶猛，但只要找对了方法，还是可以克制的。英国医生琴纳发明了牛痘接种法预防天花，并得到拿破仑的赏识用于军队预防接种，使这一有效方法得到迅速传播，这种疾病也在牛痘接种法的威力下从人类中消失了。现在天花已被人类彻底消灭，成了第一种，也是至今唯一被人类彻底消灭的传染病。

图 4-1　1562 年彼得·勃鲁盖尔的作品"死神的胜利"反映了鼠疫大流行的历史场景

第一次世界大战期间，另一种致命的疾病也开始了对人类的大屠杀，这就是 1918～1919 年的西班牙流感大流行，这种致死性很强的病毒最早在美国军营中开始发作，一些士兵出现流感症状，后来通过战争传到了西班牙军队，引起了广泛的流行，结果有几千万人死于西班牙流感，相比之下流感大流行比战争的威力更大，导致的死亡人数还多一倍。

传染病的流行对于战争所产生的重要影响，在中外历史中均有记载。历史学家近些年来深入探讨了传染病与中国历史时期战争之间的关系。如清朝满族人在征服部族、朝鲜和明朝的军事活动中获得了诸多胜利，其主要原因是采取了预防措施防止了天花在军队中的传播。实际上，战争中的传染病不仅影响到军队和战役，还对战区甚至是非战区的民众产生了直接的影响，中国的经验同样如此。

根据相关资料，太平天国战争造成了人口的大幅减少，估计达到 1.6 亿，其中在战争中直接损失的人口在 7000 万左右。战争中因传染病死亡的人口，远比战场上死亡的人数多。瘟疫的威力超过了任何武器，比核武器还强 100 倍。其主要原因是战争会推动瘟疫的扩大流行，从而导致人口的大量死亡。太平天国战争之所以时间长，与传染病的流行有很大关系，在战场上的各支军队，在和病原体的战斗中，都无法取得胜利。时间延长也会扩大战争的规模，加强了战争的烈度，从而对太平天国战局产生了深刻的影响。从流行病学来看，统帅一场战争，既要在战术上压制敌人，又要在战略上防止病原体的流行和传播。太平天国战争中形成流行病的传染病种类众多，霍乱是其中最为重要的一种。由于霍乱是一种由海外输入的疾病，它的到来是作战双方都始料不及的。传染病在双方军队中普遍流行，不仅使军队大量减员，而且影响了战争进程。它给战争制造了相当大的麻烦，迫使双方不得不重新审视战争并调整作战计划，从而影响了战争的发展。

4.1.5　国际邮件成为外来物种入侵渠道

随着国际交往的日益增多，入境国际邮件、快件不仅数量逐年大幅提升，且性质也发生了很大变化。过去邮寄物主要以信件和生活用品为主，现在已由"生活型"转变为"生产型"，邮寄生产材料和动植物产品的越来越多。许多 IT 企业为实现小批量快速化的要求，通过快件这一方式进口生产原材料；有的单位在引进动植物及其产品、植物种子、动物精液等小批量物品时，也采取国际快件的方式。由于这些邮寄物品绝大多数未经检验检疫处理，其中往往夹带着违禁物品和有害生物。

国际邮件已成为外来有害生物入侵的又一重要途径，必须采取有力措施加以监管，根据国家质检总局动植物检验检疫数据信息统计，2008 年我国检出的外来有害生物（包括检疫性有害生物和一般性有害生物）种类为 2856 种，共达 228 626 种次；2009 年我国检出的外来有害生物种类为 3364 种，共达 268 131 种次；2010 年我国检出的外来有害生物种类为 3654 种，共达 400 497 种次；2011 年我国检出的外来有害生物种类为 3972 种，共达 500 106 种次；2012 年我国检出的外来有害生物种类为 4331 种，共达 579 356 种次。

跨境电子商务的发展引发入境旅客、邮件的高速增长，各省市的邮检口岸对有害生物的检出率近年来屡创新高。依法对国际邮件和快件实施监管上还存在一些困难。一是有些单位和个人对防止国外有害生物入侵的意识还比较淡薄。未经审批擅自引进国外动植物产品及种子、在邮件中夹带违禁物品等现象屡禁不止。随着在国外学习、工作、生活的国人不断增多和经济的快速发展，这一问题显得更加突出。二是我国现行的进境邮件检验检疫法律法规不完善。由于邮寄物涉及的种类复杂，有关法律法规只提出了对邮件、快件实施检验检疫要求，而对邮件特别是快件涉及的相关部门的责任规定不明确，给检验检疫工作造成了极大的不便。

相对于传统的花鸟鱼虫市场，网络正在成为外来入侵物种销售的重要渠道。在网上出售的外来物种包括巴西龟、鳄龟、虎头鲨、清道夫鱼等外来水生动物，以及智利火玫瑰蜘蛛、日本弓背蚂蚁、南美黄金角蛙、泰国长鬣蜥蜴等。

4.1.6　跨境旅游为外来物种入侵提供了机遇

每年全球跨境旅游的人数已达到 6.5 亿，跨境旅游呈现出快速增长的趋势，为外来物种入侵提供了良好的契机。旅游者携带外来入侵物种的案例日渐增加，我国检疫部门经常截获一些危害性极大的外来物种，以 2002 年为例，全年共截获各类有害物种 1310 种 22 448 批次，分别比 2001 年增加了 1.5 倍和 3.4 倍。在许多国际旅游的热点地区，外来物种入侵比其他地方更为严重，如夏威夷岛的单位面积外来物种数量和种类比美国其他地方高几倍，我国海南岛外来物种入侵情况也令人堪忧，打造国际旅游岛将使海南岛面临更加严峻的外来物种入侵局势。与此同时，外来物种入侵也对旅游产业造成了一定影响，如太湖的蓝藻风波，也使旺盛的旅游产业陷入低谷。所以，旅游主管部门应加强普及教育，使游客明白自身对于物种入侵的作用，以加强警示作用。促使达到经济发展与外来物种入侵减少的双赢局面。

随着在中国发生的国际交流活动逐渐增多，生物入侵渠道日趋多样、更加隐蔽，其中旅游往来及各种博览会可能夹带有害生物，值得有关部门警惕和加强防范。外来生物入侵隐蔽性的表现形式主要有两个方面，一方面以旅游者为媒介的入侵途径具有极强的隐蔽性。由于旅游者的数量庞大，其检疫、检查防范难度大，而旅游者对生物入侵的认识普遍不足及无意识携带，都会增加其传播的可能性，尤其是病毒类的入侵种；另一方面由于旅游纪念品、旅游地生物制品的携带及旅游商品包装物的携带也具有较强的隐蔽性。未经检验防疫处理的旅游纪念品、旅游食品、生物制品以及旅游商品包装物等，都存在携带外来物种的风险。禽流感、SARS 病毒、甲型 H_1N_1 流感、霍乱病毒等公共卫生疫病，都可以通过生物入侵的形式随旅游者带入旅游地，并在旅游群体中传播，从而对旅游者构成健康影响，甚至危害旅游者生命安全。毒草、毒虫等外来物种的入侵，不仅对旅游地的动植物构成危害，同样也可能对旅游者的健康和生命安全构成威胁。外来植物种的入侵可能导致旅游地生态景观环境的丰富植物群落被单一的植物种所替代，生物多样性破坏，呈现以单一入侵种为优势的生物群落，使生态背景简单化；而植物病毒、害虫的入侵，将导致大量植物灭绝，生态景观呈现荒芜化。

4.2 人类活动引起的生物入侵案例

4.2.1 海洋运输压舱水与外来物种入侵

几千年以来，随着航海运输业的兴起和蓬勃发展，海洋运输已经成为国际货物运输的主流，占据了全球货物运输总量的约 70%份额，同时船舶压舱水也给沿海口岸生态环境带来了很大的影响。压舱水是在 19 世纪 80 年代以后逐渐替代岩石或者砂子等固体压舱物而逐渐被各国航运业所采用，虽然岩石和沙子等固体压舱物随处可取又无需花钱，但其装卸却不如压舱水简便，这也是现在在海洋运输过程中普遍采用压舱水平衡船舶的原因。但采用压舱水代替固体压舱物后，水生生物借助压舱水排放而进入世界各地的沿海生态系统。船舶将压舱水从装运港卸载到目的港，等于运输着出发地整个生态系统的水生生物群体跨越大洋屏障到相似的生态环境，致使排入水域面临着外来生物入侵，造成了重大危害和影响。船舶压舱水中浮游生物种类繁多、危害严重。在全世界，经由船舶压舱水携带的生物物种达 4500 多种，已经被确认通过船舶压舱水传播的入侵生物物种大约有 500种。20 世纪 80 年代的斑马贻贝（*Dreissena polymorpha*）和链状亚历山大藻（*Alexandrium catenella*）等，都证实是船舶压舱水携带的外来入侵种，造成的直接经济损失高达数十亿美元。压舱水排放形成的外来生物入侵性传播，已被世界环保基金会（GEF）认定为海洋面临的四大威胁之一。

除了压舱水中的小型生物之外，还有许多海洋生物贴在船底上被运来运去。这些附生在船底的生物包括藤壶、海草等很多种类，在 20 世纪中叶，随着三丁基锡（TED）等一些防腐油漆的使用，这些船底附着生物曾经大幅减少。但是，这些防腐油漆对船底附着生物构成的选择压力促进了这些附着生物的适应性进化，引起抗性增强，近年来船底上的附着生物数量有明显反弹，多于过去几十年。轮船上的其他一些隔舱、缝隙和空间既有湿漉漉沾满泥浆的锚链锁，也有海水管道，以及被称为"海胸"的船壳与压舱水泵间的围隔。所有这些错综复杂的空间结构都极大地增加了船舶作为一个浮动的生物岛屿的复杂性，也大大增加了每年数以亿吨计的压舱水在世界范围内的运动与变化矢量。远洋货轮就像"特洛伊木马"，将潜藏的危险带到了目的地。正是通过这种途径，原产于波罗的海的斑马贻贝出现在了美国的五大湖泊之中，在密西西比河流域繁殖得很快，使当地渔业和旅游观光业受到严重损伤。原产于黑海的栉水母也出现在美洲大陆东海岸，并造成了40%的动植物灭绝。

船舶压舱水还会造成公众健康危害，在河口、浅水区和邻近污水排放处加装的压舱水很可能含有一些致病的细菌和病毒，如霍乱和伤寒等。1991 年在秘鲁暴发的流行性霍乱，造成 40 万感染病例，其病原体可能就是通过压舱水由亚洲传入的。这些细菌和病原体能直接危及人们的健康，也可能进入并存活于某些水生生物体如蛤、蚌、牡蛎及其他贝类中，通过生物引起人类发病。

20 世纪后半叶以来，船舶压舱水引起的外来物种入侵呈现发展趋势，引起广泛关注，并成为航运管理、海洋环境质量、水生生态系统与生物多样性保护等方面的重大课题。由压舱水引起的海洋入侵种的迁移是 20 世纪海洋污染和生态变异的重大因素，也是 21 世纪全球航运业面临的最大的环境挑战。

4.2.2　水葫芦导致的生态危机

2011 年 5 月，在蓝藻危机下，昆明市政府决定在滇池广种水葫芦以吸附水中的氮磷及蓝藻，然后采收上岸，达到治污效果，虽然蓝藻危机初步得到解决，截

至 2011 年 10 月 30 日，监测数据显示，滇池水质总磷、总氮与同年同期相比下降
55%以上。但是，水葫芦的引进却引起另一场灾难，目前，滇池有几十公里的尚未
打捞起来的水葫芦，它们正在大面积失控，远远看去，这些水葫芦更像是一片大
草原。

近年来水葫芦在四川、云南、湖北、湖南、上海、江苏、福建、浙江及河南
南部等 17 个省市自治区迅速扩展蔓延，已大面积覆盖很多河道和湖泊水面，其中
包括许多用于交通、商业、电力和灌溉等方面的水体，带来严重的生态、经济和
社会危害。大量水葫芦植株在水面漂浮堆积在一起，严重堵塞航道，影响水渠排
灌，引发水灾，阻碍水利发电，对航运造成不良影响。

由于水葫芦覆盖水面，形成优势物种，压制了浮游生物的生长。水葫芦的快
速生长需要消耗大量水分和水中氧气，直接威胁鱼类的生存。资料记载，20 世纪
60 年代以前滇池主要水生植物有 16 种，水生动物 68 种，但到 80 年代，大部分水
生植物相继消亡，水生动物仅存 30 余种。水葫芦大量繁殖，形成单一群落后，破
坏了水体的生物多样性，造成生态平衡失调，以致酿成灾害。

4.2.3 互花米草入侵海滨生态系统

河口湿地与沿海滩涂湿地是单位面积上生态服务价值最高的生态系统类型
（Costanza et al.，1997），但也是极易被外来生物入侵的地方（Grosholz，2002）。
互花米草（*Spartina alterniflora*）原产于大西洋西海岸及墨西哥湾，在北美，从加
拿大的魁北克一直到美国佛罗里达州及墨西哥湾均有分布；而在南美，互花米草
零星分布于法属圭亚那至巴西 Rio Grande 间的大西洋沿岸。目前，互花米草已成
为全球海岸盐沼生态系统中最成功的入侵植物之一。

互花米草对淹水具有较强的耐受能力，可以耐受每天 12h 的浸泡。作为对淹
水所造成的缺氧环境的适应，互花米草具有高度发达的通气组织，为其根部提供
足够的氧气，并可提高其根围土壤的溶氧度（Mendelssohn and Postek，1982），促
进邻近互花米草植株的生长（Bertness，1991）。在缺氧环境下，互花米草的乙醇
脱氢酶（ADH）活性大幅度升高，这表明在缺氧环境下的无氧呼吸旺盛
（Mendelssohn et al.，1981）。尽管过久过频的水淹会抑制互花米草的生长
（Mendelssohn and Mckee，1988），但一定强度的淹水对互花米草的生长亦有促进
作用。

互花米草对高盐度也具有一定的耐受能力，其根部通过离子排斥减少 Na^+ 的吸
收（Bradley and Morris，1991）。同时，叶片上均具有泌盐组织（Anderson，1974；
Ungar，1991）。而互花米草的根细胞质膜的生理特征也适应于高盐环境。在高盐
度下（510mmol/L），互花米草的根细胞膜中固醇与磷脂比例也能保持稳定，而稳

定的细胞质膜脂类组成对植物抗逆性有重要作用，同时当盐度升高时，原生质膜中 H^+-ATP 酶的活性升高，因此在高盐度下，互花米草能自动调节体内 H^+-ATP 酶的活性产生电化学梯度，从而具有较强的耐盐能力（Wu，1997）。

互花米草对氮素具有很强的利用能力。互花米草能吸收铵态氮与硝态氮等不同形式的氮素（Morris，1980）；作为 C4 植物，互花米草对氮素的利用效率也相对较高（姜丽芬，2005）。互花米草对环境的适应还表现为在不同纬度下对滩涂环境的适应。作为一个成功的入侵种，互花米草对温度的适应相当广，分布的纬度跨度相对较大，从赤道附近（亚马逊河口）到高纬度地区（英国北部，北纬 $50°\sim60°$）均可分布。

互花米草具有很强的有性繁殖和无性繁殖能力，使其在潮间带具有较强的定居与扩张能力。在适宜的条件下，互花米草 3～4 个月即可达到性成熟（Smart，1982），其花期与地理分布有关。根据 Mobberley（1956）的研究，互花米草在北美的花期一般是 6～10 月，在南美是 12 月到次年 6 月，在欧洲是 7～11 月。但在有些地方，互花米草并不开花，如新西兰和美国华盛顿州的 Padilla 海湾，而在华盛顿州的另一个海湾 Willapa 海湾，互花米草也是在引种 50 年后才开花（Scheffer，1945；Partridge，1987；Riggs，1992）。互花米草成功定居后，在滩涂环境下形成高密度与高生产力的单物种群落，从而使其他植物在互花米草群落中难以生存。

4.2.4　绿化引起的植物入侵

4.2.4.1　植树造林与外来树种

人类砍伐林木的活动很早就有，在森林受到一定的破坏之后，人类开始了植树造林活动。中国在周朝就有文献记载植树活动。《周制》的"列树以表道"是关于种植行道树的规定。《周礼》中记载了在封疆、沟涂、城郭旁边种树的情况。在春秋晚期，随着人口增加和过度的砍伐放牧，山林遭到严重破坏，人工造林发展起来。植树造林目的是为了防风固沙和环境绿化，这种方法沿用至今，在许多沙漠化严重的地区，植树造林仍然是治理土壤沙化的一种十分有效的方法。在公元前 255 年，地中海地区的居民开始造林。造林所使用的树种多数来自外地，近几十年来，我国从国外引种了大量的外来树种用于各种目的的植树造林，如松属树种（*Pinus*）、桉属树种（*Eucalyptus*）、杨属树种（*Populus*），木材生产量大大地提高，成为目前用材人工林的主要树种；在沿海地区，木麻黄属树种（*Casuarina* sp.）广泛用于营建沿海防护林带；落羽杉属树种（*Taxodium*）广泛种植于平原湖区农田林网用于防风和防护；悬铃木（*Platanus* sp.）、火炬树（*Rhus typhina*）、红栌（*Cotiuns coggygria*）、紫叶小檗（*Berber thumbergii*）、绒毛白蜡（*Fraxinus velutina* Torr）等树种用于城市绿化；金合欢属（*Acacia*）树种被引种用于土壤改良和水土保持；刺槐（*Robinia pseudoacacia*）、紫穗槐（*Amorpha fruticosa*）、香花槐（*Robinia pseudoacacia* cv. Xianghuahuai）、金叶皂角（*Gleditsia riacanthos* Sunburst）、紫荆（*Cercis Canadensis*）等树种在北方许多地区栽培用于水土保持。柽柳（*Tamarix* L.）原产亚洲与欧洲东南部，它能容忍高盐分的湖水或碱性土壤。此物种能替换或者取代原生植物。现广泛分布于从中东到美国西部沙漠和墨西哥的干旱地区，成为入侵性最强的植物之一。乌桕（*Sapium sebiferum*）作为红叶风景的观赏树种，在城市园林中可作行道树，被栽植于道路景观带、河湖水岸以及滨海岸区。自18世纪引入美国后在沿海岸线附近广泛种植，其生长范围也迅速扩大，在美国成为了杂草树，名列最不需要的12种植物之一。原产于亚洲的卫矛（*Euonymus alatus*）于1860年左右作为观赏植物引入美国，由于适应性强而迅速蔓延，对林地、农田和海岸矮树林造成极大威胁。无瓣海桑（*Sonneratia apetala*）在香港米埔自然保护区被发现，它能适应当地环境且生长迅速，影响当地红树林树种生长甚至导致其灭绝。

　　据不完全统计，现今至少有2000多种树木被有目的地引入，用于提供木材或燃料、防治水土流失、治理沙丘、重建或重塑生态系统等。松属和桉属的商用树种和各种果树在热带、亚热带和温带地区被广泛种植，这些商用树和果树的确为热带、亚热带和温带地区许多国家的经济发展作出了贡献。然而，引入移植外来树种也是有代价的。最令人担忧的问题就是外来树种在自然和半自然地区的种植面积正在不断扩大，其潜在的生态风险也逐渐显现出来，包括替代当地植物，改变群体的演替规律，通过降低土壤肥力导致农作物减产，土壤沙化影响畜牧业生产等；并影响和干扰当地的生物多样性与生态系统的种类与功能，进而引起森林居民、自然资源保护、水资源管理和其他诸多方面的矛盾。它还可能破坏自然景观和宗教文化，改变人们的生活条件和传统习惯。外来种入侵后对农田、园艺、草坪、森林、畜牧、水产等产生直接经济危害，导致人畜疾病，威胁人畜健康。

　　此外引种到相同地点的入侵树种之间可能发生杂交，产生新的入侵树种。例如新银合欢属（*Leucaena*）与牧豆属（*Prosopis*）的杂种在南非某些局部地区为入侵树种。南非曾对入侵树种对自然生境的影响进行过量化分析，发现入侵树种会导致局部生物多样性大量减少，并妨碍集水区内的自然径流，进而影响干旱地区水源供应。

　　入侵树种的生态影响是"滞后的"，往往比较隐蔽，难以引起关注，一旦出现问题，很难挽救。外来物种入侵后随着生态系统中相互作用的入侵种的种类增加，由于资源和栖息地的竞争会在很大程度上或全部排斥本土物种，并取而代之，造成的影响深远且难以预料。在清除这些外来入侵物种之前必须制定科学合理的清除规划，以便在清除之后能够采取进一步的措施恢复生态环境，不会因为资源供给不足而影响本土物种及其生态系统的繁衍发展。

4.2.4.2　外来入侵树种的危害

在南半球生态系统中至少有 19 种松树是长势良好的入侵者,其中 8 种是南半球的主要"杂草"树,这些松树已在澳大利亚、马达加斯加、马拉维、新西兰、乌拉圭、南非等地建立了自然的繁衍入侵种群。

入侵松树对当地的生态系统结构和功能、集水流域、水文学和物种种类成分都产生了巨大影响。在干旱季节,土壤呈现沙化迹象,而雨季时又水土流失严重。松树的入侵显示出外来种的分布、存在时间、种植面积、地面性质、地表特征、影响因子、本地生物、影响时间等诸多因素之间都有相互关系和模式。

在巴基斯坦沙漠地区,外来树种因为植树造林被广泛种植。1878 年,牧豆树被引进用于治理巴基斯坦沙漠地区的水土沙化问题。现在,牧豆树已遍布巴基斯坦的广大地区,形成单一树种林对本土树种构成了严重的威胁。牧豆树分泌一种有毒的化感物质,克制当地的土著树种,使其在与本地树种的竞争中占据优势,降低了本地树种的生物多样性。在塞德的河边林区,牧豆树基本取代了当地的一种相思树(*Acacia nilotica*);更糟糕的是,其他外来树种还在不断被引进。

植树造林还清除了许多土著植物,许多动物的栖息场所因此发生改变,对它们的生存构成直接影响。而植树造林又被许多人认为是有利于生态环境保护,对公众的思想意识进行误导,掩饰了外来入侵树种的潜在风险。而且土著植物经常被认为是"杂草"而被平整和铲除,这种对行为的反向选择的危害和影响是巨大的,土著物种因此逐渐丧失了生存的空间。

外来树种从引入新的环境到种群形成需要一段时间,时间的长短随物种、地区而异,短到几年长到上百年。入侵的外来树种不仅具有很强烈的开拓能力,而且与乡土树种相比,具有强烈的种间竞争能力。由外来物种所导致的生物入侵已成为一个全球性的生态和经济问题,外来树种入侵的环境和经济后果是多方面的。外来树种入侵给自然和半自然生态系统带来风险,包括替代当地植物、改变当地生态系统的主要功能、改变群体的演替规律、导致农业动植物产量大幅降低等。外来入侵种导致入侵地生物多样性减少、物种均匀化和生态系统及其功能的退化,致使区域物种组成简单化,还可能破坏自然景观和宗教文化,改变人们的生活条件和传统习惯。外来树种入侵后对城市园林产生直接经济危害。生物入侵一旦暴发,就难以控制,对生态系统产生长期、不可逆转的危害。

4.2.5　世界各地的动物入侵概览

4.2.5.1　老鼠岛的生态失衡

老鼠入侵岛屿生态系统是与生物入侵与人类活动相关的典型实例。1780 年,一艘老鼠肆虐的日本海船搁浅，这些硕大的挪威鼠纷纷朝岸上逃命，它们爬上高低不平、荒无人烟的一个小岛，它位于阿拉斯加州遥远的西南部，后人因此将它称为老鼠岛。类似的事件还有很多，1907 年，老鼠被引入英国的斯科克霍姆岛（the small British Islands of Skokholm），1939 年被引种到费斯特尔（Festur）。厄瓜多尔的黑鼠被引入加拉帕戈斯群岛上的巴尔特拉和圣克鲁斯岛。几个世纪以前，老鼠岛被认为是海鸟的天堂，是凤头海鹦、须海雀和小海燕的最后栖息地。这是阿拉斯加第一次出现老鼠。从那以后，老鼠岛陷入了诡异的沉寂，植物已基本见不到了，鸟类数量迅速减少。到老鼠岛旅游的人到处可见老鼠的踪影，岛上满是老鼠洞、老鼠的踪迹、老鼠屎和嚼过的草木。这些外来的老鼠以鸟蛋、小鸟和成年海鸟为食，几乎寸草不生的小岛使鸟儿只能在地上或在火山岩的裂缝中筑巢，明显增加了被外来老鼠取食的机会。生物学家史蒂夫·艾伯特认为，老鼠岛几乎成了鸟儿的死亡地带，因此燕雀和海鸟消失了。老鼠几乎消灭了大约 12 个大岛和众多小岛上的海鸟，这些岛屿是大约 4000 万只筑巢海鸟的栖息之所。角嘴海雀、小海雀和海燕大多处于危险中，因为它们在觅食的时候得离开鸟蛋和小鸟很长一段时间。

在波利尼西亚移民中，饲养牛羊的极少，鼠肉成了味道极佳的食物之一。每到一个新的地方，这些移民就会将老鼠一同带去，从而导致了老鼠的大范围扩散。新发现的土地经常是海上岛屿，或者从大陆分离出去的土地，具有独特的生态系统和生物群落结构，往往没有啮齿类动物。在这种独特的生态系统内，老鼠几乎没有天敌的制约，在遍地是食饵的岛屿上迅速繁殖，导致了许多物种的灭绝和其他物种的大规模减少以及生态系统的极大变化。当然，人类不能把许多物种的灭绝全部归咎于老鼠，因为除老鼠之外还引入了其他捕食动物。据调查统计，在热带太平洋海岛上由于老鼠的入侵和出现，使热带太平洋海岛上 55 种特有生物种中的 30 种灭绝，10 种蜥蜴中的 7 种灭绝。老鼠作为入侵种不只在太平洋上引起海岛上生物物种多样性减少以及生态系统发生变化，在全世界几乎任何海洋岛屿上，老鼠入侵后都会引起生物多样性的减少，导致生态系统的安全危机。

老鼠入侵海岛使原有的生物多样性与生态系统面临巨大灾难，消灭老鼠来恢复原有生态系统是最明智的选择，但岛屿的大小成了消灭老鼠行动计划需要考虑的重要影响因素。在面积大的岛屿欲消灭老鼠，要充分考虑食物链的中间捕食者缺少可能会极大改变生态系统的许多特性以及土著物种的结构组成与数量。在面积较小的岛屿根除老鼠较为可行，只要有足够的财力、人力和社会支持即可。因为老鼠岛只有 11 平方英里，面积不大，因此成为了实施灭鼠计划的选择对象。老鼠岛最终成为阿拉斯加第一号和北美洲第五号最佳候选者。老鼠岛虽然很小，但其生物学影响不可忽视。到 1998 年，世界上有 80 多个岛屿像老鼠岛一样清除了入侵老鼠。啮齿类动物被清除之后，使受到破坏的动植物区系恢复得比预先估计的还要好。这是项对付外来种入侵的成功措施，其现实作用与潜在意义都很大，正在岛屿生态系统与生物多样性的保护中逐渐推行。

4.2.5.2　蚂蚁入侵

1) 红蚂蚁和小火红蚁入侵

　　流浪蚁中最有名的入侵蚁是红蚂蚁(*Solenopiss Wagneri*)。在美国,红蚂蚁成为最严重的入侵蚁。这种原产于南美洲的蚂蚁,20世纪初到达美国,从东南部开始向内地扩散,并造成极大的经济损失。这种外来蚂蚁占领了本土蚂蚁的栖息地,并迅速扩大种群规模,红蚂蚁占了所有蚂蚁总数的99%。它几乎杀死了所有的无脊椎动物,以及正在孵蛋的雌鸟和爬虫类。红蚂蚁对土著蚂蚁种群和其他节肢动物类群产生了显著影响,在得克萨斯州,土著蚂蚁种类因为红蚂蚁的入侵影响而减少了几乎一半,同时其他节肢动物的丰富度也有所下降。寄生在红蚂蚁中的微孢子虫对其种群生长有一定的抑制作用,在南美洲,这种寄生虫造成了红蚂蚁的种群数量减少。

　　红蚂蚁性情凶残且生性懒惰,它们的衣食住行都要靠仆人来替它们完成。它们将黑蚂蚁的蛹抢来,孵化小蚂蚁以充当仆人。红蚂蚁出征的远近取决于黑蚂蚁家的远近,它们出征的道路并不选择,也没有明确的目的地。它们通过轨迹几何学方法、气味路标法和气味导航与天文路标相结合来进行定位,按原路返回。它们携带的多种病菌可以引发多种疾病。

　　红火蚁原产于南美洲巴拉那河(Parana)流域,在巴西、巴拉圭与阿根廷等地均有分布。如今在美国南方,已有12个州超过100万 hm^2 的土地被入侵火蚁所占据,对于美国南部这些受侵害地区造成经济上的损失,每年估计约数十亿美元以上。因商业活动与农业运输全球化的影响,红火蚁的入侵已经成为世界各国,而不再只是美国或是美洲国家都关注的问题。波多黎各也在1975~1984年遭到红火蚁的入侵,1998年红火蚁入侵美国南加州,2001年红火蚁成功跨越太平洋,入侵新西兰和澳大利亚,造成这些区域农业与环境上的危害。在我国广东湛江,红火蚁出现在一些园艺植物周边土壤中。在一些校园里,也有红火蚁的踪迹。

　　另一种有害蚂蚁是小火红蚁(*Wasmannia auropunctata*),与红火蚁一样,其原产地也在南美洲巴拉那河(Parana)流域,在20世纪初入侵到美国南方,造成美国南方农业与环境卫生方面的问题,其经济损失非常严重。它对脊椎动物致命的进攻是潜在的巨大威胁。小火红蚁在20世纪80~90年代入侵印度尼西亚的Melanesia地区,造成了灾难性的结果。

　　小火红蚁捕食本土昆虫,引起小脊椎动物的数量减少。它们还攻击猫和狗,严重时可引起其失明。在新喀里多尼亚和加拉帕戈斯群岛,小火红蚁被认为是造成爬行动物族群减少的主要危害因素,对海龟构成严重威胁。在加拉巴哥岛群岛小火红蚁入侵的地区，蝎子、蜘蛛和本地其他种的蚂蚁数量明显减少。在所罗门群岛，当地节肢动物也受到同样的威胁，生物多样性明显减少。小火蚂蚁是广食性的，食谱范围非常有弹性，捕食无脊椎动物与啃食植物。

人类活动引起的环境压力可能引起一些蚂蚁族群的爆炸，这在蚂蚁的原生地特别显著。例如，在南美洲，小火红蚁是受干扰森林与农业区的一个害虫，它能在那里达成很高的密度。高密度的小火红蚁已经被证明分别与哥伦比亚的甘蔗单一栽培与巴西的可可粉农业有关。在哥伦比亚，在森林片段中丰度高的小火红蚁已被证明会造成蚂蚁多样性降低。小火红蚁有效地利用资源，它可能会竞争、取代原生蚂蚁。改善土地管理和减少初级生产将舒缓侵入蚂蚁的相关问题，也会减少蚂蚁族群爆炸产生的环境压力。

2）巨头蚁、长腿蚁、阿根廷蚁入侵

红火蚁的危害并不是唯一的。原产于非洲的巨头蚁（*Pheidole megacephala*）和长腿蚁（*Anoploepis gacilipes*），现在成为遍布全球热带地区的蚂蚁。这两种蚂蚁入侵夏威夷，造成许多当地特有物种灭绝，使夏威夷成为单位面积濒危物种数最多的地区之一。而另一种称为大头蚁的蚂蚁在全球范围均有分布，其种类相当繁多。巨头蚁属是蚁科第二大属，仅次于蚁亚科弓背蚁属，已知有 545 种，其中新热带区 201 种，新北区 62 种，古北区 8 种，非洲区 66 种，马达加斯加区 17 种，东洋区 61 种，马来西亚区 100 种，澳大利亚区有 30 种。巨头蚁取代了本土蚂蚁，影响当地的生物多样性。在毛里求斯，红火蚁入侵已造成当地蚂蚁绝迹；在巴西东北部，红火蚁入侵已使当地壁虎、蜥蜴数量锐减。由于巨头蚁以蚜虫、介壳虫制造的蜜露为食，所以保护了菠萝、咖啡、柑橘和其他水果上的大量害虫，间接危害了农作物。它们还可直接危害草莓等植物根系。

原产南美洲的阿根廷蚁是亚热带和温带最主要的害虫，对土著无脊椎动物和脊椎动物均有危害。阿根廷蚁身长只有 3mm，但攻击性极强。这种蚂蚁的入侵势力范围从意大利一直延伸到西班牙西北部海岸，长达 5800km，是迄今为止发现的最大的蚁群。阿根廷蚁的不同蚁穴可以结成"合作群体"，提高种群的竞争力。在不断扩张的过程中，阿根廷蚁的基因随之也发生突变，与原来的阿根廷蚁在行为上已经有了很大的变化。它们来到欧洲后改变了社会结构，形成了巨大的合作群体，在这样一个巨大的蚁群中，许多工蚁和它们为之效忠的蚁后之间缺少联系，工蚁要养活许多和自己无关的后代，这样就会削弱维系蚂蚁社会最重要的一种精神——利他主义，从而使它走向自我毁灭。

4.2.5.3 澳大利亚的兔子成灾

澳大利亚的兔子最初就是人为引进的，结果造成了生态灾难，这可以作为外来物种以有意方式入侵的一个例子。在 1859 年以前，没有兔子的澳大利亚其辽阔的土地是各种野生动物的天堂，自从欧洲殖民者进入后，这里的一切都发生了改变。由于殖民者习惯了欧洲大陆悠闲的生活方式，在闲暇之余有打猎的习惯，英国人托马斯·奥斯汀引进了 24 只兔子，其中的 13 只被放养用于狩猎，一场可怕的生态灾难就此暴发了。兔子是出了名的快速繁殖者，在澳大利亚它没有天敌，其群体数量增长迅猛，它很快就开始毁坏庄稼。到 1880 年，它们到达新南威尔士，开始影响南澳地区的牧羊业。这些兔子成了大洋洲大陆的"除草机"，引起草地植物资源匮乏，对资源的竞争使大洋洲本土野生草食动物数量减少，许多野生植物也存在绝种的可能。人们组织了大规模的灭兔行动，但收效甚微。到了 19 世纪 90 年代，当兔群抵达西澳时，人们修了一条长达 1609km 的栅栏，试图将其拦住。但是，这个栅栏很快被冲破了。至今兔子已经达到了 6 亿多只的种群规模，这个国家绝大部分地区的庄稼或草地都遭到了极大损失，一些小岛甚至发生了水土流失。绝望之中，人们从巴西引入了多发黏液瘤病毒，以对付迅速繁殖的兔子。但是针对兔子的细菌战被证明只是使不断恶化的状况得到暂时缓解，一小部分兔子对这种病毒具有天然的免疫能力，它们在侥幸逃生后又快速繁殖起来。整个 20 世纪中期，澳大利亚的灭兔行动从未停止过。

4.2.5.4　欧洲的动物入侵

在欧洲大陆内部也有很多外来入侵物种，其中有 38 种外来入侵物种已经被记录在案，而且这些物种通常跨越国界，不断拓展新的地盘。在欧洲有 9 种最具影响力的外来生物，如貂、野猪、浣熊、鼩鼱和海狸等，其种群繁衍速度惊人，已经难以人为控制。从新石器时代开始，已经有 71 种哺乳动物入侵了欧洲，另有 30 个物种已经成功地将它们的领地扩展到了整个欧洲大陆。大多数物种入侵都是由于人们受经济利益或爱好的驱动而酿成的后患。野猪是在新石器时代被带入西西里岛的，同时人们也在公元前 9000～公元前 8000 年之间将白齿鼩鼱带入了塞浦路斯、撒丁岛和巴利阿里群岛；20 世纪初，西班牙河湖中引进虹鳟；在 20 世纪 70 年代，北美红蟹被引入西班牙；在 2009 年，美国红松鼠被带到了丹麦；2010 年，加拿大海狸被带到了比利时和卢森堡；2010 年，浣熊入侵了瑞典；2011 年，浣熊也被非法带到了爱尔兰。这些引进物种繁殖迅速，往往会对土著种构成威胁。以来自美国路易斯安那州的红蟹为例，埃布罗河三角洲地带的红蟹种群数超过每公顷 500kg，每年吞食大量秧苗。1983 年引入的北美河蟹身上携带着一种致命真菌，可使本地种死亡。中华绒螯蟹在 1912 年出现在德国北部的河畔，并成为德国破坏性极强的物种之一，大闸蟹能够毁坏渔网，伤害鱼类，并在堤坝上穿孔筑巢，危及河坝安全。世界自然基金会的报告称，大闸蟹仅在德国造成的损失已高达 8 000 万欧元（约合人民币 6.4 亿元）。中华绒螯蟹是一种典型的杂食动物，除了取食各种水草之外，也取食昆虫幼虫、蜗牛、贝类、小鱼及腐肉。因此在食物稀少的水体中，中华绒螯蟹成了本土物种的竞争对手，其大量存在使得本土物种难以获得维持其生存所需的基本食物来源。由于本土物种的生态位被中华绒螯蟹占据，其数量逐渐减少，本土的蟹类种群濒临灭绝。

西班牙河湖中的外来入侵种已成为生态灾难性公害。西班牙土著褐鳟数量由于引进了虹鳟而大幅减少；以后又引进白斑狗鱼和欧鲇，更是在根本上改变了河流中的鱼类结构。1987 年西班牙还引进 90 多万只佛罗里达龟，这些金钱龟身长 30cm，体重 2kg，雌雄比例是 7∶1，迅速繁衍，威胁土著龟种，随时可变成生态炸弹。

灰松鼠（*Sciurus carolinensis*）是一种原生于美国东部和中西部及加拿大东部省份的松鼠族。灰松鼠由北美洲引入英国以及意大利西北部，成为入侵物种并泛滥成灾，威胁到当地原生的欧亚红松鼠的生存。在爱尔兰东部的一些郡，欧亚红松鼠数量正在逐渐减少，而在爱尔兰南部和西部，欧亚红松鼠受到的威胁则相对较小。在意大利，灰松鼠的实际分布面积为 250～300 km^2。在意大利皮耶蒙特地区，灰松鼠的入侵对本地种红松鼠的生存构成了严重威胁，并很快导致了红松鼠的绝迹。灰松鼠之所以成为外来入侵种，主要是由于其适应性与竞争力很强，灰松鼠已开始入侵到阿尔卑斯山，可能会遍布整个欧洲森林，对欧洲广阔的森林及榛树群落构成严重的生态威胁与经济危害。灰松鼠还能传播病菌，对其携带的松鼠疱疹（squirrel pox）病毒，红松鼠完全没有免疫力，受感染后可引起眼部、耳部、鼻子周围的软组织感染，染病的红松鼠常在两周内死亡。灰松鼠的不断入侵造成了英格兰红松鼠数量急剧减少，并有可能绝种。在松鼠疱疹病毒暴发区，红松鼠数量下降的速度是非暴发区的 17～25 倍。由于灰松鼠的繁殖能力很强，威胁到当地红松鼠的生存，所以动物保护组织决定投放避孕药来控制这些野生灰松鼠的数量，以避免红松鼠的种族灭亡。动物保护组织 Anglesey 岛红松鼠之友（Friends of Anglesey Red Squirrels）通过投放避孕药来防止野生灰松鼠的迅速繁殖。但投放的避孕药同样可能对本土的红松鼠造成影响，因此选择投放的地点很重要，在红松鼠数量较少的地方投放避孕药可以有效控制野生灰松鼠的繁殖。

4.2.5.5　美洲的动物入侵

目前有许多动物入侵到北美并迅速占领了生态环境。如斑马贻贝（*Dreissena polymorpha*）在 1986 年被传入北美，使伊利湖和休伦湖之间的圣克莱尔湖（Lake St. Clair）及密西西比河（Mississppi River）的生态环境遭到破坏。此外，果蝇（*Drosophila subobscura*）在 1978 年传入北美以来，逐渐在地理分布上进行扩张，并形成了地理渐变群（geographical cline）。欧洲家雀（*Passer domesticus*）原产地在欧洲及亚洲的大部分区域，是种麻雀属动物，在引入北美之后很快占据了广阔的气候区，从沙漠直到亚北极区，均有欧洲家雀分布。在与其他鸟类争夺筑巢地的时候，家麻雀的行为相当有侵略性。它们常常驱离已经在当地筑巢的鸟,有时甚至直接将窝筑在原先被驱离鸟已经建好的巢穴之上。欧洲家雀的入侵导致当地的一些鸟类数量减少,在北美常见的知更鸟的数目在 20 世纪初急剧减少,其主要原因是入侵的欧洲家雀侵占了当地知更鸟的巢穴,使其繁殖数量下降。

白纹伊蚊在国外也被称为亚洲虎蚊(*Aedes albopictus*),源于东南亚,在 20 世纪的二三十年代已经迅速入侵到其他大陆。白纹伊蚊是东南亚和中国的常见蚊种,1985 年在北美洲休斯顿的口岸装运的货物中发现了白纹伊蚊。后来,它们散布到美国南部远至美国东海岸的新泽西州南部,也迅速占领了佐治亚州和佛罗里达州。

1750 年,原产中东的苹果蠹蛾(*Laspeyresia pomonella*)入侵北美,很快在果园里传播,现在几乎占据了太平洋沿岸。对苹果树(*Malus pumila*)、梨树(*Pyrus communis*)、胡桃、李树(*Prunus domestica*)等均有危害。此外,原产亚洲的麦茎蜂(*Cephus cinctus*)入侵到北美地区,造成多种禾草类植物的病害,是入侵地区农业生产的一大危害。1992 年,欧洲的纵坑切梢小蠹(*Tomicus piniperda*)无意中被带进北美地区,在有多脂松(*Pinus resinosa*)、西黄松(*P. ponderosa*)和北美短叶松(*P. banksiana*)的林地传播,其危害甚广,多种松树都是其侵害对象。此外,对农业、林业及园艺业构成危害的还有麦瘿蝇(*Mayetiola destructor*)、欧洲纹白蝶(*Pieris rapae*)、舞毒蛾(*Lymantria dispar*)、地中海果蝇(*Ceratitis capitata*)、东方果蝇(*Bactrocera dorsalis*)、欧洲玉米螟(*Ostrinia nubilalis*)及西方玉米根虫(*Diabrotica virgifera*)等。

20 世纪 60 年代美国为控制泛滥的水生植物、藻类,从中国将"亚洲鲤鱼"(其实主要是鳙鱼、鲢鱼、青鱼和草鱼)引进阿肯色州,随后许多养育场开始养殖这种繁殖力极强的"亚洲鲤鱼"。这些鱼在美国的河流中大量繁殖,与美国本土鱼类竞争食物。到了 20 世纪 90 年代,随着密西西比河洪水泛滥,这些鲤鱼沿着密西西比河一路北上。它们进入宽阔的水域,沿途大量产卵繁殖,其增长趋势远远超过了本土鱼类。另外一种外来鱼类就是引入加勒比海和美国东南海域的狮子鱼。由于没有天敌存在,这一外来鱼类的数量呈爆炸性增长趋势。

杀人蜂也叫"非洲化蜜蜂",它的毒性很强,甚至可以蜇死人和动物,杀人蜂的名字由此而来。杀人蜂事实上是一种杂交蜜蜂。由于杀人蜂生命力强,繁殖速度快,它们已经在世界许多地区大肆蔓延。1956 年,26 只杀人蜂从巴西科学家的实验室飞走并同当地蜜蜂杂交,产生了一种更加厉害的杀人蜂,造成了连续 40 多年肆虐美洲的杀人蜂大祸。现在杀人蜂的繁衍数量已超过 10 亿,从南美洲蔓延到了美国的得克萨斯州和加利福尼亚州等地,已造成 1000 多人死亡。2007 年,杀人蜂扩散到美国新奥尔良地区。2009 年,杀人蜂又开始出现于犹他州境内。在南美地区,杀人蜂的蔓延速度更是快得惊人。

4.2.5.6　亚洲的动物入侵

从美洲传入亚洲的外来动物也不少，如巴西龟、松材线虫、美国白蛾、牛蛙等，其中松材线虫和美国白蛾对林业已经造成了很大的危害。在我国，松材线虫已经扩散到华东和华南地区，包括北京的南部、天津、河北南部、山西南部、山东、河南、湖北、湖南、江苏、浙江、江西、安徽、陕西南部、四川东南部、重庆、贵州、云南、广西、广东、福建、海南及新疆的部分地区。红棕象甲（*Rhynchophorus ferrugineus*）又名棕榈象甲、锈色棕榈象、椰子隐喙象、椰子甲虫，属鞘翅目象甲科，是一种外来高危性检疫害虫，在东南亚地区严重危害椰子、油棕等棕榈科植物。在我国主要分布于海南、广东、广西、台湾、云南、西藏的部分地区，主要危害椰子、海枣、油棕、槟榔、霸王棕等多种棕榈科植物。红棕象甲原产于印度，20 世纪 80 年代，随着国际贸易的繁荣发展，红棕象甲开始大举扩散，范围波及东南亚、中东、地中海沿岸等国家，还有法国及赤道两边的国家。我国在 1997 年广东中山首次检疫到这种害虫。红棕象甲入侵海南岛造成了许多椰子树死亡，在文昌市郊及周边多个乡镇就有近 2 万株椰子树因红棕象甲而死亡。非洲大蜗牛及褐云玛瑙螺入侵我国农田生态系统，造成粮食减产。来自南美的食人鱼作为观赏鱼类引入我国，在广西南宁的河流中发现了其踪迹，这种凶猛的鱼类如果在我国的水域中大量繁殖，将导致本土的许多鱼类灭绝。

原产北美的悬铃木方翅网蝽，是悬铃木属树种的主要害虫，受其影响的树木叶片大量枯黄脱落，严重破坏景观。该种害虫在欧洲可传播悬铃木溃疡病和法国梧桐炭疽病两种真菌病害，导致植株死亡。1964 年，方翅网蝽首次入侵意大利的帕多瓦地区，之后逐渐扩散至欧洲中南部的 10 余个国家，1996 年方翅网蝽首次在亚洲出现，在韩国造成悬铃木植株病害，2001 年方翅网蝽又传入日本。

来自美国的太阳鱼生存能力极强，在日本大大小小的湖泊、河流中迅速繁殖，已经入侵到了日本最大的湖泊——琵琶湖。凶猛的太阳鱼严重威胁本地鱼类，已导致鳈鲅鱼濒临灭绝。太阳鱼是在 1960 年日本明仁天皇访问美国时作为获赠礼物被带回日本，后来进行人工繁殖才导致了在日本水域的入侵。松材线虫入侵亚洲的许多国家，主要集中在日本、韩国、朝鲜和中国局部地区，其危害程度不一，其中日本受害最为严重。松材线虫早在 1905 年就传入日本，最初在九州、长崎等地造成了松木的危害，后来不断扩展蔓延到了更大的范围。目前，松材线虫疫区占日本松林总面积的 1/4，除北部的青森县、北海道以外，其他县府无一幸免。松材线虫病于 1988 年首次在韩国釜山市金井山被发现，对当地的赤松和黑松造成了严重危害。2006 年，韩国在京畿道光州市的红松 *P. koraiensis* 上发现了松材线虫，染病树木全株叶片枯黄。

美国白蛾是二战结束时随美军进入日本的，于 1945 年在日本东京最早被发现。

朝鲜战争期间，美国白蛾又跟随美军入侵朝鲜半岛，1958 年在韩国汉城首次被发现。随后，它越过鸭绿江向中国扩散，1979 年在辽宁丹东首次被发现。1981 年前后，往来于山东荣成和辽宁的渔民，将美国白蛾的虫卵通过木材带入荣成并于次年形成疫情。摆脱了天敌的控制，而且发生变异以适应中国境内的自然环境后，美国白蛾以更快更直接的方式蔓延开。

5 生物入侵的管理

5.1 构建公众参与机制防治生物入侵

公众参与是指在环境保护领域中，一切单位和个人均有权通过一定的程序和途径，参与与其环境权益相关的活动，其目的在于制约和保障政府依法、公正、合理地行使行政权力。公众参与已成为国际社会公认的一项环境法的基本原则，1972年的《人类环境宣言》特别强调公众参与在生态保护中的重要作用，1982年的《内罗毕宣言》、1992年的《21世纪议程》及1998年的《奥胡斯公约》均对该项原则予以了确认。公众参与是民主法治理念在环境保护法领域的基本要求，在应对日趋复杂的环境问题中起了十分显著的作用，贯彻该原则能激发民众保护和改善环境的积极性，促进环境决策的科学性。

外来物种入侵的途径以人为因素为主，防治外来物种入侵的立法在于调控人的行为，而法律调控人的行为之成效首先取决于民众对外来物种入侵的危害的认识，然后是民众对法律调控措施以及政府行为的认可度。外来物种可以通过多种途径入侵，入侵途径的多渠道性增加了预防的难度，仅凭政府部门的努力难以奏效。

生物入侵问题涉及社会各领域，仅靠国家和政府的力量不可能面面俱到，需要公众的广泛参与和全社会的大力支持。因此防止生物入侵，首先必须加强对公众的宣传，提高公众的生态环境保护意识，增进公众的生态环境理念和伦理道德观念。事实表明，在世界范围内，有许许多多的生物入侵都是公众首先发现，为及时制定防治措施赢得了宝贵的时间，避免了进一步的扩散蔓延。因此，加强对公众的生态安全宣传教育，提高全民环境保护意识、树立正确的人生价值观念是完全必要的。信息不灵通和对生物入侵方面的知识欠缺，模糊了人们的视野，对行为的后果缺乏判断力，导致了行为方式的逆向选择（adverse selection）和盲目选择。应通过多种新闻媒体进行宣传教育，使公众认识到生物入侵的危害；针对不同公众群体，制定特定的宣传战略，如大量印刷、发行、赠送关于生物入侵的科普性文章、小册子，或制作生动活泼的音像制品，向旅游者提供有关信息和行为建议，使他们了解人类旅游与生物入侵的关系，防止旅游带来新的入侵种。在检验检疫、生物引种、交通运输、国际贸易、旅游等重点行业的职工中，应进行有针对性的教育、培训工作。对外来种容易侵入的地区，如岛屿、湖泊、自然保护区等地的工作人员加强入侵种防范意识，提高他们对早期生物入侵的警惕性。

加强公众的法律知识宣传和教育，让全社会自觉遵守相关法律法规，积极参与生物入侵的防治。目前，针对生物入侵的法律法规还不够健全，应该在法律体系的框架下完善相关的法律法规，以便在实际工作中具有可操作性，做到有法可依。我国现行立法已注意到公众参与环境保护的重要性，已有部分环境保护法律法规涉及公众参与制度，但完善的公众参与机制还没有建立。我国关于外来物种入侵的认识目前尚未深入，有关法律如出入境动植物检验检疫法、动物防疫法等均只有个别条款涉及外来物种入侵管理。

5.2　加强对生态安全的认识

5.2.1　生态安全的重要性

生态安全是指一个国家或地区的生态环境能够适应国民经济和社会发展需要的状态。生物入侵由于对生态环境有很大的负面影响，从而引发了人们对生态安全的担忧。随着近年全国生态环境保护纲要的发布，生态安全首次进入国家视野，国家生态安全成为生态保护的首要任务，成为中国在新世纪的战略选择。道理很简单，生物多样性是人类赖以生存和发展的物质基础，地球上的生物多样性每年为人类创造约 33 兆亿美元的价值。然而，近年来，生物多样性受到了严重威胁，物种灭绝速度不断加快，遗传多样性急剧贫乏，生态系统严重退化，这些都加剧了人类面临的资源、环境、粮食和能源危机。世界自然保护联盟（IUCN）的报告指出：导致当代世界物种的灭绝和濒危的主要原因是外来入侵物种、生态环境破坏、砍伐或捕获这三大因素。而在不少情况下往往外来物种入侵具有决定意义。因此，在全球生物多样性保护和生态环境保护中，防范外来入侵物种具有重大意义。

作为生态安全领域的一道崭新课题，近年来，外来生物入侵已经成为研究热点，引起了世界各国的关注。面对咄咄逼人的生物入侵态势，面对越来越多的"生物入侵者"，我们究竟该何去何从？由于很多外来物种是人类引进的，这直接关系到生态安全问题，所以，第一要控制好引种这一环节，保持谨慎的态度。外来物种引种是柄双刃剑，必须加强对引进物种的管理，正如《生物多样性公约》第 8条指出的那样，"每一缔约国应尽可能并酌情防止引进、控制或清除那些威胁到生态系统、生境或物种的外来物种"；第二要对我国现有的外来有害物种的种类及危害状况有清楚的了解；第三要加强对已知的主要外来有害物种的防治及综合治理工作。

对于生态环境的保护与建设，政府责无旁贷。由于外来入侵生物影响到社会的方方面面，应成立包括农业、林业、环保、海洋、贸易、检疫等国家主管部门在内的统一管理协调委员会，从国家利益高度全面管理外来入侵种。而最关键的一步，是要尽快出台有针对性的防止外来物种入侵法和入侵物种管理法。同时，还要提高公众的生物入侵和生态安全意识。在退耕还林还草等工作中，尽可能利用本地物种，减少引进外来物种。要加强国际合作，成立国家生物入侵信息中心，有效利用国际网络，加强信息沟通，建立生物入侵的预警和应急机制。

5.2.2 生物入侵与生态环境安全

外来有害生物侵入新区后，在生态系统中占据适宜的生态位，种群迅速增殖扩大，发展成为当地新的优势种，会造成相当严重的后果。

所谓生物入侵的"生态安全"主要是指外来物种的进入使原有生态系统的结构及其生态功能受到损害和破坏，引起生态系统结构失衡和功能退化，主要表现在引进物种破坏了原有生态系统食物链的结构，改变了长期形成的稳定生态系统的位点均势。在人类长期的引种过程中，最著名的澳大利亚的兔子和蜣螂引种可以说是动物引种失败与成功的典型范例。在植物引种方面惨痛的教训还有很多，如原产于喜马拉雅山脉地区的腺凤仙花，在 20 世纪被引入欧洲，由于能够分泌出相当于当地其他河岸灌木 5 倍的花蜜，很容易吸引蜜蜂，增加了传粉的机会，繁殖优势大增，很快取代其他当地灌木，占据欧洲部分地区 0.5m 以上的河道，危及当地其他植物的生存。

外来生物入侵是导致原生物种衰竭、生物多样性减少的重要原因之一。其中，木本植物变为入侵物种的例子超过 650 多个，而森林树种则成了入侵自然生境的先锋。南欧海松（*Pinus pinaster*）侵袭了南非地中海类型的生境以及夏威夷、新西兰。在德国的下萨克森州，一种从北美来的晚花稠李严重胁迫当地的森林，该州为防止其蔓延而进行清除。

外来入侵物种对生物多样性的影响表现在两个方面：一是破坏生态系统，外来种在侵入新区后，通过改变植物初级生产力、土壤营养和水分、群落的结构、生态以及稳定性等方式压迫和排斥本地物种，导致生态系统和生态环境受到破坏；二是外来入侵物种本身形成优势种群，使本地物种的生存受到影响并最终导致本地物种的灭绝，破坏物种的多样性，使物种单一化。

生物多样性是人类社会赖以生存和发展的重要物质基础，是全人类共同的财富。然而无数事实告诉我们：世界生物多样性正面临着诸多方面的威胁，其中生物入侵正成为威胁各地生物多样性的重要因素之一。能够入侵的外来物种一般都具有较强的生存和繁殖能力，它们会与当地物种竞争食物或直接杀死当地物种，分泌释放化学物质，抑制当地物种生长，形成大面积单优群落，从而压制和排挤本地物种，导致生物多样性消失。

云南昆明滇池 20 世纪 60 年代前有水生植物 16 种，水生动物 68 种，但随着水葫芦的大肆"疯长"，大多数本地水生植物如海菜花等失去生存空间而死亡，到了 20 世纪 80 年代，大部分水生植物相继消亡，水生动物只剩 30 余种。在洱海，原有 17 种土著鱼种,当引入了 13 种外来鱼后,这些外来鱼类通过与土著鱼竞争食物并吞食土著鱼卵使土著鱼种类和数量减少,目前已有 5 种土著鱼如洱海特有鲤鱼和裂鳆鱼处于濒危状态,而它们大多恰恰是有重要经济值的洱海特产。

外来生物一旦入侵成功,在本土快速生长繁衍,改变本土生态环境,危害当地社会经济,可带来直接和间接的经济危害。外来入侵动植物成为直接危害农林业经济发展的重大有害生物。外来入侵生物对社会经济的影响首先表现在增加农业病虫害防治费用,或直接造成水产和林业资源破坏,导致巨额的经济损失。不完全统计,近年来,由于松材线虫、湿地松粉蚧、美国白蛾等森林入侵害虫严重发生,每年由外来种造成的农林经济损失达 574 亿元人民币。

外来有害生物通过影响生态系统而对旅游业带来损失。在云南昆明市,20 世纪 70～80 年代建成了大观河篆塘处-滇池-西山理想的水上旅游线路,游人可以从昆明市内开始乘船游滇池和西山。但自 90 年代初,大观河和滇池中的水葫芦"疯长"成灾,覆盖了整个大观河以及部分滇池水面,致使这条旅游线路被迫取消,原来在大观河两侧的配套的旅游设施只好报废或改做他用。外来生物通过改变生态系统,从而产生间接经济损失。与直接经济损失相比,计算间接损失往往十分困难,但并不意味着间接损失不大。外来生物通过改变生态系统所带来的一系列水土、气候等不良影响从而产生的间接经济损失是十分巨大的。

豚草和三裂叶豚草所产生的花粉是引起人类花粉过敏的主要病原物,可导致"枯草热"症,引起哮喘和支气管炎等呼吸系统疾病,在美国约有 20%的人受该花粉过敏症的侵袭。艾滋病等入侵疾病对人类生命健康所造成的危害更是十分严重。由于对艾滋病的治疗尚缺乏有效的方法,疫苗研制存在很大的困难,每年因艾滋病而死亡的人数数以万计,成为目前影响人类健康的顽疾。

5.2.3　从全球战略角度认识生物入侵

生物入侵是一个影响深远的全球性问题,其对各国生态系统、环境和社会经济的影响日益明显,已成为各国政府、国际社会和学术界共同关心的全球性问题。在全球范围内,生物多样性正以惊人的速度消失,而外来物种是造成多样性锐减的主要原因之一。

生物入侵被认为是一个全球范围的重大经济问题。首先,生物入侵会给农业生产带来严重的危害。其次,生物入侵可能对人类健康产生危害,如入侵物种紫茎泽兰的花粉或瘦果进入人的眼睛和鼻腔后会引起糜烂流脓,甚至导致死亡;枯草热的主要病源就是豚草,而我国花粉过敏者中多数是由豚草花粉引起的。

此外,生物入侵也被认为是仅次于栖息地破坏导致全球生物多样性减少的第二大原因,入侵物种可以通过种间竞争排挤甚至取代土著物种,在入侵地区形成单一优势群体，从而导致土著物种生物多样性的丧失，同时也改变着整个景观要素或者说改变生态系统的组成和结构，形成相对均一、单调的景观。

全球气候变化会促进生物入侵，气温升高和降水模式的变化，以及与此相关联的干扰型式（包括干扰种类、强度及延续时间）变化，一方面将使现有植物及其生态系统对外来生物的抗性弱化，另一方面将激活外来物种的活性，从而间接地促进外来生物通过竞争、代换等方式排挤和"杀死"乡土种。大气二氧化碳浓度的升高也会加剧生物入侵的发生，二氧化碳是植物光合作用的原料，会增加外来植物的生物量，有助于外来植物生长。气温异常也是许多传染性疾病流行的重要原因。气温的升高使热带和温带的蚊子密度成倍增加，啮齿动物大量繁殖，与之相关的传染性疾病的发病率也随之上升。1993 年在美国西部某些州和欧洲暴发的汉坦病毒肺综合征（hantavirus pulmonary syndrome）就是一个典型例子。汉坦病毒很可能早已存在于鼠类中，反常的暖和和潮湿的春季为鼠类的繁殖提供了有利条件，人类感染这种病毒的机会是随着带毒鼠类数量的增加而增加的。

必须站在全球战略角度来审视外来生物入侵问题，才能明确生物入侵对全球生态系统的危机和生物多样性的影响，以及引起全球或国家的生物安全问题。近年来，随着全球化的推进，世界各国在政治、社会、文化和经济领域均受到一定的影响，生物入侵的全球化趋势也进一步加剧。全球化缩短了国家之间的距离，就像催化剂一样增强了外来物种在世界范围的流动，特别是有些传染性疾病，可能通过航空运输工具在短时间内实现全球性传播。全球化导致经济竞争加剧，使得部分国家减少在公益项目上的支出，导致近年来在公共卫生方面的基础结构出现衰退，如美国卫生保健系统就出现了"第三世界化"。当然，公共卫生项目正在实现全球化，有些重大的科技项目如人类基因组计划通过全球性的合作得以完成，其研究成果以数据信息的形式实现全球共享，用于疾病的机理研究和新药的开发，对进一步改善全球卫生状况大有帮助，有些疾病也得到有效控制，如天花已被彻底消灭。对疾病的控制的国际化协作有了深入发展，如在 SARS 病毒的研究和控制方面，体现了国际力量的强大效力，在很短时间内就找到了病因，并弄清了病毒的基因组序列和遗传结构。

5.3　外来入侵物种管理和防治的法律对策

5.3.1　外来生物入侵的立法原则

我国从 21 世纪初叶开始制定了一系列与外来入侵物种防治有关的法律、法规、规章并建立了相应的监督管理机制。现有涉及外来物种入侵的相关法律主要有《中华人民共和国食品安全法》、《中华人民共和国环境保护法》、《中华人民共和国环境影响评价法》、《中华人民共和国水污染防治法》、《中华人民共和国水土保持法》、《中华人民共和国野生动物保护法》、《中华人民共和国森林法》、《中华人民共和国草原法》、《中华人民共和国种子法》、《中华人民共和国国境卫生检疫法》、《中华人民共和国动物防疫法》、《中华人民共和国进出境动植物检疫法》、《中华人民共和国进出口商品检疫法》、《中华人民共和国海洋环境保护法》、《中华人民共和国渔业法》、《中华人民共和国自然保护区条例》、《中华人民共和国野生植物保护条例》、《中华人民共和国植物新品种保护条例》、《中华人民共和国风景名胜区条例》、《中华人民共和国水产资源繁殖保护条例》、《中华人民共和国农业转基因生物安全管理条例》、《中华人民共和国家畜家禽防疫条例实施细则》等。

我国的外来入侵物种立法不够健全，外来入侵物种立法缺少综合性的基本法和各方面的单行法，此外，地方性的外来物种入侵立法不配套，防治外来物种入侵立法的效力层次太低，而且我国现行关于外来物种入侵的法律规定缺乏系统性与协调性。

外来物种的防治工作是一项综合工程，涉及部门较多，分工也较复杂，可考虑成立以检疫部门为核心的统一外来物种入侵防治机构。具体包括检疫、环保、海洋、农业、林业、渔业、贸易、科技、财政等国家主管部门。此机构应从国家利益，而不是部门利益出发，全面综合开展外来物种的防治工作。

引进外来物种，有一个重要前提：除非有充分理由说明引进物种是无害的，除非能够控制引进物种繁衍生长使其不泛滥成灾。因此，预防外来物种入侵，加强对已有入侵物种的清除，其重要性不言而喻。国家应建立严格的政策法规体系，从立法的高度规范管理外来动植物；进一步严格检疫制度，防范新的外来物种入侵；科学论证、谨慎引种并加强对引进的外国动植物种的监测管理；清查我国现有的外来有害动植物种类及为害情况；针对已知的外来有害动植物根据其不同的发生危害状况采取不同的治理对策。如引进入侵物种的天敌扼制其繁衍发展。因此，对外来入侵物种进行管理的立法中应贯彻风险预防原则。

5.3.2　风险预防原则的概念

随着现代社会日益成为一个"风险社会"（risk society），人们对环境问题及其伴生物——环境风险越来越加以关注。但与此同时，科学在面对不断出现的新的环境问题时，常常无法给出确定的结论，这突出表现在臭氧层空洞、全球变暖、生物多样性减少、转基因作物等领域。正是在这种背景下，为应对具有科学不确定性的环境问题，风险预防原则（precautionary principle）应运而生，主张即使在科学不确定性的情况下，也应该采取措施预防可能的风险。一般认为，风险预防原则最早产生于 20 世纪 60 年代的德国，即"Vorsorgeprinzp"，并在 1984 年北海公约第一次部长级会议上被正式引入国际条约中。

风险预防原则（precautionary principle）指的是如果对某种活动可能导致对自然生态环境有害的后果存在着很大的怀疑，最好在该后果发生之前不太迟的时候采取行动，而不是等到获得不容置疑的因果关系科学证据之后再采取行动。风险预防思想最早是在 20 世纪 70 年代德国环境法中提出的。从国际层面分析，风险预防原则首先是在北大西洋的区域性海洋环境保护领域提出的，其后，风险预防原则在环境保护领域内的适用范围不断扩大。20 世纪 90 年代以后，风险预防思想发展演变成为一项公认的国际环境法原则，广泛地适用于生物多样性保护、气候变化控制、海洋污染防治、危险化学品控制等国际环境保护领域。

随着社会和经济的发展，生态环境问题相继出现，西方发达国家曾经走过一段弯路，往往在污染问题出现后才采取措施进行治理。如果在发展过程中注意统筹兼顾、采取预防措施，许多环境问题是可以防止的。即使出现一些问题，也可以控制在一定限度内。风险预防原则强调在科学上存在不确定性的前提下，也必须采取预防措施，这是对预防为主原则的进一步深化。这一原则符合生态环境问题所具有的高度科技不确定性的特征。一般情况下，只有在有科学证据证明存在严重的生态环境问题时，法律才要求采取适当措施，这使法律在解决环境问题上显得较为被动。

目前，风险预防原则在生物安全法律保护实践中的运用，主要是 1992 年联合国环境与发展大会通过的《生物多样性公约》和 2000 年 1 月由《生物多样性公约》缔约国签署的《卡塔赫纳（Cartagena）生物安全议定书》。《生物多样性公约》在序言中明确提出：注意到生物多样性遭受严重减少或损失的威胁时，不应以缺乏充分的科学定论为理由，而推迟采取旨在避免或尽量减轻此种威胁的措施。《卡塔赫纳生物安全议定书》是在《生物多样性公约》确立的法律框架内，关于国际生物安全法律保护的专门国际法律文件，在序言中缔约国明确表达了在国际法中建立规范外来物种入侵的国际法律框架的共同意愿，并提出将外来物种入侵生物安全的国际法律保护建立在风险预防法律原则基础之上。风险预防原则的确立，是对传统法律思想的创新和发展。

5.3.3 我国的外来物种安全管理存在的问题

我国的外来物种安全管理存在着很多急需解决的问题：缺乏一部国家级的综合性生物安全法规；外来物种安全的法规体系、风险评估和管理的技术体系尚不完善；生物安全管理机构之间缺乏有效的协调和沟通等。特别是环境风险评估和管理没有得到足够的重视。

5.3.3.1 立法问题

外来物种之所以在我国泛滥肆虐，重要原因是我相关的法律、法规不健全，预防外来物种入侵必须使我国环境保护走向法制化。我国还没有统一的防治生物入侵的法规，应该尽早制定外来生物入侵防治法。目前我国只有防止有害生物引进的检验检疫方面的法规，缺乏对有意引进物种进行管理的相关法律、法规。现行的动植物、卫生检疫法规是为防范外来有害生物入侵而制定的，而且是针对性检疫，只对已知的特定有害生物进行检疫，农业法、森林法、种子法、渔业法、环境保护法等相关法规也未明确涉及外来生物入侵的防范，仅在部门规章中有一些临时性的对生物入侵管制的措施。外来物种入侵危害的问题还没有引起足够的重视，总体上看，生物入侵问题尚未上升到法律高度，加强生物入侵防治的立法十分紧迫。

　　美国、澳大利亚、丹麦、芬兰、冰岛、挪威和瑞典等国家先后制定了外来物种防治的法律法规，建立了防治和控制外来物种的管理制度和技术体系。世界自然保护联盟（IUCN）制定了预防外来物种入侵造成生物多样性丧失的指南。环境科学问题委员会（SCOPE）、IUCN 和联合国环境规划署在 1997 年共同发起了《全球入侵物种计划》，采用多学科、预防性的措施对外来入侵物种进行管理。国外在外来生物入侵管理和立法方面的经验，可以作为我国防治生物入侵立法的参考。当前，我国在防治生物入侵立法方面存在以下三个主要问题。

1）法律防控体系不健全

　　在立法体系方面，目前与外来物种防治相关的法律规定主要散见于《中华人民共和国环保法》、《中华人民共和国海洋保护法》、《中华人民共和国农业法》、《中华人民共和国渔业法》、《中华人民共和国进出境动植物检疫法》等法律法规之中，相关法律法规比较分散，不成体系，导致了执法难。外来物种入侵防治是一项综合性、系统性的工作，它包括外来物种的风险评估、引进监管及防治和责任追究等一系列内容，涉及农林牧渔各业及进出境检疫等多个部门。在立法内容方面，目前主要集中在检疫性病虫害、农业杂草及人类健康性疾病等，并没有深层次考虑生物多样性、生态安全等问题。在立法可操作性方面，现有法律法规的规定过于原则化，操作性不强。

2）法定责任单位不明确，监管机构行动不协调

　　外来物种入侵问题不仅涉及环保和动植物检疫部门，还涉及海关、农、林、牧、渔、水利、海洋、工商、邮政等。到目前为止，我国还没有防范外来物种入侵的专门机构。各单位如何协调配合，都没有明确规定。同时也由于受各自职责所限，在外来物种入侵前的防范及入侵后的应对工作上存在着不同程度的脱节，如部门之间明显缺乏必要的协调，造成立法空白或重复。

3）法律责任规定不足

　　入侵物种被引入后造成生态环境破坏或经济损失，其责任如何分担目前也没

有明确规定，这使得在环境执法上具有很大的难度。在外来物种安全管理的立法方面，对于有意引进外来物种，应建立相应的责任追究制度。外来物种入侵责任追究机制首先应确立外来物种引进者和使用者的责任追究机制，根据引进者、使用付费的原则，因违法引进外来物种而造成损害的引进者、使用者应依法承担相应民事赔偿责任，甚至刑事责任。并且，可以规定由进口单位在进口时购买相应保险或缴纳保证金，以保证责任的履行。其次，确定监管者、尤其是进出口检疫部门的责任追究机制。对于违法审批而造成外来物种入侵的监管者应当追究其行政责任、民事责任，甚至刑事责任。

5.3.3.2　行政执法问题

防治外来生物入侵的行政执法面临的主要问题是管理机构职权分散、缺乏统一管理、职权划分不明确等问题。外来物种入侵影响的范围较广，因此对外来物种入侵进行管理往往会涉及多个部门，但各职能部门自身职权各有侧重，要达到有效控制外来物种入侵，加强部门种间的协调就显得十分重要。目前，我国生物入侵管理的实际职责由农业、林业、海关和检验检疫部门主管部门承担。农业部和国家林业局分别负责农林体系的外来入侵种管制；海关总署和质检总局负责出入境外来物种的查验；环保等部门也负有相关责任。在具体的行动中，这些部门相互协调进行外来入侵物种的管理的情况较为少见，一般都是单独行动、单独管理，这也严重制约了对生物入侵进行有效防治和采取治理措施。

5.3.3.3　监督问题

由于目前我国尚缺乏对生物入侵进行防治、监察和处置的法律法规，没有明确指定生物入侵的责任单位或责任人，对于外来物种入侵引起的生态环境问题如何进行处置和处罚没有规定，致使在出现严重的生物入侵危害之后无法进行责任追究，由于制度上存在的缺陷导致监督不能实施。目前国家还没有建立外来物种入侵的风险基金，处理具体的生物入侵事件时存在资金上的困难，对造成的经济损失无法进行赔偿。当农田、草原等遭到生物入侵危害后，农民、牧民却不知道该找哪些部门投诉，即使进行行政诉讼，获得赔偿的机率也极低。

5.3.4　防控外来物种入侵的立法思考

面对我国外来物种入侵的严峻形势，此方面的立法却十分薄弱，与此相关的法律制度很不健全，尤其是极为重要的风险评估制度还有很多漏洞。如立法观念还很落后，还停留在旧的损害预防原则上，现有法律对风险分析工作的基本原则规定不统一，风险分析专业机构设置不合理，缺少评估具体指标的规定，因此在以后的立法中应注意转变立法观念，建立风险预防原则，统一风险分析工作的基本原则，设立跨部门、多学科、综合性的专业评估机构，使评估指标具体化，增强可操作性。在可持续发展的前提下，更应该保护我国的生态安全和生物多样性，防止外来物种入侵对我国造成更大的生态环境和经济方面的损失。只有建立更为完善的风险评估制度，才能更好应对我国外来物种入侵的严峻形势。防治外来物种入侵是一项艰巨的任务，尤其是我国的外来物种入侵研究还处于起步阶段，我们更应该重视对外来物种入侵的法律调控。

针对目前我国外来物种入侵的法律规定存在的问题，我们需要健全和完善预防和控制外来物种入侵的法律制度，具体包括如下几个方面。

5.3.4.1　建立入侵物种名录制度

建立入侵物种名录制度主要是防止人们有意引入所带来的生物入侵。入侵物种名录一般分为黑名单、灰名单和白名单。国家环保总局与中国科学院于 2003 年发布的我国首批 16 种外来入侵物种的名单即为黑名单，但我国尚未颁布灰名单和白名单，因此我国入侵物种名录的建立还有很长的路要走。入侵物种名录建立后，还有一个如何利用该名录的问题。我国主要采用黑名单制度，即只要是列入黑名单的物种一律禁止引进，一旦发现还要立即销毁。但是这种制度并不能真正起到"防患于未然"的作用，因此有必要转变这一做法，即严格按照白名单制度来引进物种，凡是不在白名单之列的，原则上是禁止引入的。对于灰名单之中的物种，如果确有需要引入，应在做好风险评估的基础上，允许少量引入并做好监测，在证明确实无害后才可准予引入。

5.3.4.2　健全和完善外来物种风险评估制度

我国的外来物种风险评估体系存在着很多问题，比如立法观念仍停留在"损害预防原则"层面上，多部法律规定的风险评估的基本原则不统一，风险评估机构多套并存、多头管理等，因此，必须对我国的外来物种风险评估体系进行完善。具体说就是以风险预防原则为指导，建立系统、准确、可行的风险评估制度，完善风险评估的理论和技术方法，加强外来入侵物种的调查和环境影响监测。做好潜在入侵物种的风险分析，特别要重视其对生态环境和生物多样性的长期影响。发展宏观的时空环境预测与微观的分子生物学手段相结合的分析技术，建立定性与定量相结合评估体系。

5.3.4.3　加强入境检疫和后续监测制度

严格检疫程序和检疫执法，加大检疫管理力度是防止外来物种入侵和扩散有效途径。《中华人民共和国进出境动植物检疫法》及其《实施条例》等法规对部分检疫对象和程序等内容做了相关规定。但我国目前的检疫工作还存在法律法规不健全、执法不到位、检疫手段和基础配套设施落后、检疫人员知识老化等诸多问题。当前首先需要做的工作是修订现有的检验检疫法律法规,把检疫的目的由保护农业生物,扩大到保护环境生物安全;克服针对性检疫的弊端,由国家出入境检验检疫机构统一管理;不仅对有害生物进行严格检疫,还要从生态安全和人民健康角度考虑,要对所有外来入境生物进行严格的检疫。对引入的物种除了要严格入境检疫外,还应当加强对其引入后的监测。这就需要构建一个全国性的监测网,并建立起相应的入侵物种数据库和物种鉴定专家数据库。在现阶段可以由检验检疫部门牵头,包括农业、林业、环保、海洋、贸易、海关、工商、科技和财政等国家主管部门组成一个综合管理与合作体系,通过信息共享来实现对外来物种的监测。

5.3.4.4　健全和完善外来入侵种早期预警制度

准确的预测预报和完善的预警监测体系是阻止生物入侵的必要保证。目前,我国预测预报有害生物入侵的能力十分有限,监测体系有待于进一步完善。健全和完善外来入侵种早期预警制度实际上是在中央和地方之间建立起一种更好的协调机制。国家或地方建立网络,通过各种技术支持手段,提供外来入侵种信息,帮助评估物种入侵的危险性,预测潜在影响并提供管理措施建议等。同时各地将外来物种新记录及其发展情况,通过畅通的渠道及时汇报到相应的管理部门,这个早期预警制度是对物种引入控制措施的补充,两种措施配合使用就可以更好地抵御入侵种对经济和环境造成的损失。

5.3.4.5　健全和完善引种许可证制度和引种备案制度

引种单位或部门必须向有关主管部门提交拟引进外来物种的详细资料,由管理部门会同技术咨询机构对这些资料进行综合评审之后决定是否引进该物种,以及是否需要附加保障措施,对物种的引进颁发引进许可证。引种备案制度则是由引种单位、部门及个人将外来物种引进情况、引进后的生长情况及其他异常情况(如前述的种质纯度降低等情况)随时向有关主管部门进行备案的一种制度。健全外来物种引进的许可和备案制度,将引进活动纳入到国家宏观调控,缓解当前引进活动的无序状态。若发现问题,可及时采取相应措施。

5.3.4.6　健全和完善突发环保事件应急制度

对于外来物种入侵这类突发事件的处理在发达国家已经引起了足够重视,但目前还没有得到我国单行法律的重视,而要在法律上突破这一缺口,制定包括外来物种入侵在内的突发环保事件的法律法规。

目前对于处理突发环境事件的相关法律法规有《中华人民共和国突发事件应对法》、《国家突发环境事件应急预案》及最近出台的《突发环境事件应急管理办法》。这为处理外来物种入侵引起的突发环境问题提供了政策指导。这里的突发环境事件，所指范围较广，包括由于污染物排放或者自然灾害、生产安全事故等因素引起的突发环境事件。对于外来入侵物种这类生物污染物引起的突发环境事件，这些法律法规可以适用。

5.4　外来物种入侵的风险评估

5.4.1　风险评估的概念

外来物种风险评估（亦称风险分析），是指在人类有意识的引进外来物种之前，由专门机构对拟引进的物种可能对人类健康、经济生产的威胁、对当地生物多样性的威胁以及可能引起生态系统效益损失的风险进行分析评估，为是否引进该物种提供决策依据。

从其定义可以看出风险评估包括以下几个方面：健康风险、对经济生产的威胁、对当地野生生物和生物多样性的威胁、引起环境破坏或导致生态系统生态效益损失的风险。当然并非所有的外来物种都会损害引入地的生态系统，它的引进是否会造成入侵是与具体的生态系统相联系的，因而在外来物种引进时，不仅要对外来物种的特性进行判断，而且还要对当地生态系统的属性进行判断，综合考虑各方面的因素。为应对外来物种入侵造成的生态危害，只要风险评估的结论是危险的，就应采取防范措施。

作为风险分析研究的一个领域，外来物种风险分析受到越来越多的关注，其中一个原因是外来物种风险分析是国家或地区间动植物检疫争端的判定依据；而另一个原因是风险分析的目的是制定积极主动的防治策略。生物入侵是一个复杂的过程，而入侵途径、传播扩散及经济影响等是风险分析的主要评估对象。

外来物种风险分析的发展大体可分为三个阶段：一是 19 世纪 70 年代至 20 世纪 20 年代的风险分析起步阶段，或称传入可能性研究阶段；二是 20 世纪 20 年代至 20 世纪 80 年代中后期的外来物种风险分析发展阶段，或称有害生物适生性研究阶段；三是 20 世纪 90 年代以后的外来物种风险分析成熟阶段。

产业革命后，国际贸易迅速增长，也将原产地的有害生物传播开来，导致 19 世纪植物有害生物在欧洲农作物上的猖獗流行。许多国家认识到农作物所受到的危害是有害生物所引起的，而这些有害生物是通过各种商贸活动的途径传入的，经过这样一个风险评估程序，提出了对传播途径进行风险管理的措施——禁止进口，以控制或降低有害生物传入为害的风险。19 世纪 70 年代开始的有害生物风险分析（pest risk analysis，PRA），最初只是对植物上可能携带的有害生物进行简单的风险评估，仅仅考虑了植物和有害生物的个别生物学特性，只评价了传入可能性等个别风险要素。当时受科技水平的限制，有害生物的生物学研究也还很不深入，人们对有害生物传播的特性还不甚了解，因此在 PRA 初期，也只能够评估植物有害生物的简单特点，作出简单的风险管理决定。

随着科技的发展，人类认识到，相对于有害生物传入可能性而言，有害生物传入后能否在当地适生对正确评价有害生物的风险至关重要。Cook 在 20 世纪 20 年代，Weltzien 在 20 世纪 70 年代分别提出了生态区（损害区）和地理病理学的概念。Weltzien（1972）的地理植物病理学理论认为，确定一种病害及寄主的地理分布，结合生态学资料，可以预测植物病害的发生区域。20 世纪 20 年代至 80 年代中后期的 PRA 只是在第一阶段方法学上的进一步深化，没有从根本上摆脱适生性研究。这一时期 PRA 的特点是不仅评价有害生物传入的可能性，而且评估传入后定殖的可能性，这使制定的植物检疫措施更具科学性，也逐渐减少了采用禁止入境这种极端措施。

5.4.2　我国外来物种风险分析存在的问题

国家质检总局自 1980 年开始开展有害生物风险分析（Pest risk qnalysis，PRA），建立了风险分析程序，采用定性和定量的方法，并利用了地理信息系统（GIS）作为辅助分析的手段，为检疫决策部门提供技术支持。我国目前已经开始认识到外来物种风险分析的重要性。在《全国生态环境保护纲要》第十四条明确规定："对引进外来物种必须进行风险评估，加强进口检疫工作，防止国外有害物种进入国内"。目前各相关部门也分别建立了风险评估体系。

国家质量监督检验检疫总局分别于 2002 年 10 月 18 日和 2002 年 12 月 19 日发布了《进境动物和动物产品风险分析管理规定》（以下简称《动物风险分析规定》）和《进境植物和植物产品风险分析管理规定》（以下简称《植物风险分析规定》）。这两部规章的颁布无疑是我国抵御外来物种入侵的一项重大的制度进步，但我国的风险分析制度依然存在着很多不足。

5.4.2.1　立法观念未转变

我国风险分析的立法指导观念仍然停留在以前的"损害预防原则"上，尚未建立在"风险预防原则"上。损害预防主要针对确定的风险，而风险预防原则所针对的是科学不确定性行为可能造成的环境风险，那些可能造成生态破坏、危及可持续发展和人民群众生命财产安全的行为进行约束。引进外来物种在很多情况下其风险难以确定，风险预防原则对于防治外来物种入侵更为适用。

在我国现有的《植物风险分析规定》中，明确规定以"科学的风险分析结果"作为采取提高措施的依据，即要求以确凿的科学证据作为采取风险防范措施的依据，这一规定实际上不适合于防治外来物种入侵。当然科学的分析结果为正确判断风险和采取防范措施提供了有价值的信息，但是鉴于外来物种入侵的复杂性与不确定性，现有的科学水平尚无力作出准确的推测的情况下，如果沿用"损害预防原则"在很多情况下可能造成无法挽回的后果。

5.4.2.2　风险分析工作基本原则不统一

目前应用于外来动植物风险分析的《动物风险分析规定》和《植物风险分析规定》都强调要以科学为依据，遵守透明、公开和非歧视原则。但在关于对待国际标准、准则和建议及处理国际贸易与风险分析关系的规定则存在着明显分歧。《动物风险分析规定》在进行风险分析时执行或者参考有关国际标准、准则和建议，而《植物风险分析规定》在进行风险分析时遵照国际植物保护公约组织制定的国际植物风险分析标准、准则和建议，或者参考有关国际标准、准则和建议。在处理国际贸易与风险分析关系问题上，《动物风险分析规定》要求风险分析不对国际贸易构成变相限制，而《植物风险分析规定》要求将风险分析对贸易的不利影响降低到最小程度。显然，风险分析法规对国际公约的适用以及处理贸易自由与风险分析冲突的基本原则不统一，这将破坏我国风险分析制度的统一性。

5.4.2.3　风险分析专业机构设置不合理

我国现有从事风险分析的专业性机构主要由检验检疫局、林业局等部门自主设立，而目前还没有单独的风险分析专业机构。从发达国家来看，在防范外来物种入侵方面有着先进经验的欧美国家，其风险分析机构均为跨部门、综合性的专业机构。而由检验检疫局、林业局在内的职能部门设置的专业机构，由于从事的专业方向和职权范围有限，对于外来物种入侵引起的许多复杂问题无法进行准确的判断、分析和处理，对外来物种入侵危害可能性进行综合风险分析难以胜任。

5.4.2.4　缺少评估具体指标的规定

我国的风险评估制度在具体指标上没有作出明确规定，在评估时主要注重于考虑各种影响因素，如《动物风险分析规定》第十六条只规定了生物学因素、国家因素及商品因素，在具体实施的时候难以进行操作。针对风险评估提出具体的指标，是目前我国防范外来物种的立法规定有待改进的一个问题。

目前，风险分析主要以定性和半定量分析为主，缺少定量化的风险分析方法，使得风险评估结果的有效性存在质疑。定性风险评估的结果一般是描述性的，常用等级来表示，没有概率和不确定性的分析。因此，定性风险分析没有真正体现风险的概念，也就不是真正意义上的风险分析。定量风险分析得出的结果是数量化的，一般是概率分布，定量风险分析方法更为科学、合理。

一个定量的分析应模拟风险问题的不同组分（如变量的状态参数与速率参数以及这些变量之间的关系），而且定量描述不仅包括组成部分本身，也应包括固有的不确定性。外来有害生物风险分析方法主要是针对定殖风险的定量研究，但是限于目前我国掌握国外疫情资料存在局限性，还缺乏有效解决外来有害生物的入境潜能定量分析的方法，因此应该切实加强这一方面的基础研究。在尽可能全面掌握国外疫情资料的前提下，进一步加强入境潜能的量化分析方法、经济影响评估与风险管理措施有效性等研究，为科学评估风险、制定相应的检验检疫措施提供科学依据，以便尽快提高我国外来有害生物入境潜能定量分析水平。我国在有害生物风险分析预测的准确性和精确性方面还有待提高，我国在后果评估方面仅涉及经济重要性的初步评估，至于环境、社会等方面则很少涉及，还有待改进。

5.4.3　外来物种风险评估的方法

有害生物风险分析（pest risk analysis），简称 PRA，是近年来备受人们关注的热点问题之一。目前，对 PRA 的研究大多处于风险评估阶段。有害生物风险评估是 PRA 的最主要内容，风险评估的结果直接决定着是否有必要进行风险管理以及制定其管理方案。

5.4.3.1　Monte Carlo 模拟方法

Monte Carlo 方法是通过随机变量统计试验、随机模拟以求得近似解的方法。计算机模拟研究使得 Monte Carlo 方法更加快捷和准确可靠。在有害生物风险分析中该方法主要用于传入风险评估。具体步骤是：先根据需要解决的问题建立一个与有害生物传入有关的概率模型或随机过程，以有害生物传入的所有途径和可能性为模型参数，然后根据各参数的最大最小概率值，并通过对模型或过程的观察或抽样试验来计算所求参数的统计特征，最后得出所求解的近似值，以此来评判有害生物的传入风险。

周国梁等（2006a）在梨火疫病菌（*Erwinia amylovor*）的入侵风险评估时采用量 Monte Carlo 方法，梨火疫病菌随入境水果传入的风险因子主要包括寄主水果的年进口量（k）、每批水果中的病果率（x_i）、病原菌在水果运输、存储、销售等环节中的成活率（P_2）、水果在进口国的遗弃情况（P_3）、适宜侵染时间的长短（P_4）和在进口国传播至新寄主并引起病害发生的概率（P_5）。

利用 β 分布来拟合第 i 批水果中感染梨火疫病的病果比率 x_i（$0 < x < 1$）：

$$f(x) = \frac{1}{B(a,b)} x^{a-1} (1-x)^{b-1}$$

式中，a，b 为 β 分布参数。

第 i 批进口苹果中病果能够引起进口国梨火疫病发生的概率表达为：

$$\Pr(Z_i \geqslant 1 | X_i = x) = 1 - \Pr(Z_i = 0 | X_i = x) = 1 - (1-px)^{n_i p_3}$$

第 i 批进口苹果中至少有 1 个病果引起进口国梨火疫病发生的概率：

$$\Pr(Z_i \geqslant 1) \approx \frac{apn_i}{a+b}$$

5.4.3.2　气候相似距方法

气候相似距是将某一地点的 m 种农业气候因子作为 m 维空间，计算世界上任意两个地点间多维空间的相似距离 d_{ij}，定量表示不同地点的气候相似程度。相似距的基本表达式为：

$$d_{ij} = \left[\frac{1}{m-l+1} \sum_{k=l}^{m} (x_{ik} - x_{jk})^2 \right]^{\frac{1}{2}}$$

式中，d_{ij} 为空间第 i 点与第 j 点的气候相似距；x_{ik} 为空间第 i 点第 k 个因子值；x_{jk} 为空间第 j 点第 k 个因子值；k 为因子序号；l 为起始时刻；m 为终止时刻。

更为简单的方法是计算欧式距离系数（d_{ij}），其距离越大，相似程度就越低，反之相似程度就越高。欧式距离系数（d_{ij}）计算公式如下：

$$X_{ij} = (X_{ki} - X_k)/d_k ;$$

$$X_k = \sum_{k=1}^{m} X_{kj}/m ;$$

$$d_k = \sqrt{\sum_{k=1}^{m} (X_{kj} - X_k)^2 / m} ;$$

$$d_{ij} = \sqrt{\sum_{k=1}^{m} (X_{ik} - X_{jk})^2 / m}$$

式中，k 表示任意一个农业气象要素，X_{ik} 和 X_{jk} 分别为 i 地和 j 地第 k 个农业气候要素的标准化值，d_{ij} 表示潜在适生地 i 与已知分布地 j 地之间的气候相似距离系数。

5.4.3.3 CLIMEX 模拟模型

CLIMEX 是 Maywald 和 Sutherst 于 1985 年组建的、通过分析物种在已发生区的气候条件来预测其潜在地理分布和相对丰盛度的动态模拟模型。基于该模型的软件在 1999 年发布了最新版，即 CLIMEX for Windows 1.1，可以根据需要导入自己的参数文件和数据文件。

CLIMEX 认为气候是影响生物物种地理分布和种群数量的主要因素，假设物种在 1 年内经历 2 个时期，即适合种群增长时期和不适合乃至危及生存的时期。CLIMEX 系统采用生态气候指标定量地表征生物种群在不同时空的生长潜力，目前已广泛应用于微生物、节肢动物昆虫和植物的生态气候适生地研究，比较生物气候要求的理论和方法作为预测生态学的工具在全球气候变化的今天受到了广泛的关注。

用来描述物种所需要的气候参数由三部分组成：生长指数（GI）、胁迫指数（SI）和限制条件（limitation condition）。生长指数包括生长和繁殖最适宜的温度和湿度范围，胁迫指数包括限制物种分布的极端温度和湿度，限制条件包括滞育和有效积温等参数。根据三部分参数计算出生态气候指数（EI），用来描述该物种对某一地区的综合适合度。如果预测地点的生态气候指数 EI＞0，则表示该地点适合其生存；EI=0，则不能生存，其值大小反映适合度大小。

5.4.3.4 多指标综合评价方法

该方法是应用系统科学、生态学理论和专家决策系统的基本理论和方法，通过研究和分析影响有害生物危险性的各种因子及这些相关因子的地位、作用和相互之间的关系，建立对有害生物进行多层次、多方面管理的综合性预测体系。首先，应从传入、定殖、扩散与猖獗的危险性和经济、生态及社会效益等方面进行综合分析，得到影响有害生物危险性的各个相关因子，确定有害生物风险分析的评价体系;其次，对各级评价指标 P_i（i=1，2，3，4，5）制定相应的评判标准，然后利用数学表达式描述所确定评价体系的内在逻辑关系，从而构建出可行的评价模型，依照模型计算出有害生物风险综合评价值 R 有害生物风险综合评价值的计算公式为：

$$R = \sqrt[5]{P_1 \times P_2 \times P_3 \times P_4 \times P_5}$$

5.4.3.5 GARP 模型

GARP 模型是基于遗传算法的规则组合预测模型系统。其原理是利用已有的物种分布资料和环境数据产生以生态位为基础的物种生态需求，探索物种已知分布区的环境特征与研究区域的非随机关系，用人工智能模型方法来建立预测模型。GARP 预测模型的应用过程包括构建物种在生态空间中的适生区模型、模型验证和用模型进行物种适生区和潜在入侵范围的预测。

使用者通过访问网站 http://biodiversity.sdsc.edu 来应用 GARP 系统，该系统本身提供了分布全球的一些地区可用的环境数据。使用者可通过利用物种当前分布的地理坐标形成一个图表，并设置模型参数，根据物种当前分布区数据，随机选取一些数据建立模型，另外预留部分数据用于验证模型的准确性。最后运行 GARP 建立生态适生区模型，预测该物种栖息地的生态空间和物种可能潜在的入侵范围。分析的结果，即物种潜在地理分布区用一组模型规则图形和 ASCII 网格通过 GIS 表示出来。

5.4.3.6 基于病虫害生物学和生态学等模型的地理信息系统（GIS）分析方法

地理信息系统（GIS）是能够输入、存储、管理并处理分析地理空间数据的信息系统，是分析和处理海量地理数据的通用技术。其最突出的特点就是能够进行空间显示和分析。GIS 系统将描述位置（地方）的层信息结合在一起，通过这些信息的组合可以更好地认识这个位置及其更深层次的表述。利用 GIS 并结合生物地理统计学可以进行病虫害空间分布、空间相关分析、病虫害发生动态的时空模拟，利用该技术进行有害生物风险分析更充分。

利用已有的有害生物统计资料和已发生地区的地理资料，并根据有害生物的发生发展规律，通过比较需要进行有害生物风险分析地区与已发生地区的环境生态因子的关系，把有害生物与植物分布类型、土壤类型、气候植被等因子存贮在一起，得到有害生物时空变化规律，确定影响和制约有害生物变化的各种因素及引起各变化的主导因素，利用生物学数据建立相应的风险评估模型，通过 GIS 的分析处理，可得出有害生物在该地区可能发生的区划图，为制定防治措施提供及时、准确、直观的决策依据。

5.4.3.7 WhyWhere 系统

该系统是利用计算机的强大计算功能，通过 GIS 与动态替代算法的整合，并采用统计手段进行分析的预测平台。此系统一个最主要的内容是对一系列生物学相关数据的发展，形成不同类型数据集的汇集，其网站本身提供了一个大型全球性的地理数据库。这些数据包括遥感数据，气象、地形学以及地形图等相关数据；该系统包含有 800 多个环境变量，更加有利于生态学相关学科的研究，对生态学、人类学和社会学的研究提供了便利条件。

WhyWhere 系统在对物种适生性分布进行预测的程序为：

（1）获得该物种分布的真实信息，并对物种原始分布点数据按系统要求的格式进行输入；

（2）根据所研究对象选择环境数据；

（3）进行系统参数的选定；

（4）运行模型并输出预测结果。

5.4.3.8　PESKY 模型

Sutherst 等（1991）提出了有害生物风险评估的专家系统 PESKY。该系统通过分析气候、植被分布、地理因子等生态因素以及检疫管理和人类活动等非生态因素，综合评估有害生物的风险。PESKY 系统已经应用在马铃薯甲虫对北京及其周围地区的风险评估方面，评估结果表明马铃薯甲虫对北京及其周围地区的马铃薯生产具有相当大的影响，该虫可能在北京定居，是十分危险的检疫性害虫。严格地说 PESKY 不是一个真正意义上的专家系统，但它对多因子影响特别是人类活动等的分析极有意义，并预示着有害生物风险评估的发展方向，即向综合全部因子的 PRA 发展。

5.4.3.9　MaxEnt 模型

MAXENT 是近几年刚开发出来的物种地理分布预测软件。MAXENT 模型将研究区域所有像元作为构成最大熵的可能分布空间，用已知物种分布点的像元作为样点，根据样点像元的环境变量如气候变量、海拔、土壤类型、植被类型得出约束条件，探寻此约束条件下的最大熵的可能分布，据此来预测物种在研究区的生境分布（Phillips et al.，2006）。1957 年 Jaynes 提出最大熵理论描述物种在无约束情况下的扩散和蔓延。基于此原理，Steven Phillips 用 Java 语言编写了 MAXENT 软件。该软件可自动生成 ROC（receiver operator characteristic curve），用 Jackknife 检验对环境因子重要性进行分析，并用 ROC 曲线（受试者工作特征曲线）下面积（area under curve，AUC）对 MAXENT 模型的精度进行评价。模型的 AUC 值越大，表示环境变量与预测的物种地理分布模型之间相关性越大，越能将该物种的有无分布判别开，其预测效果也就越好。评价标准为：AUC 值为 0.50~0.60，失败（fail）；0.60~0.70，较差（poor）；0.70~0.80，一般（fair）；0.80~0.90，好（good）；0.90~1.0，非常好（excellent）（Swets，1988；Araújo et al.，2005）。

5.4.3.10　相似离度模型

相似原理认为，相似的天气形势反映了相似的物理过程，因而会出现相似的天气现象。相似离度方法推算 i 点与 j 点气候相似性，具体方法如下：

$$C_{ij} = \frac{1}{m} \sum_{k=1}^{m} C_{ijk}$$

$$C_{ijk} = 0.5 \left(D_{ijk} + S_{ijk} \right)$$

$$D_{ijk} = \frac{1}{n} \sum_{l=1}^{n} \left| X'_{ikl} - X'_{jkl} \right|$$

$$S_{ijk} = \frac{1}{n} \sum_{l=1}^{n} \left| X'_{ikl} - X'_{jkl} - E_{ijk} \right|$$

$$E_{ijk} = \frac{1}{n} \sum_{l=1}^{n} \left(X'_{ikl} - X'_{jkl} \right)$$

其中，k 为第 k 个气候因子，$k=1$，2，3，…，m；l 为每个气候因子的样本长度，$l=1$，2，3，…，n；C_{ij} 为两个样本的相似离度，该值越小，两地气候相似性越大；C_{ijk} 为两个样本第 k 个气候因子的相似离度；S_{ijk} 为两个样本间第 k 个气候因子 l 个数值对 E_{ijk} 的离散程度，称为形系数；D_{ijk} 为两个样本第 k 个气候因子 l 个数值间的差异程度，称为值系数；E_{ijk} 为两个样本第 k 个气候因子 l 个数值间的平均差值。

5.4.4 外来物种风险评估案例

案例一：多指标综合评价方法对红火蚁进行入侵风险分析

陈晓燕等（2014）利用多指标综合评价方法对入侵云南的红火蚁进行了风险分析。P_1 表示进入可能性，由传入地的发生程度 P_{11}、各国的重视程度 P_{12}、运输过程中红火蚁的存活率 P_{13}、截获频率 P_{14} 构成，其赋分值分别为 2、1、3、3；P_2 表示定殖可能性，由红火蚁生物学特性 P_{21}、可适生地理环境 P_{22} 构成，其赋分值分别为 3、2；P_3 表示扩散可能性，由传播方式 P_{31}、国外的分布情况 P_{32}、天敌存在可能性 P_{33} 构成，其赋分值分别为 3、1、2；P_4 表示危害影响，由受害栽培寄主的种类 P_{41}、受害栽培寄主的种植面积 P_{42}、受害寄主的潜在损失水平 P_{43}、是否为其他检疫性有害生物的传播媒介 P_{44}、非经济方面的潜在损失水平 P_{45} 构成，其赋分值分别为 3、2、2、2、3；P_5 表示危害管理难度，由检疫鉴定难度 P_{51}、除害处理难度 P_{52}、根除难度 P_{53} 构成，其赋分值分别为 1 或 2、2、1 或 2。最后计算结果为：

$$P_1 = \sqrt[4]{P_{11} \times P_{12} \times P_{13} \times P_{14} \times P_{15}} = 2.06$$

$$P_2 = 0.7 \times P_{21} + 0.3 \times P_{22} = 2.70$$

$$P_3 = 0.6 \times P_{31} + 0.2 \times P_{32} + 0.2 \times P_{33} = 2.60$$

$$P_4 = \text{Max} \left(P_{41}、P_{42}、P_{43}、P_{44}、P_{45} \right) = 3\sqrt{b^2 - 4ac}$$

$$P_4 = (P_{51} + P_{52} + P_{53})/3 = 1.33$$

$$R = \sqrt[5]{P_1 \times P_2 \times P_3 \times P_4 \times P_5} = 2.25$$

红火蚁入侵云南的风险值 R 值为 2.25，根据马平（2009）提出的外来有害生物风险评价等级划分标准，$R>1.5$ 的有害生物可以被列为检疫性有害生物进行管理，因此红火蚁在云南属于高风险的有害生物，根据风险指标值，其进入风险和定殖风险均较大，有必要在云南口岸进境检疫中实施相应的风险管理。

案例二：相似离度法分析红火蚁入侵风险

沈文君等（2008）应用相似离度法预测红火蚁在中国适生区域及其入侵概率。采用 4 个气候因子（最大温度、最小温度、降水和空气相对湿度）的 1971～2000 年 30 年月平均值，即 $m=4$，$n=12$。数据经标准化后进行加和处理，$X'kl$ 为标准化后的样本值。用严重发生地或者原产地（i 点）的气候数据与中国站点（j 点）数据逐一对比，相似离度（C_{ij}）越小，j 点与 i 点的气候相似性越大。并利用公式

$$C'_{ij} = \frac{C_{ij\max} - C_{ij}}{C_{ij\max} - C_{ij\min}}$$ 将相似离度值转化成百分制的 C'_{ij}，该值既可表示气候相似性的

符合程度，也可表示在气候因素影响下的外来物种入侵该地的概率。

将中国 733 个位点均与原产地集合和严重发生地集合中的每个位点进行相似离度计算，并标准化，然后取集合平均值，即得到每个站点相对这个集合的气候相似程度，取各行政区站点和各气候区内站点的平均值，即为该地区相对于这个集合的气候相似程度即入侵概率。由于每个地区内的气候状况也会存在差异，还需利用 ArcViewGIS 软件对标准化后的相似离度值进行插值处理，得到跨区域和重点研究省份的气候相似程度图，即适生区分布图和入侵概率图。

研究结果表明，中国政区与 CLS、ALS 气候相似程度在 50%以上的地区都集中在长江以南的大部分地区，导致该结果的部分原因是中国和美国大致处于同一地理纬度，而控制气候的地理因素中以纬度最为重要，而这些区域的具体相似程度又存在差异。CLS 属于副热带季风气候，夏热湿，雨水较集中，冬温干，无明显干季；ALS 属于副热带湿润气候，冬夏温差比季风区小，降水的季节分配比季风区均匀。中国气候区中处于红、橙警报区的温度带均为热带、亚热带，湿度带为湿润带、亚湿润带，而干旱带、亚干旱带气候区的入侵概率值大多处于 30%以下，由此可看出温暖潮湿的气候条件对红火蚁的生存十分有利。

相似离度可作为一种预测物种潜在分布区的方法，应用此法说明红火蚁是一种气候适应力很强的物种，这为它在全球散布提供了很大的优势。就中国来说，除了红火蚁严重发生地广东要实施严密的防治计划外，广西和福建尽管红火蚁只局部发生，但通过预测，广西和福建广大地区入侵概率很高，也需要采取预防和监测措施。川渝地区西部和云南南部至今虽未有红火蚁发生的记录，但由于它们

与物种原产地气候相似度相对较高，当地政府也需提高警惕。

5.5　我国外来物种风险分析制度的完善

外来有害生物风险分析方法及所需数据涉及多个学科或部门数据，如外来有害生物口岸截获情况、主要作物或树木种类及分布、气候资料、进出口贸易数据等，这需要多个部门的配合。我国的外来有害生物风险分析体系有待完善。首先从法律层面上讲，我国并未对有害生物风险分析的地位作出明确的规定，有害生物风险分析的执行效率大打折扣；其次，从管理实施机构来看，内外检不统一，信息沟通渠道不畅。再次，从工作程序和技术体系看，目前各国还没有完全成熟的定量风险分析程序或方法，我国在有害生物风险分析预测的准确性和精确性方面还有待提高，我国在后果评估方面仅涉及经济重要性的初步评估，至于环境、社会等方面则很少涉及，还有待改进。

5.5.1　贯彻风险预防原则

由于生态系统的复杂性和物种的多样性，以及外来物种自身传播途径、衍生方式的复杂性，使用现有的科技手段还无法准确地认识、预测和推断特定外来物种对生态系统可能造成的影响。同时，一旦外来物种的危害发生，其对生态系统及生物多样性的损害将是不可逆转的。这决定了以确凿的损害证据为依据而采取防治措施的损害预防原则，已经无法适应新形势下防范外来物种入侵的需要。针对外来物种入侵的特性，为弥补损害预防原则的上述缺陷，国际上催生了"风险预防原则"。

风险预防原则与损害预防原则的区别在于避免环境灾难之可能性，它针对的是在科学上尚未获得确凿证据的环境风险，其要义在于，不应当以尚未获得确凿的科学证据为理由而推迟采取预防环境风险发生的措施，因为如果等到获得环境风险的确凿科学证据后再采取行动，那么环境风险一旦发生，将造成重大或者不可逆转的环境灾难。世界自然保护同盟（IUCN）制定的《防止外来入侵物种所造成的生物多样性丧失指南》中规定在考虑外来物种引进的问题时除非有足够理由认为此项引种是无害的，否则都应被视为可能有害。风险预防原则的确立，是对传统法律思想的创新和发展。

我国在风险分析的立法中应当借鉴吸收国际公约的先进立法经验，转变立法指导思想，将指导思想统一到"风险预防原则"上来。即，在"科学的不确定性"及存在"潜在危险发生的可能性"的情况下，应以风险评估为决策依据采取"预防性的措施"，建立起一套预防机制。

5.5.2 统一风险分析工作基本原则

对于国际标准、准则和建议的采纳，应该根据我国国情，同时考虑国际规则可执行性较弱等特点，应当对之作出选择性规定，即应当"执行或参考"有关国际标准、准则和建议，而不能完全不变地照搬。例如，在处理风险分析与国际贸易的关系上，《动物风险分析规定》的规定较为合理。在处理外来物种入侵与贸易自由化的关系上，应当优先保证当地的国家生态安全。因为我国已处于以可持续发展为主题的 21 世纪，环境保护政策已成为我国的基本国策，因此，任何以损害生态为代价换取经济的增长的做法，都是违背可持续发展原则的，也是违背科学发展观的。因此，在处理与国际贸易的关系上，应以不构成不合理的贸易壁垒为限。比较而言，《动物风险分析规定》有关风险分析的原则较为适宜，即以"不对国际贸易构成变相限制"为原则。

5.5.3 使评估指标具体化

对于风险评估指标可以借鉴国外的经验，如澳大利亚的杂草风险评价系统就可以作为参考。澳大利亚杂草风险评估体系由 Pheloung 博士提出，1997 年正式被澳大利亚检验检疫局（AQIS）采用。该体系的风险评估方法是针对植物驯化/栽培（domestication/cultivation）、气象与分布（climate and distribution）、其他地区杂草（weed elsewhere）、受排斥特性（undesirable traits）、植物型（plant type）、繁殖（reproduction）、扩散机制（dispersal mechanisms）与持久属性（persistence attributes）等 8 大项设计有 49 个选题。通过问卷的方式回答每个问题，再对每一问题的回答给出得分，将所有问题的得分相加，根据最终的得分与标准值的比较来决定是否引进该物种。我国的外来物种风险评估体系应根据其遗传特性、繁殖和扩散能力及其生物学特征及对生态环境的影响设置不同的问题，根据回答问题的得分来量化其风险程度的大小，从而使风险评估工作更加具有针对性和可操作性。

5.5.4 基础理论研究和定量分析方法有待加强

总体上看，我国的 PRA 基础理论研究较为薄弱，而且所确定的指标在各个层次间的交叉及各指标串联方面的局限性，影响了 PRA 指标体系的广泛应用。我国的 PRA 体系在外来物种入侵定殖后的定量评估方面应该有所改进，多数是采用定性和半定量的方法，而且在管理决策、经济影响等方面尚缺乏系统的评估方法。我国对近年来植物检疫领域中涉及 PRA 一些重要概念研究比较少，如怎样确定我国的风险可接受水平、何谓适当的保护水平并如何确定等。

定量方法的应用可以使评估结果更科学。我国在 PRA 方面，定量方法应用最多的主要在评估有害生物可能适生的范围方面。通过分析该地区的气候土壤条件等，结合杂草生物生态学特征，预测该杂草在风险评估地区的适生性，从而评估该杂草传入、定殖和扩散的风险。在风险分析中应用较多的 CLIMEX 系统、气候相似距系统以及 GIS 技术主要用于有害生物适生性评估。适生性评估的缺点是更多地考虑气候、地理等生态因素，缺乏对人类的活动所造成经济影响等非生态因素的考虑。

相对定殖风险的定量研究而言，在入境潜能方面的定量研究几乎为空白。入侵后的有害生物，其定殖的前提条件是有寄主和适合的气候条件，而定殖的本质是生物链的建立，所以是天气和生物综合作用的结果。因此预测预报和适时监测有害生物是定殖管理的重要措施，风险因子的预测也是监测的重要依据。在目前定量 PRA 中，入境潜能的量化是科学评估风险的基础与前提，也是进一步开展经济影响评估与风险管理措施有效性的前提。此外，对于外来有害生物传入所造成的损失也还缺乏科学的定量评估方法。

5.5.5 明确风险管理措施的效能

风险评估结束后，根据风险评估结果制定相应的风险管理措施。根据影响最小原则和实际情况，选择与风险水平相对应的管理措施，将风险降低到可接受水平。选择备选方案时，可以选择一种管理措施，也可以多种管理措施组合应用。同时也要考虑到选择措施的有效性和实用性，以及这些措施实施后带来的经济、贸易、社会、法规、环境等方面的影响。

一个成功的 PRA 应该明确各种风险管理措施对风险的影响程度，并通过定量分析选择合适的、经济的管理措施。目前，我国采取了许多降低风险的措施，如境外预检、入境前检疫处理等，在一定程度上起到了控制外来物种入侵的效果，但如何在风险分析报告中客观评价这些措施的有效性，是一个值得进一步探索的问题，目前所有的外来物种风险分析报告中均未涉及这方面内容，主要原因是对于风险管理措施的效能尚缺乏科学的评价方法和定量标准。

我国目前的有害生物风险分析报告中，所提出的风险管理措施只有禁止措施、限制性措施和不采取措施三个层次，并且大多采取限制性措施，如允许处理后带树皮原木的进口、允许非疫区水果的进口等。这些措施的效能究竟有多大，在目前的风险分析报告中没有明确给出结论。因此，在现阶段我国外来物种风险分析体系存在严重缺陷的情况下，明确风险管理措施的效能，对于选择制定经济有效的管理措施是十分必要的。

5.5.6　加强外来物种信息资源和风险分析网络平台建设

为了全面综合评价风险各方面因素，减少人为主观因素影响，保证风险评估的科学性和客观性，各种计算机决策系统开始应用于有害生物的风险评估。专家系统是人工智能应用于有害生物风险分析的一种计算机决策系统，通过建立有害生物数据库，模仿专家决策形式，研制相应的决策系统，通过人机对话形式输入系统需要的相关数据，系统自动推算出某一有害生物的风险水平。地理信息系统也是一种在计算机软件和硬件支持下的空间属性数据库管理系统，使得有害生物风险分析从定性向定量转变。由于信息缺乏和各种条件限制，限制计算机决策系统在外来物种风险分析中应用。造成信息资源不足的原因主要有两个，一个是缺乏相关方面的研究，另一个则是信息资源的共享不够。信息资源的不足是影响外来物种风险分析技术发展的一个重要原因，也直接影响了风险评估结果的可信度。但随着技术的进步和信息资源的不断丰富，该技术在杂草风险评估上具有广阔前景。

近年来，世界各国加大了生物入侵的研究力度，先后有各种科研专项研究外来生物入侵。在我国，一些高科技项目如 863 计划、973 计划项目都将生物入侵列入资助范围。这些项目的实施大大促进了我国生物入侵科学的发展，并相继建立了生物入侵的数据平台，逐步实现外来物种数据信息的网络化管理。2011 年 7 月，浙江研制成功了外来入侵物种风险分析与早期预警网络平台，标志着我国在外来物种风险分析方面已经实现信息化和网络化管理。外来入侵生物风险分析平台 WPRA 实现了国内外多个风险分析模型的网络集成，充分发挥了互联网技术的优势，使用户可以进行在线的风险分析与模型构建、应用、案例浏览等操作，为有效防止有害生物入侵、控制其扩散蔓延提供了技术上的支持。以世界性害虫西花蓟马为例，它通过取食植株的茎、叶、花、果等部分而导致植株枯萎，还是多种植物病毒、病害的传播媒介。近年来随着国际贸易的发展及国内市场调运日益频繁，西花蓟马在我国多次出现。对西花蓟马在浙江省的入侵风险进行定量分析，为防止该虫扩散蔓延、制定相关的监测及检疫提供了依据。

外来入侵生物风险分析网络平台已包含昆虫、杂草、真菌等多种有害生物的风险分析案例。WPRA 平台还将引入场景分析法、气候相似距法、地理信息系统分析法等，近年来随着无线通信网络尤其是 3G 网络逐渐普及，手机、PDA 等移动终端访问的风险分析掌上平台也将在近期开发出来，便于在检疫工作现场随时接入该数据平台，实现无线快速远程访问。

南京农业大学也开展了外来入侵物种风险评估和风险分析体系研究，利用 Monte-Carlo 模拟方法来评估有害生物的入侵风险。运用 GARP 生态位模型结合 GIS 空间分析模块预测有害生物的地理分布。以 CLIMEX 模型作为预测工具，评估有害物种在全球范围内可能的扩散地区，对于预防有害物种入侵具有指导意义。

福建省构建了生物信息服务平台，该平台由公共信息数据库、远程鉴定数据库、地理信息数据库、外来入侵生物基础数据库、外来入侵生物野外调查数据库组成，集成了入侵生物专家鉴定咨询系统、入侵生物信息检索系统、入侵生物信息集成与发布系统等三个平台。

由中国科学院动物研究所与中国检验检疫科学研究院动植物检疫实验所联合成立了外来有害生物鉴定与预警技术中心，用于外来入侵害虫鉴定、外来物种入侵预警、风险分析、除害处理等，为我国外来入侵物种的预防和控制提供全面服务。

为了对生物入侵有一个宏观的和相对准确的认识、为相关研究和监控提供数据基础、促进国际合作和信息交流，入侵数据库的建立、维护和更新有很大的意义。目前国内外相继建立了生物入侵网，下面列举了国内外几个代表性的生物入侵数据库以供参考。

国内相关数据库：

bioinvasion.fio.org.cn：青岛海洋科学数据共享平台，2007 年建立中国外来海洋生物入侵数据库。

sciencer.net/ias/：中国生物入侵网包括入侵种数据库和科普知识讲解。

www.bioinvasion.org.cn：中国生物入侵网暨首都生态圈外来物种监测网。

www.chinaias.cn：由中国农业科学院建立的中国外来入侵物种数据库系统（图 5-1）。

图 5-1　中国外来入侵物种数据库

国外生物入侵数据库。

www.issg.org：全球入侵物种数据库。

www.invasivespecies.org：美国入侵生物信息管理系统。

www.invasivespecies.gov：美国入侵物种官方网站，提供全面的信息以及丰富的组织机构与数据库链接。

wiki.bugwood.org/Invasipedia：维基 bugwood 旗下入侵百科，包含数百个入侵物种词条的详细介绍。

www.gisinetwork.org：全球入侵种信息网络含有大量 pdf 入侵种数据及文献。

www.weeds.org.au：澳大利亚国家杂草网，有害入侵杂草数据检索，杂草管理介绍。

外来入侵物种问题已受到国际社会广泛关注，我国是遭受外来入侵物种危害最严重的国家之一。加强对外来有害生物风险分析的研究，不仅可以最大程度降低外来有害生物入侵造成的损失，防患于未然;同时还可以在外来有害生物风险分析的过程中收集有害生物的发生及其流行信息，充分了解和掌握外来有害生物发生、扩散和传播等情况，一旦发现重要外来有害生物侵入，可以做到快速准确的检测，及时上报相关部门，发布预警通报，采取严格检疫处理"限定入境口岸"禁止入境等检疫措施，控制和扑灭外来有害生物疫情，实现快速有效的防范措施。因此，需要加强对外来有害生物的风险分析，为制定相应的政策法规，采用合理的治理方法提供支持。

6 生物入侵的哲学思索

6.1 生 态 哲 学

要做好外来生物入侵的防治工作，首先要改变公众的哲学观念，认识保护生物多样性的重要意义，其次是制定防止生物入侵的战略决策，再次才是加强战术层次上的管理，诸如管理技术和方法等。防治外来生物入侵不能像解决纯粹的自然科学问题那样只从技术上进行处理，而要把涉及的各方面都要考虑到，因此是一项非常复杂的系统工程。在制定外来物种入侵的防治策略时，必须从哲学、战略和战术上统一考虑。也就是说要站在理念思维和价值取向及伦理道德等哲学观念的角度来考察人类行为对生物入侵所起的作用。只有规范和约束人类自身行为，才能从源头上阻止生物入侵事件的进一步发展。

6.1.1 生态哲学释义

生态哲学（philosophy of ecology）是建立在生态学基础上，对生态思想的哲学考察。生态学思想是 18 世纪西方思想家提出的，1866 年信仰达尔文进化论的德国学者厄恩斯特·赫克尔提出了生态学（oecologie）的概念，后被其他学者应用于哲学。哲学出于自身为人生谋利益的目的和其特定的研究对象的规定，它既研究自然界生物的产生以了解生物的特征，也要研究人类自身，以使其能够造福于人类，因此哲学既是自然哲学，也包括人类行为伦理和社会行为的社会哲学。帕拉塞尔苏说道，自然是独立于人的理性，人不是自然的中心和世界的主宰，人的理性能力相对自然而言是相当有限，只有尊重自然，才能提高和拓展人的理性能力。生态哲学用生态系统观点和方法研究人类社会与自然环境之间相互关系及其普遍规律。生态哲学在特定意义上又可称为环境哲学。生态哲学不赞成机械论的看法。人与自然的关系，作为主体与客体的关系，是生态哲学的基本问题。它的要点是：第一，我们要承认，人和社会是作用于自然的主体；生命和自然界是客体。第二，在生态哲学的主-客关系中，主体不是唯一的，生命和自然界也可以作为主体。第三，作为客体的生命和自然界不是僵死的，它具有主动性、积极性和创造性。因此，主体与客体的关系具有相对性，而不是绝对的。

生态哲学认为，存在是一种权利，为存在而生存就要担当生态责任。生态理性哲学呼唤物质欲望膨胀的人类必须抛弃人本中心观念和物质幸福论信仰,抛弃物质霸权主义行动纲领和绝对经济技术理性行动原则,重新审视人,重新审视自我,重新审视社会,并重新确立人与世界、自然、大地、生物圈之间的存在关系。生态哲学警示人类人化自然取之有道,用之有度。引发生态危机的关键在于人类自身,自然界为生产提供劳动对象和劳动资料,人与自然物质交换活动是人类社会的基础,人的活动不能超越自然所能接受限度,更不能违背自然规律。

在认识论上,生态哲学反对在人与自然之间人为划定的主-客二分界线,认为这容易把人与自然对立起来,割断人与自然的血肉联系,淡化人对自然的依赖性和受动性的认识;在价值观上,生态哲学尤其反对那种把人看成自然界的主人,可以任意宰割自然的"传统的人类中心主义",认为"传统的人类中心主义"在实践中必然导致"人类沙文主义"和"物种歧视主义",是造成生态危机的文化价值论根源。

生态哲学与可持续发展观在世界观上都强调人类与自然的统一与和谐。将人类和自然视为一个共存共荣的不可分割的有机整体,都把保持和发展一个文明的地球作为实现人类文明的先决条件,反对以牺牲地球文明为代价来实现人类文明的发展。可持续发展着重从实践层面上,生态哲学着重从精神层面上,强调经济、社会发展与环境相协调,摒弃片面追求经济效益而不顾生态效益的行为,反对以牺牲环境为代价来求得经济、社会的发展,都认为建设生态文明,实现人与自然的协调发展,经济、生态、社会的可持续发展是全人类共同的责任和义务。生态哲学中对自然价值的认识和以保护环境为主体的道德规范系统,构成了可持续发展论的理论基础。要使人与自然和谐发展、共同进步,就必须走可持续发展的道路,用与可持续发展时代相适应的世界观和发展观来指导我们的行动,维护生态平衡和自然环境,促进社会进步,早日进入可持续发展时代,早日实现全球性生态文明。

生物哲学整体论强调生命不同于非生命的本质在于生命的整体性,也可以说,它强调系统的整体性,认为系统内部各组成部分之间的整合作用与相互联系决定系统的性质。在生物入侵而言,生态整体论值得关注。基于对人类中心主义的拒斥,生态整体论主张,把生态系统的整体利益作为最高价值而不是把人类的利益作为最高价值,把是否有利于维持和保护生态系统的完整、和谐、稳定、平衡和持续存在作为衡量一切活动和事物的根本尺度,作为评判人类生活方式、科技进步、经济增长和社会发展的终极标准。作为一种系统理论,生态整体论形成于 20世纪,主要代表人物是利奥波德(Aldo Leopold)和罗尔斯顿(Holmes Rolston)。利奥波德提出了"和谐、稳定和美丽"三个原则;罗尔斯顿在利奥波德三原则的基础上又补充提出"完整"和"动态平衡"两个原则,并对生态整体论进行了系统论证。生态整体论的基本前提就是非中心化,它的主要特征是对整体及其整体内部联系的强调，绝不把整体内部的某一部分看作整体的中心。生态整体论颠覆了长期以来被人类普遍认同的一些基本的价值观，超越了以人类利益为根本尺度的人类中心主义，超越了以人类个体的尊严、权利、自由和发展为核心思想的人本主义和自由主义；它要求人们不要再仅仅从人的角度认识世界，不要再仅仅谋求和着眼于人类自身的利益，相反，它要求人们为了生态整体的利益自觉主动地限制超越生态系统承载能力的物质欲求、经济增长和生活消费。

不过，生态整体论并不否定人类的生存权，甚至并不完全否定人类对自然的控制和改造。只不过，生态整体论强调的是把人类的物质欲望、经济的增长、对自然的改造和控制限制在能为生态系统所承受、吸收、降解和恢复的范围内。这种限制虽说为的是生态系统的整体利益，但生态系统的整体利益与人类的长远利益和根本利益是完全一致的。人类不可能脱离生态系统而生存，生态系统总崩溃之时就是地球人灭亡之日。因此，生态整体论依据对环境的影响判断人类行为的道德价值，提倡把内在价值基点从个体转向作为一个整体的地球自然，探讨如何把环境的利益与人类个体的权益相协调。生态整体论还为环境伦理学提供了一个研究视角，在这个意义上，它主张环境伦理学的中心问题应当是生态系统或生物共同体本身或它的亚系统，而不是系统或共同体所包括的个体成员。鉴于生态整体论的上述根本主张，也有人喜欢称之为生态中心主义。

6.1.2　和谐生态论

人类对自然界的探索认识的重要意义，主要不在于打开人的视界，而在于发现自然世界的和谐。每种生物都有平等地在这个世界上求得独立存在与生存的生命权利，这种权利是不可任意地侵犯与剥夺，维护这一普遍的生命权利，是当代人类的基本生存职责。全方位的生态关怀首先是要关怀宇宙、关怀自然、关怀地球、关怀生物圈。这种关怀不是来源于对私利的动机，而是来源于人类对宇宙世界、对自然、对大地、对生物圈、对生命、对一切存在者的感恩之情。存在即是权利，为存在而生存即是担当生态责任。因此，生态理性哲学呼唤野性膨胀和欲望泛滥的人类，必须抛弃过去的人本中心观念和物质幸福论信仰，抛弃物质霸权主义行动纲领和绝对经济技术理性行动原则，重新审视人类自我、审视社会和自然，树立和谐的生态观念，全面确立社会经济持续发展观。有限度地、节制地开发科学技术，使人类科学技术的发展以维护、开发生态环境、促进资源再生和激励限度生存为主要任务。人类当代生活必须建立一种普遍公正的社会制度、价值原则、运行机制。有限度的利用资源，为未来后代留下能够生存的资源。

中国古代传统哲学具有浓厚自然和环境色彩，"天人相应"、"天人合一"、"天人和谐"等儒家和道家思想都含有浓厚生态伦理观，强调以自然为母体并与自然和谐相处，强调"天"是根源和宇宙最高本体，人类是自然生态环境中有机组成部分。倡导天人合一，把天（生物圈）摆在先于人类的位置，并非否定人在当下的地位和作用，而是用主体间性看待自然，尊重自然意志，由自然立法，更能符合自然规律，敦促人类按自然规律办事。

伴随着宏观经济的较快增长，生态问题逐渐引起社会广泛关注。生态问题的根本原因是没有正确处理好人与自然之间的关系。和谐生态论强调以人、社会和自然的和谐发展为目标，科学、全面统筹规划经济社会与生态文明的关系。

建设以中国传统文化为核心的和谐生态文化精神，帮助社会树立正确的生态价值观；加快以生态文明为指导的经济发展方式转变，形成资源节约、环境友好的产业结构、增长方式、消费模式；强化以政府为主导的和谐生态管理，将生态和谐的科学发展理念转化为全社会的共同价值取向和行为取向；完善和谐生态法制体系，为实现生态文明建设提供强有力的法制保障。要进一步理解自然、尊重自然、亲近自然，不能无视自然规律，把自然当成可以任意盘剥和利用的对象。

构建和谐生态观，要求从人与自然的关系出发重新确定经济理性，从单纯追求经济增长和创造利润转变到满足人们必要需求，减少浪费和污染，实现生产与环境保护的一致性。构建和谐生态价值观是解决当前生态问题的精神依托和道德基础。生态环境的发展依赖于人们生态观念的革新。人类必须摒弃人对自然的征服意识。征服意识产生了盲目开采资源、破坏生态的行为，将人类推向了生存危机的边缘。为此，必须建立一种符合中国国情的和谐生态价值观。和谐的生态价值观要求把道德关怀引入到热爱自然的关系中，它所传递的是一种人与自然和谐相处、人对环境负责任的理念。

我国目前出现的生态环境问题中，与生物入侵有关的包括生态灾害频繁出现、森林资源较少、生物多样性破坏严重等。构建和谐的生态观，要把经济建设与全球性环境问题密切联系起来，处理好人与自然的关系。人是动态的，是不断发展的，如果人的发展停滞不前，人类社会将逐渐走向衰亡。和谐生态建设离不开人类活动。但人类发展也绝对离不开自然界，大自然为人类提供了创造财富的基本条件，因此生态是人的发展的动力源泉。人类自身认识水平的局限也会对和谐生态的构建形成障碍，人类对和谐生态的内涵判断会随着自身认识水平的提高而不断丰富。人类活动直接影响生态和谐进程。随着生态自身发展及人类的活动，和谐也在不断地形成自己的运动路径，即"和谐—不和谐—和谐"，当然这种运行主要靠自身的修复来完成，人类可以帮助和促进自然界的修复过程。人类的活动方式、行为手段在不断发展，这种发展给生态环境造成一定的影响，如果人类的活动频率和强度超过了自然界的修复能力，就会出现环境恶化。人类和大自然的和谐共处才能使整个生态环境处于良性运转之中。总之，和谐生态建设是当前全人类的共同任务，人类应该处理好与生态特别是与自然的关系，人在对自然实施任何行为时，不但要顾及到自身的需要，而且必须顾及到其他物种的需要。人类在不限制自身发展的同时，必须全视角地关注生态的发展，以为自身的长久发展奠定基础。要以价值理性支配工具理性，让工具为自己服务，而不是成为工具的支配者，更不能因工具的先进而取代乃至影响自己的价值理性。

6.1.3　文化生态位构建

在生态位构建理论的基础上，Laland 等提出了文化生态位构建的概念和思想，文化生态位构建理论有助于我们了解人类的文化和行为适应（Laland et al.，1999；Laland et al.，2000）。Hardesty（1986）将"文化适应"定义为一个生态过程，在这个过程中，人群与特定资源及其环境约束间相互制约和相互配合。文化适应是一种包括技术、社会和观念等方面的全方位的适应，这种适应既包括对自然环境的适应，也包括对社会环境的适应。文化适应从某种意义上说也是一种行为适应，文化行为产生于个体之上，形成于群体之中，通过继承和传播不断发展。特别是在 20 世纪中叶以后，信息技术的发展使人类对知识的接收能力有了进一步的增强，同时出现了各种资源和环境问题，在这种形势下，人类需要用可持续发展思想指导各种行为。

文化生态位是指民俗文化种群在民俗文化生态系统中与环境相互作用过程中所形成的相对地位与作用，具体地说是民俗种群在民俗文化生态系统中，占据特定的时空位置，利用可用的环境资源，发挥独特的功能作用。文化生态位的主体要素为：时空位置、功能作用、可用资源和环境因素等多维变量，这些主体要素彼此互生共存，形成相对稳定和封闭的网状联结。概括地说，构成民俗文化生态位的主体要素包含有三个层面的含义：一是民俗种群所处的空间地理位置，以及民俗种群在价值链和民俗生态系统价值网中所处的环节位置，也包括民俗种群在社会环境中所占据和可利用资源的状态；二是民俗种群在时间上传衍的连续性。占据一定地理空间的民俗群落，会形成一个稳定的模式传承下去，这是民俗文化生态时间位的显著特征；三是民俗种群在民俗文化生态系统中的地位和作用。文化生态位的构建有助于保持不同民族特有的饮食习惯和居住习惯等生活习性，处理好人与自然的关系，将人类的价值理念与大自然的生态保护结合起来，形成和谐的生态伦理观念，可以克服人类中心主义视觉下的诸多缺陷，将人类自身发展和整个生态环境的可持续性融合起来，才不会使人类从自然界中剥离开来。

人依靠行动来维护自身的生存，而行动的范围方向和强烈程度与人的本能相联系，都存在于人的自身意识之中，人把自然环境变为自身行动的体系。对这一行动体系的反应凝结在了人的风格和语言之中。这样，人的文化环境既是他生存的生理条件，又是他本质上与众不同的特征。

物质生活和以物质生活为基础的物质文化是人类文化的重要组成部分，是精神文化和发展的根基。如服饰文化、饮食文化、居住文化、交通文化，都与其生活的地理环境有着密切的关系。人类文化影响到生物多样性的所有层面：物种多样性、遗传多样性、生态系统多样性和景观多样性。防治外来生物入侵，首先应该从人类行为方式上进行改变，这种行为适应离不开对公众进行外来生物入侵和生态环境保护方面的知识教育和信息交流，建立和谐生态观念和规范人类自身行为在防治外来生物入侵以及生物多样性保护方面具有重要作用。

文化生态学（cultural ecology）理论的奠基人斯图尔德（J. Steward）认为，各种特定的民族和地区具有不同的文化，文化特征是在逐步适应当地环境的过程中形成的，文化之间的差异是社会与环境相互影响的特殊适应过程引起的。文化与其生态环境是不可分离的，它们之间相互影响、相互作用、互为因果。斯图尔德提出的"文化生态方法"（method of cultural ecology）适宜于研究特殊环境与生活于特殊环境中人们的文化特质之间的关系。在人类的生存环境中，他强调自然资源的质量、数量和分布对人类文化的影响作用。在他看来，以生计为中心的文化多样性，其实就是人类适应多样化的自然环境的结果。

相似的生态环境下会产生相似的文化形态及其发展线索，而相异的生态环境则造就了与之相应的文化形态及其发展线索的差别。由于世界上有多种生态环境，从而形成了世界多种文化形态及其进化道路。也就是说，不同的生存背景产生了不同的文化基础、文化模式。文化拥有者以不同的行为方式应对世界，意义会因文化的不同而不同。例如，一个冰岛渔夫会把鲸鱼看作是一种经济资源，而一个观赏鲸鱼的游客则可能会把鲸鱼看作是一种令人赏心悦目的观赏资源。这两种理解都源自于人们的行为以及鲸鱼所提供的不同经历。

斯图尔德的文化生态学理论充满了进化论的观点，并认为生态环境对文化进化起决定作用，最集中地体现为它对人类开发技术或生产技术进化的制约作用，以及对人们利用技术适应特殊行为方式的制约作用。社会文化对环境的依赖程度随技术的发展而进化，社会的发展程度越低越受到环境的制约，这表现在社会结构的各个方面。

近年来出现了解释文化传递的模因论（memetics），该理论假设文化要素由模因（meme）构成，文化变化的本质是模因经常和持续的变化。模因是通过社会传播的离散信息，模仿是模因传播的方式，模仿和传播是由复制因子实现的复制过程。模因论者以独特的视角对文化进化进行思考，提出文化进化的基本框架和理论，这深刻启发了人们的思维方式，使人们从另一种视角认识文化的发展规律，即文化的创造力来自于人类存储和选择模因的能力，文化有自身的传播规律，人类只不过是文化变化的一部分，人类经历变化，而不是促进变化，文化是"自私的"复制因子感染、模仿、复制和传播的结果。

　　文化影响人的行为方式和价值观念，文化的进化（或变化）会对人类群体产生很大的影响，这些影响会渗透到与人类行为相关的许多方面，因此必然与生物入侵产生关联。这种关联的结果就是现在发生外来物种入侵的事件更加频繁，如何有效地防止外来物种入侵，将涉及人类对模因的正确选择，只有抵制错误的行为方式和文化意识，才能建立起人类与自然的和谐共处模式。

　　有人将模因与基因进行类比，这两者之间有一定的相似性，但绝不能等同。这种类比可以说明一些存在于文化中的病根，从医学角度来讲，基因与人类疾病有很大关系，基因突变是许多人类遗传性疾病的分子基础。如果模因能够导致不良文化盛行，并通过人类行为对生态环境造成严重的破坏，这种模因将引起社会文化体系的病态。

　　简而言之，人类与环境、环境与文化之间的关系密切而又复杂，文化在人与环境之间扮演着极为重要的中介角色。一方面，人类借助文化来认识环境、利用环境和改造环境；另一方面，环境在一定程度上影响并形塑着文化的形成与变化。实践证明，人类的理性和智慧不足以了解和控制其活动所造成的后果，人类活动所造成的环境失衡问题已引起世界各国的广泛关注，而仅仅依靠科学与技术并不能有力地解决这些问题。鉴于此，通过人类学的跨文化研究使人们普遍地认识人类活动与环境之间相互作用、相互依赖和相互制约的互动关系，了解人类生存与环境质量的生态问题，从而通过文化机制来调适人类与环境之间的关系就显得尤为重要（袁同凯，2008）。

6.2　从哲学和战略高度认识生物入侵

6.2.1　生物入侵的哲学剖析

　　哲学家和进化生物学家迈尔认为，某个物种中最不寻常的种群都是出现在边缘地带，而且一般是在最孤立的地带。通过边缘物种而形成新的种群，是自然选择过程产生新种的重要形式。边缘物种起始于一小群个体，有时只是一个已受精的雌性个体逃逸出种的范围，建立起新的群落，这个拓荒族会感受到与原来不同的环境压力。动物群、植物群不同，气候也有些差异，这些选择压力使基因改组远比正常情况快速、彻底，这样就产生了边缘物种。一个小的创始者种群比任何其他类别的种群更易实现基因库中的重大改组。

　　当一个物种生活在完全不同的环境中，将会有独特的机会进入新的生态位并选择新的适应途径。基因库的激烈改组在一个小的创始者种群中要比在任何其他类型的种群中更容易实现。产生遗传"剧变"现象的原因是因为小种群涨落大，混沌边缘最能够创新，建立新的有序。外来物种就是通过混沌边缘进行表型性状的创新，适应新的环境。如果外来物种与土著物种以温和方式进行竞争，它们就能彼此和平共处；但如果竞争激进，外来物种成为优胜者，土著物种就可能灭绝。

迈尔的观点对于我们认识生物入侵及其造成的生态影响是有帮助的，迈尔学说的主要特点是，主张最迅速的进化演变不是发生在"分布广泛而又稠密的物种中，而是发生在小的创始者种群内。"外来入侵物种正是通过最初的小种群，产生出了对新环境有适应性的个体，形成具有竞争优势的种群，在与土著物种的竞争中，外来入侵物种往往具有很大的优势，因而导致土著物种的灭绝。人类的许多行为都促进了外来物种小种群的形成，包括引种、国际邮购、旅游携带及无意引入等，许多外来物种入侵事件的发生都源自于人类的行为。此外，人为造成的生态环境破碎化也为外来物种入侵提供了环境基础。

普里高津提出的耗散结构理论认为，系统内部的涨落如果保持在一定限度内，内部组织就可能继续维持；如果涨落的增加超过一定限度，系统就会失去稳定，并面临两种状态——或崩溃，或到达一个更高的层次，这就是进化。对于生命而言，这些涨落表现为环境所发生的各种变化。物体在面临危机的时候，或者是通过自身的结构调整进化到更高阶段或因无法适应而灭绝。外来物种进入新的生态环境，将面临环境条件的巨大变化，系统的涨落如果通过自身结构调整而适应之后，外来物种就会通过进化形成更具竞争力的表型，与土著物种争夺资源。一旦外来物种大规模的暴发，又会引起生态系统较大的结构改变，这种改变对于土著物种来讲也是一种系统内部的涨落，但竞争力差的土著物种可能因为无法适应而灭绝。

杰出的野外生态学家，普利策新闻文学奖及生态学泰勒奖获得者 Jared Diamond 曾经说到："对全社会而言，现代科学、生物学和社会中最重要的问题都不是实验科学所能解决的那种问题。真正威胁我们地球是否有居住价值以及从现在开始 50 年内人类生存的，是对我们所处生物环境的破坏"。全球生态环境对于人类的存在是非常必要的，由生物入侵导致的全球生态变化将直接威胁到人类自身的生存。

6.2.2　对生物入侵进行历史和哲学反思

在长达数十亿年之久的地球生命演化史中，世界上现存的所有物种可以说都是从其他地方"入侵"而来的。在人类社会出现以前，它是一种纯粹的自然现象，表现为物种在地球上不同区域之间的生物交流（biological exchange）。人类社会出现后，另一种形式的物种转移现象开始出现，这就是外来物种的人为入侵（man-made invasion），即由于人的有意或无意行为而非风力或河流等自然力所引起的入侵。因此，外来物种入侵的历史由两条主线所组成，一是人类诞生前的物种自然交流及其随后转化的自然入侵；二是人类诞生后的人为入侵。早期的外来物种人为入侵受到人类活动范围的影响，随着 18 世纪欧洲工业革命时期机械能的应用，交通运输领域发生了一场大的跃进，跨国间的货物流和人员流成倍增长。无意之中引入外来物种的可能性相应增加；其次，机械化的运输方式提高了外来种扩散的速度，拓展了入侵种的类别。在现代经济飞速发展、科技突飞猛进的影响下，交通运输业的面貌发生了巨大变化，外来物种入侵才真正具有了全球性。而全球化时代的生物入侵风险，其人为性日益突出。

人类的出现，使有意或无意引入外来物种的频率大大增加。但早期的交通运输技术较为落后，外来物种无意传入和有意引入的数量和频次处在相对平稳而低水平的状态，所带来的危害很小，并没有引起关注。在这一时期，人类与其他物种之间的关系维持着一种相对平衡的状态。

近代以来，交通运输技术的革命促进了世界范围内的人员和货物大规模流动，随之而来的是外来物种入侵现象急剧增加，原本处于互为隔绝、相安无事状态的全球生物物种，由于人的行为被混合到了一起，使各类自然或半自然生态系统受到严重冲击，如果外来种已经无法清除，则本地种和外来种之间需要相当长的一段时间才能重新进化出一种相对稳定的关系。基于人与自然界之间的密切关联，物种之间关系的失衡状态必定会影响到人类的利益，因而又表现为人与其他物种之间关系的一种失衡状态。

全球物种之间以及人与物种之间关系的失衡现象，当然有其生物学基础因素，但根本原因在于人类的行为（Jeffrey and McNeely，1996），解决这一问题的关键就是人类行为的转变。而在可能导致外来物种入侵的各种人类行为中，行为人的哲学理念往往起着潜移默化的影响。长期以来，人类一直奉行一种以征服自然为目标导向的哲学理念，并成为包括外来物种入侵在内的各种生态危机的深层根源之一。人由其他物种演化而来，是整个物种世界的一员。但又不是普通的一员，人是唯一具有抽象思维并能体会到自身存在的生命形式，维护物种之间以及人与其他物种之间的平衡状态，保证和促进人类自身的长远利益，是人类在全球化时代这样一种新的自然与社会背景条件下的不二选择。

人类历史的发展不仅推动了社会进步和文明的发展，而且也给人类自身留下了宝贵财富。历史就像一面镜子，可以审视人类的过去，纠正错误的行为和观念。历史表明，人类的哲学观念、思维观念、价值取向、伦理道德、行为方式等对人类文明的创造与发展具有重大意义。但是，人类文明的发展也同时带来了诸多问题，特别是生态环境问题。随着工业化以及城市发展，许多物种因为受到人类干扰而面临灭绝，可以说因为人类因素而造成的物种绝灭速度远远超过了各类物种的自然灭绝速度。人类社会在发展的同时，必须保护好生态环境，绝不可以"文明"发展而傲视自然，甚至奴役或"征服"自然。例如，在美国和欧洲流行的莱姆病就与再造森林有关。又如，在马来西亚北部，由于许多猪舍建在热带森林附近，加上人类对森林的砍伐，导致 Nipah 病毒的自然宿主狐蝠到猪舍附近的果园觅食，开放式的放养使猪容易取食到被狐蝠啃食过而掉落到地面的水果。Nipah 病毒于 1998 年第一次从狐蝠传到猪，再从猪传给人类。农业发展改变了生态环境，农作方式与传染性疾病的流行有密切关系。例如，在中国，每年有超过 10 万人在收割时感染朝鲜出血热（Korea bemorrhagic fever），其病原 Hantaan 病毒的自然宿主是田鼠。

　　人类社会同样是自然界长期发展的产物，是物质世界的一部分。人类社会不能违背自然界的客观规律，必须与自然界相互依存。人类社会与自然界应当协调发展，建立人与自然的和谐关系。"以人类为中心"的农业文明和工业文明时代，人类的发展以征服自然来获取自身最大的利益为最直接的目的。工业文明发展到上个世纪后期，其自我否定因素急剧增长，给人类社会带来了具有普遍性的危机，特别是生态危机。在这样的背景条件之下，生态文明应运而生。生态文明不仅是经济、政治和社会发展的重大问题，同时也是一个哲学问题。生态哲学将生态理念引向社会生活，将自在的哲学本质转换为自为的生态智慧。在对待生物入侵问题上应该用历史哲学的观点去思考，因为生物入侵并非是纯自然科学和工程技术问题，更多的是社会科学或人文科学问题。环境和历史永远存在，而人类对环境和历史的警觉却并不常有。影响人类行为的价值观念对于防止生物入侵至关重要，但正确的价值观念却需要人类自己去树立。加强保护生态环境和生物多样性的宣传教育可以促进人们的生态价值观的形成，使公众规范自身行为，积极参与到防止生物入侵的行动中去。

6.2.3　防止生物入侵的对策

　　防止外来生物入侵，最根本的是要建立制度、加强管理和合作。建立制度主要是建立外来物种环境影响评价制度，加强管理就是要加强监测、建立早期预警机制和快速反应体系，另外要开展科学研究，为外来入侵物种的管理提供科学依据。加强合作主要是指国际合作，外来物种入侵是涉及世界上的各个国家和地区，只有加强国际合作才能更好地防止生物入侵。

6.2.3.1　建立外来物种环境影响评价制度

　　目前，迫切需要就外来入侵物种对生态环境、经济和人类健康的影响，特别是对环境的影响，建立外来物种环境影响评价制度。由于国内对外来物种的专项立法尚未出台，外来物种法律体系及管理制度的健全及完善尚须时日，在引入外来物种时充分发挥环境影响评价机制的作用，可以有效地结合现行的环境管理方法以加强对于外来物种的预防和监控，保护当地生态环境与生物多样性。这是符合目前的国情和迫切的管理需求的，也可为外来物种的专项立法积累经验和奠定实践基础。对外来物种的引入，对生物多样性有影响的开发建设、经营项目，均应进行环境影响评价，做到预防为主、补救为辅，减少因盲目引入外来物种而产生的生态灾难。

6.2.3.2　建立外来入侵物种监测、早期预警和快速反应体系

在国外有关外来入侵物种的立法中，早期预防和监测措施的实施是各种措施的重中之重。这一原则对于我国防止外来生物入侵同样适用，加强监测、建立早期预警机制和快速反应体系，是进一步完善外来物种入侵管理体系的重要方面。

1）加强监测

生物入侵过程大致可以分为 4 个阶段：侵入、定居、适应和扩散（Strong，1979）。每个阶段对入侵物种的控制策略各不相同。在外来物种还没有入境之前以预防为主，从严把关，从源头做起，将有害物种拒之门外；当外来物种处于定居或适应阶段，要做好清除工作，将危险扼杀在"摇篮"之中；当外来物种已形成扩散时，控制其扩散便成为工作的重点，要采取应急预案和有效的技术措施，将其危害减至最低。而这些工作都是建立在对外来物种的实时有效监测基础之上的，因此，外来物种监测是有效管理外来物种必不可少的环节。

建立国家和省级的监测制度，以及野外监测网络，对已入侵的有害生物，应加快建立外来入侵生物信息档案（包括其分布、生物生态学特性、控制方法与技术、国外防治经验等），并及时更新相关信息（夏婷婷和况明生，2008）。同时，建立信息传播与共享平台，方便不同地区的工作者沟通联系。另外，要大力运用遥感技术、地理信息系统等先进技术，以提高外来物种监测的效率和准确率。

野外监测是对新的外来物种作出早期预警和快速反应，评估控制方法的有效性及其成功与否，以及为信息系统提供信息和信息共享的基础。准确的预测预报和完善的预警监测体系是阻止生物入侵的必要保证。对外来入侵物种的早期监测措施包括一般性的监控或者信息核对、定点监控、监视、种类识别等措施。要通过信息收集、实地调查、遥感技术等措施，获取外来生物传播蔓延、危害、生态学影响等信息和数据，对外来生物实施有效监测。监测的规定不仅适用于主管机关，还应当经过适当调整后适用于有意引进外来物种的团体和个人。目前，我国预测预报有害生物入侵的能力十分有限，监测体系有待于进一步完善。

2）建立早期预警机制

早期监测和警报制度是对新的外来入侵物种作出快速反应的基本前提，通过各种技术支持手段，提供外来入侵物种信息，帮助评估物种的入侵危险性，预测

潜在影响并提供管理措施建议等。要进一步规范预警的工作流程，包括预警机制的建立、分工、信息发布、预警启动、预警范围、预警终止等，确保预警体系及时、有效地运行。根据可能带来危害程度发出不同级别的警报，启动不同级别的响应机制，使决策部门根据警报级别采取相应的措施。

以现有的国家中心的监测点和各监测点为基础，结合乡（镇）和县观测网，形成三维监测和突发事件预警体系，使用远程监控系统、机载视频、遥感、监测技术信息，建立地面监测、空中监测和数据采集系统，实现快速识别和定位应急。由于我国现行的有害生物检疫信息管理系统的风险和远程诊断系统并不完善，所以，由国家和政府出面，建立有害生物事件应急处理中心，构建完善的应急和远程诊断网络系统的风险评价体系和建立国家级、省级有害生物数据库已经是非常必要的。

3）建立快速反应体系

为了能够及时控制入侵物种的大规模暴发，还需建立高效的快速反应体系，一旦发现外来入侵物种的危害，需启动应急预案，及时处理。建立快速反应体系是为了形成全过程监督管理体系，实现协调统一和信息共享，对于已经确认的，或者被评价为具有较高入侵性危险指数的外来入侵物种，一旦发现有入侵现象出现，就可以及时采取有效措施进行控制，以免外来入侵物种蔓延。

目前我国并没有储备关于处理突发有害生物事件的装备，仅通过日常的防治设施来处置应急工作。此外也没有设立专门用于解决突发有害生物事件的应急资金或储备资金，资金保障匮乏。并且也没有一支专业的应急救灾团队应急救灾力量薄弱。而面对突发事件时防控技术也非常缺乏。这些应急装备的缺乏导致了我国不具备良好的处理应急事件的能力无法满足对应急事件防控的客观需要。

在关键事件防治区，建立有害生物防治和控制操作机构、专业人士和市场经济系统，可以完成在最短的时间内材料的任务调度。

4）建立科学有效的风险分析体系

外来物种的入侵、定殖、发生发展与很多因素有关，主要包括天气因素、地理因素和生物因素，这 3 类因素综合作用于生物链，构成了天气-地理-生物复合体系（compound system of weather-geography-biology，WGB）。基于天气信息系统（天气数据、天气模型）、地理信息系统（地理数据、地理模型）和生物信息系统（生物数据、生物模型）而提出的外来物种多因子风险分析体系（system of multi-factor of pest risk analysis，SM-PRA）符合生态系统的能量流动模式和中国"天-地-人合"的传统思想及哲学理论。

外来入侵物种风险分析涉及大量因素和一系列过程，包括风险因子划分、风险因子分析模拟、风险分析计算、风险预测、风险决策等，外来入侵物种多因子风险分析体系可以将这些风险因素综合考虑到风险分析步骤中去。在风险事件和风险条件初步划分的基础上，进行风险因子的层次和等级划分。对风险条件和事件进行风险因子分类，利用实验或实际数据对风险因子作出不同等级的划分，不同风险因子的排列和组合构成不同的风险链，不同的风险链形成不同的风险状态。针对不同的风险链和风险状态，确定关键风险因子，即相关性强的风险因子，采用贝叶斯、马尔柯夫链、蒙特卡罗、模糊评判技术和神经网络技术等方法，计算风险概率和风险后果。再结合多指标综合评价、气候相似距、CLIMEX 法、天气模拟模型和区域灾害系统论等体系，实现外来有害生物风险因子动态分析模拟、风险分析计算、风险预测和风险决策。

5）开展科学研究，为外来入侵物种的管理提供科学依据

生物居于天、地之间，生态系统是天气、地理和生物多种因子相生相克的复合体系，人居于这个体系的生物链顶点，有害生物是相对于人而言的，它们通过直接侵害、与人类争夺能量和资源等方式对人类利益构成危害。各种生物都是生物链中重要的节点，节点的物质和能量在不断的"律动"之中完成物质和能量的传递。节点每时每刻受到天气和地理环境的作用，因此，就有害生物研究而言，不能孤立地局限在植物-有害生物-天敌上，因为一切生物都是在一定环境中不断进化的种群，而应该考察天气-地理-植物-有害生物-天敌-人构成的复合生物链。既然包括了人的因素，也就包含了社会和经济的内容，这样就构成了天气-地理-植物-有害生物-天敌-人-社会-经济复合生物链，这种网状结构称它为存在有害生物风险的生态网 EW（ecologically web），包括：天气 EW_1、地理 EW_2、生物 EW_3、社会 EW_4、经济 EW_5 五个方面。其中的生物由生物链构成，生物链 BC（biology chain）包括寄主 BC_1、有害生物 BC_2、天敌 BC_3、人 BC_4 四个要素。它是多因子网状互动结构。人对有害生物生物链的控制和管理是有害生物风险分析的最终目的，而人类本身对有害生物危害之形成负有不可推卸的责任，特别是在人为传带有害生物日益频繁的现代社会。

全面分析外来物种的分布和作用，研究外来物种入侵生态学机理及其危害发生、发展和暴发的规律，建立针对不同传播媒体、不同入侵途径和不同风险度外来入侵物种的风险评价和风险管理技术体系，建立外来入侵物种检疫检测、环境监测和预测预报的技术平台以及信息网络和数据库系统，探索外来入侵物种生物防治、生态替代、资源再利用、高效持续低毒化学控制的可持续控制技术和环境友好组合技术，建立具有国际先进水平的全方位、全过程、高技术、高灵敏度的外来入侵物种风险评价、预警与安全控制的研究技术平台，使我国在有关外来入侵物种的全球环境问题研究中占有重要的一席之地，为我国社会经济发展、生态安全与生物多样性保护提供技术支持和安全保障。

6）建立生物入侵风险基金制度

建立该制度主要是为了弥补生物入侵暴发所造成的巨大经济损失，是一种事后的补偿措施。由于绝大多数的生物入侵是一个漫长的过程，当生物入侵暴发时其责任主体难以寻找或不复存在。鉴于此，有必要制定生物入侵风险基金管理法，或是在现有法律中补充有关风险基金的规定，构建我国的生物入侵风险基金制度。在该制度中，由国家和地方从财政预算中拿出一部分资金用于防范生物入侵，同时由引入外来物种的单位或个人按照风险大小缴纳一定数额的费用，再由后续使用该引入物种的单位和个人缴纳一定的费用，构成该风险基金的来源。生物入侵风险基金主要用于支付防治生物入侵和恢复原有生态环境的费用，并确保专款专用。这样做既可以保障防治生物入侵的费用来源，避免生物入侵暴发时防治资金不到位或是到位慢而贻误最佳防治时机的现象出现；又可以使引种者和使用者承担一定的经济责任，符合我国现有的"破坏者恢复，受益者补偿"的原则。

7）健全和完善公众参与制度

公众参与原则在国际社会已被公认为环境法的一项基本原则，公众参与机制具有促进社会正义和推进民主自治进程的内在价值。外来物种入侵的特征决定了优先构建公众参与机制的必要性，而公众的忧患意识和自主意识的增强，为构建公众参与机制提供了可能性。

完善公众参与防治外来物种的有效机制，形成举报、听证、研讨等形式多样的公众参与制度。要确保投诉渠道的畅通，鼓励媒体、社会各界和公民个人对政府的生物入侵管理实施监督，建立自上而下的监督事件处理信息系统和自下而上的监督举报接收信息系统，使社会监督趋向网络化、透明化和便捷化，并对在生物入侵防范与治理工作中做出显著成绩和贡献的单位和个人给予奖励。同时从立法上、政策上以及资金上为民间环保团体的发展提供支持，使其成为社会公益维护和对政府外部监督的重要力量。

8）加强国际合作

随着国际贸易往来日趋频繁和国际交流的日益增多，国际间外来生物传播频率不断加快。1997年世界上发起"全球入侵物种计划"，旨在进行外来入侵生物的入侵途径、现状评价、风险评估、生态影响、管理策略、知识培训等信息的交流与共享。外来入侵生物的信息交流、检疫、防控技术与国际间合作和交流密不可分。要加强政府及相关部门之间的合作，及时了解国际生物入侵动向，严密监视世界各国有害生物疫情的变化。加强国际交流与合作，可以更有效的汲取国际上先进的管理对策和技术，使我国外来物种的防治和生物的多样性保护工作向国际水平迈进。开展科技方面的合作，获得来自国际组织的基金支持，弥补我国生物多样性保护资金不足和技术装备落后问题，以此带动我国生物多样性保护事业的发展。

国家之间的合作是为了确保和降低潜在外来入侵物种的威胁，所有国家要确保在他们的司法权或控制范围内的活动不会对其他国家的环境造成影响。在此基础上，我国必须进行和加强外来物种控制的国际法律合作，积极参加外来物种控制的条约的谈判和制定，建立国际信息通报机制和共同行动机制，借鉴国外在生物入侵立法方面的经验和成果。

积极参与国际合作，分享成果并承担义务。我国是《生物多样性公约》的缔约国，应当根据国际条约的要求，严格履行国际义务，结合我国现状，制定出一整套适合我国国情、具有可操作的法律法规体系。外来物种入侵涉及的地域范围很广，通常在多个国家都有同一种入侵物种，并可能在不同国家之间相互扩散。由于外来物种控制措施具有跨国性，甚至会影响国际贸易，因此，进行国际合作十分必要。美国的马里兰州的史密森环境研究中心和澳大利亚研究机构达成协议，准备将两家的生物物种数据库合二为一，新的数据库将包括全球范围内数百种海洋物种的详细信息，可以有效地帮助科研人员更全面地掌握外来物种入侵的历史、分布和危害。

9）加强生物入侵信息网和数据库建设

信息网和数据库是掌握国内外相关信息、加强沟通交流的重要渠道。美国"全球入侵物种数据库"（http：//www.issg.org.database/welcome/）提供了丰富的生物入侵信息资源。我国生物入侵信息网络和数据库建设存在较大缺口。应建立我国生物入侵数据库和信息服务中心，建立公众咨询服务和科技知识普及平台，提供我国危险和潜在危险的物种、可能生存和暴发区域、国际上有害入侵物种的动态变化和防控经验、管理机制等信息。应在加强基础研究、广泛调查、收集数据、交流信息的基础上，不断扩大信息存储范围，丰富数据库检索内容，提供分析手段，及时进行信息刷新、系统升级，方便使用者查询，使科研、管理部门以及公众之间的信息得到广泛交流。

参 考 文 献

蔡华, 黄正来, 乔玉强. 2006. 六种基因型草坪草的染色体核型分析(简报). 草业学报, 15(6): 109-111.

蔡华, 乔玉强, 王业精, 等. 2006. 麦田杂草节节麦染色体核型分析研究. 种子, 25(6): 4-5.

蔡华, 王荣富. 2006. 加拿大一枝黄花的核型分析及 B 染色体初报. 激光生物学报, 15(3): 245-248.

蔡华, 韦朝领, 陈妮. 2009. 生物入侵种喜旱莲子草的染色体核型特征. 热带作物学报, 30(4): 530-534.

蔡华, 张传和, 王业精, 等. 2006. 观赏花卉矮牵牛与野生牵牛花的染色体核型比较. 生物学通报, 41(4): 49-50.

蔡华, 张丽, 韦朝领. 2006. 入侵杂草假高粱的染色体变异及核型分析. 核农学报, 20(6): 490-493.

曹家树, 曾广文, 缪颖. 1997. 生物适应进化及其分子机制. 大自然探索, 17(4): 53-54.

曹其文, 丰广泰. 1993. 滨海盐渍土引种 NL—80105、NL—80106 杨苗期初报. 林业科技通讯, 35(11): 26.

曹树基. 1997. 鼠疫流行与华北社会的变迁(1580～1644 年). 历史研究, 1: 17-32.

曹树基. 2001. 中国人口史. 上海: 复旦大学出版社, 553.

陈兵, 康乐. 2003. 生物入侵及其与全球变化的关系. 生态学杂志, 22(1): 31-34.

陈晨. 2007. 外来入侵物种风险评估和风险分析体系的初步构建. 南京: 南京农业大学硕士学位论文.

陈大清, 李亚男. 2001. 纵览生物进化的理论及其哲学观. 湖北农学院学报, 21(1): 49-57.

陈海嵩. 2012. 风险预防原则理论与实践反思——兼论风险预防原则的核心问题. 法学在线. http: //article. chinalawinfo. com/ArticleHtml/Article_68331. shtml[2014-3-19].

陈好. 2013. 银胶菊的形态多样性与染色体核型分析. 海口: 海南师范大学硕士学位论文.

陈兰逊, 王东达. 1994. 数学、物理学与生态学的结合——一种群动力学模型. 物理, 23(7): 408-413.

陈露. 2013. 外来树种在城市园林绿化中的应用研究概况. 绿色科技, 4(12): 40-42.

陈平, 徐若曦. 2008. Metropolis-Hastings 自适应算法及其应用. 系统工程理论与实践, 28(1): 100-108.

陈青, 姜英辉, 缪锦来, 等. 2007. 中国外来海洋生物入侵的现状、危害及其防治对策. 海岸工程, 26(4): 49-58.

陈赛. 2002. 外来物种入侵及其环境法律调控准则. 新疆环境保护, 23(4): 31-33.

陈圣宾, 李振基. 2005. 外来植物入侵的化感作用机制探讨. 生态科学, 24(1): 69-74.

陈素芝, 傅金钟, 肖茂达. 1993. 我国引进蛙类的初步研究. 动物学杂志, 28(2): 12-14.

陈曦. 2013. 飞机草(Eupatorium odoratum L.) DNA 甲基化多态性分析. 哈尔滨: 哈尔滨师范大学硕士学位论文.

陈晓燕, 马平, 余猛. 2014. 红火蚁在云南的入侵风险分析. 生物安全学报, 23(2): 81-87.

陈银坚. 2011. 物种灭绝及物种多样性保护探讨. 宁夏农林科技, 52(08): 70-73, 80.

陈勇. 2012. 人类生态学原理. 北京: 科学出版社: 86-87.

陈中义, 江红英. 2008. 繁殖体压力——一种解释生物入侵的机制. 长江大学学报(自然科学版), 5(4): 80-84.

陈周棠. 1986. 广东地区太平天国史料选编. 广州: 广东人民出版社: 156.

褚栋, 张友军, 丛斌, 等. 2006. 微卫星分子标记在入侵生物学中的应用. 山东农业大学(自然科学版), 37(2): 309-312.

褚栋, 张友军, 万方浩. 2007. 分子标记技术在入侵生态学研究中的应用. 应用生态学报, 18(6): 1383-1387.

Cox G W. 2010. 外来种与进化. 李博等译. 上海: 复旦大学出版社.

崔明昆. 2014. 民族生态学理论方法与个案研究. 北京: 知识产权出版社: 63.

达良俊, 田志慧, 王晨曦, 等. 2007. 从生态学角度对生物入侵的思考. 自然杂志, 29(3): 152-167.

戴秋莎, 刘春兴, 温俊宝. 2010. 控制外来入侵物种的贸易对策. 世界林业研究, 23(2): 5-9.

戴灼华, 王亚馥, 粟翼玫. 2010. 遗传学. 北京: 高等教育出版社.

邓雄, 杨期和, 叶万辉, 等. 2003. 生物入侵的适应性进化及其影响. 中山大学学报(自然科学版), 42(suppl): 204-210.

董梅, 陆建忠, 张文驹, 等. 2006. 加拿大一枝黄花(Solidago canadensis): 一种正在迅速扩张的外来入侵植物. 植物分类学报, 44: 72-85.

窦笑菊, 吴玉荷. 2007. 薇甘菊染色体核型分析. 安徽农学通报, 13(6): 22-23.

杜峰, 梁宗锁, 胡莉娟. 2004. 植物竞争研究综述. 生态学杂志, 23(4): 157-163.

杜凤移, 于树华, 马丹炜, 等. 2007. 三叶鬼针草对蚕豆根尖遗传毒性的研究. 生态环境, 16(3): 944-949.

段仁燕. 2008. 干扰对生态系统中生物多样性的影响. 安徽农学通报, 14(9): 57-58.

樊江文, 钟华平, 杜占池, 等. 2004. 草地植物竞争的研究. 草业学报, 13(3): 1-8.

樊林洲. 2015. 文化进化的模因论透视. 自然辩证法通讯, 37(1): 142-148.

樊正球, 陈鹭真, 李振基. 2001. 人为干扰对生物多样性的影响. 中国生态农业学报, 9(2): 32-34.

范爱保, 梁家林. 2004. 外来生物入侵的途径及控制方式. 河北林业, 21(4): 21.

范雪涛, 马丹炜, 刘爽, 等. 2008. 蚕豆根尖微核试验在辣子草化感作用研究中的应用. 生态环境, 17(1): 323-326.

方精云, 唐艳鸿, 林俊达, 等. 2000. 全球生态学: 气候变化与生态响应. 北京: 高等教育出版社, 施普林格出版社.

方其. 2011. 华东地区若干杂草与近缘非杂草基因组大小的测定及其生态学意义探讨. 上海: 上海师范大学硕士学位论文.

方晓婷. 2011. 入侵植物薇甘菊的转录组分析及其群体遗传特征初探. 广州: 中山大学硕士学位论文.

冯典兴, 刘广纯. 2009. 中国蝇类染色体研究现状与展望. 昆虫知识, 46(5): 684-689.

冯蜀举, 施立明. 1986. 德国小蠊精母细胞联会复合体(SCs)组型及辐射诱发的 SCs 畸变. 遗传学报, 13(5): 377-382.

冯蜀举, 施立明. 1994. 中华地鳖的核型和染色体多态性现象. 动物学研究, 5(3): 45-52.

冯馨. 2011. 国际贸易对生物入侵的影响研究. 现代商贸工业, 23(24): 119-120.

冯玉龙, 廖志勇, 张茹, 等. 2009. 外来入侵植物对环境梯度和天敌逃逸的适应进化. 生物多样性, 17(4): 340-352.

冯玉龙, 王跃华, 刘元元, 等. 2006. 入侵物种飞机草和紫茎泽兰的核型研究. 植物研究, 26(3): 356-360.

伏建国, 安榆林, 杨晓军. 2009. 杂草风险分析概述. 植物检疫, 23(增刊): 39-44.

付改兰, 冯玉龙. 2007. 外来入侵植物和本地植物核 DNA C-值的比较及其与入侵性的关系. 生态学杂志, 26(10): 1590-1594.

付秀琴. 2004. 外来入侵种的危害与防治对策. 四川草原, 104(7): 22-24.

傅俊范. 2005. 中国外来有害生物入侵现状及控制对策. 沈阳农业大学学报, 36(4): 387-391.

高乐旋, 陈家宽, 杨继. 2008. 表型可塑性变异的生态-发育机制及其进化意义. 植物分类学报, 46(4): 441-451.

高兴祥, 李美, 高宗军, 等. 2009. 外来物种小飞蓬的化感作用初步研究. 草业学报, 18(5): 46-51.

高兴祥, 李美, 高宗军, 等. 2013. 外来入侵杂草银胶菊种子萌发特性及无性繁殖能力研究. 生态环境学报, 22(1): 100-104.

葛卜峰, 黄亚军, 冉俊祥, 等. 2013. 进境船舶压舱水外来生物入侵性传播及其监管措施研究. 植物检疫, 34(1): 86-89.

葛剑雄. 1997. 中国移民史(一). 福州: 福建人民出版社: 46.

葛庆华. 2001. 太平天国战后"下江南"移民的类型与动因——以苏浙皖交界地区为中心//中国地理学会历史地理专业委员会《历史地理》编委会. 历史地理(第十七辑). 上海: 上海人民出版社: 259-270.

根井正利. 1983. 分子群体遗传学与进化论. 王家玉译. 北京: 农业出版社.

耿宇鹏, 张文驹, 李博, 等. 2004. 表型可塑性与外来植物的入侵能力. 生物多样性, 12(4): 447-455.

Givens G H, Hoeting J A. 2009. 计算统计. 王兆军, 刘民千, 邹长亮, 等译. 北京: 人民邮电出版社.

宫伟娜, 万方浩, 谢丙炎, 等. 2009. 表型可塑性与外来植物的入侵性. 植物保护, 35(4): 1-7.

贡成良, 小林淳, 宫岛成寿. 1999. 美国白蛾核型多角体病毒几丁质酶基因核苷酸序列研究. 病毒学报, 15(3): 260-269.

关尽忠, 柴晓东. 2003. 新发现传染病与社会因素的关系. 中国检验检疫, 19(4): 44-47.

管启良, 张毓芳, 茅国夫. 1988. 苏联球茎大麦、(拟)智利大麦和普通大麦的核型比较研究. 中国农业科学, 21(2): 32-34.

贯春雨, 张含国, 张磊, 等. 2010. 落叶松杂种 F_1 代群体遗传多样性的 RAPD、SSR 分析. 经济林研究, 28(4): 8-14.

桂起权, 傅静. 2008. 迈尔的"生物学哲学"核心思想解读——从复杂性系统科学的视角看. 科学技术与辩证法, 25(5): 1-7.

郭耕, 柯妍. 2006. 不能没有你——从麋鹿的重引进看物种多样性保护. 科技智囊, 12(11): 77-80.

郭晋平, 张芸香. 2003. 中国森林景观生态研究的进展与展望. 世界林业研究, 16(5): 46-49.

郭水良, 陈国奇, 毛俐慧. 2008. DNA C-值与被子植物入侵性关系的数据统计分析——以中国境内有分布的 539 种被子植物为例. 生态学报, 28(8): 3698-3705.

郭水良, 顾德兴. 1996. 北美车前生物与生态学特征的研究. 生态学报, 16(3): 302-307.

郭晓华, 孙娜, 周兴文. 2009. 我国外来生物入侵预警系统的构建策略. 辽宁林业科技, 36(5): 55-60.

韩博平. 1995. 生态系统营养结构多样性的测度. 生物多样性, 3(4): 222-226.

何炳棣. 1997. 明初以降人口及其相关问题: 1368-1953. 北京: 三联书店, 284-285.

何锦峰. 2008. 外来植物入侵机制研究进展与展望. 应用与环境生物学报, 14(6): 863-870.

何铭谦, 章家恩, 罗明珠, 等. 2010. 关于加强我国外来有害物种入侵的管理与控制之思考. 科技管理研究, 30(14): 53-56.

何培青, 刘晨临, 胡晓颖, 等. 2005. 我国引进海洋经济物种对本土资源遗传多样性的影响. 中国海洋学会海洋生物工程专业委员会 2005 年学术年会论文集. 北京.

何杨艳. 2012. 白车轴草水浸提液对蚕豆根尖细胞的细胞毒性. 成都: 四川师范大学硕士学位论文.

何悦. 2009. 中国外来物种入侵立法建议. 中国发展, 9(5): 56-64.

胡传朋, 梁婷. 2011. 论我国防治外来物种入侵的法律对策. 法制与社会, 6(5): 51-52.

胡振亚, 秦书生. 2003. 生态哲学可持续发展时代的世界观. 东北大学学报(社会科学版), 5(4): 247-249.

胡中立, 张志红, 张学富. 1998. 双单倍体群体中区间分子标记定位 QTL 的相关方法. 生物数学学报, 13(3): 365-371.

黄红娟, 叶万辉. 2004. 外来种入侵与物种多样性. 生态学杂志, 23(2): 121-126.

黄华, 郭水良. 2005. 外来入侵植物加拿大一枝黄花繁殖生物学研究. 生态学报, 25(11): 2795-2803.

黄少伟, 黄永权, HK Copley T. 1998. 湿地松与加勒比松杂种第一和第二代木材基本密度比较. 广东林业科技, 14(2): 19-22.

黄伟, 王毅, 丁建清. 2013. 入侵植物乌桕防御策略的适应性进化研究. 植物生态学报, 37(9): 889-900.

黄锡生. 2005. 论我国防治外来物种入侵的法律对策. 兰州大学学报, 33(1): 109-113.

黄向东. 2013. 韩国松材线虫病防治进展及其启示. 湖南林业科技, 40(5): 75-77.

黄小妹, 吴长龙, 梁欣然. 2012. 构建中国特色和谐生态模式. 南京理工大学学报(社会科学版), 25(1): 22-27.

姬晓娜, 张现青, 谷令彪. 2008. 生物入侵对生态安全的影响及其对策. 平顶山工学院学报, 17(3): 41-45.

贾竞波. 2011. 保护生物学. 北京: 高等教育出版社.

贾珺, 梅雪芹. 2002. 从历史的视角看现代高科技战争的生态环境灾难. 北京师范大学学报(人文社会科学版), 169(1): 119-127.

贾文明, 周益林, 丁胜利, 等. 2005. 外来有害生物风险分析的方法和技术. 西北农林科技大学学报(自然科学版), 33(增刊): 195-200.

江洪, 张艳丽, Strittholt J R. 2003. 干扰与生态系统演替的空间分析. 生态学报, 23(9): 1861-1876.

江旅冰, 许韶立. 2011 生物入侵与我国旅游业生态风险防范体系研究. 安徽农业科学, 39(20): 12387-12390.

姜俊嘉, 原慧杰, 齐华春. 2014. 对突发林业有害生物事件应急机制的分析. 农业与技术, 34(5): 86.

姜丽芬. 2005. 互花米草(Spartina alterniflora)入侵对长江河口湿地生态系统生产过程的影响——入侵种与土著种的比较研究. 上海: 复旦大学博士后研究报告.

姜玲艳. 2007. 外来物种入侵及其法律调控. http://www. law-lab. com/lw/lw_view. asp?no=8683&page=2[2007-11-26].

焦鹏, 孙轶刚. 2012. 新疆阿尔金山国家级自然保护区管理的现状及存在问题. 价值工程, 31(8): 287-289.

金恒镳. 2008. 台湾人工林的适应性管理. 生态系统研究与管理简报, 19(5): 1-11.

金毓. 2009. 国际贸易视角下的"生物入侵"研究. 产业与科技论坛, 8(6): 21-22.

景娟, 王仰麟, 彭建. 2003. 景观多样性与乡村产业结构. 北京大学学报(自然科学版), 39(4): 556-564.

赖河生. 2008. 生物技术在林业上的应用. 林业勘察设计, 27(2): 51-54.

Lee H. 2014. 气候变化生物学. 赵斌, 明泓博, 译. 北京: 高等教育出版社.

类延宝, 肖海峰, 冯玉龙. 2010. 外来植物入侵对生物多样性的影响及本地生物的进化响应. 生物多样性, 18(6): 622-630.

黎裕, 王天宇, 贾继增. 2000. 植物比较基因组学的研究进展. 生物技术通报, 16(5): 11-14.

李百炼, 靳祯, 孙桂全, 等. 2013. 生物入侵的数学模型. 北京: 高等教育出版社.

李本文, 范薇, 张惠如. 1984. 蟑螂: 长沙地区德国小蠊的染色体核型. 湖南医学院学报, 9(4): 358-360.

李博, 陈家宽. 2002. 生物入侵生态学: 成就与挑战. 世界科技研究与发展, 24(2): 26-36.

李博, 张晓. 2007. 生物入侵对人类健康的影响. 大自然, 28(1): 27-29.

李根蟠. 2012. 中国古代农业(第 2 版). 北京: 中国国际广播出版社.

李宏. 2000. 基于三点测交的双标记-QTL 基因定位的相关方法. 生物数学学报, 15(1): 93-98.

李宏. 2001. 具交叉干涉的三点测交区间标记定位(QTL)的相关方法. 生物数学学报, 16(4): 473-479.

李宏. 2002a. QTL 定位的研究方法. 生物学通报, 37(6): 53-54.

李宏. 2002b. 雄性不交换条件下 F2 群体高密度分子区间标记 QTL 的精确作图. 生物数学学报, 17(4): 427-434.

李宏, 胡中立. 2006. RIL 群体区间分子标记——QTL 定位的相关方法. 生物数学学报, 21(3): 473-479.

李宏广, 颜永杉. 1985. 大鼠远缘杂交的细胞遗传学研究. I. 褐家鼠的染色体组型和常染色体的多态性. 上海实验动物科学, 5(1): 15-18.

李君, 强胜. 2012. 多倍化是杂草起源与演化的驱动力. 南京农业大学学报, 35(5): 64-76.

李俊生, 高吉喜, 张晓岚, 等. 2005. 城市化对生物多样性的影响研究综述. 生态学杂志, 24(8): 953-957.

李霖, 姚云珍. 2007. 外来种入侵的遗传侵蚀. 扬州教育学院学报, 25(4): 77-80.

李凌浩, 刘庆, 任海. 2008. 恢复生态学导论(第 2 版). 北京: 科学出版社.

李明, 魏辅文, 谢菁, 等. 2000. 保护生物学一新分支学科——保护遗传学. 四川动物, 19(5): 16-19.

李明阳, 徐海根. 2005. 生物入侵对物种及遗传资源影响的经济评估. 南京林业大学学报(自然科学版), 29(2): 98-102.

李晓霞, 沈奕德, 范志伟, 等. 2013. 肿柄菊挥发油的化学成分分析及其化感作用. 广西植物, 33(6): 878-882.

李笑春, 曹叶军, 叶立国. 2009. 生态系统管理研究综述. 内蒙古大学学报(哲学社会科学版), 41(4): 87-93.

李有斌, 安黎哲, 张雷, 等. 2006. 转基因植物释放的潜在生态学效应. 地球科学进展, 21(6): 641-647.

李玉尚, 曹树基. 2001. 咸同年间的鼠疫流行与云南人口的死亡. 清史研究, 11(2): 19-32.

李蕴, 肖宜安, 王春香, 等. 2008. 北美车前和车前的生长特征与相对竞争能力. 生态学杂志, 27(4): 514-518.

李振宇, 解焱. 2002. 中国外来入侵种. 北京: 中国林业出版社.

梁达德, 庄南生, 潘佐柳, 等. 1996. 黄果西番莲的染色体核型分析. 热带作物学报, 17(1): 75-78.

梁广勤, 梁帆. 1993. 桔小实蝇三龄幼虫染色体的组型. 昆虫知识, 30(6): 356-357.

梁玉波, 王斌. 2001. 中国外来海洋生物及其影响. 生物多样性, 9(4): 458-465.

林培群, 余雪标. 2006. 生物入侵的现状及其危害与防治. 华南热带农业大学学报, 12(2): 61-65.

刘彬缤, 吴丽娟, 杨淑薇, 等. 2000. 褐云玛瑙螺(Achatina fulica)染色体交叉的观察. http: //jpkc. sysu. edu. cn/xbyycxsy/web-xibaoxueshiyan/lwj/01/3main. htm[2015-5-29]

刘春兴, 温俊宝, 骆有庆. 2010. 外来物种入侵的历史及其启示. 自然辩证法通讯, 32(5): 42-47.

刘东, 唐文乔, 杨金权, 等. 2011. 类 Tc1 转座子研究进展. 中国科学: 生命科学, 41(2): 87-96.

刘端玉. 2010. 入侵植物马缨丹的核型分析. 海口: 海南师范大学学士学位论文.

刘广明. 2009. 试论我国外来物种入侵的法律规制. 河北青年管理干部学院学报, 21(2): 62-65.

刘红. 1999. 景观多样性及其保护对策. 环境导报, 16(6): 26-28.

刘红梅, 蒋菊生. 2002. 生物多样性研究进展. 热带农业科学, 94(6): 69-77.

刘佳妮, 桂富荣, 李正跃. 2008. SSR 分子标记技术在入侵昆虫学研究中的运用. 植物保护, 34(8): 7-11.

刘军. 2009. 科学计算中的蒙特卡罗策略. 唐年胜, 周勇, 等译. 北京: 高等教育出版社.

刘凌云. 1980. 草鱼染色体组型的研究. 动物学报, 26(2): 126-131.

刘凌云. 1981. 鲢鱼染色体组型的分析. 遗传学报, 8(3): 251-255.

刘平. 2009. 松墨天牛、光肩星天牛、桑天牛染色体核型研究. 南京: 南京林业大学硕士学位论文.

刘婷婷, 张洪军, 马忠玉. 2010. 生物入侵造成经济损失评估的研究进展. 生态经济, 221(2): 173-178.

刘勇波, 李俊生, 赵彩云, 等. 2012. 转基因水稻基因流的发生与生态学后果. 应用生态学报, 23(6): 1713-1720.

刘玉红. 1984. 草木樨属(Melilotus)九个种的核型比较研究. 植物研究, 4(4): 145-157.

刘志瑾, 任宝平, 魏辅文, 等. 2004. 关于物种形成机制及物种定义的新观点. 动物分类学报, 29(4): 827-830.

刘志远. 2009. 水生生物入侵对渔业生产的影响及法律对策研究. 法制与社会, 4(21): 133-134.

刘竹萍, 赵宝新, 马恩波, 等. 2005. 蜚蠊染色体核型研究概述. 中国媒介生物学及控制杂志, 16(2): 155-157.

龙忠富, 刘华荣, 孟军江, 等. 2011. 百喜草对紫茎泽兰的生物替代控制作用. 贵州农业科学, 39(8): 212-215.

楼允东, 张克俭, 吴雅玲, 等. 1983. 青鱼染色体组型的研究. 水产学报, 7(1): 71-81.

卢宝荣, 夏辉, 汪魏, 等. 2010. 天然杂交与遗传渐渗对植物入侵性的影响. 生物多样性, 18(6): 577-589.

卢建红, 刘秀梵, 邵卫星, 等. 2003. H9N2 亚型禽流感病毒基因组全长序列测定和各基因的遗传分析. 微生物学报, 43(4): 434-441.

卢龙斗, 腊红桂, 熊蕾. 2000. 沼泽绿牛蛙的核型研究. 河南师范大学学报(自然科学版), 28(2): 74-76.

马平. 2009. 云南省外来入侵物种调查及检疫性有害生物的风险分析. 昆明: 云南农业大学硕士学位论文.

马晓光, 沈佐锐. 2003. 植保有害生物风险分析理论体系的探讨. 植物检疫, 17(2): 70-74.

马跃渊, 徐勇勇, 郭秀娥, 等. 2004. 有缺失数据的生物等效性评价的 MCMC 方法. 中国卫生统计, 21(4): 207-211.

马增旺, 赵广智, 邢存旺, 等. 2009. 论生态系统管理中的生态整体性. 河北林业科技, 37(6): 33-35.

McNeely J A. 1996. 外来入侵物种问题的人类行为因素: 环球普遍观点与中国现状的联系. 汪松, 谢彼德, 解焱. 保护中国的生物多样性(二). 北京: 中国环境科学出版社: 139.

孟维亮, 于飞, 敖芹, 等. 2011. 稻水象甲的入侵特征与适应性分析. 耕作与栽培, 31(2): 19-20.

缪世利, 董鸣, 马克平. 2005. 21 世纪生物入侵研究与入侵生物学的发展. 北京: 第三届现代生态学讲座暨国际学术研讨会论文集: 308-326.

聂小军. 2013. 基于高通量测序技术的小麦和紫茎泽兰基因组学初步研究. 杨凌: 西北农林科技大学博士学位论文.

牛俊海, 卜祥霞, 薛慧, 等. 2010. 植物根结线虫基因组学研究进展. 植物病理学报, 56(3): 225-234.

欧国腾, 赵宇翔, 江赢, 等. 2012. 贵州南部山区紫茎泽兰的替代控制研究. 中国森林病虫, 31(2): 23-26.

帕贝 H O. 1988. 关于哲学人类学(下). 侯圣银, 袁凯声译. 商丘师专学报(社会科学版), 4(3): 61-65.

庞宏, 陈宜峰, 陈俊才, 等. 1997. 云南褐家鼠和黄胸鼠染色体比较研究. 南京师范大学学报, 17(1): 71-81.

彭少麟, 王伯荪. 1983. 鼎湖山森林群落分析. I. 物种多样性. 生态科学, 2(1): 11-17.

彭喜春, 杨维东, 刘洁生. 2007. 赤潮期间藻类的化感效应. 海洋科学, 31(2): 84-88.

齐国君, 高燕, 钟锋. 2011. 基于 GIS 与生物气候相似性的西花蓟马在广东的适生性研究. 环境昆虫学报, 33(1): 1-7.

齐增湘, 徐卫华, 熊兴耀, 等. 2011. 基于 MAXENT 模型的秦岭山系黑熊潜在生境评价. 生物多样性, 19(3): 343-352.

钱韦. 2003. 基因组时代生态-遗传学科交叉的现状与前景. 植物生态学报, 27(3): 427-432.

钱迎倩, 田彦, 魏伟. 1998. 转基因植物的生态风险评价. 植物生态学报, 22(4): 289-299.

秦月红. 2014. 我国突发林业有害生物事件的应急机制建设. 现代园艺, 36(8): 74.

任琛, 孙景景, 袁琼. 2012. 蟛蜞菊属和李花菊属(菊科-向日葵族)的细胞学研究. 热带亚热带植物学报, 20(2): 107-113.

尚蕾, 央金卓嘎, 杨继, 等. 2010. 基因组学: 理解植物入侵性的重要工具. 生物多样性, 18(6): 533-546.

沈伟光. 2011. 生态战: 当今世界的战略课题. 北京: 新华出版社.

沈文君, 王雅男, 万方浩. 2008. 应用相似离度法预测红火蚁在中国适生区域及其入侵概率. 中国农业科学, 41(6): 1673-1683.

施季森, 童春发著. 2006. 林木遗传图谱构建和 QTL 定位统计分析. 北京: 科学出版社.

施永彬, 李钧敏, 金则新. 2012. 生态基因组学研究进展. 生态学报, 32(18): 5846-5858.

时丽冉, 高汝勇, 李会芬, 等. 2010. 紫茉莉染色体数目及核型分析. 草业科学, 27(1): 52-55.

史刚荣. 2004. 植物根系分泌物的生态效应. 生物学杂志, 23(1): 97-101.

宋红敏, 张清芬, 韩雪梅. 2004. CLIMEX：预测物种分布区的软件. 昆虫知识, 41(4): 379-386.

宋雪梅, 李宏滨, 杜立新. 2006. 比较基因组学及其应用. 生命的化学, 26(5): 425-427.

苏明星, 陈璐, 朱育菁, 等. 2010. 水葫芦的生长条件和生长发育. 中国农学通报, 26(21): 282-285.

苏祖荣. 2012. 生态文明视域下当代哲学的生态转向——基于自然生态系统的生态哲学与当代哲学比较分析. 北京林业大学学报(社会科学版), 11(2): 1-5.

孙新涛, 林乃铨. 2012. 外来有害生物风险分析的研究进展及其对我国的启示. 植物检疫, 26(3): 64-68.

唐卫星. 2008. 星头湖大头鲤与外来鲤鱼的杂交和基因渗透. 武汉: 中国科学院水生生物研究所博士学位论文.

田雪晨, 陈贤兴. 2014. 桉树对几种农作物和杂草的化感作用研究. 河南科学, 32(1): 33-36.

汪海艳. 2011. 生态哲学视野下的人与自然关系. 湖北成人教育学院学报, 17(6): 58-59.

汪劲. 2007. 抵御外来物种入侵：我国立法模式的合理选择——基于国际社会与外国法律规制模式的比较分析. 现代法学, 29(2): 24-31.

汪欣. 2011. 非物质文化遗产保护的文化生态论. 民间文化论坛, 30(1): 51-58.

王滨有. 2003. 病毒与健康. 北京: 化学工业出版社.

王冰, 瞿海明, 许亮, 等. 2008. 山扁豆的染色体核型分析. 中国野生植物资源, 27(6): 57-59.

王长永, 刘燕, 周骏, 等. 2007. 花粉介导的转 Bt 基因棉花田间基因流监测. 应用生态学报, 18(4): 801-806.

王春晴, 刘强, 李蕾. 2011. 植物化感作用研究动态. 安徽农业科学, 39(21): 12633-12636, 12640.

王东兰, 郭建英, 谢丙炎, 等. 2005. 紫茎泽兰 CYP75 基因 cDNA 片段的克隆与鉴定. 植物保护, 31(4): 65-69.

王芳. 2005. 健全和完善我国预防控制外来物种入侵的法律制度. 甘肃农业, 19(9): 63-64.

王丰, 郭继明, 郭灵云. 1993. 北美车前染色体核型研究. 植物学通报, 10(2): 57.

王丰年. 2005. 外来物种入侵的历史、影响及对策研究. 自然辩证法研究, 21(1): 77-81.

王光熙, 王啟勤. 1989. 凤眼莲的核型分析. 武汉大学学报, 60(4): 131-132.

王海波, 孙娟, 玉永雄. 2007. 生物入侵对生物多样性以及草地农业生态系统的影响. 草业科学, 24(1): 48-72.

王静, 黄正文, 王寻. 2012. 全球环境变化与生物入侵. 成都大学学报, 31(1): 29-34.

王立志. 2008. 分子水平上的适应进化. 安徽农业科学, 36(16): 6624-6625.

王勤龙, 李百炼. 2011. 生物入侵模型研究进展. 科技导报, 29(10): 71-79.

王社坤. 2008. 外来入侵物种防治立法比较研究. 比较法研究, 22(5): 57-69.

王思凯, 盛强, 储泰江, 等. 2013. 植物入侵对食物网的影响及其途径. 生物多样性, 21(3): 249-259.

王向东. 1993. 战争与疾病. 北京: 人民军医出版社.

王鑫. 2007. 假结核耶尔森菌研究进展. 中国人兽共患病学报, 23(10): 1041-1046.

王永强, 智慧, 李伟, 等. 2007. 狗尾草属野生近缘种的染色体鉴定. 植物遗传资源学报, 8(2): 159-164.

王峥峰, 彭少麟. 2003. 杂交产生的遗传危害——以植物为例. 生物多样性, 11(4): 333-339.

韦胜灵. 2014. 生物入侵对广西生态系统的影响及其防治对策. 中国农业信息, 26(23): 68-69.

魏国强, 赵岩, 沙豪, 等. 2011. 船舶压舱水的危害及压舱水处理技术的现状. 广东化工, 38(8): 71-73.

魏伟, 马克平. 2002. 如何面对基因流和基因污染. 中国农业科技导报, 4(4): 10-15.

魏秀清, 陈晓静. 2009. 紫果西番莲染色体制片方法比较及其核型分析. 福建农业学报, 24(4): 328-332.

闻玉梅. 1999. 微生物基因组研究进展及其意义. 中华微生物学和免疫学杂志, 19(4): 353-355.

吴爱忠, 陈德鑫. 1991. 奥勒岗黑麦草及其三个选系的染色体核型分析. 上海农学院学报, 9(4): 253-259.

吴虹, 包维楷, 王安, 等. 2004. 外来物种水葫芦的生态环境效应. 世界科技研究与发展, 26(2): 25-29.

吴诗光, 任雪平. 2001. 基因组信息学. 周口师范高等专科学校学报, 18(2): 48-50.

吴亚娟, 何兴金. 2012. 利用蚕豆根尖微核试验研究入侵植物胜红蓟的化感作用潜力. 植物保护, 38(1): 24-30.

吴勇. 2005. 我国防止外来物种入侵的法律制度构建. 甘肃政法学院学报, 20(81): 93-97.

武秀英. 2009. 文化生态位对提升民族文化的意义. 赤峰学院学报(自然科学版), 25(11): 126-129.

武映东, 郭澍民. 1987. 中药望江南的染色体组型. 西安医科大学学报, 8(4): 348-350.

武映东, 郭澍民. 1988. 中药决明的染色体组型. 西安医科大学学报, 9(1): 21-23.

席章营, 朱芬菊, 台国琴, 等. 2005. 作物 QTL 分析的原理与方法. 中国农学通报, 21(1): 88-92.

夏国军. 2014. 生物哲学整体论探析. 广东社会科学, 31(6): 62-69.

夏铭. 1999. 生物多样性研究进展. 东北农业大学学报, 30(1): 94-100.

夏婷婷, 况明生. 2008. 我国生物入侵与生态安全研究. 太原师范学院学报, 7(3): 143-148.

冼晓青, 陈宏, 赵健, 等. 2013. 中国外来入侵物种数据库简介. 植物保护, 39(5): 103-109.

向言词, 彭少麟, 周厚诚, 等. 2002. 外来种对生物多样性的影响及其控制. 广西植物, 22(5): 425-432.

肖勇, 杨耀东, 夏薇, 等. 2013. 多倍体在植物进化中的意义. 广东农业科学, 49(16): 127-130.

解焱. 2003. 外来物种入侵、危害及我国的对策研究. http://www.chinabiodiversity.com/shwdyx/ruq/ruq7.htm [2003-4-15].

谢玲. 2009. 应对外来物种入侵应优先构建公众参与机制. 经济与社会发展, 7(3): 86-90.

辛培尧, 尚勋武, 郭鸿彦, 等. 2008. 大麻染色体行为分析. 西北植物学报, 28(11): 2189-2193.

邢丁亮, 郝占庆. 2011. 最大熵原理及其在生态学研究中的应用. 生物多样性, 19(3): 295-302.

徐静. 2013. 民俗文化生态位及其涵化机理研究. 学术界, 185(10): 154-160.

徐汝梅, 叶万辉. 2003. 生物入侵理论与实践. 北京: 科学出版社.

徐正浩, 郭得平, 余柳青, 等. 2003. 水稻化感物质抑草作用机理的分子生物学研究. 应用生态学报, 14(5): 829-833.

许雅娟, 马颖. 2009. 压舱水的危害及其解决方法研究现状. 中国高新技术企业, 130(19): 28-30.

薛达彻, 彭羽, 胡涛. 2012. 中国生物入侵管理体制探讨. 环境保护, 40(1): 60-62.

严加林, 苏正川, 谭万忠, 等. 2014. 外来杂草黄顶菊 *Flaveria bidentis* 对 4 种重要作物的化感抑制效应测定. 西南师范大学学报(自然科学版), 39(1): 28-33.

颜爱民, 刘虎, 邢华伟. 2007. 生态位构建理论及其应用. 湖南农业大学学报(自然科学版), 33(3): 333-336.

杨昌凤, 涂传鹦. 1985. 快速制备蚕豆染色体标本的一种方法. 湖北农业科学, 6: 4, 18.

杨德奎. 2001. 矢车菊和大花金鸡菊的核型研究. 山东师范大学学报(自然科学版), 16(1): 75-78.

杨东娟, 朱慧. 2008. 入侵植物南美蟛蜞菊克隆繁殖特性初探. 安徽农业科学, 36(15): 6469-6470.

杨坤, 祝东海, 王卫民. 2013. 麦穗鱼鳍条组织培养及染色体 Ag-NORs 和 C-带研究. 南方水产科学, 9(3): 20-25.

杨丽娟, 梁乾隆, 何兴金. 2013. 入侵植物香丝草水浸提物对蚕豆和玉米根尖染色体行为的影响. 西北植物学报, 33(11): 2172-2183.

杨璞. 2008. 稻水象甲地理型孤雌生殖的研究. 杭州: 浙江大学博士学位论文.

杨绍华. 2011. 植物 QTL 研究进展. 中国农学通报, 27(3): 226-231.

杨威. 2006. 马克思主义生态理论对构建中国和谐生态观的指导. 社科纵横, 21(8): 16-17.

杨小红, 严建兵, 郑艳萍, 等. 2007. 植物数量性状关联分析研究进展. 作物学报, 33(4): 523-530.

杨宇晨, 李建芳, 郭无瑕, 等. 2014. 植物物种形成的模式与机制. 生命科学, 26(2): 138-143.

姚红, 张四明, 曾勇. 1994. 鲢染色体图象电脑自动核型分析. 中国水产科学, 1(2): 18-25.

叶冰莹, 齐秋贞, 邱文仁. 1995. 大瓶螺(*Ampullaria gigas* Spix)的核型分析. 福建师范大学学报(自然科学版), 11(1): 95-99.

尹佟明, 孙晔, 易能君, 等. 1998. 美洲黑杨无性系 AFLP 指纹分析. 植物学报, 40(8): 778-780.

余谋昌. 2001. 生态哲学: 可持续发展的哲学诠释. 中国人口·资源与环境, 11(3): 1-5.

余新忠. 2001. 清代江南瘟疫对人口之影响初探. 中国人口科学, 25(2): 36-43.

袁同凯. 2008. 人类、文化与环境——生态人类学的视角. 西北第二民族学院学报(哲学社会科学版), 83(5): 53-58.

臧连生, 刘树生, 刘银泉, 等. 2005. B 型烟粉虱与浙江非 B 型烟粉虱的竞争. 生物多样性, 13(3): 181-187.

曾北危. 2004. 生物入侵. 北京: 化学工业出版社.

曾志新, 罗军, 颜立红, 等. 1999. 生物多样性的评价指标和评价标准. 湖南林业科技, 26(2): 26-29.

詹长英. 2009. 我国防控外来物种入侵的立法思考. 湿地科学与管理, 5(4): 49-52.

詹秋文, 高丽, 张天真. 2006. 苏丹草与高粱染色体核型比较研究. 草业学报, 15(2): 100-106.

张彬彬, 张兰. 2007. 合欢核型的分析. 武汉植物学研究, 25(2): 203-204.

张博. 2005. 美国外来物种入侵相关法律对我国的启示. 黑龙江省政法管理干部学院院报, 12(4): 118-120.

张彩红. 2007. 华北落叶松与日本落叶松杂交试验. 山西林业科技, 36(2): 9-11.

张成忠, 钟金诚, 郭春华, 等. 1995. 海狸鼠染色体核型及带型的研究. 西南民族学院学报(自然科学版), 21(4): 409-413.

张桂花, 彭少麟, 李光义, 等. 2009. 外来入侵植物与地下生态系统相互影响的研究进展. 中国农学通报, 25(14): 246-251.

张慧如, 李本文, 范薇. 1985. 长沙地区美洲小蠊的染色体核型. 湖南医学院学报, 10(2): 137-139.

张继冲. 2006. 万寿菊雄性不育的形态学特征及染色体数目研究. 北京: 北京林业大学博士学位论文.

张家榕, 张宝俊, 薛金爱. 2008. 杂草基因组学研究进展及策略. 中国生态农业学报, 16(1): 245-251.

张嫔. 2012. 万寿菊属植物染色体核型分析及万寿菊基因psy遗传转化体系影响因素的研究. 上海: 上海交通大学博士学位论文.

张清, 杨永利, 张连城, 等. 2012. 外来树种在天津滨海地区的引进及在园林中的应用. 安徽农业科学, 40(20): 10465-10469.

张树义. 2003. 重大人类疾病病毒大多来自动物. http://www.sina.com.cn[2003-5-25].

张田, 李作洲, 刘亚令, 等. 2007. 猕猴桃属植物的cpSSR遗传多样性及其同域分布物种的杂交渐渗与同塑. 生物多样性, 15(1): 1-22.

张万灵, 肖宜安, 闫小红, 等. 2013. 模拟增温对入侵植物北美车前生长及繁殖投资的影响. 生态学杂志, 32(11): 2959-2965.

张为民. 2006. 四种紫花苜蓿的核型分析. 山西农业大学学报, 50(1): 73-76.

张炜银, 王伯荪, 廖文波, 等. 2002. 外域恶性杂草薇甘菊的研究进展. 应用生态学报, 13(12): 1684-1688.

张秀娟, 杨晨利. 2004. 转基因植物潜在的生物入侵问题. 河南科技大学学报(农学版), 24(1): 75.

张艳华, 季静, 王罡. 2003. 转基因植物与生物安全性. 作物杂志, 19(6): 4-6.

张宜辉, 王文卿. 2008. 入侵植物互花米草和红树植物的相对竞争能力. 第五届中国青年生态学工作者学术研讨会论文集, 广州.

张玉静. 2002. 分子遗传学. 北京: 科学出版社.

张赞平, 吴立宏, 康玉凡. 1993. 红三叶和白三叶草的核型分析. 中国草地, 25(3): 65-66, 76.

张志毅, 林善枝, 张德强, 等. 2002. 现代分子生物学技术在林木遗传改良中的应用. 北京林业大学学报, 24(5-6): 250-261.

张中信, 张小平, 邵剑文, 等. 2007. 加拿大一枝黄花入侵的细胞学机制. 激光生物学报, 16(5): 603-607.

赵绘宇. 2006. 论生态系统管理. 华东理工大学学报(社会科学版), 21(2): 77-81.

赵文阁, 殷建文, 金爱莲, 等. 1991. 麝鼠染色体组型初步研究. 野生动物, 13(3): 38-39.

郑景明, 马克平. 2006. 植物群落多样性与可入侵性关系研究进展. 应用生态学报, 17(7): 1338-1343.

郑翔, 滕忠才, 张旭, 等. 2012. 黄顶菊入侵初期的生长发育规律. 江苏农业科学, 40(8): 123-124.

郑轶琦, 刘建秀. 2009. 草坪草分子遗传图谱的构建与应用研究进展. 草业学报, 18(1): 155-162.

郑勇奇, 张川红. 2006. 外来树种生物入侵研究现状与进展. 林业科学, 42(11): 114-122.

周国理, 黄炯烈, 吴瑜, 等. 2000. 白纹伊蚊细胞色素P450CYP6N3基因分子进化机制初探. 广东寄生虫学会年报, 20(22): 4-10.

周国梁, 胡白石, 印丽萍. 2006a. 利用Monte-Carlo模拟再评估梨火疫病病菌随水果果实的入侵风险. 植物保护学报, 33(1): 47-50.

周国梁, 李尉民, 印丽萍, 等. 2006b. 有害生物风险分析工作的发展. 植物检疫, 20(3): 162-164.

周浩然, 徐明, 于秀波, 等. 2014. 生物适应性和表型可塑性理论研究进展. 西北农林科技大学学报(自然科学版), 42(4): 215-220.

周巧玲. 2012. 外来植物五爪金龙硝酸还原酶活性及其比较基因组学研究. 广州: 华南农业大学硕士学位论文.

朱丽, 马克平. 2010. 洲际入侵植物生态位稳定性研究进展. 生物多样性, 18(6): 547-558.

朱越雄, 曹广力. 1997. 克氏螯虾染色体研究. 水产养殖, 18(3): 12-13.

朱志红, 刘建秀, 王孝安. 2007. 克隆植物的表型可塑性与等级选择. 植物生态学报, 31(4): 588-598.

祝海燕, 罗双霞, 陈雪平, 等. 2013. 几种茄科蔬菜的核型分析和比较. 河北农业大学学报, 36(1): 22-24.

祖元刚, 沙伟. 1999. 三裂叶豚草和普通豚草的染色体核型研究. 植物研究, 19(1): 48-53.

左菁. 2004. 外来物种入侵及其法律防治对策. 经济法论坛, 2: 573-591.

Abernethy K. 1994. The establishment of a hybrid zone between red and sika deer(genus *Cervus*). Molecular Ecology, 3(6): 551-562.

Allana B F, Dutra H P, Goessling L S. 2010. Invasive honeysuckle eradication reduces tick-borne disease risk by altering host dynamics. Proc Natl Acad Sci USA, 107(43): 18523-18527.

Allendorf F W, Leary R F. 1986. Heterozygosity and fitness in natural populations of animals//Soule M E. ed. Conservation biology. Sunderlavel: Sinauer Associates: 57-76.

Anderson C E. 1974. A Review of Structure in Several North Carolina Salt Marsh Plants. New York: Academic Press.

Andow D A, Kareiva P M, Levin S A, et al. 1990. Spread of invading organisms. Landscape Ecol, 4(2-3): 177-188.

Anttila C K, King R A, Ferris C, et al. 2000. Reciprocal hybrid formation of Spartinain San Francisco Bay. Mol Ecol, 9: 765-770.

Araújo M B, Pearson R G, Thuiller W, et al. 2005. Validation of species–climate impact models under climate change. Global Change Biol, 11: 1504-1513.

Auld B A. 1970. Eupatorium weed species in Austrilia. PANS, 16: 82-86.

Awodiran M O, Awopetu J I, Akintoye M A. 2012. Cytogenetic study of four species of land snails of the family *Achatinidae* in south-western nigeria. IJS, 14(2): 233-235.

Bailey J P, Bímová K, Mandák B. 2007. The potential role of polyploidy and hybridisation in the further evolution of the highly invasive *Fallopia* taxa in Europe. Ecol Res, 22(6): 920-928.

Baker H G. 1965. The modes of origin of weeds//Baker H G, Stebbines G L. The genetics of colonizing species, New York: Academic Press: 147-168.

Baker H G. 1974. The evolution of weeds. Annu Rev of Ecol Syst, 5: 1-24.

Bartlett, A C, Rananavare H D. 1983. Karyotype and sperm of the red palm weevil (Coleoptera: Curculionidae). Ann Entomol Soc Am, 76(6): 1011-1013.

Barton N H. 1998. The effect of hitch-hiking on neutral genealogies. Genet Res, 72: 123-133.

Baum L E, Petrie T, Soules G, et al. 1970. A maximization technique occurring in the statistical analysis of probabilistic functions of markov chains. The Annals of Mathematical Statistics, 41: 164.

Bazzaz F A. 1996. Plants in changing environments: linking physiological, population, and community ecology. Cambridge: Cambridge University Press.

Beckstead J, Parker I M. 2003. Invasiveness of *Ammophila arenaria*: Release from soil-borne pathogens. Ecology, 84(11): 2824-2831.

Beiko R G, Harlow T J, Ragan M A. 2005. Highways of gene sharing in prokaryotes. Proc Natl Acad Sci USA, 102(40): 14332-14337.

Bertness M D. 1991. Zonation of *Spartina patens* and *Spartina alterniflora* in a New England salt marsh. Ecology, 72: 138-148.

Bonizzoni M, Zheng L, Gugliel C R, et al. 2001. Microsatellite analysis of med fly bioinfestations in California. Mol Ecol, 10(10): 2515-2524.

Bossdorf O, Arcuri D, Richards C L, et al. 2010. Experimental alteration of DNA methylation affects the phenotypic plasticity of ecologically relevant traits in *Arabidopsis thaliana*. Evol Ecol, 24: 541-553.

Botton A, Galla G, Conesa A, et al. 2008. Large-scale gene ontology analysis of plant transcriptome-derived sequences retrieved by AFLP technology. BMC Genomics, 9: 347.

Bradford J R, Needham C J, Tedder P, et al. 2010. GO-At: in silicoprediction of gene function in *Arabidopsis thaliana* by combining heterogeneous data. Plant J, 61: 713-721.

Bradley P M, Morris J T. 1991. The relative importance of ion exclusion, secretion and accumulation in *Spartina alterniflora* Loisel. J Exp Bot, 42: 1525-1532.

Bradshaw A D. 1965. Evolutionary significance of phenotypic plasticity in plants. Adv Genet, 13: 115-155.

Broennimann O, Treier U A, Müller-Schärer H, et al. 2007. Evidence of climatic niche shift during biological invasion. Ecol Lett, 10: 701-709.

Broman K W. 2001. Review of statistical methods for QTL mapping in experimental crosses. Lab Anim(NY), 30: 44-52.

Broman K W. 2003. Mapping quantitative trait loci in the case of a spike in the phenotype distribution. Genetics,

163: 1169-1175.

Budnik M, Cifuentes L, Brncic D. 1991. Quantitative analysis of genetic differentiation among European and Chilean strains of *Drosophila subobscura*. Heredity, 67(Pt 1): 29-33.

Bundock P C, Eliott F G, Ablett G, et al. 2009. Targeted single nucleotide polymorphism(SNP)discovery in a highly polyploid plant species using 454 sequencing. Plant Biotechnol J, 7: 347-354.

Cai X, Huang A, Xu S. 2011. Fast empirical Bayesian LASSO for multiple quantitative trait locus mapping. BMC Bioinformatics, 12: 211.

Carroll S P, Dingle H, Famula T H, et al. 2001. Genetic architecture if adaptive differentiation in evolving host race of the soapberry bug, *Jaderra haematoloma*. Genetica, 112: 257-272.

Case T J. 1990. Invasion resistance arises in strongly interacting species-rich model competition communities. Proc Natl Acad Sci USA, 87(24): 9610-9614.

Chang C F. 2002. Disease and its impact on politics, diplomacy, and the military, the case of small pox and the Manchus(1613-1795). J Hist Med All Sci, 57(2): 177.

Chao W S, Horvath D P, Anderson J V, et al. 2005. Potential model weeds to study genomics, ecology, and physiology in the 21st century. Weed Sci, 53(6): 929-937.

Charmet G, Balfourier F, Chatard V. 1996. Taxonomic relationships and interspecific hybridization in the genus *Lolium*(grasses). Genet Resour Crop Ev, 43(4): 319-327.

Chen C, Sleper D A, Johal G S. 1998. Comparative RFLP mapping of meadow and tall fescue. Theor Appl Genet, 97(1-2): 255-260.

Chen G Q, Guo S L, Li P Y. 2010. Applying DNA C-values to evaluate invasiveness of angiosperms: validity and limitation. Biol Invasions, 12(5): 1335-1348.

Chen J M, Chuzhanova N, Stenson P D, et al. 2005. Intrachromosomal serial replication slippage in trans gives rise to diverse genomic rearrangements involving inversions. Hum Mutat, 26(4): 362-373.

Chen X, Chen X X, Wan X W, et al. 2010. Water hyacinth (*Eichhornia crassipes*) waste as an adsorbent for phosphorus removal from swine wastewater. Bioresource Technol, 101: 9025-9030.

Chen H L, Li B, Hu J B, et al. 2007. Effects of Spartina alterniflora invasion on benthic nematode communities in the Yangtze Estuary. Mar Ecol Prog Ser, 336: 99-110.

Cheverud J, Routman E, JaquishC, et al. 1994. Quantitative and molecular-genetic variation in captive cotton-top tamarins(*Saguinus oedipus*). Conserv Biol, 8: 95-105.

Chevin L M, Billiard S, Hospital F. 2008. Hitchhiking Both Ways: effect of two interfering selective sweeps on linked neutral variation. Genetics, 180(1): 301-316. .

Chevin L M, Hospital F. 2008. Selective sweep at a quantitative trait locus in the presence of background genetic variation. Genetics, 180(3): 1645-1660.

Choi C S, Sano H. 2007. Abiotic-stress induces demethylation and transcriptional activation of a gene encoding a glycerophosphodiesterase-like protein in tobacco plants. Mol Genet Genomics, 277: 589-600.

Chong S, Whitelaw E. 2004. Epigenetic germline inheritance. Curr Opin Genet Dev, 14: 692-696.

Choudhury R C, Mohapatra I T U. 1999. Chromosomes of a pestiferous land snail, *Achatina* (*Lissachatina*) *fulica fulica* (Bowdich) (Achatinidae: Pulmonata: Gastropoda). Caryologia, 44(2): 201-208.

Cody M L, Overton J M. 1996. Short-term evolution of reduced dispersal in island plant populations. J Ecol, 84(1): 53-61.

Conley A, Watling J I, Orrock J L. 2011. Invasive plant alters ability to predict disease vector distribution. Ecol Appl, 21(2): 329-334.

Cortizos C. 1996. Identification of poplar and willow clones using RAPD markers. Proceedings of the 20th Session of the International Poplar Commission, Budapest, Hungry, 355-358.

Costanza R, d'Arge R, de Groot R, et al. 1997. The value of the world's ecosystem services and natural capital. Nature, 387: 253-260.

Costello C, McAusland C. 2003. Protectionism, trade, and measures of damage from exotic species introductions. Am J Agr Econ, 85(4): 964-975.

Cota J H, Philbrick C T. 1994. Chromosome-number variation and polyploidy in the genus *echinocereus* (cactaceae). Am J Bot, 81(8): 1054-1062.

Crutsinger G M, Collins M D, Foedyce J A, et al. 2006. Plant genotypic diversity predicts community structure and governs an ecosystem process. Science, 313(5789): 966-968.

Dalmazzone S. 2000. Economic factors affecting vulnerability to biological invasion. In Perrings, Charles, Mark Williamson, et al. The economics of biological invasions. Cheltenham UK: Edward Elgar: 17-30.

Davis H G, Taylor C M, Civille J C, et al. 2004. An Allee effect at the front of a plant invasion: Spartina in a Pacific estuary. J Ecol, 92: 321-327.

Dicke M. 2004. Ecogenomics benefits community. Ecology, 305(5684): 618-619.

Dlugosch K M, Lai Z, Bonin A, et al. 2013. Allele identification for transcriptome-based population genomics in the invasive plant *Centaurea solstitialis*. Genes Genom Genet, 3(2): 359-367.

Duggan I C, Rixon C A M, MacIsaac H J. 2006. Popularity and propagule pressure: determinants of introduction and establishment of aquarium fish. Biol Invasions, 8(2): 377-382 .

Ehrenfeld J G. 2003. Effects of exotic plant invasions on soil nutrient cycling processes. Ecosystems, 6(6): 503-523.

Eliane M D Maffei, Marin-Morales M A, Ruas P M, et al. 1999. Chromosomal Polymorphism in 12 populations of *Mikania micrantha*(Composite). Genet Biol. 22(3): 433-444.

Elton C S. 1958. The Ecology of invasions by animals and plant. Springer Netherlands.

Eppinga M B, Rietkerk M, Dekker S C, et al. 2006. Accumulation of local pathogens: a new hypothesis to explain exotic plant invasions. Oikos, 114(1): 168-176.

Fang M. 2010. Bayesian shrinkage mapping of quantitative trait loci in variance component models. BMC Genetics, 11: 30.

Feldman M, Levy A A. 2009. Genome evolution in allopolyploid wheat—a revolutionary reprogramming followed by gradual changes. JGG, 36: 511-518.

Felsenstein J. 1974. The evolutionary advantage of recombination. Genetics, 78: 737-756.

Feng Y L, Li Y P, Wang R F, et al. 2011. A quicker return energy-use strategy by populations of a subtropical invader in the non-native range: a potential mechanism for the evolution of increased competitive ability. J Ecol, 99(5): 1116-1123.

Frank D A, McNaughton S J. 1991. Stability increase with diversity in plant communities: emprical evidence from the 1988 Yellow stone drought. Oikos, 62: 360-362.

Friesen M L, von Wettberg E J. 2010. Adapting genomics to study the evolution and ecology of agricultural systems. Curr Opin Plant Biol, 13: 119-125.

Gao H, Fang M, Liu J, et al. 2009. Bayesian shrinkage mapping for multiple QTL in half-sib families. Heredity, 103(5): 368-376.

Gao L X, Geng Y P, Li B, et al. 2010. Genome-wide DNA methylation alterations of *Alternanthera philoxeroides* in natural and manipulated habitats: Implications for epigenetic regulation of rapid responses to environmental fluctuation and phenotypic variation. Plant Cell Environ, 33(11): 1820-1827.

Georgeo S, Mathew V, Mathew P M. 1989. Cytology of a few South Indian *Eupartorieae*(Compositae). Glimpses of Cytogenetics in India, 2: 293-298.

Ghalambor C K, McKay J K, Carroll S P, et al. 2007. Adaptive versus non-adaptive phenotypic plasticity and the potential for contemporary adaptation in new environments. Funct Ecol, 21: 394-407.

Ghosh R B. 1974. A contribution to the embryology of Eupatorium odoratum Linn. Together with a discussion of its interrelationships. Broteria Cienc Nat, 43(70): 103-118.

Gill L S, Omoigui D J. 1992. Chromosome numbers in some *Nigerian Compositae*. Compositae Newsletter, 20(21): 12-15.

Gleason, Henry A. 1922. On the Relation between Species and Area. Ecology, 3(2): 158-162.

Gobler C J, Berry D L, Dyhrmann S T, et al. 2011. Niche of harmful alga *Aureococcus anophagefferens* revealed through ecogenomics. Proc Natl Acad Sci USA, 108(11): 4352-4357.

Goodman P J, Braybrooks E M, Marchant C J, et al. 1969. *Spartina×townsendii*, H. & W. Groves sensu lato. Biological flora of the British Isles. J Ecol, 49: 298-313.

Gosh R B. 1961. Chromsome number of some flowering plants. Curr Sci, 30(1): 27-73.

Grashoff J L, Bierner M W, Northington D K. 1972. Chromosome numbers in North and Central American compositae. Brittonia, 24(4): 379-394.

Green E D. 2001. Strategies for the systematic sequencing of complex genomes. Nat Rev Genet, 2(8): 573-583.

Grosholz E. 2002. Ecological and evolutionary consequences of coastal invasions. Trends Ecol Evol, 17: 22-27.

Gu X Y, Kianian S F, Foley M E. 2004. Multiple loci and epistases control genetic variation for seed dormancy in weedy rice (*Oryza sativa*). Genetics, 166: 1503-1516.

Gu X Y, Kianian S F, Foley M E. 2005. Seed dormancy imposed by covering tissues interrelates to shattering and seed morphological characteristics in weedy rice. Crop Sci, 45: 948-955.

Haley C S, Knott S A. 1992. A simple regression method for mapping quantitative trait loci in line crosses using flanking markers. Heredity, 69: 315-324.

Hardesty D L. 1986. Rethinking cultural adaptation. Professional Geographer, 38(1): 11-18.

Hegarty M J, Hiscock S J . 2008. Genomic clues to the evolutionary success of review polyploid plants. Curr Biol, 18: R435-R444.

Henderson R, Jacobsen S E. 2007. Epigenetic inheritance in plants. Nature, 447: 418-424.

Henery M L, Bowman G, Mráz P, et al. 2010. Evidence for a combination of pre-adapted traits and rapid adaptive change in the invasive plant *Centaurea stoebe*. J Ecol, 98: 800-813.

Hermisson J, Pennings P S. 2005. Soft sweeps: molecular population genetics of adaptation from standing genetic variation. Genetics, 169(4): 2335-2352.

Hobbs R J. 1989. The nature and effects of disturbance relative to i nvasions//Drake J A, Mooney H A, di Castri F. Biological Invasions: a Global Perspective. New York: John Wiley and Sons Inc: 389-405.

Hobbs R L, Atkins L. 1988. Effects of disturbance and nutrient addition on native and introduced annual in plant communities in western Australian wheat-belt. Austra J Ecol, 13: 171-179.

Holland B S. 2001. Invasion without a bottleneck: Microsatellite variation in natural and invasive populations of the brown mussel *Perna perna* (*L*). Mar Biotechnol (NY), 3(5): 407-415.

Hu F Y, Tao D Y, Sacks E, et al. 2003. Convergent evolution of perenniality in rice and sorghum. Proc Natl Acad Sci USA, 100: 4050-4054.

Huenneke L F, Hamburg S P, Koide R, et al. 1990. Effects of soil resources on plant invasion and community structure in Californian serpentine grassland. Ecology, 72: 478-491.

Huey R B, Gilchrist G W, Carlson M L, et al. 2001. Rapid evolution of a geographic cline in size in an introduced fly. Science, 287(5451): 308-309.

Huxel G R. 1999. Rapid displacement of native species by invasive species: Effects of hybridization. Biol Conserv, 89: 143-152.

Huxman T E, Hamerlynck E P, Jordan D N, et al. 1998. The effects of parental CO_2 environment on seed quality and subsequent seedling performance in *Bromus rubens*. Oecologia, 114(2): 202-208.

Jansen R C. 1993. Interval mapping of multiple quantitative trait loci. Genetics, 135: 205-211.

Jaynes E T. 1957a. Information theory and statistical mechanics. Ⅰ. Phys Rev, 106(4): 620-630.

Jaynes E T. 1957b. Information theory and statistical mechanics. Ⅱ. Phys Rev, 108(2): 171-190.

Jaynes E T. 2003. Probability Theory: The Logic of Science. Cambridge: Cambridge University Press.

Jensen J. 1989. Estimation of recombination parameters between a quantitative trait locus (QTL) and two marker gene loci. Theor Appl Genet, 78: 613-618.

Jirtle R L, Skinner M K. 2007. Environmental epigenomics and disease susceptibility. Nat Rev Genet, 8(4): 253-262.

John B, Lewis K R. 1960. Chromosome structure in Periplaneta ameri*cana*. Heredity, 15(1): 47-54.

Johnson M T, Lajeunesse M J, Agrawal A A. 2006. Additive and interactive effects of plant genotypic diversity on arthropod communities and plant fitness. Ecol Lett, 9(1): 24-34.

Kalisz S, Purugganan M D. 2004. Epialleles via DNA methylation: consequences for plant evolution. Trends Ecol Evol, 19(6): 309-314.

Kane N C, Rieseberg L H. 2008. Genetics and evolution of weedy *Helianthus annuus* populations: adaptation of an agricultural weed. Mol Ecol, 17(1): 384-394.

Keil D J, Ludkow M A, Pinkava D J. 1988. Chromosome studies in *Asteraceae* from the United states, Mexico, the west Indies, and south America. Am J Bot, 75(5): 652-668.

Khonglan A, Singh A. 1980. Cytological studies on the weed species of *Eupatorium* found in Meghalaya. Proc Indian Sci Congr Assoc (Ⅲ, C), 67: 55.

Kilpatrick A M. 2011. Globalization, land use, and the invasion of west Nile virus. Science, 334(6054): 323-327.

King R M, Kyhos D W, Powell A M, et al. 1976. Chromosome numbers in Compositae. XⅢ *Eupatorieae*. Ann Mo Bot Gard, 63(3): 862-888.

Knapp S J, Bridges W C. 1990. Using molecular markers to estimate quantitative trait locus parameters: power and genetic variances for unreplicated and replicated progeny. Genetics, 126: 769-777.

Knott S A, Elsen J M, Haley C S. 1996. Methods for multiple-marker mapping of quantitative trait loci in half-sib popula -tions. Theor Appl Genet, 93: 71-80.

Kowarik I. 1990. Some responses of flora and vegetation to urbanization in Central Europe//Sukopp H, Mejny S, Kowarik I. Urban ecology: plants and plant communities in urban environments. The Hague: SPB Academic Publishing: 45-74.

Krishnaja A P, Rege M S. 1983. A cytogenetic study on the *Gambusia offinis* population from India. Cytologia, 48(1): 47-49.

Kubátová B, Trávnícek P, Bastlová D, et al. 2008. DNA ploidy level variation in native and invasive populations of *Lythrum salicaria* at a large geographical scale. J Biogeogra, 35(1): 167-176.

Kuhner M K, Yamato J, Felsenstein J. 1995. Estimating effective population size and mutation rate from sequence data using Metropolis-Hastings sampling. Genetics, 140: 1421-1430.

Lai Z, Kane N C, Zou Y, et al. 2008. Natural variation in gene expression between wild and weedy populations of *Helianthus annuus*. Genetics, 179: 1881-1890.

Laland K N, Odling-Smee F J, Feldman M W. 1999. Evolutionary consequences of niche construction and their implications for ecology. Proc Natl Acad Sci USA, 246: 10242-10247.

Laland K N, Odling-Smee J, Feldman M W. 2000. Niche construction, biological evolution, and cultural change. Behav Brain Sci, 23(1): 131-146.

Lander E S, Botstein D. 1989. Mapping mendelian factors underlying quantitative traits using RFLP linkage maps. Genetics, 121(1): 185-199.

Las Peñas M L, Bernardello G, Kiesling R. 2008. Karyotypes and fluorescent chromosome banding in *Pyrrhocactus*(Cactaceae). Pl Syst Evol, 272(1-4): 211-222.

Lavergne S, Muenke N J, Molofsky J. 2010. Genome size reduction can trigger rapid phenotypic evolution in invasive plants. Ann Bot, 105: 109-116.

Law R, Morton R D. 1996. Permanence and the assembly of ecological communities. Ecology, 77: 762-775.

Lee R M, Tranel P J. 2008. Utilization of DNA microarrays in weed science research. Weed Sci, 56(2): 283-289.

Leger E A, Espeland E K, Merrill K R, et al. 2009. Genetic variation and local adaptation at a cheatgrass(*Bromus tectorum*)invasion edge in western Nevada. Mol Ecol, 18(21): 4366-4379.

Lempinen E W. 2012. On great plains, juniper invasion signals prairies in distress. Science, 336(6080): 432.

Li B, Liao C Z, Zhang X D, et al. 2009. *Spartina alterniflora* invasions in the Yangtze River estuary, China: an overview of current status and ecosystem effects. Ecol Eng, 35: 511-520.

Li H, Deng H. 2010. Systems genetics, bioinformatics and eQTL mapping. Genetica, 138(9-10): 915-924.

Li H, Zhang P. 2012. Systems genetics: challenges and developing strategies. Biologia, 67(3): 435-446.

Li H. 2013. Systems genetics in "-omics" era: current and future development. Theor Biosci, 132(1): 1-16.

Li Hong. 2002. A correlation method for mapping quantitative trait loci using flanking markers in F_2 population with male uncrossover. Life Sci Res, 6(2): 123-128.

Li Hong. 2007. Precision analysis on QTL mapping of the correlation method in BC population using flanking markers of diferent linkage models. J Biomath, 22(4): 605-612.

Li Y F, Costello J C, Holloway A K, et al. 2008. "Reverse ecology" and the power of population genomics. Evolution, 62: 2984-2994.

Litchman E. 2010. Invisible invaders: Non-pathogenic invasive microbes in aquatic and terrestrial ecosystems. Ecol Lett, 13(12): 1560-1572.

Liu J, Liu Y, Liu X, et al. 2007. Bayesian mapping of quantitative trait loci for multiple complex traits with the use of variance components. Am J Hum Genet, 81(2): 304-320.

Liu X, Rohr J R, Li Y. 2013. Climate, vegetation, introduced hosts and trade shape a global wildlife pandemic. Proc R Soc B-Biol Sci, 280(1753): 1-8.

Lockwood J L, Cassey P, Blackburn T. 2005. The role of propagule pressure in explaining species invasions. Trends Ecol Evol, 20(5): 223-228.

Lohrer A M. 2001. A framework for empirical research on alien species. Proc Int Conf Mar Bioinvasions, 2: 88-91.

Lonsdale W M. 1999. Global patterns of plant invasions and the concept of invisiblility. Ecology, 80: 1522-1536.

Losos J B, Warheit K I, Schoener T W. 1997. Adaptive differentiation following experimental island colonization in *Anolis lizards*. Nature, 387(6628): 70-73.

Lu G Y, Wu X M, Chen B Y, et al. 2007. Evaluation of genetic and epigenetic modification in rapeseed(*Brassica napus*)induced by salt stress. J Integr Plant Biol, 49: 1599-1607.

MacArthur R H. 1955. Fluctuations of animal populations and a measure of community stabilituy. Ecology, 36: 533-536.

Magurran A E. 1988. Ecological diversity and its measurement. Princeton: Princeton University Press: 61-72.

Marambe B, Amarasinghe L, Dissanayake S, et al. 2001. Invasive behaviour of *Mimosa pigra* L. in Sri Lanka. In Gunasena H P M. Invasive alien Species in Sri Lanka: Impact of Ecosystems and Management. National Agricultural Society of Sri Lanka, Peradeniya, Sri Lanka.

Marchant C J. 1968. Evolution in *Spartina* (Gramineae). II . Chromosomes, basic relationships and the problem of *S.* × *townsendii* agg. J Linn SOC (Bot), 60: 381-405.

Mardis E R. 2008. The impact of next-generation sequencing technology on genetics. Trends Genet, 24: 133-141.

Margalef D R. 1951. Diversidad de Especies en las comunidades naturales. Proceeding Inst Biol Apl, 95(5): 5-27.

Margalef D R. 1958. Information Theory in ecology. General systems, 1958, 3: 36-71.

Martin P S, Klein R G. 1984. Quaternary extinction. Tucson AZ: University of Arizona Press.

Martinez Q, Curnow R N. 1992. Estimating the locations and the sizes of the effects of quantitative trait loci using flanking markers. Theor Appl Genet, 85: 480-488.

Martinez-Ghersa M A, Ghersa C M. 2006. The relationship of propagule pressure to invasion potential in plants. Euphytica, 148: 87-96.

Mathew A, Mathew P M. 1988. Cytogenetical studies on the south Indian Compositae. Glimpses in Plant Research, 8(1): 1-177.

Mathew T, Mathew A. 1983. Studies on the south Indian Compositae V. Cytotaxonomic consideration of the tribes *Vemonieae* and *Eupatorieae*. Cytologia, 48(3): 679-690.

Maynard Smith J, Haigh J. 1974. The hitch-hiking effect of a favorable gene. Genet Res, 23: 23-35.

Mehra P N, Remanandan P. 1969. IOPB chromosome number reports X X II . Taxon, 18: 433-442.

Mehra P N, Remanandan P. 1975. Cytological investigation on Indian Compositae. Tribes *Senecioneae, Eupatorie, Vernonieas,* and *Inuleae.* The Nucleus, 18(1): 6-19.

Mendelssohn I A, McKee K L, Patrick J W H. 1981. Oxygen deficiency in *Spartina alterniflora* roots: metabolic adaptation to anoxia. Science, 214: 439-441.

Mendelssohn I A, Postek M T. 1982. Elemental analysis of deposits on the roots of *Spartina alterniflora* Loisel. Am J Bot, 22: 904-912.

Mendelssohn I A, Mckee K L. 1988. *Spartina alterniflora* die-back in Louisiana-time-course investigation of soil waterlogging effects. J Ecol, 76: 509-521.

Mobberley D G. 1956. Taxonomy and distribution of the genus *Spartina*. Iowa State College Journal of Science, 30: 471- 574.

Molinier J, Ries G, Zipfel C, et al. 2006. Transgeneration memory of stress in plants. Nature, 442(7106): 1046-1049.

Mooney H A, Hobbs R J. 2000. Invasive Species in a Changing World. Washington, DC: Island Press.

Moreno-Gonzalez J. 1992. Estimates of marker-associated QTL effects in Monte Carlo backcross generations using multiple regression. Theor App Genet, 85(4): 423-434.

Morris J T. 1980. The nitrogen uptake kinetics of *Spartina alterniflora* in culture. Ecology, 61: 1114-1121.

Nirmala A, Rao P N. 1984. In chromosome number reports IX X . Taxon, 30(1): 78.

Nirmala A, Rao P N. 1984. Karyotype studies in *Asteraceae*. Cell and Chromosome Research, 7(1): 26-28.

Nirmala A, Rao P N. 1989. Karyotype studies in some *Asteraceae*. Cell and Chromosome Research, 12(1): 17-18.

Nissen S J, Masters R A, Lee D J, et al. 1995. DNA-based marker systems to determine genetic diversity of weedy species and their application to biocontrol. Weed Sci, 43: 504-513.

Osterlund M T, Paterson A H. 2002. Applied plant genomics: the secret is integration. Curr Opin Plant Biol, 5(2): 141-145.

Park T, Casella G. 2008. The Bayesian Lasso. J Am Stat Assoc, 103(482): 681-686.

Parker I M, Haubensak K A. 2002. Comparative pollinator limitation of two non-native shrubs: do mutualisms Influence invasion. Oecololgia, 130(2): 250-258.

Partridge T R. 1987. *Spartina* in New Zealand. New Zeal J Bot, 25: 567-575.

Pascual S, Callejas C. 2004. Intra and interspecific competition between biotypes B and Q of *Bemisia tabaci*. Bulletin of Entomol Res, 94: 369-375.

Paterson A　H, Schertz K　F, Lin Y　R, et al. 1995. The weediness of wild plants: Molecular analysis of genes influencing dispersal and persistence of johnsongrass, *Sorghum halepense*(L.)Pers. Proc Natl Acad Sci USA, 92: 627-631.

Pedrosa A, Gitai J, Silva AEB, et al. 1999. Citogenética de angiospermas coletadas em Pernambuco-V. Acta Botanica Brasilica, 13(1): 49-60.

Pegueroles G, Papaceit M, Quintana A, et al. 1995. An experimental study of evolution in progress—Clines for quantitative traits in colonizing and Palearctic populations of *Drosophila*. Evol Ecol, 9(4): 453-465.

Pester T A, Ward S M, Fenwick A L, et al. 2003. Genetic diversity of jointed goatgrass(*Aegilops cylindrica*)determined with RAPD and AFLP markers. Weed Sci, 51: 287-293.

Phillips S J, Anderson R P, Schapire R E. 2006. Maximum entropy modelling of species geographic distributions. Ecological Modelling, 190(3-4): 231-259.

Pigliucci M, Hayden K. 2001. Phenotypic plasticity is the major determinant of changes in phenotypic integration in *Arabidopsis*. New Phytologist, 152: 419-430.

Pigliucci M. 2001. Phenotypic Plasticity: Beyond Nature and Nurture. Baltimore and London: The Johns Hopkings University Press.

Pigliucci M. 1996. How organisms respond to environmental changes: From phenotypes to molecules(and *vice versa*). Trends in Ecology and Evolution, 11(4): 168-173.

Post W M, Pimm S L. 1983. Community assembly and food web stability. Mathem Biosci, 64: 169-192.

Post W M, Pimm S L. 1984. The complexity and stability of ecosystems. Nature, 307(26): 321-326.

Powell A M, King R M. 1969. Chromosome number in the Compositae Colombian species. Am J Bot, 56(1): 110-121.

Pray L A. 2004. Epigenetics: genome, meet your environment. The Scientist, 18(13): 14-20.

Prentis P J, Wilson J R U, Dormontt E E, et al. 2008. Adaptive evolution in invasive species. Trends in Plant Science, 13(6): 288-294.

Rejmanek M. 1996. A theory of seed plant invasiveness: the first sketch. Biol Conserv, 78: 171-181.

Renny-Byfield S, Ainouche M, Leitch I J, et al. 2010. Flow cytometry and GISH reveal mixed ploidy populations and *Spartina* nonaploids with genomes of *S. alterniflora* and *S. maritima* origin. Ann Bot, 105(4): 527-533.

Richards E J. 2006. Inherited epigenetic variation—revisiting soft inheritance. Nat Rev Genet, 7(5): 395-401.

Richardson D M, Allsopp A, D'Antonio C M, et al. 2000. Plant invasions: the role of mutalisms. Biol Rev, 75: 65-93.

Rieseberg L H, Swensen S M. 1996. Conservation genetics of endangered island plants. In: Avice J C and Hamrick J L. Conservation Genetics: Case Histories from Nature. New York: Chapman & Hall.

Riggs S R. 1992. Distribution of *Spartina alterniflora* in Padilla Bay, Washington, in 1991. Padilla Bay National Estuarine Research Reserve Technical Report 3, Washington State Department of Ecology, Mount Vernon, Washington.

Robinson J V, Valentine W D. 1979. The concepts of elasticity invulnerability and invasibility. J Theor Biol, 81(1): 91-104.

Rowe M L, Lee D J, Nissen S J, et al. 1997. Genetic variation in North American leafy spurge(*Euphorbia esula*)determined by DNA markers. Weed Sci, 45: 446-454.

Salmon A, Ainouche M L, Wendel J F. 2005. Genetic and epigenetic consequences of recent hybridization and polyploidy in *Spartina* (Poaceae). Mol Ecol, 14: 1163-1175.

Salvadori S, Coluccia E, Deidda F, et al. 2012. Comparative cytogenetics in four species of *Palinuridae*: B chromosomes, ribosomal genes and telomeric sequences. Genetica, 140(10-12): 429-437.

Sanchez N, Grau J M, Manzanera J A, et al. 1998. RAPD markers for the identification of Populus. Silvae Genet, 47(2-3): 67-70.

Scheffer T H. 1945. The introduction of *Spartina alterniflora* to Washington with oyster culture. Leaflets of Western Botany, 4: 163-164.

Scheiner S M. 1993. Genetics and evolution of phenotypic plasticity. Annu Rev Ecol Syst, 24: 35-68.

Schlaepfer D R, Edwards P J, Semple J C, et al. 2008. Cytogeography of *Solidago gigantean*(Asteraceae)and its invasive ploidy level. J Biogeogr, 35(11): 2119-2127.

Schlichting C D, Pigliucci M. 1998. Phenotypic evolution: a reaction norm perspective. Sunderland: Sinauer Press.

Shea K, Chesson P. 2002. Community ecology theory as a framework for biological invasions. Trends Ecol Evol, 17(4): 170-176.

Shukur A, Narayan K N, Shantamma C. 1977. IOPB chromosome number reports IV. Taxon, 26: 107-109.

Sillanpää M J, Arjas E. 1998. Bayesian mapping of multiple quantitative trait loci from incomplete inbred line cross data. Genetics, 148(3): 1373-1388.

Smart R M. 1982. Distribution and environmental control of productivity and growth form of *Spartina alterniflora*(Loisel.)//Sen D N, Rajpurohit K S. Tasks for vegetation science. The Hague: Dr W. Junk Publishers. 2: 127-142.

Soltis D E, Soltis P S. 1989. Genetic consequences of autopolyploidy in *Tolmiea* (*Saxifragaceae*). Evolution, 43(3): 586-594.

Stephan W, Wiehe T H E, Lenz M W. 1992. The effect of strongly selected substitutions on neutral polymorphism: analytical results based on diffusion theory. Theor Popul Biol, 41: 237-254.

Stephens D A, Fisch R D. 1998. Bayesian analysis of quantitative trait locus data using reservible jump Markov chain Monte Carlo. Biometrics, 54(4): 1334-1347.

Stewart C N, Tranel P J, Horvath D P, et al. 2009. Evolution of weediness and invasiveness: charting the course for weed genomics. Weed Sci, 57(5): 451-462.

Stinson K A, Campbell S A, Powell J R. 2006. Invasive plant suppresses the growth of native tree seedlings by disrupting below ground mutualisms. Plos Biol, 4(5): e140.

Stohlgren T J, Otsuki Y, Villa C A, et al. 2001. Patterns of plant invasions: a case example in native species hotspots rare habitats. Biol Invasions, 3: 37-50.

Strong D R. 1979. Biogeographics dynamics of insect host plant communities. Ann Rev Entomol, 24(1): 89-119.

Subramanyam K, Kamble N P. 1971. IOPB chromosome number reports XXXI. Taxon, 20: 157-160.

Sultan S E. 1995. Phenotypic plasticity and plant adaptation. Acta Botanica Neerlandica, 44: 363-383.

Sun W, Ibrahim J G, Zou F. 2010. Genomewide multiple-loci mapping in experimental crosses by iterative adaptive penalized regression. Genetics, 185: 349-359.

Sutherst R W, Maywald G F, Bottomly W. 1990. From Climax to Pesky, a generic expert system for pest risk assessment. Bull OEPP, 21(3): 595-608.

Swets J A. 1988. Measuring the accuracy of diagnostic systems. Science, 240: 1285-1293.

Takenouchi Y. 1978. A chromosome study of the parthenogenetic rice water weevil, *Lissorhoptrus oryzophilus* Kuschel(Coleoptera: Curculionidae), in Japan. Cellular and Molecular Life Sciences CMLS, 34(4): 444-445.

Thompson J D. 1991. The biology of aninvasive plant: what makes Spartina anglica so successful? BioScience, 41: 393-401.

Thompson, J. N. 1998. Rapid evolution as an ecological process. Tree, 13(8): 329-332.

Tilman D, Wedin D, Knops J. 1996. Productivity and sustainability influenced by biodiversity in grass land ecosystems. Nature, 379: 718-720.

Treier U A, Broennimann O, Normand S, et al. 2009. Shift in cytotype frequency and niche space in the invasive plant *Centaurea maculosa*. Ecology, 90: 1366-1377.

Tsutsui N D, Suarez A V, Holway D A. 2001. Relationships among native and introduced populations of the Argentine ant (*Linepithema humile*) and the source of introduced populations. Mol Ecol, 10(9): 2151-2161.

Ungar I A. 1991. Ecophysiology of vascular halophytes. Boca Raton: CRC Press.

Urano K, Kurihara Y, Seki M, et al. 2010. 'Omics' analyses of regulatory networks in plant abiotic stress responses. Curr Opin Plant Biol, 13: 132-138.

Van der Putten W H, Kowalchuk G A, Brinkman E P, et al. 2007. Soil feedback of exotic savanna grass relates to pathogen absence and mycorrhizal selectivity. Ecology, 88(4): 978-988.

Varshney R K, Nayak S N, Gregory D, et al. 2009. Next-generation sequencing technologies and their implications for crop genetics and breeding. Trends Biotechnol, 27: 522-530.

Vera J C, Nayak S N, May G D, et al. 2008. Rapid transcriptome characterization for a nonmodel organism using 454 pyrosequencing. Mol Ecol, 17: 1636-1647.

Via S. 1993. Adaptive phenotypic plasticity-target of by-product of selection in a variable environment. Am Nat, 142(2): 352-365.

Vila M, Espinar J L, Hejda M, et al. 2011. Ecological impacts of invasive alien plants: A meta-analysis of their effects on species, communities and ecosystems. Ecol Lett, 14(7): 702-708.

Vila M, Pujadas J. 2001. Landuse and socio-economic correlates of plant invasions in European and North African countries. Biol Conserv, 100(3): 397-401.

Vogelsang K M, Bever J D, Griswold M, et al. 2004. The use of *mycorrhizal* fungi in erosion control applications. Final Report for Caltrans. Sacramento: California Department of Transportation Contract No. 65A0070, 150.

von Brand E, Yokosawa T, Fujio Y. 1990. Chromosome analysis of apple snail *Pomacae canaliculata*. Tohoku J Agri Res, 40(3-4): 81-85.

Wang J, Grace J K. 1999. Chromosome number in *Coptotermes formosanus* (Isoptera: Rhinotermitidae). Sociobiology, 33(3): 289-294.

Wang Q, Wang C H, Zhao B, et al. 2006. Effects of growing conditions on the growth of and interactions between salt marsh plants: implications for invasibility of habitats. Biol Invasions, 8: 1547-1560.

Wang Y, Siemann E, Wheeler G S, et al. 2012. Genetic variation in anti-herbivore chemical defences in an invasive plant. J Ecol, 100: 894-904.

Wang H, Zhang Y M, Li X, et al. 2005. Bayesian shrinkage estimation of quantitative trait loci parameters. Genetics, 170(1): 465-480.

Wang J Q, Zhang X Q, Nie M, et al. 2008. Exotic Spartina alterniflora provides compatible habitats for native estuarine crab *Sesarma dehaani* in the Yangtze River Estuary. Ecol Eng, 34: 57-64.

Ward S M, Reid S D, Harrington J, et al. 2008. Genetic variation in invasive populations of yellow toadflax (*Linaria vulgaris*) in the western United States. Weed Sci, 56: 394-399.

Webb S L, Kaunzinger C K. 1993. Biological invasion of the Drew University (New Jersey) forest preserve by Norway Maple (*Acer platanoids* L.). Bulletin of the Torrey Botanical Club, 120: 343-349.

Welch L R. 2003. Hidden markov models and the Baum-Welch algorithm. IEEE Information Theory Society Newsletter, 53(4): 1, 10-13.

Weltzien. 1972. Geophytopathology. Annu Rev Phytopathol, 10: 277-298.

Whittaker R H. 1972. Evolution and its measurement of species diversity. Taxon, 21: 213-251.

Williamson M. 1996. Biological Invasions. London: Chapman & Hall: 244.

Wolf D E, Takebayashi N, Riesenberg L H. 2001. Predicting the risk of extinction through hybridization. Conserv Biol, 15: 1039-1053.

Wolfe B E, Klironomos J N. 2005. Breaking new ground: Soil communities and exotic plant invasion. Bioscience, 55: 477-487.

Wright J T, Gribben P E, Byers J E. 2012. Invasive ecosystem engineer selects for different phenotypes of an associated native species. Ecology, 93(6): 1262-1268.

Wu J. 1997. Halophyte Salt Tolerance Mechanisms: An investigation of the role of plasma membrane lipid composition and proton-ATPase salinity responses of *Spartina* species. Ph. D. Dissertation. Lewes, Delaware: University of Delaware.

Wu Y T, Wang C H, Zhang X D, et al. 2009. Effects of saltmarsh invasion by *Spartina alterniflora* on arthropod community structure and diets. Biol Invasion, 11(3): 635-649.

Xu S, Atchley W R. 1995. A random model approach to interval mapping of quantitative trait loci. Genetics, 141: 1189-1197.

Xu S. 1995. A comment on the simple regression method for interval mapping. Genetics, 141(4): 1657-1659.

Xu S. 2003. Estimating polygenic effects using markers of the entire genome. Genetics, 163(2): 789-801.

Yang R, Xu S. 2007. Bayesian shrinkage analysis of quantitative trait loci for dynamic traits. Genetics, 176(2): 1169-1185.

Yi N. 2004. A unified Markov Chain Monte Carlo framework for mapping multiple quantitative trait loci. Genetics, 167(2): 967-975.

Yi N, Xu S. 2000. Bayesian mapping of quantitative trait loci under the identity-by-descent-based variance component model. Genetics, 156(1): 411-422.

Yi N, Xu S. 2008. Bayesian LASSO for quantitative trait loci mapping. Genetics, 179: 1045-1055.

Yolanda S M, Gerardo Z B, Ramon C B. 1994. Chromosomal variation in Mexican populations of the genus *Dendroctonus* (Coleoptera: Scolytidae). Southwest Nat, 39(3): 283-286.

Yuan J S, Galbraith D W, Dai S Y, et al. 2008. Plant systems biology comes of age. Trends Plant Sci, 13(4): 165-171.

Zeng Z B. 1994. Precision mapping of quantitative trait loci. Genetics, 136: 1457.

Zhang W X, Hendrix P F, Snyder B A, et al. 2010. Dietary flexibility aids Asian earthworm invasion in North American forests. Ecology, 91(7): 2070-2079.

Zou H. 2006. The adaptive Lasso and its oracle properties. J Am Stat Assoc, 101(476): 1418-1429.